应用型本科　电子及通信工程专业“十三五”规划教材

江苏高校品牌专业建设工程资助项目

通信电子线路

主　编　钱志文

副主编　诸一琦

西安电子科技大学出版社

内 容 简 介

全书共9章，分别是绪论、通信电子线路基础、高频小信号谐振放大器、高频功率放大器、*LC*正弦波振荡器、振幅调制与解调器、混频器、角度调制与解调器及反馈控制电路等。

除绪论外，本书各章均设有应用背景、典型例题及习题，有的章还附有电路设计应用举例。通过应用背景引出该章内容，以启发读者思考；典型例题用以示范解决问题的思路与方法；电路设计应用举例均来自于实际应用电路或实验结果；习题的选取由浅入深，有基础题，也有综合题。

本书可作为高等学校通信工程、电子信息工程等专业“通信电子线路”、“高频电子线路”以及“非线性电路”课程的本科教材和参考书，也可供从事电子技术工作的工程技术人员参考。

图书在版编目(CIP)数据

通信电子线路/钱志文主编. 一西安：西安电子科技大学出版社，2018.1

ISBN 978-7-5606-4578-0

Ⅰ. ① 通…　Ⅱ. ① 钱…　Ⅲ. ① 通信系统一电子电路一高等学校　Ⅳ. ① TN91

中国版本图书馆CIP数据核字(2017)第176905号

策　　划　高　樱
责任编辑　王　斌　马武装
出版发行　西安电子科技大学出版社(西安市太白南路2号)
电　　话　(029)88242885　88201467　　邮　　编　710071
网　　址　www.xduph.com　　　　电子邮箱　xdupfxb001@163.com
经　　销　新华书店
印刷单位　陕西利达印务有限责任公司
版　　次　2018年1月第1版　2018年1月第1次印刷
开　　本　787毫米×1092毫米　1/16　印张 15.5
字　　数　362千字
印　　数　1～3000册
定　　价　31.00元

ISBN 978-7-5606-4578-0/TN

XDUP　4870001-1

＊＊＊如有印装问题可调换＊＊＊

应用型本科　电子及通信工程专业“十三五”规划教材

编审专家委员名单

前　　言

"通信电子线路"是高等学校电子信息工程、通信工程等相关专业的主要专业技术课程，该课程讲授的大部分是非线性电子线路，电路种类繁多，分析方法复杂，学生普遍认为学习比较困难，戏称它是"魔鬼电路"。为此，为了适应教学一线的实际需求，编者根据自己二十几年的教学实践，结合应用型本科院校的学生特点和基础，力求将教学思想、方法融入本书内容中，以充分体现"基础性、启发性、应用性、设计性"等特色。

本书详细介绍了通信系统中主要的电子线路(高频电子线路)的基本原理、基本概念和基本分析方法。全书共分9章：第1章为绪论，简略介绍电子线路分类和无线电广播系统，以便学生了解通信电子线路的特点和作用，也为以后各章的学习建立初步认识；第2章为通信电子线路基础，简要介绍通信电子线路常用元件电感线圈和电容器在高频运用下的特性以及通信电子线路中广泛采用的串并联谐振回路特性，这是后续各章学习的基础知识；第3章至第5章分别为高频小信号谐振放大器、高频功率放大器和 LC 正弦波振荡器，这三章介绍的电路概念、原理与分析方法与先修课程"模拟电子技术基础(低频电子线路)"的低频放大器、低频功率放大器和 RC 正弦波振荡器知识密切联系，因此在介绍时侧重突出各种功能电路之间的区别与相同点；第6章至第8章分别为振幅调制与解调器、混频器和角度调制与解调器，分为频谱线性搬移和频谱非线性搬移两部分，这部分概念、原理与分析方法对于读者来说都是新内容，也是比较难学的内容，在介绍时注重各部分内容之间的联系，使学生明白各种功能的实现都是器件的非线性特性在各种特定条件下的不同形式的表现；第9章是反馈控制电路，对自动增益控制、自动频率控制和锁相环进行了简单介绍。

编者认为尽管目前电路的主角已经让位给IC，但是分立电路是基础，培养学生分立电路的读图能力、分析与解决问题的能力依然是非常重要的。因此本书各章均以晶体管分立电路为主，适当兼顾场效应管和集成电路。

除绪论外，本书各章包含有应用背景、典型例题及习题，有的章还附有电路设计应用举例。本书各章节均以问题引出，给出问题背景，以启发读者思考。书中内容一环扣一环，力求逻辑清晰，层次分明，符合认知规律，做到"老师易教，学生易学"。精选的典型例题用以示范分析、解决问题的思路与方法，加深学生对重点和难点内容的理解。增加的电路设计应用举例均来源于实际应用电路或实验的结果，力求使学生做到学以致用，培养学生的电路设计能力。书中习题的选取由浅入深，有基础题，也有综合题，不仅能够测试学生对本章内容的理解程度，同时也能促使他们拓展对这些内容的思考。期望通过本书的学习，学生能够掌握电子线路的分析方法，认识各种电路的物理本质，为以后胜任岗位工作打下一定基础。

本书由钱志文副教授担任主编，诸一琦老师担任副主编。全书由钱志文副教授审定。本书部分内容参考了眭竹林高级工程师编写的《高频电路》讲义和谈发明老师编写的实验讲义，引用了潘亚兰、张莉、潘碧云等研究生绘制的部分插图和编写的习题；书中电路图的绘制得到了吴俊彦工程师的支持；本书的编写得到了编者家人的大力支持；本书的出版得到了西安电子科技大学出版社的大力支持和帮助，尤其是高樱编辑和王斌编辑。在此一并对以上人员表示衷心的感谢！

由于编者水平有限，书中难免有不妥之处，恳请广大读者批评指正！

编　者

2017 年 9 月于江苏常州

目　　录

第 1 章　绪　　论

1.1　电子线路分类

电子线路是指含有晶体三极管、场效应管等有源电子器件并能实现某种特定电功能的电路。例如，振荡器、放大器、滤波器等各种信号的产生、放大、变换和处理电路。

在工程上可以接触到各种电子线路，它们有其各自的工作特点、设计方法和应用场合。从不同角度分类，电子线路的种类繁多。下面从工作频率、流通信号的形式、线性与非线性等方面对电子线路进行分类，并简要介绍其特点。

1. 按照工作频率分类

按照工作频率分类，电子线路可分为低频电子线路、高频电子线路和微波电子线路。低频工作频率一般低于 300 kHz，如语音电信号、生物电信号、地震电信号和机械振动电信号等，低频信号的产生、放大、变换、处理等电路都属于低频电子线路。高频工作频率的范围一般为 300 kHz～300 MHz，如广播、电视、短波通信设备等无线电设备均属于高频电子线路。微波工作频率一般高于 300 MHz，如移动通信设备、卫星通信设备、微波中继通信设备、雷达、导航设备等均属于微波电子线路。

那么工作频率高低不同的电子线路有什么区别吗？由于工作频率不同，对有源器件的性能要求、电子线路的工艺结构都不尽相同。随着工作频率升高，对器件的上限频率要求也提高，晶体管极间电容、电极的引线电感、载流子扩散漂移时间等因素的影响都会逐渐明显起来，以至于变成必须考虑的主要因素。例如，电感线圈在直流工作状态等效为普通导线，而在低频状态等效为电感量和损耗电阻，在高频状态线圈匝与匝之间存在分布电容，具有电容效应。因此随着工作频率升高，电子线路由集中参数电路转变成了分布参数电路。另外，电路的制造工艺由印刷电路板结构转变成微型集成电路结构，电路各级间的隔离、屏蔽和电源的馈给等都随之发生变化。

2. 按照流通的信号形式分类

按照流通的信号形式分类，电子线路可分成模拟电子线路和数字电子线路。凡是完成模拟信号的产生、放大、变换、处理和传输的电子线路统称为模拟电子线路。模拟信号比较直观形象，但是电路的抗干扰能力差且不便于用计算机处理。凡是完成数字信号的产生、放大、变换、处理和传输的电子线路统称为数字电子线路。数字信号可以再生，其抗干扰能力强，并且便于用计算机处理。在电子信息各个领域中，要根据不同的用途和要求选取不同的电路。例如，一个信息传输系统，由于自然界中存在的都是模拟量，因此信息源拾取信息的电路采用模拟电路；为提高传输的速度和质量，信息的处理、传输电路一般采用数字电路；终端为了得到直观的信号形象，往往又采用模拟电路。

3. 按照线性和非线性分类

按照线性和非线性分类，电子线路可分为线性电子线路和非线性电子线路。线性电子线路由线性元件组成，具有叠加性和均匀性，适用叠加定理。非线性电子线路含有非线性元件。非线性电子线路具有以下几个特点：

（1）不符合叠加定理。若某非线性电路输入 x 与输出 y 的关系为 $y=x^2$，当输入量为 x_1 时，输出量 $y_1=x_1^2$；当输入量为 x_2 时，输出量 $y_2=x_2^2$；当输入量为 x_1+x_2 时，输出量 $y=(x_1+x_2)^2=x_1^2+x_2^2+2x_1x_2$，显然 $y\neq y_1+y_2$。因此非线性电路不符合叠加定理。

（2）信号通过非线性电路后输出信号中出现新的频率成分。仍然以 $y=x^2$ 为例，当 $x=\cos\omega_1 t$ 时，有

$$y=\cos^2\omega_1 t=\frac{1}{2}+\frac{1}{2}\cos 2\omega_1 t$$

可见，输入信号 x 中仅有角频率为 ω_1 的分量，而输出信号 y 中含有直流分量和角频率为 $2\omega_1$ 的分量，这两个分量是因电路的非线性产生的新的频率分量。

再例如，当 $x=\cos\omega_1 t+\cos\omega_2 t$ 时，有

$$y=1+\frac{1}{2}\cos 2\omega_1 t+\frac{1}{2}\cos 2\omega_2 t+\cos(\omega_1+\omega_2)+\cos(\omega_1-\omega_2)$$

可见，输入信号 x 中只有角频率分别为 ω_1 和 ω_2 的两个频率分量，而输出信号 y 中含有直流分量以及角频率为 $2\omega_1$、$2\omega_2$、$\omega_1+\omega_2$ 和 $\omega_1-\omega_2$ 的新的频率分量。

（3）非线性器件的响应取决于工作点位置与输入信号大小。图 1-1 所示是晶体三极管非线性转移特性。在图 1-1(a)中，静态工作点 Q 位于放大区，当输入信号很小时，动态范围位于线性段，可以近似为线性工作，输出信号不失真，即所谓的甲类工作状态；当输入信号为大信号时，输入信号有部分进入截止区，即进入非线性区，为非线性工作，输出信号失真，即所谓的甲乙类工作状态。在图 1-1(b)中，静态工作点 Q 位于截止区，无论输入信号有多大，都将进入非线性区，输出信号失真，即所谓的乙类工作状态。

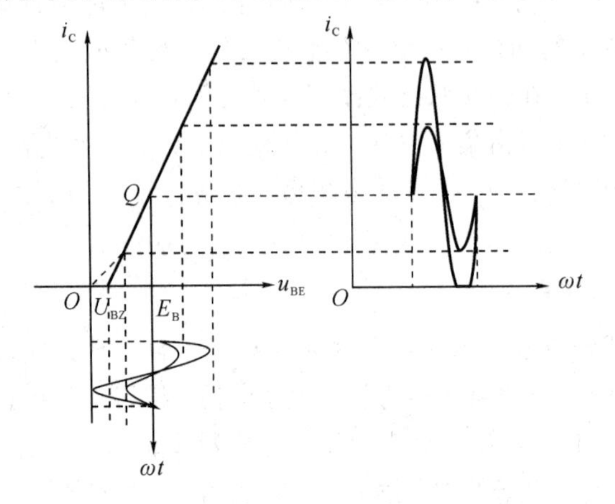

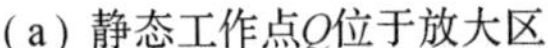

（a）静态工作点Q位于放大区

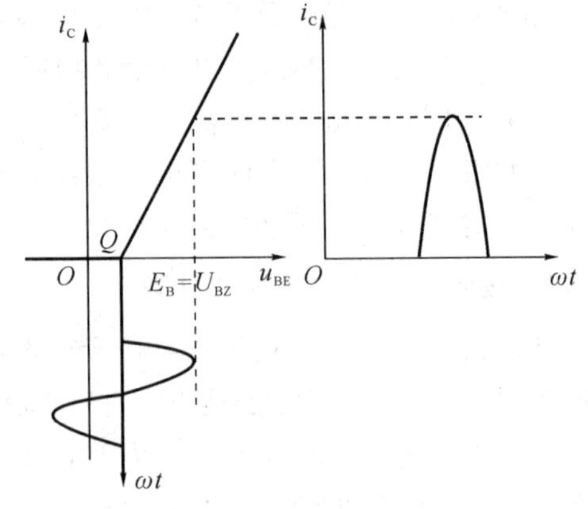

（b）静态工作点Q位于截止区

图 1-1　晶体三极管非线性转移特性

（4）采用工程近似分析方法。非线性电路的数学描述是非线性方程，在求解非线性方

程时颇为复杂和困难。在工程上一般采用近似分析方法，根据实际情况对器件的数学模型和电路条件进行合理近似，以便使用简单的分析方法获得具有实用意义的结果。

本书介绍的通信电子线路是高频的、模拟的、非线性的电子线路。

1.2　非线性电子线路在通信中的应用

非线性电子线路广泛地应用于无线通信领域，因此又称之为通信电子线路。本书主要介绍无线通信设备中电子线路的基本概念、基本工作原理和基本分析方法，因此在学习通信电子线路之前，首先了解一下无线通信的发展与应用。

1.2.1　无线通信的发展与应用

无线通信是在逐渐发展的电路理论和电磁场理论的基础上得以实现的。

1831 年，英国的法拉第发现了电磁感应定律。

1837 年，英国的麦克斯韦提出了电磁场理论。

1888 年，德国的赫兹用实验证明了电磁波的存在。

以上这一切，都为发明无线通信奠定了重要的基础。

1895 年，意大利的马可尼和俄国的波波夫几乎同时发明了无线电通信装置，从而开辟了无线电技术这一新的领域，马可尼和波波夫都被称为无线电之父。

近百年来，无线通信获得了飞速发展。而无线通信的发展又与电子学的发展紧密地交织在一起，互为条件，互相促进。归纳起来，无线通信技术的发展具有以下三个特征：

(1) 无线通信所应用的振荡频率不断升高，从长波、中波发展到短波、超短波，直至微波，随之传送的信号频率范围不断加宽，从几百赫兹、几千赫兹到几千兆赫兹。

(2) 无线通信技术所采用的电子元件和器件不断更新，由电子管到晶体管，又发展到集成电路。电阻器、电容器、电感线圈以及各种接插件、开关、导线等各种新型元器件不断出现。

(3) 近代无线通信承担的任务远远超出了通信范围，它与各学科的发展紧密地联系在一起，成为各门学科发展的重要工具。

无线通信从诞生到现在的近百年历史证明，它对人类的生产活动和社会进步产生了非常深刻和极为广泛的影响。事实上，现在已经很难确切地说明无线通信技术的应用范围。但是，对学习电子信息相关专业的人来说，在学习无线通信的基本理论时，还是应该大致了解一下无线通信技术的主要应用方面，这对提高专业兴趣和探讨知识都是有好处的。下面列出无线通信技术的一些主要应用场合：

(1) 无线电报——利用无线电波传递电报信号。

(2) 无线电话——利用无线电波传送语音信号。

(3) 无线电广播——利用无线电波给千家万户送去语音、音乐和各种信息。

(4) 无线电传真——将照片、文字(文件)等随着无线电波的传播从一个地方传送到另一个地方。

(5) 无线电广播电视——随着无线电波的传播给千家万户送去活动影像和信息。电视技术还在工业、医疗、教育、国防、公安等部门得到广泛应用。

(6) 无线电定位——利用无线电波的反射来测定天空中、水面上或陆地上各种目标的位置和运动情况，军事上应用极广，如航空雷达。

(7) 无线电导航——利用无线电定位设备和其他电子设备，引导飞机在复杂气象条件下飞行和着陆，或帮助舰船在大雾中航行和靠岸。

(8) 无线电超声波技术——利用超声波(可以在水中传播)测海深、探鱼群和暗礁的位置，测绘海深地图。超声波可作为水中通信工具或操纵水中武器，在这方面已发展成为一门与国防有关的科学——水声学。

(9) 无线电天文学——无线电技术和天文学结合而形成的学科。它通过分析天体所发射的电磁波来研究宇宙，用天文无线电望远镜来观测天体。

(10) 无线电气象学——用无线电技术研究地球表面大气中的复杂气象过程，可准确预报台风、暖流、寒流、雨、雪等气象情况。

(11) 无线电遥测、遥控技术——利用无线电技术远距离测量各种物理量，控制各种机件的动作，可以使生产过程自动化。

(12) 办公室自动化、家用电器自动化——利用无线电技术控制办公室设备和家用电器。

(13) 电子计算机系统是近代无线电技术发展的一大成就。

上述各种无线通信技术的应用，都伴随着各种性质的消息的传送。而无线通信技术在工业上的其他许多应用，却并不传送什么消息，如高频加热、高频焊接、微波炉等。

此外，无线通信在医疗和农业上也得到日益广泛的应用。通过上面的介绍足以说明，无线通信在国民经济各个领域的应用是极其广泛的，发展前途不可估量。

下面列举非线性电子线路在无线电广播系统中的应用。

1.2.2 非线性电子线路应用举例：无线电广播系统

1. 无线电广播发送设备的工作原理

如何才能把代表消息的原始电信号(如语音信号、图像信号等)传到远方，进行无线传输呢？由电磁理论可知，当电磁波波长与天线尺寸越接近时，天线辐射越强。原始电信号由于其频率低，不能通过天线有效辐射，无法进行无线发送。因此要实现低频信号的远距离无线传播，必须借助“运载工具”，即高频载波，让低频信号“装载”到高频载波上，随着高频载波发送出去。就好比人要去远方旅行，必须坐火车或飞机一样。

一个典型的无线电广播发送设备(或无线电广播发射机)的组成框图及各点波形如图 1-2 所示。要进行无线电广播通信，首先必须有一个能产生高频信号的高频振荡器，然后将高频信号进行倍频，使其达到高频载波的频率，再将高频载波进行电压放大，并将其与通过音频放大后的音频信号一起加到调制器上，通过调制器把音频信号“装载”到高频载波上去(图 1-2 中采用的调制方式是将音频信号的变化规律“装载”到高频载波的幅度上)，最后通过高频功率放大器和天线将已调制的高频信号发射出去。

图 1-2 中的高频振荡器、倍频器、高频放大器、调制器、高频功率放大器等通信电子线路都将是本书重点学习的内容。

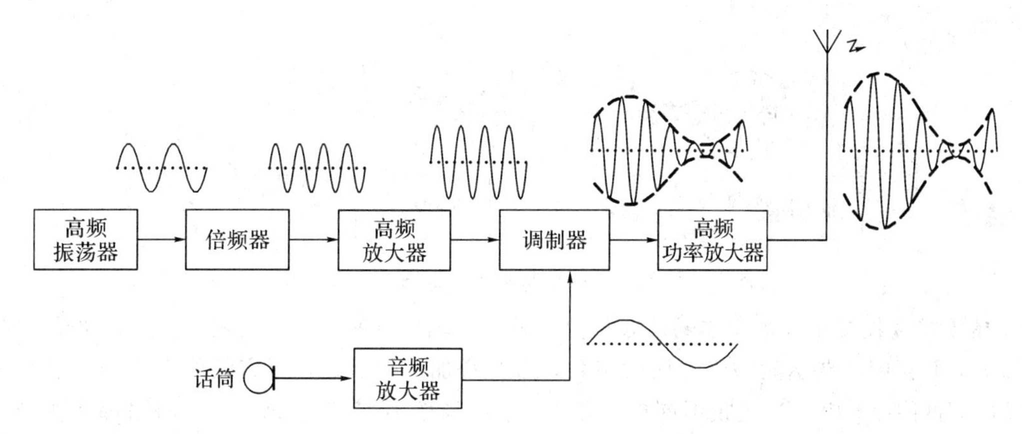

图 1-2　无线电广播发送设备的组成框图

2. 无线电广播接收设备的工作原理

无线电广播接收机的工作过程恰好和发射机相反，是发送的逆过程。接收机的基本任务是将天空中传来的高频电磁波接收下来，并从中取出原来的音频信号。无线电广播接收机经历了以下几个发展阶段。

1）最简单的接收机——直接检波式接收机

最简单的直接检波式接收机的组成框图及各点波形如图 1-3 所示。图中的接收天线收集从空中传来的高频调幅电磁波，即广播电台信号。由于广播电台很多，在同一时间内，接收天线所收到的将不仅有我们所希望收听的广播电台信号，还包含若干个不同电台的信号，即具有不同发射载频的广播电台信号。输入回路通常是由电感线圈 L 和电容器 C 构成的谐振回路，具有选择性，能把所希望收听的广播电台信号挑选出来，把其他不要的电台信号滤除掉，以免产生干扰。检波器用于从挑选出来的高频调幅信号中取出音频信号。耳机把音频信号还原成原来的声波，以便收听者收听。

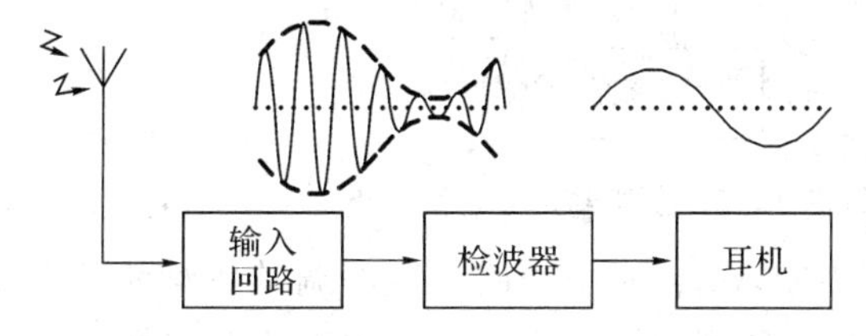

图 1-3　直接检波式接收机的组成框图及各点波形

直接检波式接收机电路简单，但是其灵敏度太低，主要原因是从天线获得的高频无线电信号很微弱，只有几十微伏到几毫伏。因此直接检波式接收机的检波信号太微弱，所以其检波效率很低，输出的音频功率很小，用耳机听起来的声音很小且杂音大。

为此，最好在输入回路和检波器之间插入一个高频放大器，把高频调幅信号放大到约几百毫伏后，再送给检波器去进行检波。这就是高放式接收机。

2）高放式接收机

一般把带有高频放大器的接收机称为高放式接收机。另外，为了能推动功率大一点的扬声器放声，还需在检波器后面加音频放大器。高放式接收机的组成框图及各点波形如图 1-4 所示。

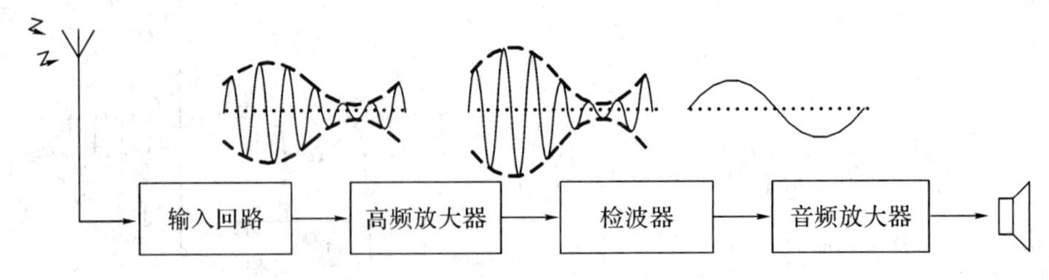

图 1-4　高放式接收机的组成框图及各点波形

高放式接收机比直接检波式接收机灵敏度高、输出功率大，但也有缺点，主要是选择性不好，而且因为要达到一定的放大倍数，需要增加高放级数，而高频放大器的负载均采用 LC 谐振回路，因此当接收不同电台信号(电台频率不同)时，每个 LC 回路都要重新调谐，这就很不方便了。

为了克服高放式接收机的上述缺点，现代接收机几乎都采用超外差式接收机。

3）超外差式接收机

超外差式接收机的组成框图及各点波形如图 1-5 所示。超外差式接收机的核心部分是混频器。混频器的作用是将接收到的各种具有不同较高载波频率的高频信号转变成具有固定较低载波频率的中频信号。例如，我国中波广播收音机的接收频段为 535～1605 kHz，经过混频得到中频信号频率为 465 kHz。为了产生混频作用，还需要一个外加的正弦信号，这个信号称为外差信号。产生外差信号的振荡器称为外差振荡器，习惯上又称为本地振荡器，简称本振。中频信号经过中频放大、检波和音频放大，送到扬声器。

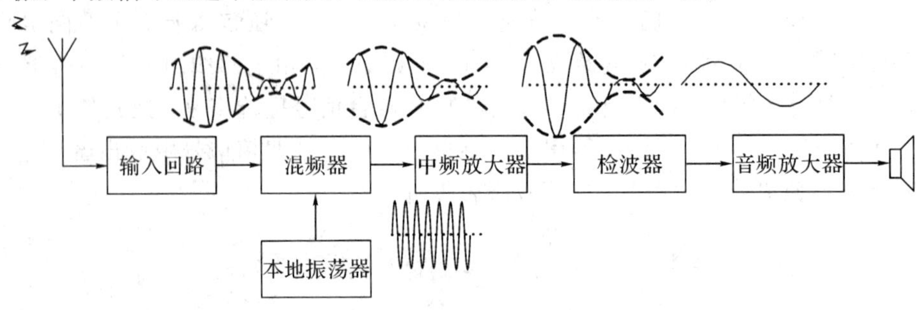

图 1-5　超外差式接收机的组成框图及各点波形

由于中频频率固定不变，选台时中频放大器的调谐回路就不需要再调整，中频放大器的选择性、通频带质量可以得到保证；而且中频频率相对较低，中频放大电路增益可以做得较高，能提高整机增益和灵敏度。这些都是超外差式接收机的优点。

图 1-5 中的输入回路、混频器、本地振荡器、中频放大器、检波器等都是本书的学习内容。那么，无线电波是如何从发射天线传播到接收天线的呢？下面简单介绍一下无线电波波段的划分与传播特点。

1.3　无线电波的传播

1.3.1　无线电波波段的划分

电磁波的范围很广，它包括无线电波、红外线、可见光、紫外线、X 射线、宇宙射线等等。无线电波是波长比较长的一种电磁波，它所占有的频率范围很广，约为 10 kHz～10 000 Ghz(10^4～10^{13} Hz)，波长范围为 30 000 m～0.3 mm。对频率或波长范围这样宽的无线电波，往往将其分成若干区段，称为波段或频段。为什么要做这种划分呢？原因是：各波段的无线电信号产生、放大和接收的方法不一样；各波段的无线电波的传播特点很不相同；各波段的应用范围也有很大差别；各波段的无线电设备的线路结构、工作原理以及所使用的元件、器件也有较大的差别。

无线电波各波段的名称、波长与频率范围、相应的频段名称以及主要用途如表 1-1 所示。

表 1-1　无线电波波段的划分

波段名称	波长范围	频率范围	频段名称	传播方式	应用场合
长波波段（LW）	1000～10 000 m	30～300 kHz	低频（LF）	地波	远距离通信
中波波段（MW）	100～1000 m	300～3000 kHz	中频（MF）	地波、天波	AM 广播、通信、导航等
短波波段（SW）	10～100 m	3～30 MHz	高频（HF）	天波、地波	广播、中距离通信等
超短波波段（VSW）	1～10 m	30～300 MHz	甚高频（YHF）	直线传播 散射传播	移动通信、电视广播、调频广播、导航等
分米波波段（USW）	10～100 cm	300～3000 MHz	超高频（UHF）	直线传播 散射传播	移动通信、电视广播、中继通信、卫星通信、雷达等
厘米波波段（SSW）	1～10 cm	3～30 GHz	特高频（VHF）	直线传播	中继通信、卫星通信、雷达等
毫米波波段（ESW）	1～10 mm	30～300 GHz	极高频（EHF）	直线传播	微波通信、雷达等

另外，也把 1～300 GHz(波长为 30 cm～1 mm)频段称为微波波段。

无线电波的传播是无线电通信的重要环节之一，那么不同波段的无线电波传播的方式和传播的特点是什么？下面进行简要介绍。

1.3.2　无线电波各波段的传播特点

1. 无线电波的基本传递方式

无线电波和光波一样，具有直射、绕射、反射和折射等现象。按照由发射天线到接收天线的传播途径不同分类，无线电波传播包括表面波(地面波)、天波和空间波三种方式。

1) *表面波*

表面波主要依靠绕射方式传播，即电波沿着弯曲的地球表面行进到接收点，如图 1-6 所示。

由于地球表面是半导体性质，电磁波能在其中感应出传导电流，使电磁波能沿着地面传播。另外，电磁波在传播过程中将消耗掉一部分能量。电磁波的频率越高，由于“集肤效应”的产生，地球表面对电磁波呈现的电阻越大，损耗越大。所以，这种传播方式对低频，也即长波有利。

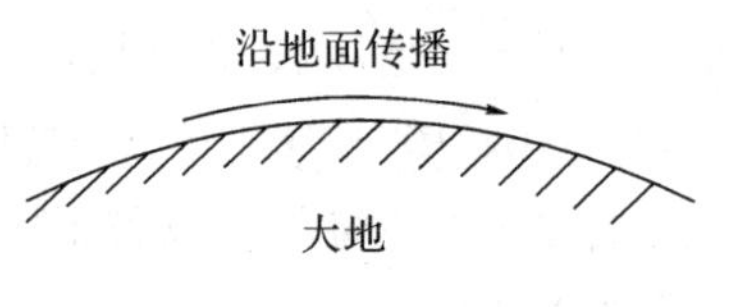

图 1-6　表面波传播方式

2）天波

天波是依靠电离层的反射和折射到达接收点的，如图 1-7 所示。

什么是电离层？简单地说，在离地面 50 km 以上的地方由于空气稀薄，当受到强烈的太阳紫外线和宇宙射线照射时，气体分子容易产生电离，形成电子和离子，这些被电离的空气，形成了几层密度较大的层次，分别称为 D 层、E 层、F_1 层和 F_2 层。这些成层分布的被电离了的空气层称为电离层。D 层约在 60 km 处，E 层约在 100～130 km 处，F_1 层和 F_2 层约在 200～400 km 处。电离层的高度以及电子、离子的密度与太阳有密切的关系。白天有太阳照射，电离程度大，形成 D 层、E 层、F_1 层和 F_2 层，而晚上 D 层消失，F_1 层和 F_2 层合并称为 F 层。电离层还随着季节和太阳活动情况而变化，对无线电波传播影响显著的是 E 层和 F 层。

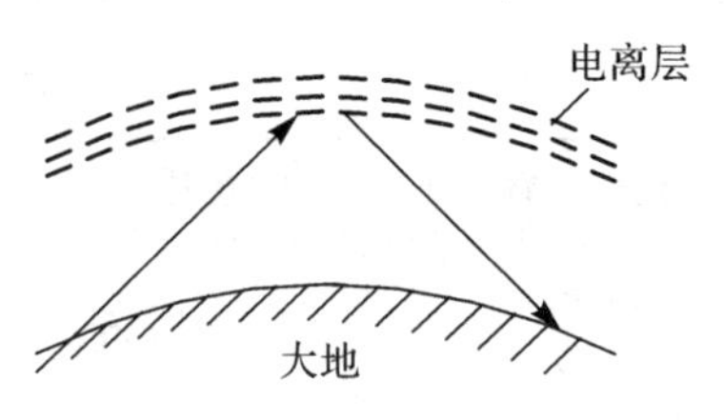

图 1-7　天波传播方式

当电磁波在电离层中传播时，一部分能量被吸收，另一部分能量被反射和折射返回地面接收点，形成天波。电离层相当于空中一面反射电磁波的镜子。由于惯性作用，频率越高，电子和离子振荡的幅度越小，因而它们吸收电磁波的能量也就越小。所以，利用电离层通信，高频较有效。但是，频率越高，电波的穿透能力越强，当频率高于一定值后，就会穿透电离层，一去不复返。因此，利用天波进行通信，一般只限于短波波段。

3）空间波

空间波是在空间传播的，主要包括直射波和反射波，如图 1-8 所示。空间波一般适用于微波的传播。

为了增强接收效果和增大接收距离，要求发射天线和接收天线离地面较高。通信距离越远，要求天线越高。理论计算和实践经验都表明，当发射天线和接收天线的高度各为 50 m 时，直射波的传播距离约为 50 km。如果要传播更远的话，则需要采用中继通信。

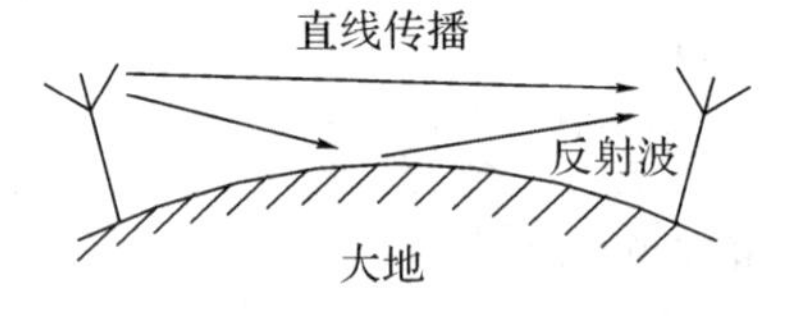

图 1-8　空间波传播方式

2. 各波段传播特点

电波传播的规律比较复杂，影响它的因素也较多，这里不再详细论述。通过上面对电波传播基本方式的简要介绍，可以大致得出各波段的传播特点和主要应用。

（1）长波波段用地面波方式传播有利，因损耗小，可远距离传输。长波穿入电离层很浅，吸收不大，在低电离层中受到强烈反射，因此利用天波方式也可传播得很远。长波波段主要用于导航和播送标准时间信号，也用于长距离无线电报。

（2）中波波段的传播特点与长波相似，可用地面波方式和天波方式传播。在用地面波方式传播时，由于中波的频率比长波高，故地面损耗增大，传播距离减小，只有约 100 km。在用天波方式传播时，由于中波的频率比长波高，故穿入电离层也比长波深，这样电离层对它的吸收也大，特别是白天，D 层吸收很大。晚上 D 层消失，对中波吸收作用减小，这时中波就可借助天波方式传至较远距离。在收听中波广播时，往往发现某些位于远处的电台，白天接收不到，晚间却听得很清楚，就是这个道理。中波波段主要用于中、近距离的无线电广播。常用的中波广播频率范围是 535～1605 kHz。

(3) 短波波段的特点是地面的吸收比较严重，用地面波传播很不利，传播距离不超过几十千米。远距离短波通信都依靠天波方式传播。利用电离层和地面之间的多次反射，短波几乎可以到达地球的每个角落。因此短波传播是国际无线电广播的主要手段，也是国际无线电话的重要工具之一。中近距离的移动式小型报话通信机也可采用短波。

短波传播还有两个突出的特点：

① 短波天波传播受电离层的影响很大，而电离层的物理特性经常变化，所以短波传播很不稳定。通常在两点之间进行短波通信时，接收信号往往会突然减弱，有时甚至无法收到，这种现象称为衰弱，它是短波通信的一个严重问题，为了保持良好的通信质量，必须根据电离层的变化规律，经常更换工作频率。

② 在离开短波发射电台一定距离的范围内，有一段信号无法到达的中间地带，这个区域称为寂静区，如图 1－9 所示。出现寂静区的原因是，地面波传播的传输距离不远，而天波传播的传输距离又较远，两者之间会出现一段天波和地面波都传播不到的中间地带。

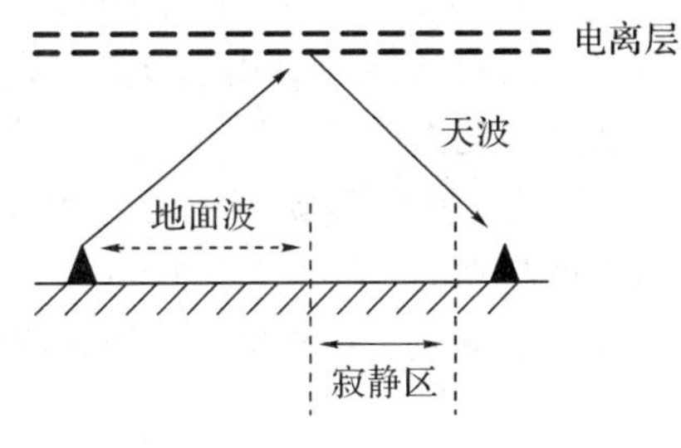

图 1－9　短波通信中的寂静区

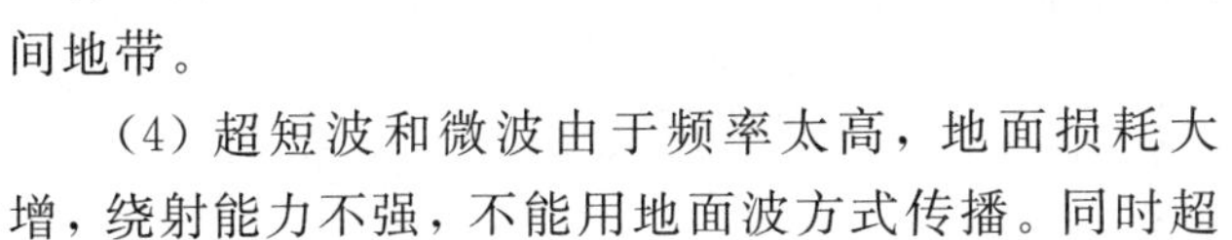

(4) 超短波和微波由于频率太高，地面损耗大增，绕射能力不强，不能用地面波方式传播。同时超短波和微波在电离层中反射得很小，大部分电波穿透电离层后一去不复返，故也不能用天波方式传播。所以超短波和微波通常是靠直线传播，即主要用空间波的传播方式，作用距离大致限制在几十千米的视距范围之内。

超短波和微波主要用于中继通信(接力通信)、地面广播电视，也广泛应用于雷达与导航，近年来还广泛应用于卫星通信、卫星广播电视以及宇宙飞船与地面站之间的通信、遥控遥测等系统中。例如，中、大容量的微波中继通信系统目前主要采用 2 GHz、4 GHz 和 6 GHz波段，卫星通信则采用 4 GHz 和 6 GHz 波段，卫星广播电视则大多采用 12 GHz 和 14 GHz 波段，20 GHz 以上的通信设备也正在研制中。

1.4　本课程的特点与学习要求

1. 本课程的内容——三大类电路

由 1.2 节的举例介绍可见，本课程学习的电路形式很多，但是根据它们的工作特点，可以概括为三大类电路，即高频放大电路、高频振荡电路和频率变换电路。

(1) 高频放大电路——在输入信号作用下，可将直流电源提供的能量转换为按输入信号规律变化的被放大的输出信号。例如，小信号谐振放大器、谐振功率放大器。

(2) 高频振荡电路——在不加输入信号的情况下，稳定地产生特定频率或特定频率范围的正弦波振荡信号，例如，正弦波振荡电路。

(3) 频率变换电路(或称为频谱搬移电路)——在输入信号作用下产生与之波形和频谱均不同的输出信号，例如，调制电路、解调电路、混频电路和倍频电路。

2. 本课程的特点与要求

(1) 工程上采用近似分析法。非线性电子线路是包含非线性器件的电路，而非线性器件具有复杂的物理特性，因此在工程上往往根据实际情况对器件的数学模型和电路工作条件进行合理近似，以便用简单的分析方法得到具有实用意义的结果，避免因过分追求其严格性而陷入数学求解的困境，或者使得到的结果失去简明的物理意义。

(2) 功能与电路形式多。非线性电子线路能够实现的功能与电路形式比线性电子线路多，但是各种功能的实现都借助于器件的非线性特性，即非线性现象在各种特定条件下的不同形式的表现，虽然电路种类繁多，但都是在为数不多的基本电路上发展起来的。因此，在学习时不要满足于了解一个个具体单元电路的工作原理，要致力于洞悉各种功能电路之间的联系、实现各种功能的基本原理以及由此导出的基本电路结构。

(3) 提高电路的读图和分析能力。通信电子线路的先修知识是电路原理、信号与系统、模拟电子技术基础(低频电路)等，要充分利用这些基础知识分析电路，培养对电路的读图能力和分析能力。

(4) 重视实践环节(实验、课程设计)，坚持理论联系实际。非线性电子线路是在实践中不断发展起来的，许多理论知识只有通过实践才能有更深入的体会和理解，因此学习本课程必须高度重视实践环节，坚持理论联系实际。

第 2 章　通信电子线路基础

【应用背景】

由于各种通信电子线路基本单元电路为 *LC* 谐振回路，而 *LC* 谐振回路的基本组成元件为电阻、电感和电容器，并且都是工作在高频状态，因此在学习各种通信电子线路之前，首先复习电路元件的高频特性，然后复习 *LC* 谐振回路工作原理。

2.1　电路元件的高频特性

在第 1 章中所讨论的无线电信号的发送和接收设备，都由相应的一些电路来实现，这些电路是由各种元件构成的。电路元件可分为两大类，即线性元件和非线性元件。线性元件包括电感线圈、电容器及电阻器等元件，非线性元件是指铁芯线圈以及晶体管、电子管等元件。所谓线性和非线性是这样区分的：元件两端电压和电流之间的关系是正比例关系，或者说，元件的伏安特性曲线是通过原点的直线，如图 2－1(a)所示，则称这类元件是线性元件；若元件两端电压和电流的关系是不成正比例的，即它的伏安特性曲线不是通过原点的直线，则称这样的元件为非线性元件，如图 2－1(b)所示。

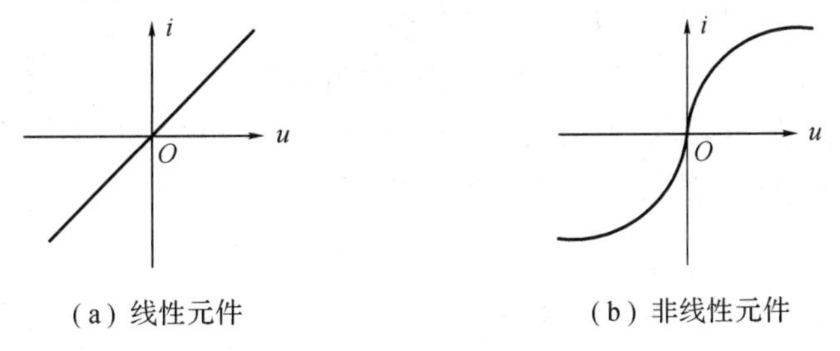

(a) 线性元件　　(b) 非线性元件

图 2－1　电路元件伏安特性

元件参数是元件某种特性的度量，而不是元件本身。例如，电感量是电感线圈的主要参数，但不是线圈本身，因为电感线圈也不可避免地会包含电阻和电容的特性。但是在一定的情况下，当元件中某一种参数的特性居于主要地位时，常常对元件做近似处理，即将次要的特性忽略不计。一般电感线圈只计及电感量，电容器只计及电容量，电阻器只计及电阻值。然而，当应用情况发生变化时，特别是当工作频率改变时，元件参数的主次关系将发生变化。例如，在直流电路中电感线圈只相当于一个电阻；在交流电路中，当工作频率不高时电感线圈相当于一个电阻和一个电感相串联；当工作频率很高时线圈中电容的影响变得突出，此时线圈的作用相当于一个电阻和一个电容相并联。由此可见，一个元件的特性实际上是复杂的。在实际应用中，为了分析方便，一般总是用若干理想元件连接而成的等效电路来代替一个实际的电路元件。当然，用一个等效电路在所有频率范围内来代表一个元件，则会使等效电路变得太复杂，而且这样做也没必要。通常，根据应用的频率范围，尽可能用一个简单的等效电路来代替一个元件。

2.1.1 电感线圈的高频特性

电感量是标志高频电感线圈的主要特性的参数，除此之外，还同时具有电阻及电容特性。

1. 线圈的电阻

先来讨论线圈的电阻。线圈的直流电阻 R 也就是绕制线圈的导线的直流电阻，它是导线中只通过直流或频率很低的交流时所呈现的电阻值。

线圈的交流电阻 r 是线圈在交流状态下表现的等效电阻。影响线圈交流电阻 r 的因素较多，如磁场辐射引起的能量损失、磁芯线圈在磁介质内的磁滞损失、由线圈磁场附近金属物内感应所生的涡流损失等。所有这些能量损失，都可用一个等效电阻 r 表示。但是，影响线圈交流电阻各因素中，最主要的是导体电阻的"集肤效应"。

什么是"集肤效应"呢？在直流和很低频率情况下，导体横截面上的电流密度是均匀的。但是，随着工作频率逐渐增高，导体横截面上电流分布的不均匀现象会逐渐显著起来。这时，越接近导体表面，电流密度越大；反之，越接近导体内部，电流密度越小。在频率很高时，绝大部分电流集中在导体表面的某一薄层内，而导体内部的电流密度接近于零。这种随着频率的增高，交流电流向导体表面(导体"皮肤")集中的现象称为"集肤效应"，其示意图如图 2-2 所示。

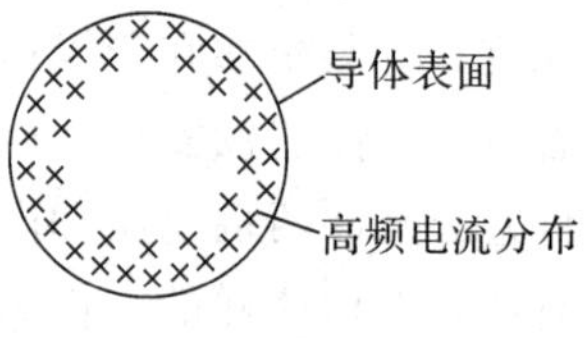

导体表面

高频电流分布

图 2-2 "集肤效应"示意图

产生"集肤效应"的原因在有关电工课程中已有介绍，这里不再赘述。"集肤效应"的结果相当于减小导电的有效面积，从而增加了电阻值。频率越高，"集肤效应"越明显，电阻值越大。而电阻越大，损耗功率也越大，线圈的感抗作用越不明显，这是我们所不希望的。为了减小"集肤效应"的影响，即减小电阻损耗，可采取两个办法：一是采用多圈相互绝缘的导线，以增加总表面面积；二是在铜导线表面镀银。

2. 线圈的电容特性

线圈的匝与匝之间以及各匝与地之间都可以看成两个导体之间隔着绝缘介质，因此都存在着分布电容，如图 2-3(a)所示。严格计算分布电容是困难的，但在通常的电路分析中只需考虑线圈两端的电压和电流关系，所以可用一个跨接在线圈两端的集中电容量来近似地表示这些分布电容，如图 2-3(b)所示。

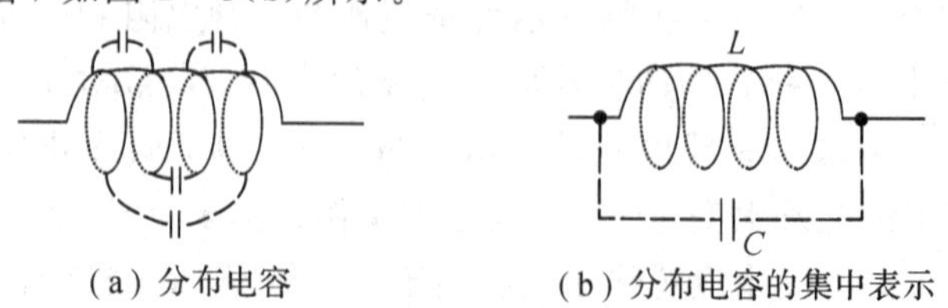

(a) 分布电容　　(b) 分布电容的集中表示

图 2-3 电感线圈的电容效应

低频时，分布电容可忽略不计，此时线圈阻抗 $Z_L=\omega L$。高频时，分布电容使线圈中的一部分高频电流被分流，频率 ω 越高，$\frac{1}{\omega C}$越小，分流作用越强，分布电容越不能忽略。

3. 电感线圈在高频时的等效电路

通过以上的讨论，可见一个电感线圈在高频工作时同时呈现电感、电阻和电容特性，因而可以用如图 2-4(a)所示的等效电路表示，其中，L 为线圈的电感量，r 为其交流损耗电阻，C 为其分布电容。

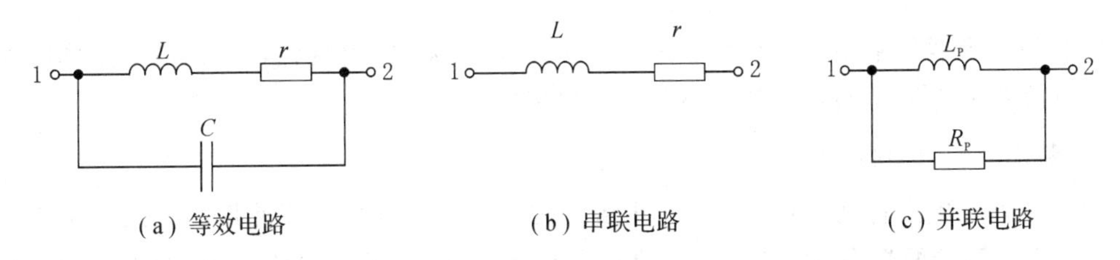

图 2-4　电感线圈的等效电路

在分析长、中、短波或者米波波段时，通常可忽略分布电容影响，因而，电感线圈的等效电路可以为电感 L 和电阻 r 串联，如图 2-4(b)所示。有时，为了分析方便，电感线圈的等效电路用并联形式，如图 2-4(c)所示。从两种形式等效电路的输入阻抗或导纳相等出发，可以推导出串、并联转换公式为

$$L_P=L\left(1+\frac{r^2}{\omega^2L^2}\right) \tag{2-1}$$

$$R_P=r\left(1+\frac{\omega^2L^2}{r^2}\right) \tag{2-2}$$

4. 电感线圈的品质因数 Q

由于电感线圈的损耗电阻 r 与工作频率有关，通常不易测量。所以一般不直接用交流损耗电阻大小衡量线圈损耗，而是引入线圈的“品质因数”这一参数来表示。品质因数定义为线圈的感抗与其串联的损耗电阻之比，以符号 Q 表示，即

$$Q=\frac{\omega L}{r} \tag{2-3}$$

式中，ω 是工作角频率；Q 是一个比值，无量纲。Q 值越高，线圈损耗越小。一般情况下，Q 值常在几十到一二百之间，超过 200 以上的线圈就不容易做了。

Q 的引入给实际问题的分析带来方便。这是因为在一定的频率范围内，损耗电阻 r 随频率 ω 增高而加大，但感抗值 ωL 也随之增加，由式(2-3)可见，Q 变动不大，这就是说，对于一个线圈来说，在一定的工作频段内，可近似认为 Q 是常数。另外，线圈的 Q 值很容易用专用仪器“Q 表”测量。由于以上原因，在实际工作中，常用品质因数来表示线圈质量的好坏，而不用交流电阻表示。

引出品质因数 Q 后，式(2-1)和式(2-2)可以表示为

$$L_P=L\left(1+\frac{1}{Q^2}\right) \tag{2-4}$$

$$R_P=r(1+Q^2) \tag{2-5}$$

当 $Q\gg1$ 时，以上两式可以简化为

$$L_P\approx L \tag{2-6}$$

$$R_P=rQ^2 \tag{2-7}$$

即串、并联等效电路中电感量近似相等，并联损耗 R_P 是串联损耗 r 的 Q^2 倍。显然，质量好的线圈，品质因数 Q 值高，其串联等效损耗 r 很小，一般为几欧姆，而并联等效损耗 R_P 很大，一般为几十千欧或更高。

2.1.2 电容器的高频特性

电容是电容器的主要特性参数。此外，电容器还存在电阻特性，尤其是当工作频率相当高而绝缘物质性能不够好时就会显著表现出来。

1. 电容器的电阻特性

电容器存在电阻特性有很多原因，主要原因有几点：电容器所使用的介质不是理想的绝缘体，当电容器两端有电压时，在介质中会有漏电流，尽管漏电流很小，但当它通过很大的绝缘电阻时，就会产生相当的能量损耗；在高频工作下，电容器介质中带正、负电荷的原子在高频交变电场作用下要不断发生位移，这种位移在介质内也会造成功率损耗；在高频、高压下，电容器介质中所含的气体游离也会产生损耗。以上这一切都表现为电容器中介质发热，损耗增大。

2. 电容器在高频时的等效电路

高频时，一个实际电容器可以等效为一个电容和一个电阻串联，也可以等效成并联形式，如图 2-5 所示。

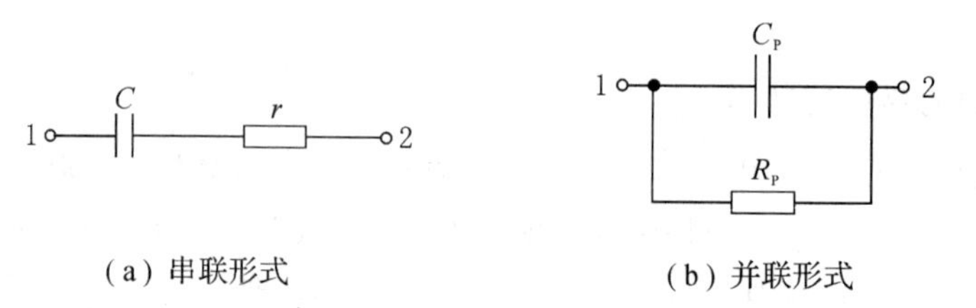

(a) 串联形式　　(b) 并联形式

图 2-5　电容器的等效电路

3. 电容器的品质因数 Q

为了说明电容器损耗的大小，也可以引入电容器的品质因数 Q。它定义为容抗$\frac{1}{\omega C}$与串联电阻 r 之比，即

$$Q=\frac{\frac{1}{\omega C}}{r}=\frac{1}{\omega Cr} \tag{2-8}$$

当 $Q\gg 1$ 时，图 2-5(a)和图 2-5(b)的串、并联等效电路的转换公式为

$$C_P\approx C \tag{2-9}$$

$$R_P=rQ^2 \tag{2-10}$$

该结果与电感线圈的简化转换公式是相似的。

需要说明的是，电容器损耗电阻的大小主要由介质材料决定。在高频电路中，常用的电容器有空气可变电容器、云母电容器、陶瓷电容器等，这几种电容器的损耗都非常小，即 Q 很大。例如，云母电容和瓷介电容的 Q 为 1000 至 10 000。因此，与电感线圈中的损耗相比，电容器的损耗要小得多，常常忽略不计。

2.2　LC 谐振回路

利用电感线圈 L 和电容器 C 所组成谐振回路在通信电子线路中应用得非常广泛，是通信电子线路的最基本单元电路。例如，它在谐振放大器中作为负载，在正弦波振荡器中作为振荡回路，在调制、解调、混频等非线性电路中也都用到它。因此在学习各种通信电子线路之前，有必要对其重要特性进行复习。

谐振回路的最基本特性是具有谐振特性，即串联谐振回路对某一信号频率谐振时，回路电流具有最大值；而并联谐振回路对某一信号频率谐振时，回路端电压具有最大值。在通信技术中，广泛地利用这些特性来选择有用信号，抑制无用信号，因此常常称谐振特性为谐振回路的选频特性。

由一个电感和一个电容组成的谐振回路称为简单谐振回路，简称单回路。由两个或两个以上的单回路通过不同的耦合方式相互连接而成的电路称为耦合回路。最常用的是双耦合回路，简称双回路。采用耦合回路的目的是为了改善单回路的选频特性和阻抗变换作用。

LC 谐振回路可分为串联谐振回路和并联谐振回路。串联谐振回路是由电感、电容、电阻和信号源串联而成的电路；并联谐振回路是由电感、电容、电阻和信号源并联而成的电路。

2.2.1　串联谐振回路

1. 串联谐振回路的基本电路

图 2-6 是由电感 L、电容 C、电阻 r 和外加信号源电压 $\dot{E}_S$ 组成的串联谐振回路的基本电路。图中，$\dot{I}$ 为回路电流，r 为电感线圈的串联等效损耗，由于电容的串联损耗相对很小，可以忽略。

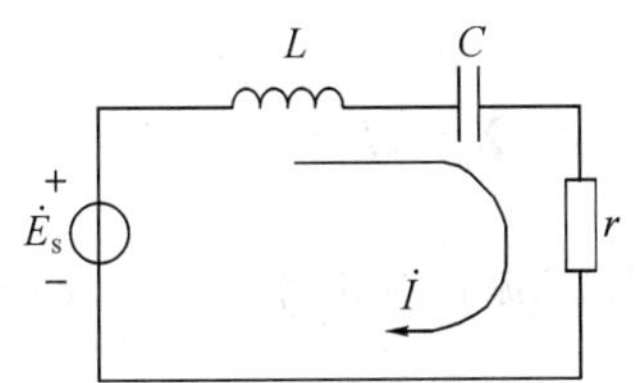

图 2-6　串联谐振回路的基本电路

2. 串联谐振回路的谐振特性

根据电路分析基础知识，可以得到串联谐振回路电流的幅频特性和相频特性分别为

$$I(\omega)=\frac{E_S}{|Z|}=\frac{E_S}{\sqrt{r^2+\left(\omega L-\frac{1}{\omega C}\right)^2}} \tag{2-11}$$

$$\varphi_i=-\arctan\frac{\omega L-\frac{1}{\omega C}}{r} \tag{2-12}$$

根据式(2-11)和式(2-12)可以画出幅频特性曲线和相频特性曲线分别如图 2-7 和图 2-8 所示。图中，$\omega_0=\frac{1}{\sqrt{LC}}$。

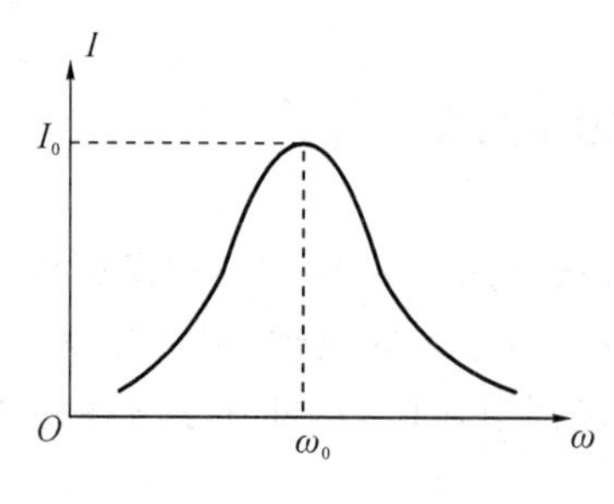

图 2-7　幅频特性曲线

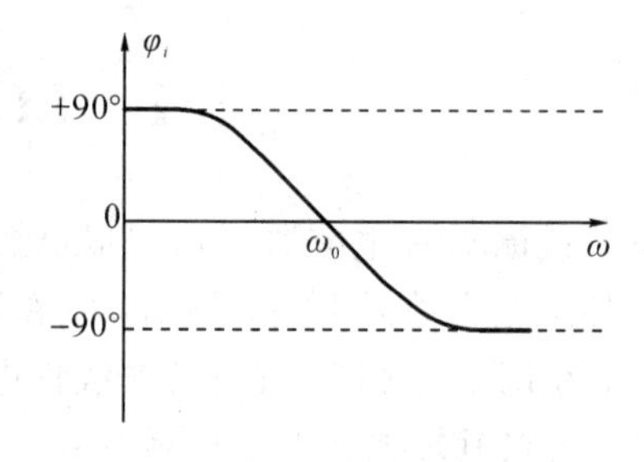

图 2-8　相频特性曲线

由式(2-11)、式(2-12)和图 2-7、图 2-8 可以得到串联谐振回路的谐振特性：

(1) 当 $\omega=\dfrac{1}{\sqrt{LC}}$时，阻抗$|Z|$呈现纯电阻特性且为最小值，即$|Z|=r$；回路电流 I 呈最大值，即有 $I=I_0=\dfrac{E_S}{r}$；$\varphi_i=0$，回路电流与信号源电压同相。这种情况称为回路串联谐振。

(2) 当 $\omega<\dfrac{1}{\sqrt{LC}}$时，随着 ω 值逐渐减小，感抗 ωL 逐渐减小，容抗$\dfrac{1}{\omega C}$逐渐增大，回路呈容性；由于总阻抗$|Z|$增大，I 值逐渐减小并趋向零；$\varphi_i>0$，回路电流相位超前信号源电压相位。这种情况称为回路失谐。

(3) $\omega>\dfrac{1}{\sqrt{LC}}$时，随着 ω 值逐渐增大时，ωL 逐渐增大，$\dfrac{1}{\omega C}$逐渐减小，回路呈感性；使得$|Z|$依然增大，从而使 I 值同样减小并逐渐趋向零；$\varphi_i<0$，回路电流相位滞后信号源电压相位。这种情况也称为回路失谐。

3. 串联谐振回路的谐振条件

在前面讨论串联谐振回路的频率特性(包括幅频特性和相频特性)时已经发现，当串联谐振回路的总电抗 X 满足

$$X=\omega L-\frac{1}{\omega C}=0 \tag{2-13}$$

时，即 $\omega=\dfrac{1}{\sqrt{LC}}$时，谐振回路串联谐振，因此将式(2-13)称为谐振条件。

一般使回路谐振有两种办法：一是当回路参数 L、C 一定时，调节信号源角频率 ω，使 $X=0$；二是当信号源角频率 ω 固定不变时，调节 L 或 C，使 $X=0$，一般将这种方法称为调谐。

4. 串联谐振回路的谐振频率

满足式(2-13)的角频率称为串联谐振回路的谐振角频率，记作 ω_0，即

$$\omega_0=\frac{1}{\sqrt{LC}} \tag{2-14}$$

或谐振频率 f_0 为

$$f_0=\frac{1}{2\pi\sqrt{LC}} \tag{2-15}$$

由式(2-15)可以看出，谐振频率是串联谐振回路的固有频率，它仅仅与回路电感 L 和电容 C 有关。即当 L、C 确定后，回路的谐振频率也就唯一确定了。

当回路谐振频率 f_0 不等于外加信号频率 f 时，称回路对该信号频率失谐。f_0 与 f 两

者相差越远，回路失谐越严重，回路电流就越小。

5. 串联谐振回路的谐振电阻 R_0

串联回路的谐振电阻就是谐振回路谐振时呈现的阻抗值。由图 2－6 可知串联谐振回路谐振时的阻抗为

$$Z=r+\mathrm{j}\omega_0 L+\frac{1}{\mathrm{j}\omega_0 C} \tag{2-16}$$

显然，当回路谐振时，有 $\omega_0 L=\frac{1}{\omega_0 C}$，则谐振电阻为

$$R_0=r$$

一般串联谐振回路的谐振电阻为几欧姆。

6. 串联谐振回路的品质因数 Q

正如电感线圈的品质因数是用来衡量其质量好坏一样，谐振回路也用品质因数衡量回路谐振性能好坏。

串联谐振回路品质因数定义为谐振时回路的感抗(或容抗)值与回路电阻之比。谐振回路的品质因数包括空载品质因数和有载品质因数。

1) 空载品质因数 Q_0

空载品质因数是指谐振回路没有接入外接电阻，只有线圈损耗电阻时的品质因数。由定义可知，图 2－6 所示回路的空载品质因数 Q_0 可写为

$$Q_0=\frac{\omega_0 L}{r} \tag{2-17}$$

式中，r 是线圈损耗电阻。显然，谐振回路的空载品质因数就是线圈的品质因数。

2) 有载品质因数 Q_L

有载品质因数是指谐振回路接入了外接电阻(如信号源内阻、负载电阻等)时的品质因数。例如，接入信号源内阻 R_S 和负载电阻 R_L 后的串联谐振回路如图 2－9 所示。

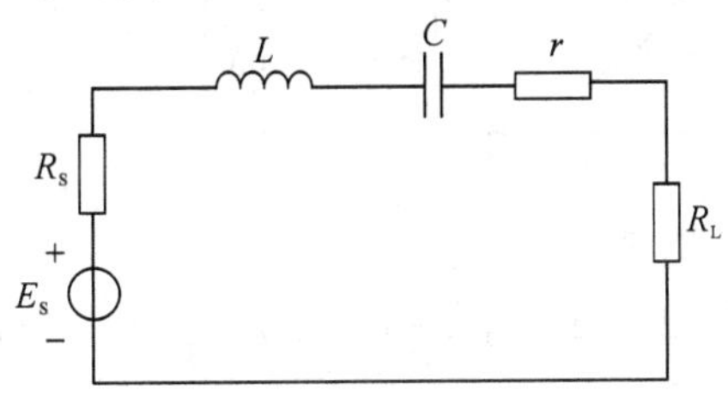

图 2－9　串联谐振回路

图 2－9 的有载品质因数为

$$Q_L=\frac{\omega_0 L}{r+R_S+R_L} \tag{2-18}$$

可见，串联谐振回路接入外接电阻后，有载品质因数比空载品质因数减小。

2.2.2　并联谐振回路

1. 并联谐振回路的基本电路

图 2－10 是由电感 L、电容 C、电阻 R_P 和外加电流信号源 $\dot{I}_S$ 组成的并联谐振回路基本

电路。图中，$\dot{U}$ 为回路端电压，R_P 是电感线圈的并联等效损耗，其与线圈的串联损耗 r 的关系近似为 $R_P \approx Q^2 r$。

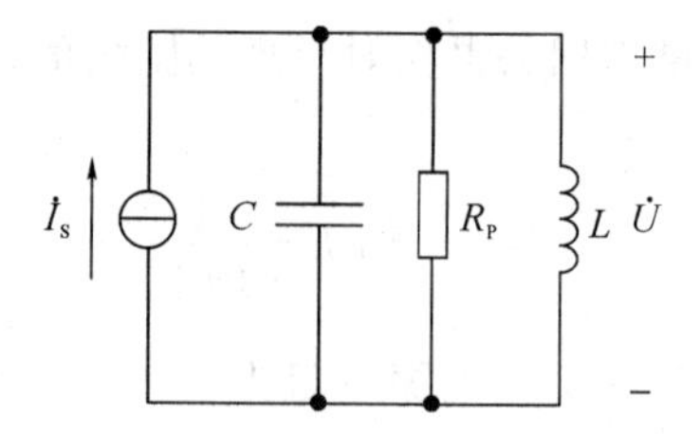

图 2-10　并联谐振回路的基本电路

2. 并联谐振回路的谐振特性

根据电路分析基础知识，可以得到并联谐振回路端电压的幅频特性和相频特性分别为

$$U=\frac{I_S}{|Y|}=\frac{I_S}{\sqrt{G_P^2+\left(\omega C-\frac{1}{\omega L}\right)^2}} \tag{2-19}$$

$$\varphi_u=-\arctan\frac{\omega C-\frac{1}{\omega L}}{G_P} \tag{2-20}$$

式(2-19)中，Y 为回路总导纳，$G_P=\frac{1}{R_P}$。根据式(2-19)和式(2-20)可以画出幅频特性曲线和相频特性曲线，分别如图 2-11 和图 2-12 所示。图中，$\omega_0=\frac{1}{\sqrt{LC}}$。

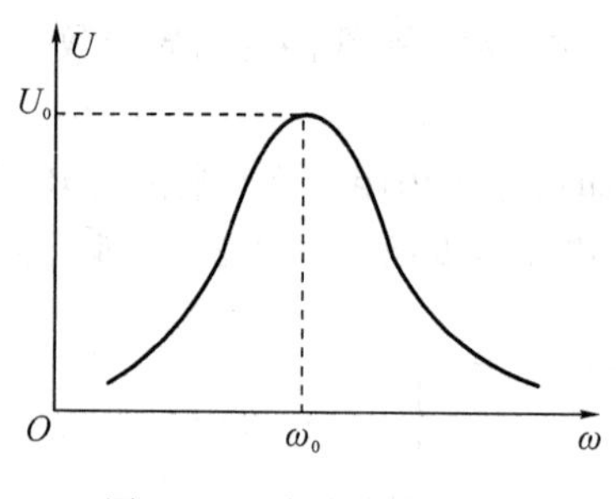

图 2-11　幅频特性曲线

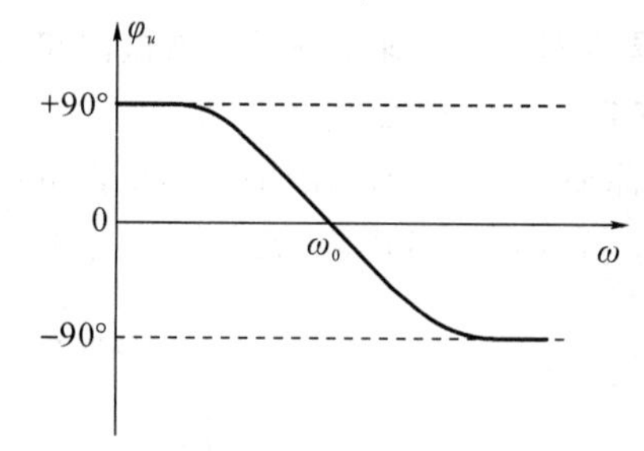

图 2-12　相频特性曲线

由式(2-19)、式(2-20)和图 2-11、图 2-12 可以得到并联谐振回路的谐振特性：

(1) 当 $\omega=\frac{1}{\sqrt{LC}}$ 时，回路总导纳 $|Y|$ 呈纯电导且最小，也即回路阻抗 $|Z|$ 呈纯电阻特性且为最大值，即 $|Z|=R_P$；回路端电压 U 呈最大值，即有 $U=U_0=\frac{I_S}{G_P}$；$\varphi_u=0$，回路端电压与信号源电流同相。此时，电路称为并联谐振。

(2) 当 $\omega<\frac{1}{\sqrt{LC}}$ 时，随着 ω 值逐渐减小，容纳 ωC 逐渐减小，感纳 $\frac{1}{\omega L}$ 逐渐增大，回路呈感性，使得 $|Y|$ 增大，从而使 U 值逐渐减小并趋向零，此时 $\varphi_u>0$，回路端电压相位超前信号源电流相位。此时，电路称为失谐。

(3) 当 $\omega>\frac{1}{\sqrt{LC}}$ 时，随着 ω 值逐渐增大，ωC 逐渐增大，$\frac{1}{\omega L}$ 逐渐减小，回路呈容性，使

得$|Y|$依然增大，从而使U值同样减小并逐渐趋向零，此时$\varphi_u<0$，回路端电压相位滞后信号源电流相位。

3. 并联谐振回路的谐振条件

当信号源角频率$\omega=\frac{1}{\sqrt{LC}}$，即当并联谐振回路总电纳$B$满足

$$B=\omega C-\frac{1}{\omega L}=0 \tag{2-21}$$

时谐振回路谐振，将式(2-21)称为并联谐振回路的谐振条件。

4. 并联谐振回路的谐振频率 f_0

满足式(2-21)的角频率称为并联谐振回路的谐振角频率ω_0，即

$$\omega_0=\frac{1}{LC} \tag{2-22}$$

或谐振频率f_0为

$$f_0=\frac{1}{2\pi\sqrt{LC}} \tag{2-23}$$

可见，并联谐振回路的谐振频率计算公式与串联谐振回路的谐振频率计算公式一样。

5. 并联谐振回路的谐振电阻 R_0

根据定义，由图 2-10 可知，并联谐振回路谐振时的阻抗为

$$Z=\frac{1}{Y}=\frac{1}{G_P+\mathrm{j}\left(\omega C-\frac{1}{\omega L}\right)}$$

显然，当回路谐振，即$\omega_0 L=\frac{1}{\omega_0 C}$时，谐振电阻为

$$R_0=\frac{1}{G_P}=R_P$$

一般并联谐振回路谐振电阻约为几十千欧。

6. 并联谐振回路的品质因数 Q

并联谐振回路的品质因数定义为谐振时回路的容纳(或感纳)值与回路电导之比。

1) 空载品质因数Q_0

由定义可知，并联回路的空载品质因数Q_0可写为

$$Q_0=\frac{\omega_0 C}{G_P}=\frac{1}{G_P\omega_0 L} \tag{2-24}$$

式中，G_P是线圈损耗电导。显然，并联谐振回路的空载品质因数就是线圈的品质因数。

2) 有载品质因数Q_L

接入信号源内阻R_S和负载电阻R_L后的并联谐振回路如图 2-13 所示，则回路的有载

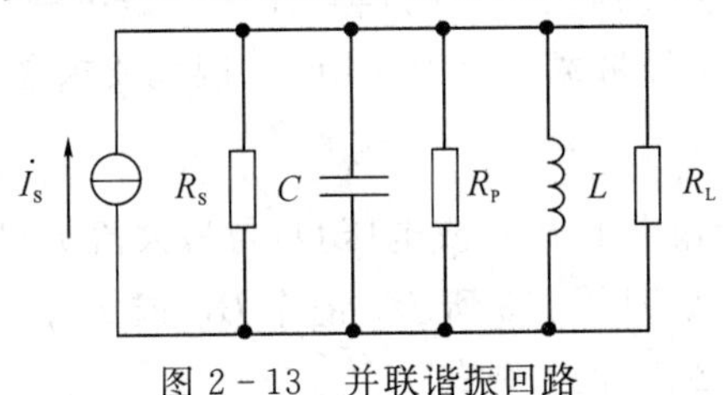

图 2-13　并联谐振回路

品质因数为

$$Q_L=\frac{\omega_0 C}{G_P+G_S+G_L} \tag{2-25}$$

式中，G_P、G_S 和 G_L 分别为

$$G_P=\frac{1}{R_P},\ G_S=\frac{1}{R_S},\ G_L=\frac{1}{R_L}$$

可见，与串联谐振回路一样，并联谐振回路接入外接电阻后，有载品质因数比空载品质因数小。

2.2.3 谐振特性与品质因数的关系

串联与并联谐振回路的幅频特性与相频特性均可以用品质因数表示为

$$\frac{I}{I_0}\approx\frac{1}{\sqrt{1+\left(Q\frac{2\Delta f}{f_0}\right)^2}} \quad 或 \quad \frac{U}{U_0}\approx\frac{1}{\sqrt{1+\left(Q\frac{2\Delta f}{f_0}\right)^2}} \tag{2-26}$$

$$\varphi_i\approx\varphi_u=-\arctan Q\frac{2\Delta f}{f_0} \tag{2-27}$$

式中，I_0(或 U_0)为谐振电流(或电压)；Q 为回路的品质因数；f_0 为谐振频率；$\Delta f=f-f_0$ 为失谐量。

通过改变品质因数，可以得到一族幅频特性曲线和相频特性曲线，分别如图 2-14(a)、(b)所示。

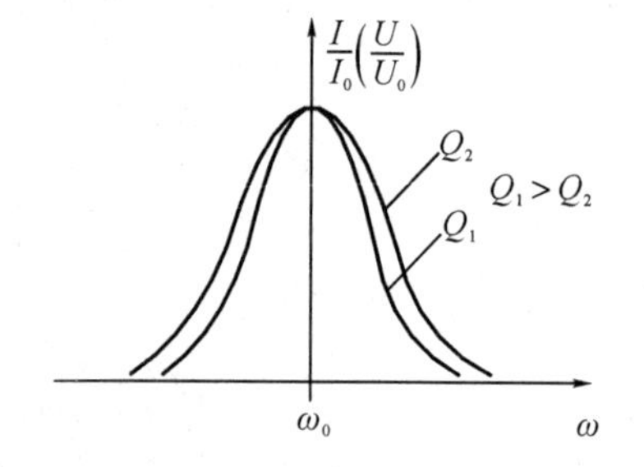

(a) 幅频特性曲线与Q值的关系

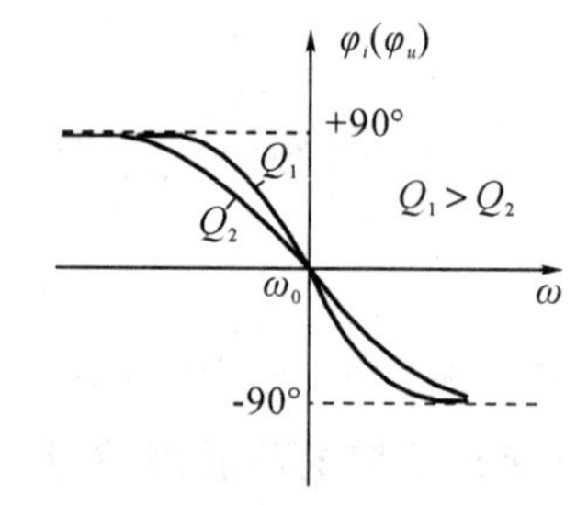

(b) 相频特性曲线与Q值的关系

图 2-14　Q 值对谐振曲线的影响

由图 2-14 可见，随着 Q 值增大，幅频特性曲线越尖锐，相频特性曲线斜率绝对值越大；反之，随着 Q 值减小，幅频特性曲线越平坦，相频特性曲线斜率绝对值越小。

2.2.4 谐振回路的通频带与选择性

在无线电通信中，谐振回路所要选取的信号往往不是单一频率，而是具有一定频带宽度的信号，例如，中波调幅信号带宽一般为 9 kHz，因此要求谐振回路具有一定通频带。

1. 通频带

谐振回路的通频带是指输出电流 I(或电压 U)与最大值 $I_0(U_0)$之比为 0.707 时所对应的两个频率 f_L 与 f_H 之差，如图 2-15 所示，记作 $B_{0.7}$或 $2\Delta f_{0.7}$，又称为 3 dB 带宽。

当式(2-26)中的 $\Delta f=\Delta f_{0.7}$时，则有

$$\frac{1}{\sqrt{1+\left(Q\frac{2\Delta f_{0.7}}{f_0}\right)^2}}=\frac{1}{\sqrt{2}}$$

可求得通频带为

$$B_{0.7}=2\Delta f_{0.7}=f_H-f_L=\frac{f_0}{Q} \qquad (2-28)$$

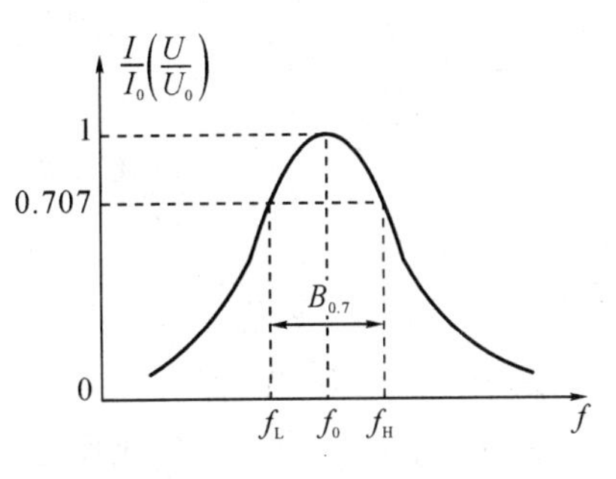

图 2-15　谐振回路通频带

由式(2-28)可见，通频带 $B_{0.7}$与 Q 成反比，即品质因数值越大，通频带越窄。

为了选取占有一定带宽的信号，谐振回路需要有一定的通频带，然而为了干净地滤除其他不需要的频率信号，则希望幅频特性曲线中通频带以外的衰减越多越好，这就提出了谐振回路的选择性要求。

2. 选择性

谐振回路选择性是指选择有用信号，抑制或滤除无用信号(干扰)的能力。一般用矩形系数表示选择性好坏。矩形系数定义为

$$K_{r0.1}=\frac{B_{0.1}}{B_{0.7}} \qquad (2-29)$$

式(2-29)中，$B_{0.1}$为谐振回路输出电流(或电压)与最大值之比为 0.1 时所对应的两个频率之差。理想与实际谐振曲线的关系如图 2-16 所示。可见，理想谐振曲线为矩形曲线。

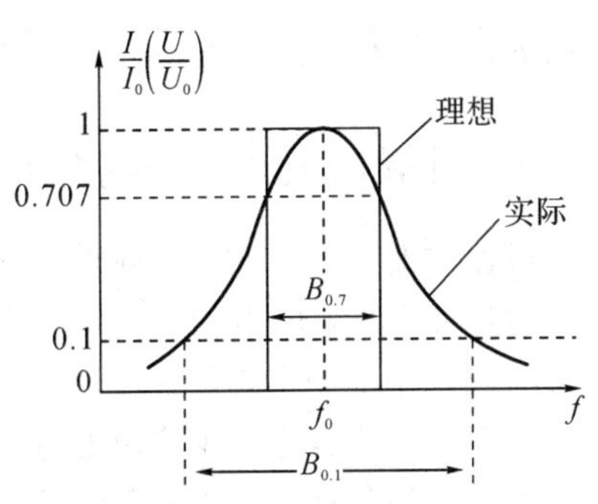

图 2-16　理想与实际谐振曲线的关系

由于理想矩形谐振曲线在通频带内对有用信号无衰减，通频带以外对无用信号陡然衰减至零，所以 $B_{0.1}$等于 $B_{0.7}$，矩形系数等于 1，选择性最佳；而实际谐振曲线在通频带以内有一定衰减，通频带以外衰减较慢，$B_{0.1}$大于 $B_{0.7}$，矩形系数大于 1。

显然，谐振曲线越接近矩形，矩形系数越接近于 1，谐振曲线的选择性越好。而一般单谐振回路的 $K_{r0.1}=9.96\gg1$，选择性较差。

综上所述，Q 值越大，谐振曲线越尖锐，通频带越窄，选择性越好；反之，Q 值越小，谐振曲线越平坦，通频带越宽，选择性越差。这就是说，对于简单谐振回路，拓宽通频带与改善选择性是一对矛盾。为了较好解决这一矛盾，可以采用双调谐回路。

例 2-1　给定并联谐振回路的 $f_0=5$ MHz，回路电容 $C=50$ pF，$B_{0.7}=150$ kHz。(1) 求回路电感 L 和空载品质因数 Q_0。(2) 当 $B_{0.7}=300$ kHz 时，应在回路两端并联上一个阻值多大的电阻 R_X？

解　(1) 由 $f_0=\dfrac{1}{2\pi\sqrt{LC}}=5\times10^6$ Hz，$C=50$ pF 可得

$$L=\frac{1}{(2\pi f_0)^2C}=\frac{1}{(2\pi\times5\times10^6)^2\times50\times10^{-12}}\approx20.3\ \mu\text{H}$$

又由 $B_{0.7}=\dfrac{f_0}{Q_0}=150\times10^3$ Hz 可得

$$Q_0=\frac{f_0}{B_{0.7}}=\frac{5\times10^6}{150\times10^3}=33.3$$

（2）由 $Q_0=\dfrac{\omega_0 C}{G_P}$可得

$$G_P=\frac{2\pi f_0 C}{Q_0}=\frac{6.28\times5\times10^6\times50\times10^{-12}}{33.3}=47\times10^{-6}\ \text{S}$$

所以 $R_P=\dfrac{1}{G_P}=\dfrac{1}{47\times10^{-6}}=21.3\ \text{k}\Omega$。

求 R_X 的方法有两种：

方法一：由于 $B_{0.7}$ 与 Q 成反比，当 $B_{0.7}$ 增大一倍时，要求 Q_L 比 Q_0 减少一半，应该再并联一个与 R_P 同样大的电阻，即 $R_X=21.3\ \text{k}\Omega$。

方法二：由 $B_{0.7}=\dfrac{f_0}{Q_L}$可得

$$Q_L=\frac{f_0}{B_{0.7}}=\frac{5\times10^6}{300\times10^3}=16.7$$

又由 $Q_L=\dfrac{\omega_0 C}{G_P+G_X}$得

$$G_X=\frac{2\pi f_0 C}{Q_L}-G_P=\frac{6.28\times5\times10^6\times50\times10^{-12}}{16.7}-47\times10^{-6}=47\times10^{-6}\ \text{S}$$

所以 $R_X=\dfrac{1}{G_X}=21.3\ \text{k}\Omega$。

2.2.5 并联谐振回路的耦合方式及接入系数

根据前面内容可知，串联谐振回路适用于信号源内阻较小的场合，此时可以获得较好的选频特性。如果内阻较大，采用串联谐振回路将严重降低回路的品质因数，使串联谐振回路的谐振曲线变平坦，选择性变差。

然而，在通信电子线路中谐振回路的信号源常常具有较高的内阻，例如，当谐振回路作为放大器的负载时，放大器的输出电阻就相当于谐振回路的信号源内阻，约为几千欧至几十千欧，此时只有采用适用于信号源内阻高的并联谐振回路，才可以获得较好的选择性。所以，通信电子线路中通常采用并联谐振回路，而很少采用串联谐振回路。

为了进一步减小外接电阻对并联谐振回路选择性的影响，往往采用各种耦合电路。下面从负载与谐振回路的连接方式角度，介绍并联谐振回路的耦合方式及接入系数。

1. 并联谐振回路耦合方式

1）变压器耦合方式

变压器耦合电路及其等效电路如图 2－17 所示。图中变压器初级线圈电感 L 与电容 C 组成并联谐振回路，次级线圈连接负载 R_L，N_1、N_2 分别为初、次级线圈匝数，R'_L 为负载 R_L 等效到谐振回路两端的等效负载。

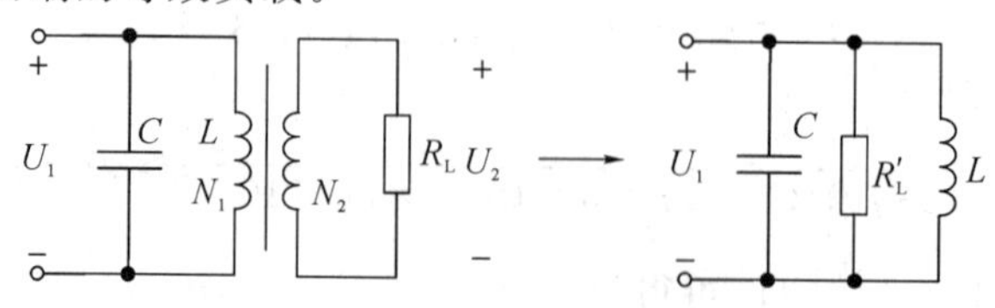

图 2－17　变压器耦合电路及其等效电路

设初级线圈和次级线圈两端电压分别为 U_1、U_2，根据等效前后负载上获得的功率相等

原则，则有

$$\frac{U_1^2}{R'_L}=\frac{U_2^2}{R_L} \tag{2-30}$$

又因为变压器匝数比等于电压比，即

$$\frac{U_1}{U_2}=\frac{N_1}{N_2} \tag{2-31}$$

将式(2-31)代入式(2-30)，则有

$$R'_L=\left(\frac{N_1}{N_2}\right)^2 R_L \tag{2-32}$$

式(2-32)中，若选择 $N_1>N_2$，则 $R'_L>R_L$，显然等效负载增大，对谐振回路影响减小。另外，一般信号源内阻 R_S 比负载 R_L 大，阻抗不匹配，经过变压器阻抗变换，能使等效负载 R'_L 与 R_S 接近或相等，满足匹配条件，使负载获得高功率输出。

2) 自感变压器耦合方式

变压器自感耦合电路及其等效电路如图 2-18 所示。图中变压器电感线圈 L 与电容 C 组成并联谐振回路，线圈抽头与负载 R_L 连接，N_1、N_2 分别为线圈总匝数和部分匝数。

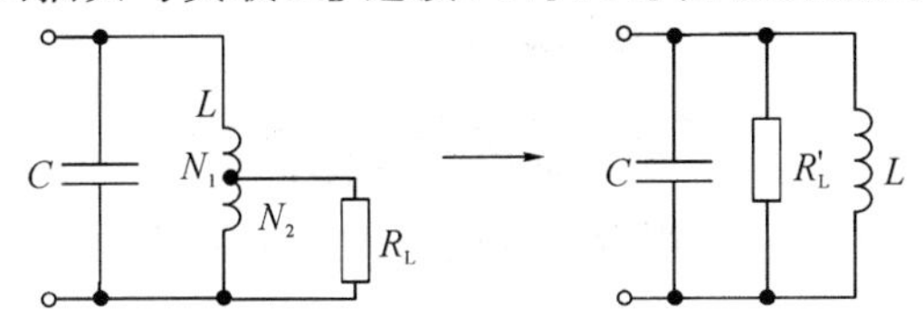

图 2-18　自感变压器耦合电路及其等效电路

根据变压器耦合电路分析方法，可以得到

$$R'_L=\left(\frac{N_1}{N_2}\right)^2 R_L \tag{2-33}$$

式(2-33)中，由于 $N_1>N_2$，显然 $R'_L>R_L$，同样也实现了低阻抗到高阻抗的变换。自感耦合变压器的优点是绕制简单，缺点是这种耦合不隔直流。

3) 双电容耦合方式

双电容耦合电路及其等效电路如图 2-19 所示。图中，电感 L 与电容 C_1、C_2 组成并联谐振回路，电容 C_1、C_2 串联，则总电容 $C_\Sigma=\dfrac{C_1C_2}{C_1+C_2}$，负载电阻 R_L 接在电容 C_2 两端。R'_L 为等效到谐振回路两端的等效负载。

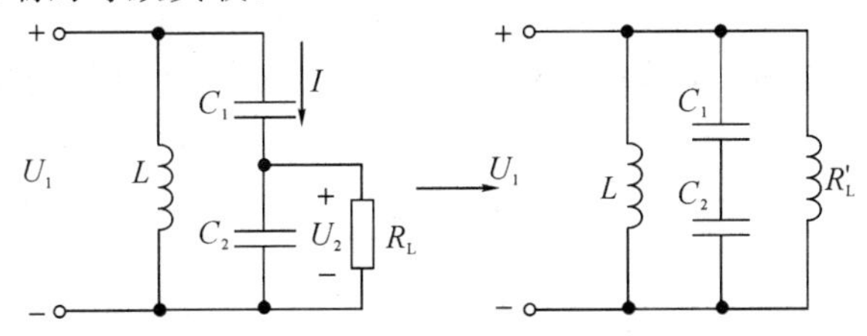

图 2-19　双电容耦合电路及其等效电路

假设总电容 C_Σ 和 C_2 两端电压分别为 U_1、U_2，电容串联支路电流为 I(忽略了负载电阻 R_L 的分流作用)，则有

$$U_1=\frac{1}{j\omega C_\Sigma}\cdot I,\ U_2=\frac{1}{j\omega C_2}\cdot I \tag{2-34}$$

根据等效前后负载上获得的功率相等原则，将式(2-34)代入式(2-30)，则有

$$R'_L=\left(\frac{U_1}{U_2}\right)^2R_L=\left(\frac{\frac{1}{j\omega C_\Sigma}}{\frac{1}{j\omega C_2}}\right)^2R_L=\left(\frac{C_2}{C_\Sigma}\right)^2R_L \tag{2-35}$$

式(2-35)中，由于$C_2>C_\Sigma$，因此$R'_L>R_L$。说明采用双电容耦合方式，也能实现低阻抗到高阻抗的变换。

双电容耦合电路应用更为广泛，这是因为这种耦合电路避免了绕制变压器的麻烦，且调整也很方便。另外，这种耦合电路在高频时可把负载电容作为回路电容的一部分，高频特性非常好。

上述几种耦合电路，虽然连接方式不同，却有一个共同特点：负载电阻均是通过耦合与谐振回路的一部分连接，这种形式称为“部分接入”形式。衡量部分接入的程度，往往采用接入系数来描述。

2. 接入系数 P

接入系数取值范围为$0<P<1$，可以定义为

$$P=\frac{\text{接入端点间的电压}}{\text{回路两端电压}} \tag{2-36}$$

对于变压器耦合和自感变压器耦合，负载接入谐振回路的接入系数很容易得到(请读者自行分析)

$$P=\frac{N_2}{N_1}$$

对于双电容耦合，图2-19中的R_L接入端点间的电压为U_2，回路两端电压为U_1，根据式(2-36)可得到接入系数为

$$P=\frac{U_2}{U_1}=\frac{\frac{1}{\omega C_2}\cdot I}{\frac{1}{\omega C_\Sigma}\cdot I}=\frac{C_\Sigma}{C_2}=\frac{C_1}{C_1+C_2}$$

引入接入系数后，所有耦合电路的阻抗变换规律可以统一写成

$$R'_L=\frac{1}{P^2}R_L \tag{2-37}$$

可见，调节接入系数P，就可以根据需要改变等效负载R'_L的大小。

当外接负载不是纯电阻时，式(2-37)可推广至一般场合，即负载阻抗与等效阻抗的转换关系为

$$Z'_L=\frac{1}{P^2}Z_L \tag{2-38}$$

负载导纳与等效导纳的转换关系为

$$Y'_L=P^2Y_L$$

前面主要介绍的是负载的接入方式，对于谐振回路的信号源同样可以采用部分接入谐振回路的形式，分析方法相同。

总之，外接电路(如信号源、负载等)采用部分接入谐振回路的方式，都能使等效阻抗增大，以提高回路的有载品质因数，减小外接电路对回路谐振特性的影响。同时，还可以实

现阻抗匹配，输出较大功率。

例 2-2　原电路如图 2-20(a)所示，信号源与负载均部分接入并联谐振回路，接入系数分别是 P_1、P_2。请分析将信号源和负载等效到并联谐振回路 A、B 两端的等效电路。

解　信号源内阻 R_S 折合到 A、B 两端，等效内阻为

$$R'_S=\frac{1}{P_1^2}R_S$$

电流源 $\dot{I}_S$ 折合到 A、B 两端，考虑到电压比是 $1/P_1$，为保持功率不变，电流比应为 P_1，则等效电流源减小，即为

$$\dot{I}'_S=P_1\dot{I}_S$$

负载 R_L 折合到 A、B 两端，等效负载为

$$R'_L=\frac{1}{P_2^2}R_L$$

电容 C_L 的容抗折合到 A、B 两端，等效容抗为

$$\frac{1}{\omega C'_L}=\frac{1}{P_2^2}\frac{1}{\omega C_L}$$

则有

$$C'_L=P_2^2C_L$$

输出端电压折合到 A、B 两端，等效电压增大，即为

$$U'_L=\frac{1}{P_2}U_L$$

经过折合后的等效电路如图 2-20(b)所示。

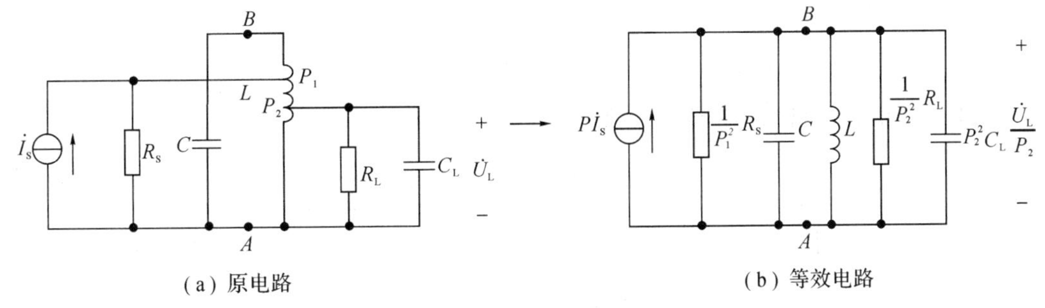

图 2-20　例 2-2 图

2.2.6　耦合回路

1. 耦合回路概念及其电路形式

为什么要采用耦合回路呢？最重要的原因是前面讨论的单谐振回路选择性不好，即单回路在通频带内特性不均匀，而在通频带以外衰减又太缓慢，且不能较好地解决通频带和选择性的矛盾。

耦合回路是指由两个或者两个以上的单谐振回路，通过各种耦合方式组成的相互之间发生影响的电路系统。使用最多的是由两个单谐振回路组成的双耦合回路，简称双回路。

在双回路中，接有信号源的回路称为初级回路，与负载相连的回路称为次级回路。初、次级回路之间的耦合可以有几种不同的方式，较常用的有互感耦合和电容耦合两种。互感

耦合典型电路如图 2－21 所示。图中是初级谐振回路 L_1、C_1、G_1 与次级谐振回路 L_2、C_2、G_2 通过互感 M 互相耦合。电容耦合典型电路如图 2－22 所示。图中初级谐振回路 L_1、C_1、G_1 与次级谐振回路 L_2、C_2、G_2 通过电容耦合元件 C_M 互相耦合。

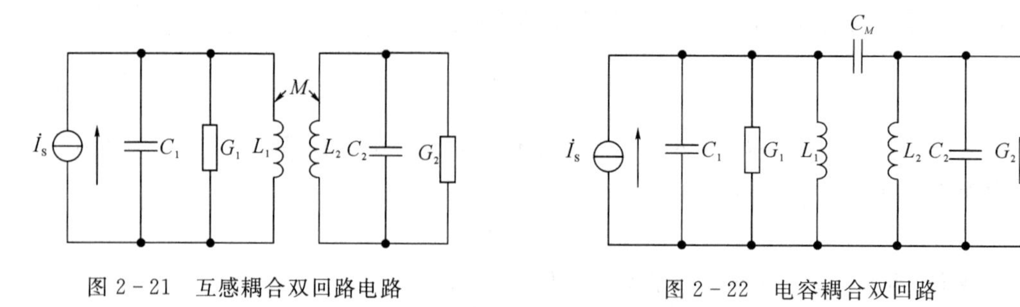

图 2－21　互感耦合双回路电路　　　图 2－22　电容耦合双回路

耦合电路的性能与两个回路之间的耦合程度有关。为了说明耦合程度大小，常引入耦合系数 k 来表示。耦合系数 k 一般定义为

$$k=\frac{X_{12}}{\sqrt{X_{11}X_{12}}} \tag{2-39}$$

式中，X_{12} 表示耦合元件的电抗；X_{11} 表示初级回路与 X_{12} 同性质总电抗；X_{22} 表示次级回路与 X_{12} 同性质总电抗。

对于互感耦合电路而言，根据耦合系数 k 的定义可得到

$$k=\frac{\omega M}{\sqrt{\omega L_1 \cdot \omega L_2}}=\frac{M}{\sqrt{L_1 L_2}}$$

当 $L_1=L_2=L$ 时，则有

$$k=\frac{M}{L} \tag{2-40}$$

对于电容耦合电路而言，耦合系数 k 等于

$$k=\frac{\omega C_M}{\sqrt{\omega(C_1+C_M)\cdot\omega(C_2+C_M)}}=\frac{C_M}{\sqrt{(C_1+C_M)(C_2+C_M)}}$$

当 $C_1=C_2=C$ 时，则有

$$k=\frac{C_M}{C+C_M}\approx\frac{C_M}{C} \tag{2-41}$$

通常情况下，$k\ll 1$。在高频电路中，C 的单位数量级为微法，C_M 的单位数量级为皮法，因此 k 约为百分之几。

2．耦合回路的谐振曲线

下面以电容耦合双回路为例，讨论耦合回路的谐振曲线。为了使分析简便，假设如图 2－23所示的初、次级电路参数完全相同，即 $L_1=L_2=L$，$C_1=C_2=C$，$G_1=G_2=G$，U_1 为初级回路端电压，U_2 为次级回路输出电压。可以证明如图 2－23 所示的电容耦合双回路的次级输出电压的数学表达式为

$$U_2=\frac{\eta I_S}{G\sqrt{(1-\xi^2+\eta^2)^2+4\xi^2}} \tag{2-42}$$

式中，η 为耦合因数，其与耦合系数的关系为

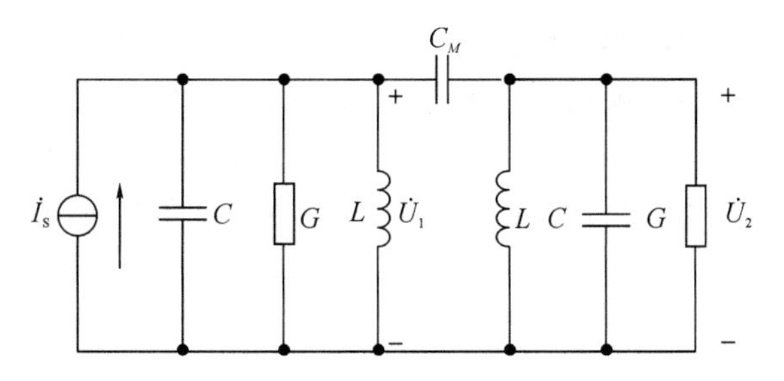

图 2-23　初、次级参数相同的电容耦合双回路

$$\eta=\frac{\omega C_M}{G}=Qk$$

ξ 为广义失谐量，有

$$\xi\approx Q\frac{2\Delta f}{f_0}$$

当 $\xi=0$ 且 $\eta=1$ 时，次级输出电压最大，为 $U_{2\max}$，即

$$U_{2\max}=\frac{I_S}{2G}$$

则次级输出电压归一化值为

$$\alpha=\frac{U_2}{U_{2\max}}=\frac{2\eta}{\sqrt{(1-\xi^2+\eta^2)^2+4\xi^2}} \tag{2-43}$$

由式(2-43)可见，对于双回路而言，谐振特性除了与 ξ(即工作频率 f 和品质因数 Q)有关外，还与初、次级耦合程度 η 有关。

下面分别讨论 $\eta=1$、$\eta<1$ 和 $\eta>1$ 等三种情况的谐振曲线：

(1) $\eta=1$(临界耦合)时的谐振曲线。当 $\eta=1$ 时，式(2-43)可以简化为

$$\alpha=\frac{U_2}{U_{2\max}}=\frac{2}{\sqrt{4+\xi^4}} \tag{2-44}$$

根据式(2-44)可以画出 $\eta=1$ 时的谐振曲线如图 2-24 曲线①所示。为了比较，图中也画出了单回路谐振曲线②。由此容易看出，双回路谐振曲线更接近矩形，即在谐振点附近比较平坦，在通频带外衰减较快，显然对通频带和选择性都有利，较好地克服了两者矛盾。

(2) $\eta<1$(弱耦合)时的谐振曲线。$\eta<1$ 时的谐振曲线如图 2-25 中曲线②(对应 $\eta=0.5$)所示。当 $\xi=0$ 时，$\alpha=\frac{2\eta}{1+\eta^2}<1$，此种情况下通频带变窄，失去了双回路的优越性。所

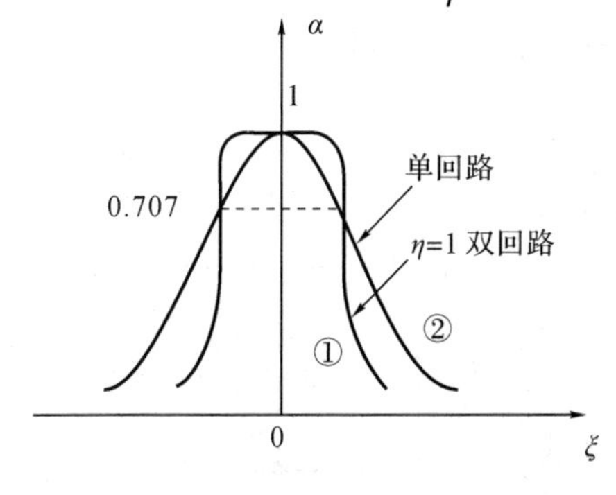

图 2-24　$\eta=1$ 时的双回路谐振曲线

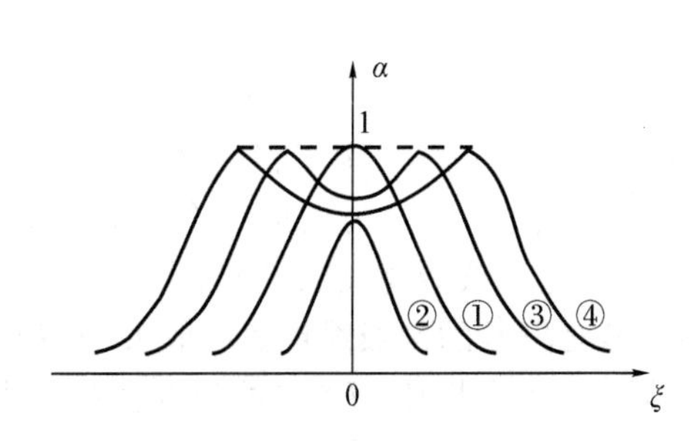

图 2-25　不同 η 的双回路谐振曲线

以在实际电路中，$\eta<1$ 的情况很少用。

(3) $\eta>1$(强耦合)时的谐振曲线。根据式(2-44)可以画出 $\eta>1$ 时的谐振曲线如图2-25曲线③(对应 $\eta=1.5$)和曲线④(对应 $\eta=2$)所示。此时的谐振曲线出现双峰，在 $\xi=0$ 处出现谷点，并且随着 η 增大，两个峰点间距加大，谷点凹陷得越厉害。当 $\eta=2.41$ 时，谷点凹陷至0.707。

3. 耦合回路的通频带

根据通频带的定义，即可求得通频带为

$$B_{0.7}=2\Delta f_{0.7}=\frac{f_0}{Q}\sqrt{\eta^2-1+\sqrt{2(1+\eta^4)}} \tag{2-45}$$

由式(2-45)可见，耦合回路与单回路不一样，通频带除与品质因数 Q 成反比外，还与耦合因数 η 有关。

弱耦合，即 $\eta<1$ 时，则有

$$B_{0.7}\approx 0.64\frac{f_0}{Q} \tag{2-46}$$

由式(2-46)可见，弱耦合时通频带比单回路还要窄。

临界耦合，即 $\eta=1$ 时，则有

$$B_{0.7}=\sqrt{2}\frac{f_0}{Q} \tag{2-47}$$

由式(2-47)可见，临界耦合时耦合回路的通频带比单回路宽$\sqrt{2}$倍，且选择性好，能较好解决通频带与选择性的矛盾。

强耦合，即 $\eta>1$ 时，谐振曲线出现双峰和谷点。在实际应用时，不希望谷点小于0.707，即要求 $\eta\leqslant 2.41$。当 $\eta=2.41$ 时，通频带为

$$B_{0.7}\approx 3.1\frac{f_0}{Q} \tag{2-48}$$

由式(2-48)可见，如果允许强耦合时谐振曲线中心凹陷下降为0.707，则双回路的通频带是单回路通频带的3.1倍。

通过以上分析可见，只要调节双回路的耦合程度，使 η 在很小至2.41之间变化时，就可以使双回路的通频带从 $0.64\frac{f_0}{Q}$ 到 $3.1\frac{f_0}{Q}$ 之间变化，这就是耦合回路较单回路的优越之处。

2.3 *LC* 谐振回路应用举例

收音机的输入回路就是 LC 并联谐振回路，是接收电台信号的“大门”，要求其具有良好的选择性和正确的频率覆盖面。其典型电路如图2-26所示。图中，Tr为调谐耦合高频变压器，称为磁性天线，其电感线圈绕在磁棒上。L_1 是变压器的初级线圈，L_2 是变压器的次级线圈。一般 L_1 采用多股(7～28股)绕制，以减小损耗。L_1 与可变电容 C_{1a}、微调电容 C_0 组成输入调谐回路，其中，C_0 是补偿电容，用以保证中波高频段的接收灵敏度。当改变 C_{1a} 容量时，调谐回路就

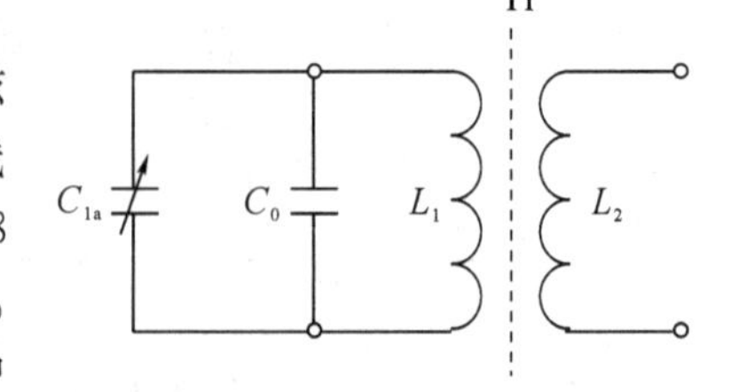

图2-26 收音机的 LC 谐振回路

谐振在接收电台的频率上，选出所需要的电台信号，经磁棒耦合到 L_2 上输出。例如，已知 C_{1a}的可调范围为 $C_{min}=7$ pF，$C_{max}=270$ pF。我国规定广播中波的接收频段是 535～1605 kHz。要求调节 C_{1a}从最小到最大时，恰好能覆盖接收频段，可计算出 L 和 C_0 的值。根据谐振频率求解公式，得到

$$\begin{cases} f_{min}=\dfrac{1}{2\pi\sqrt{L(C_{max}+C_0)}} \\ f_{max}=\dfrac{1}{2\pi\sqrt{L(C_{min}+C_0)}} \end{cases}$$

解此方程，得到 $L\approx300$ μH，$C_0\approx26$ pF。

一般中波收音机中，C_{1a} 选取(7/270) pF 可调电容(双联电容的一部分)，C_0 选取(5/25)pF的微调电容，磁棒天线采用导磁率很高的锰锌铁氧体材料。

习　题

1. 为什么要引入线圈的品质因数？它是怎样定义的？它的数值一般是多大？

2. 有人说，根据电感线圈的品质因数的定义 $Q_L=\omega L/r$，可得出 Q_L 与工作频率成正比，即工作频率越高，Q_L 值越大。这种说法对吗？为什么？

3. 试证明电感线圈串、并联形式等效电路的转换形式：

$$L_P=L\left(1+\frac{r^2}{\omega^2L^2}\right)=L\left(1+\frac{1}{Q^2}\right)\approx L$$

$$R=r\left(1+\frac{\omega^2L^2}{r^2}\right)=r(1+Q^2)\approx rQ^2$$

4. 一个串联谐振回路，已知电感 $L=3.3$ μH，电容 $C=10$ pF，线圈串联损耗电阻 $r=5$ Ω。回路的谐振频率 f_0 为多少？回路的空载品质因数 Q_0 为多少？

5. 串联回路如图 2-27 所示。其信号源频率 $f=1$ MHz，信号源电压 $U_S=0.1$ V。将 1、2 两端短接，电容 C 调到 100 pF 时谐振。此时电容 C 两端的电压为 10 V。将 1、2 两端开路，再串接一阻抗 Z_X(电阻 R_X 与电容 C_X 串接)，则回路失谐。电容 C 调到 200 pF 时又重新谐振，电容 $C+C_X$ 两端电压变成 2.5 V。试求线圈的电感量 L、回路品质因数 Q_0 以及未知阻抗 Z_X。

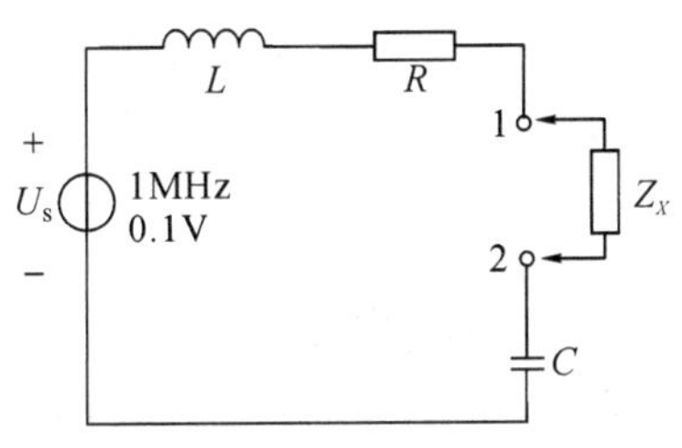

图 2-27

6. 有一并联回路在某频段内工作，频段的最低频率为 535 kHz，最高频率为 1605 kHz。现有两个可变电容器，一个电容器的最小容量为 12 pF，最大容量为 100 pF；另一个电容器的最小电容量为 15 pF，最大电容量为 450 pF。试问：(1) 应采用哪一个可变电容器，为什么？(2) 回路电感等于多少？(3) 画出实际的并联回路电路图。

7. 已知谐振频率 $f_0=6.5$ MHz，通频带 $B=250$ kHz，试计算回路品质因数 Q；若希望谐振电阻 $R_0=12.5$ kΩ，试确定回路的 L、C 值。

8. 并联谐振回路如图 2-28 所示。已知通频带 $2\Delta f_{0.7}$ 和电容 C，若回路总电导为 $g_\Sigma=g_S+g_P+g_L$。(1)试证明：$g_\Sigma=4\pi\Delta f_{0.7}C$。(2)若给定 $C=20$ pF，$2\Delta f_{0.7}=6$ MHz，$R_P=10$ kΩ，$R_S=10$ kΩ，求 R_L。

9. 电路如图 2-29 所示。已知 $L=0.8$ μH，$Q_0=100$，$C_1=C_2=20$ pF，$C_i=5$ pF，$R_i=10$ kΩ，$C_0=20$ pF，$R_0=5$ kΩ。试计算回路谐振频率 f_0、谐振阻抗 R_0（不计 R_o 与 R_i 时）、有载品质因数 Q_L 和通频带 $B_{0.7}$。

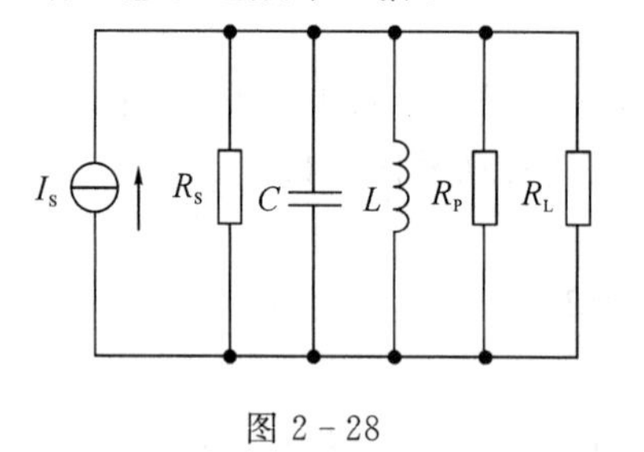

图 2-28

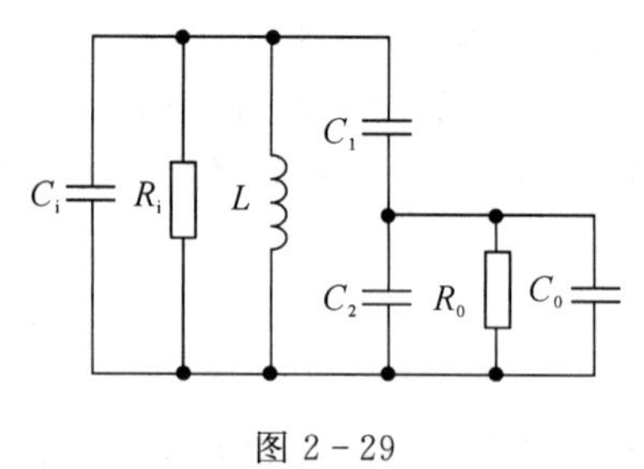

图 2-29

10. 设计一个并联回路，要求谐振频率 $f_0=465$ kHz，回路电容 $C=200$ pF，通频带 $B=10$ kHz。已知信号源内阻 $R_S=320$ kΩ，负载 $R_L=320$ kΩ。试计算回路电感 L、空载品质因数 Q_0 和有载品质因数 Q_L。

11. 并联回路的空载品质因数 $Q_0=80$，谐振电阻 $R_0=25$ kΩ，谐振频率 $f_0=30$ MHz，信号源电流 $I_S=0.1$ mA，电路如图 2-30 所示。试求：(1) 若信号源内阻 $R_S=10$ kΩ，负载电阻 $R_L\to\infty$，则通频带 $B_{0.7}$ 和谐振输出电压 U_{om} 是多少？(2) 若 $R_S=6$ kΩ，$R_L=2$ kΩ，再求 $B_{0.7}$ 和 U_{om}。

12. 在图 2-31 所示的电路中，假若给定回路谐振频率 $f_0=8.7$ MHz，谐振电阻 $R_0=20$ kΩ，空载品质因数 $Q_0=100$，信号源内阻 $R_S=4$ kΩ，负载 $R_L=2$ kΩ，接入系数 $n_1=0.314$、$n_2=0.224$。求通频带 $B_{0.7}$。

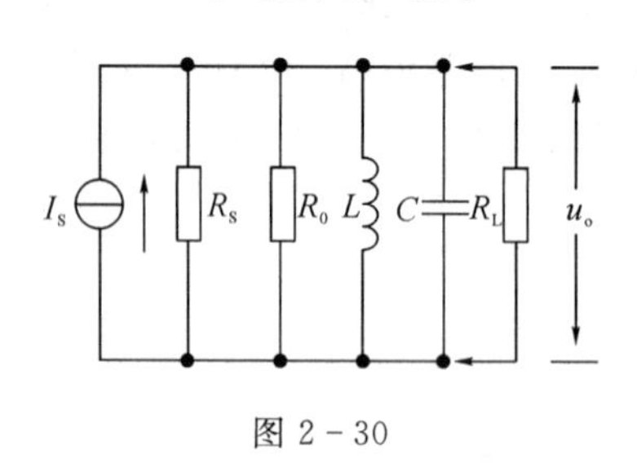

图 2-30

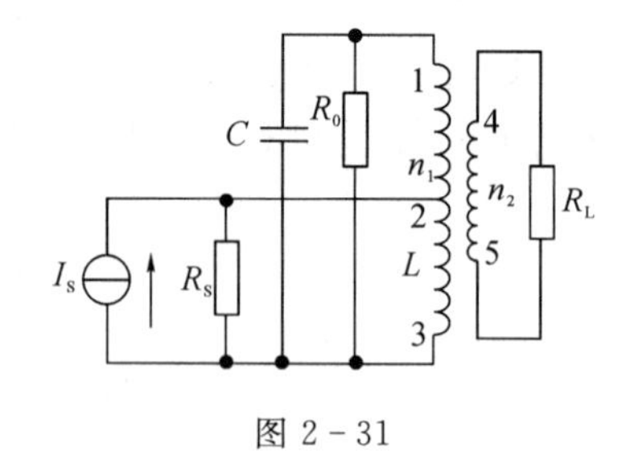

图 2-31

13. 如何解释当 $\omega_{01}=\omega_{02}$，$Q_1=Q_2$ 时，耦合回路呈现下列物理现象：(1) 当 $\eta<1$ 时，I_2 在 $\xi=0$ 处是峰值，而且随着耦合加强，峰值增加；(2) 当 $\eta>1$ 时，I_2 在 $\xi=0$ 处是谷值，而且随着耦合加强谷值下降；(3) 当 $\eta>1$ 时，出现双峰，而且随着 η 值增加，双峰之间距离增大。

第 3 章　高频小信号谐振放大器

【应用背景】

小信号谐振放大器是无线电接收机的组成部分，图 3-1 所示接收机中阴影框图“高放”与“中放”均为小信号谐振放大器，其位于接收机的前级，用来放大来自接收天线的“小信号”，以提高接收机灵敏度。这是由于无线电接收天线所感应到的高频信号都是很微弱的，只有几十微伏到几毫伏，而接收机内的检波器输入电压往往要求能达到 0.5～1 V 左右。这就要求接收机对微弱高频信号进行放大。另外，接收天线感应的信号除了有用信号外，还有许多偏离有用信号频率的无用的无线电信号(统称为干扰信号)，这些干扰信号强度总和远大于有用信号的强度。如果采用过去学过的放大器，对天线感应的信号不加区别进行放大，势必使接收到的有用信号淹没在干扰之中。小信号谐振放大器负载是谐振回路，因此能将有用信号选择性放大，而将各种干扰信号给予有效抑制。

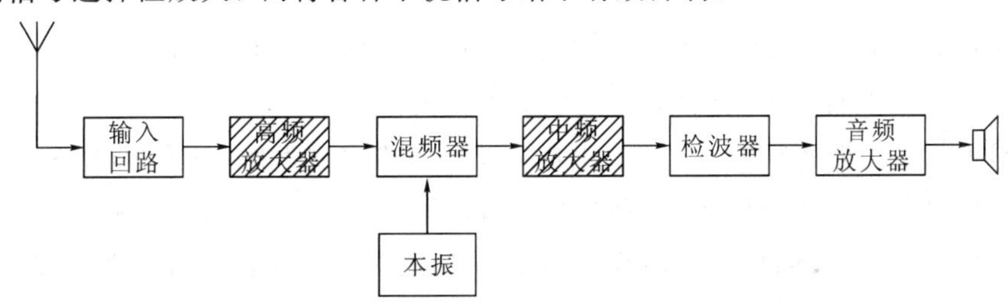

图 3-1　小信号谐振放大器应用示例

3.1　概　述

3.1.1　高频小信号谐振放大器的特点

将谐振系统插入放大管和输出负载之间所组成的放大器称为谐振放大器(调谐放大器)，如图 3-2 所示。

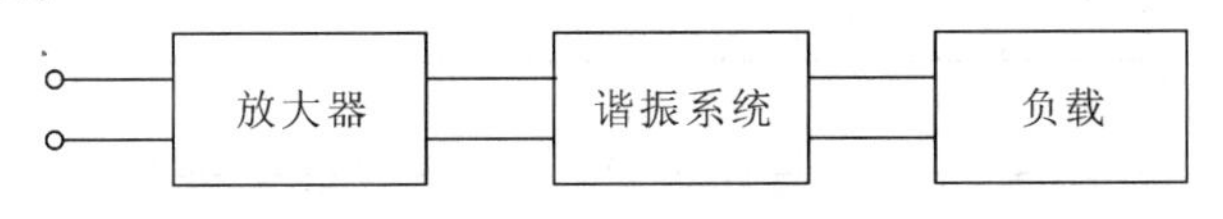

图 3-2　谐振放大器的组成框图

谐振放大器从不同的角度有不同的分类。按照谐振系统分类，可以分为单调谐回路谐振放大器、双调谐回路谐振放大器；按照输入信号大小分类，可以分为小信号谐振放大器和大信号谐振放大器；按放大器的通频带来分类，可分为窄频带谐振放大器和宽频带谐振放大器；按电路的级数分类，可分为单级谐振放大器和多级谐振放大器。

本章着重讨论单级单调谐小信号谐振放大器，由于其工作频率为几百千赫到几百兆赫，而带宽只有几千赫到几十兆赫，相对带宽比较窄，属于一种窄带谐振放大器，兼有放大与选频功能。

如何反映既“谐振”又“放大”的能力？衡量小信号谐振放大器的性能指标有哪些？

3.1.2 小信号谐振放大器的主要技术指标

小信号谐振放大器首先是电压放大器，因此描述放大能力的应该是“放大倍数”或“电压增益”。其次小信号谐振放大器具有选频作用，因此描述选频能力的应该是“通频带”和“选择性”。下面进行分别介绍。

1. 电压增益

衡量小信号谐振放大器的放大能力，用 A_u 表示。由于放大器输入信号只有几十微伏到几毫伏，而放大输出要求达到 500 mV 以上，所以小信号谐振放大器需要有大约 60～100 dB的电压增益。另外由于接收信号有强(如近距离电台信号大小为毫伏数量级)，有弱(如远距离电台信号大小为微伏数量级)，为避免放大器在接收强信号时出现非线性失真，还要求该放大器具有自动增益控制(AGC，Automatic Gain Control)作用。

2. 通频带

由于小信号谐振放大器输入信号一般是高频已调信号，其信号频谱具有一定的宽度，因此放大器需要一定的带宽，才能不失真的放大输入信号。

小信号谐振放大器通频带的定义与谐振回路通频带定义类似，即电压增益下降到最大值的 0.707 倍时所对应的频率范围，称为放大器通频带，用 $2\Delta f_{0.7}$ 或 $B_{0.7}$ 来表示，如图 3-3 所示(实际谐振曲线)。例如，调幅收音机通频带约为 9 kHz，电视接收机通频带约为 8 MHz。

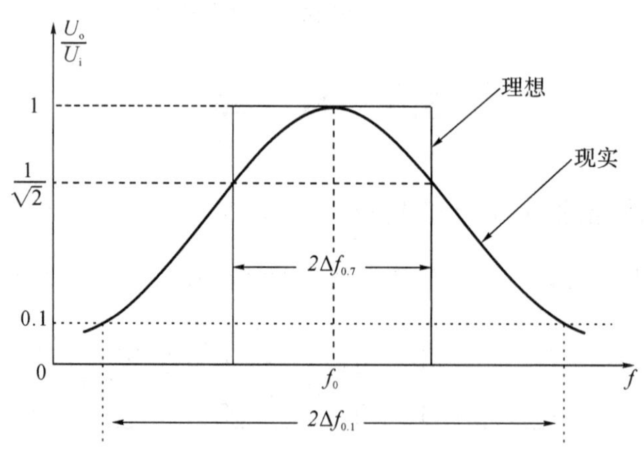

图 3-3　小信号谐振放大器的幅频响应

3. 选择性

小信号谐振放大器在不失真放大输入的有用信号时，还需要具有抑制通频带以外的干扰信号，因此对放大器提出选择性的要求。

干扰的情况常常较复杂：有位于有用信号频率附近的邻近电台的干扰，称为邻近波道干扰或邻台干扰；有某一特定频率的干扰；还有通信设备本身电子器件非线性产生的交调干扰，等等。

在 2.2 节 LC 谐振回路曾经提到，理想的谐振回路的选频特性应该是矩形。同样，理想的谐振放大器谐振曲线也应该是矩形，即对信号频带内所有的频率成分都有一样的放大倍数，而对于信号频带外的无用信号均不予放大，如图 3－3 中(理想矩形虚线)所示。而实际的谐振曲线与理想矩形谐振曲线有较大的差异。为了评定实际谐振曲线接近理想矩形的程度，引入放大器矩形系数，用 K_r 表示。

一般定义放大器的电压器增益下降到最大值 0.1 时的频带宽度(记作 $2\Delta f_{0.1}$，如图3－3 所示)与放大器通频带 $2\Delta f_{0.7}$之比，记作 $K_{r0.1}$，即

$$K_{r0.1}=\frac{2\Delta f_{0.1}}{2\Delta f_{0.7}} \tag{3-1}$$

显然式(3－1)总是大于 1 的数。$K_{r0.1}$愈接近 1，实际的谐振曲线愈接近理想矩形，选择性就愈好。

4. 工作稳定性

高频放大器如果设计不当，会出现工作不稳定状态，甚至自激。小信号谐振放大器工作稳定性是指当放大器的工作状态、元器件参数由于环境的变化(如温度的变化)时，放大器主要性能的稳定程度，包括增益稳定度、谐振频率稳定度、通频带稳定度、输出稳定度等。

5. 噪声系数

放大器的噪声系数是衡量谐振放大器本身产生噪声大小程度的一个指标。它定义为放大器输出端信噪功率比大于输入端信噪功率比的倍数。若用 P_{SI}表示输入信号功率，P_{NI}表示输入噪声功率，P_{SO}表示输出信号功率，P_{NO}表示输出噪声功率，则放大器的输入端信噪功率比为 P_{SI}/P_{NI}，输出端信噪功率比为 P_{SO}/P_{NO}。放大器的噪声系数若用 NF 表示，则

$$\mathrm{NF}=\frac{P_{SI}/P_{NI}}{P_{SO}/P_{NO}} \tag{3-2}$$

由式(3－2)可以得到 NF 的以下表示形式，即

$$\mathrm{NF}=\frac{P_{SI}/P_{NI}}{P_{SO}/P_{NO}}=\frac{1}{A_P}\cdot\frac{P_{NO}}{P_{NI}}=\frac{1}{A_P}\cdot\frac{P_{NI}\cdot A_P+P'_N}{P_{NI}}=1+\frac{P'_N}{A_P P_{NI}} \tag{3-3}$$

式中，$A_P=P_{SO}/P_{SI}$是放大器的功率增益；P'_N 是放大器本身产生的输出端测量的噪声功率，$A_P P_{NI}$是将输入噪声放大后的输出端噪声功率。

从式(3－3)看出，放大器噪声系数 NF 表示信号通过放大器后，信噪比变坏的程度，也即说明放大器本身产生的噪声功率 P'_N有多大。P'_N愈大，NF 就愈大。显然，NF 愈接近于 1 愈好。当放大器本身不产生噪声(理想放大器)时，P'_N 等于 0，此时噪声系数 NF 等于 1。

放大器本身产生的噪声的大小是关系到提高接收机灵敏度的关键问题，特别是接收机中第一级高频放大器的噪声系数，将基本上决定一台接收机的灵敏度。因此，对第一级高频放大级采用的电路和器件都要慎重对待。

可见，将小信号谐振放大器与过去学习的低频放大器比较，它们之间的根本差别是小

信号谐振放大器具有谐振的性质，其频率特性主要集中在谐振频率附近，上、下限频率的比值接近于1；而低频放大器不存在谐振特性，其上、下限频率的比值远大于1。由于存在这个根本差别，它们在电路结构、性能要求、分析方法等方面会有一系列的差异。

3.2 晶体管高频小信号等效电路

正如前面所述，由于接收机中的“高放”或“中放”位于接收机前级，工作在“小信号”状态，因此晶体管在小信号工作条件下，可采用线性等效电路进行研究。下面介绍高频电路中常用的Y参数等效电路和混合π型等效电路。

3.2.1 Y参数等效电路(形式等效电路)

晶体管总有一对输入端和一对输出端，共四个端子，故可将晶体管等效地看成是一个有源四端网络。这样就可以用一些网络参数来组成等效电路。图3-4所示的是一个晶体管共发射极电路。在工作时，输入端有输入电压$\dot{U}_{be}$和输入电流$\dot{I}_b$，输出端有输出电压$\dot{U}_{ce}$和输出电流$\dot{I}_c$，规定的正方向如图3-4所示。任选其中两个作为自变量，另外两个作为因变量，可以得到六种网络参数，其中常用的有Y导纳网络参数、Z阻抗网络参数、H混合网络参数三种。由于调谐放大器负载大多是并联谐振回路，为方便起见，多用Y导纳网络参数计算，故只研究Y参数等效电路。

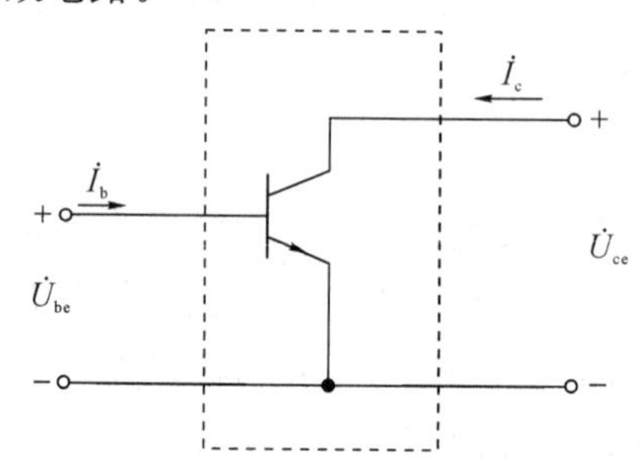

图3-4 晶体管共发射极电路

Y参数等效电路是选两个电压$\dot{U}_{be}$和$\dot{U}_{ce}$作为自变量，两个电流$\dot{I}_b$和$\dot{I}_c$作为因变量，可得到方程式为

$$\begin{cases}\dot{I}_b = y_{ie}\dot{U}_{be} + y_{re}\dot{U}_{ce} \\ \dot{I}_c = y_{fe}\dot{U}_{be} + y_{oe}\dot{U}_{ce}\end{cases} \tag{3-4}$$

式中，$y_{ie}=\left.\dfrac{\dot{I}_b}{\dot{U}_{be}}\right|_{\dot{U}_{ce}=0}$表示晶体管输出端短路时的输入导纳；$y_{fe}=\left.\dfrac{\dot{I}_c}{\dot{U}_{be}}\right|_{\dot{U}_{ce}=0}$表示晶体管输出端短路时的正向传输导纳；$y_{re}=\left.\dfrac{\dot{I}_b}{\dot{U}_{ce}}\right|_{\dot{U}_{be}=0}$表示晶体管输入端短路时的反向传输导纳；$y_{oe}=\left.\dfrac{\dot{I}_c}{\dot{U}_{ce}}\right|_{\dot{U}_{be}=0}$表示晶体管输入端短路时的输出导纳。

可见，通过将输入或输出交流短路的办法可以测量出y_{ie}、y_{oe}、y_{fe}、y_{re}四个Y参数，因

此 Y 参数又称为短路导纳参数。Y 参数一般都是复数，为方便分析计算，可分别表示为 $y_{ie}=g_{ie}+j\omega C_{ie}$，$y_{oe}=g_{oe}+j\omega C_{oe}$，$y_{re}=|y_{re}|\angle\varphi_{re}$，$y_{fe}=|y_{fe}|\angle\varphi_{fe}$。

根据式(3-4)可画出晶体管共发射极 Y 参数等效电路，如图 3-5 所示。等效电路中两个受控电流源分别受端电压 $\dot{U}_{be}$ 和 $\dot{U}_{ce}$ 控制，方向如图 3-5 所示。

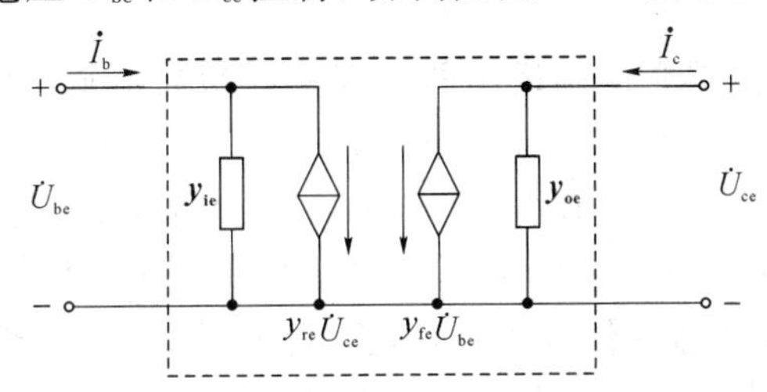

图 3-5　晶体管共发射极 Y 参数等效电路

3.2.2　混合 π 型等效电路(物理模拟等效电路)

晶体管共射混合 π 型等效电路是分析晶体管高频电路时较常用的一种等效电路，它是根据晶体管内部物理过程直接模拟出的一种物理参数等效电路。即把晶体管内部的复杂关系，用集中元件 R、L、C 表示，每一个元件都对应于晶体管内发生的某种物理过程，这是一种物理模拟的方法。例如，发射结相当于一个二极管，可用 $r_{b'e}$ 和 $C_{b'e}$ 的并联电路来等效；集电结也相当于一个二极管，可用 $r_{b'c}$ 和 $C_{b'c}$ 的并联电路来等效；基区体电阻可用 $r_{bb'}$ 来模拟，而发射区和集电区半导体材料的体内阻可忽略，这是因为它们掺杂浓度大，体积大，体电阻很小，并且均与比它大得多的结电阻串联，所以可忽略；放大作用可以用一个等效电流源来模拟，不过此电流源是受基极电压控制的受控源；集电结与发射结之间的电阻可用电阻 r_{ce} 表示。这样就可以画出晶体管共射混合 π 型等效电路，如图 3-6 所示。

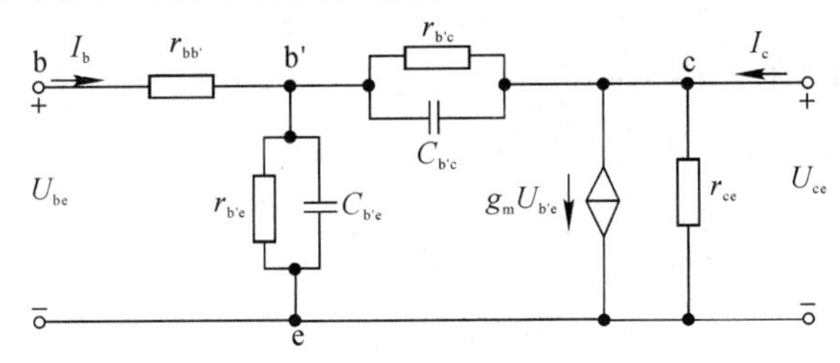

图 3-6　晶体管共射混合 π 型等效电路

混合 π 型等效电路中的各参数物理意义与大概的数量级为：

(1) 基区体电阻 $r_{bb'}$：不同类型的晶体管 $r_{bb'}$ 的数值是不一样的，低频小功率管可达几百欧姆，高频小功率管一般在十几欧姆到几十欧姆之间。

(2) 发射结参数 $r_{b'e}$ 和 $C_{b'e}$：由于发射结处于正向偏置，$r_{b'e}$ 数值一般为几十欧姆，发射结结电容 $C_{b'e}$ 以扩散电容为主，一般为几十至几百皮法。

(3) 集电结参数 $r_{b'c}$ 和 $C_{b'c}$：由于集电结处于反向偏置，$r_{b'c}$ 的数值很大，约为一百千欧至十兆欧。$C_{b'c}$ 以势垒电容为主，一般为 2～10 pF。

(4) 晶体管输出电阻 r_{ce}：r_{ce} 通常较大，一般在一百千欧左右。

(5) 受控电流源 $g_m U_{b'e}$：g_m 是晶体管跨导(也称为互导)，是衡量发射结电压 U_{be} 对集电

极电流控制能力的参数，它反映了晶体管的放大能力。g_m 可以表示为

$$g_m = \frac{1}{r_e} = \frac{I_{EQ}}{26}\ (\text{S}) \tag{3-5}$$

由于混合 π 型等效电路参数中既有电阻量纲(如 r_{ce}等)，又有电导量纲(如 g_m)，因此称之混合参数等效电路。

应该指出的是，影响晶体管高频运用的两个主要参数是基区体电阻 $r_{bb'}$ 和集电结结电容 $C_{b'c}$。$r_{bb'}$ 的存在使加到发射结上的有效控制电压降低，即 $U_{b'e} < U_{be}$，这样就会使晶体管电流放大系数下降，随着频率 ω 的升高，容抗 $1/(\omega C_{b'c})$将减小，此时 $U_{b'e}$也更加下降，所以高频运用的晶体管希望其 $r_{bb'}$ 的值要小。$C_{b'c}$的存在使输出交流反馈一部分到输入端(基极)，若是正反馈，会使放大器工作不稳定，甚至自激(详见第 5 章)，随着频率 ω 的升高，$1/(\omega C_{b'c})$将下降，反馈作用加大，所以高频运用的晶体管希望 $C_{b'c}$越小越好。

在实际应用混合 π 型等效电路时，为了使分析尽量简单化，往往根据不同的工作频段将完整的等效电路加以简化，在简化中所依据的是当电容 C 和电阻 R 并联时，并联阻抗的数值与频率 ω 有关系。例如，频率较高时，容抗 $1/(\omega C)$的数值较小，当其远小于 R 时，并联 阻抗以电容 C 作用为主，R 可忽略不计；频率较低时，容抗 $1/(\omega C)$的数值较大，当其远大于 R 时，并联阻抗以 R 作用为主，C 可忽略不计。根据这种情况，再结合各个电阻、电容值的大小，混合 π 型等效电路在不同的工作频段，可以做出相应的简化。例如，几十千赫频率以下的低频混合 π 型等效电路如图 3-7 所示。十几兆赫频率以下的视频混合 π 型等效电路如图 3-8 所示。

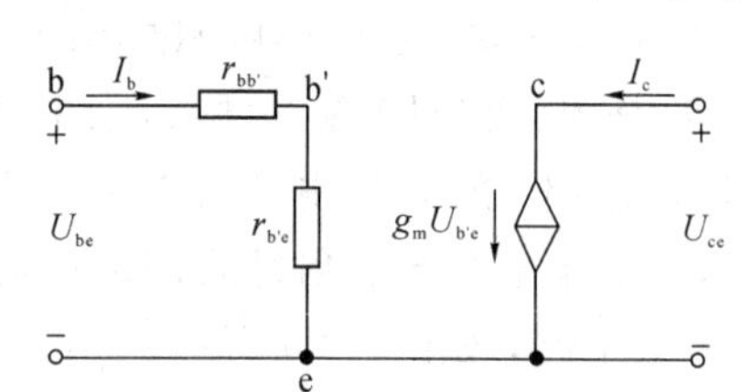

图 3-7 低频混合 π 型等效电路

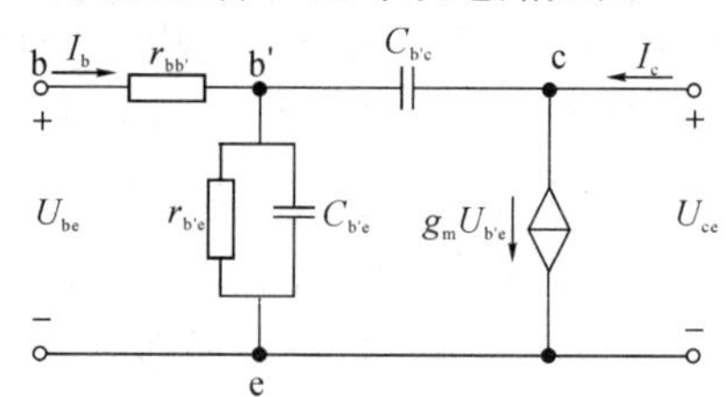

图 3-8 视频混合 π 型等效电路

几十兆赫频率以上的高频混合 π 型等效电路如图 3-9 所示。

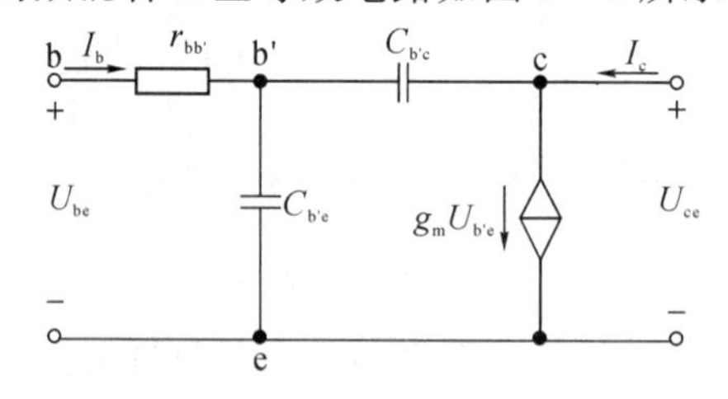

图 3-9 高频混合 π 型等效电路

以上讨论了 Y 参数等效电路和混合 π 型等效电路。现将这两种等效电路做一简单比较：首先，这两种参数对频率的依赖性是不同的。混合 π 参数在一个相当宽的频率范围内是与频率无关的常数，所以它对分析宽频带放大器比较适用。而 Y 参数与频率的关系比较密切，频率升高后，输入、输出阻抗和放大系数都要下降，反向传输作用增大，因此它适用于窄带调谐放大器。其次，混合 π 参数物理概念明确，易于理解，用来解释某些物理现象和概念较方便，而 Y 参数在这方面就不足了。经过证明，Y 参数可以通过混合 π 参数得到，如果 $r_{bb'}$ 可以忽略不计，两者的关系近似为

$$y_{ie}\approx\frac{1}{r_{b'e}}+j\omega C_{b'e}，y_{re}\approx-j\omega C_{b'c}，y_{fe}\approx g_m，y_{oe}\approx\frac{1}{r_{ce}}+j\omega C_{b'c}$$

这样 Y 参数的物理概念也就清楚多了。

最后，需要说明的是，虽然等效电路是分析电子电路的有力工具，但它是一定假设条件下将晶体管用等效电路来替代的，即它是近似的，利用它进行计算时误差是相当大的。而且等效电路应用是有局限性的，虽然已经说明等效电路在小信号条件下可用，但小信号究竟小到什么程度，要看具体电路和要求的精确度，有时候还要考虑非线性问题。

3.3　晶体管的频率参数

为了分析和设计各种高频电路，有必要了解晶体管的高频特性。下面介绍几个表征晶体管高频特性的频率参数 f_β、f_T、f_α 和 f_{max}，这几个参数在实际工作中常用到。

1. β 的截止频率 f_β

在“低频电路”课程中介绍了共发射极电路的电流放大系数 β 的含义。需要指出的是，β 值随着频率的上升而下降，β 是一个频率函数。原因是由于基极电流 I_b 被发射结结电容 $C_{b'e}$ 的分流而引起的，如图 3－10 所示。$C_{b'e}$的存在使 I_b 中只有一部分电流 I_{b1} 流过 $r_{b'e}$ 而与射极注入的载流子复合形成集电极电流 I_c。低频时，结电容 $C_{b'e}$的容抗值 $1/(\omega C_{b'e})$很大，$C_{b'e}$的分流作用可忽略。但随着频率的上升，$C_{b'e}$的容抗值逐渐下降，其分流作用也逐渐明显，因此 β 值随着频率的增高而逐渐下降。

随着频率的增高，β 值从低频 β_0 值下降到 $\beta_0/\sqrt{2}$ 时所对应的值，称为 β 的截止频率，用 f_β 表示，如图 3－11 所示。可以证明，β 可表示为

$$\beta=\frac{\beta_0}{1+j\dfrac{f}{f_\beta}} \tag{3-6}$$

或

$$|\beta|=\frac{\beta_0}{\sqrt{1+\left(\dfrac{f}{f_\beta}\right)^2}} \tag{3-7}$$

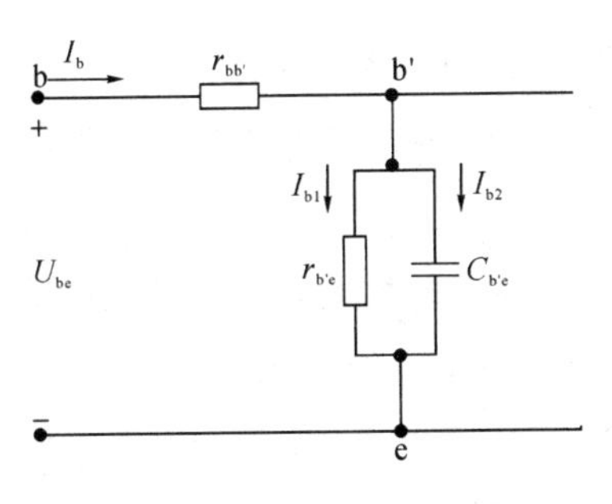

图 3－10　$C_{b'e}$分流作用示意图

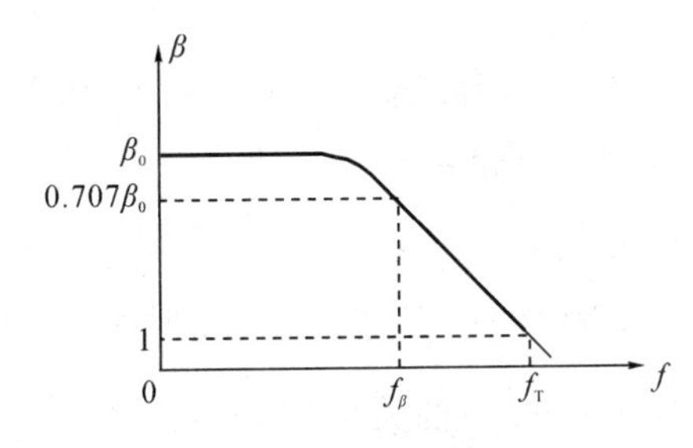

图 3－11　β 的频率特性

2. 特征频率 f_T

当频率增高，$|\beta|$ 值下降为 1 时所对应的频率，称为晶体管的特征频率，用 f_T 表示，如图 3－11 所示。根据式(3－7)，当 $f=f_T$ 时，$|\beta|=1$，即

$$|\beta|=\frac{\beta_0}{\sqrt{1+\left(\frac{f_T}{f_\beta}\right)^2}}=1$$

从而求得

$$f_T=f_\beta\sqrt{\beta_0^2-1} \tag{3-8}$$

在式(3-8)中，当 $\beta_0\gg1$ 时，近似有

$$f_T\approx\beta_0 f_\beta \tag{3-9}$$

特征频率 f_T 是晶体管高频运用时的重要参数，有关 f_T 的情况，需要注意以下几点：

(1) 特征频率 f_T 是晶体管在运用时能够得到电流放大作用的最高极限频率。当 $f>f_T$ 时，电流放大系数 $|\beta|<1$。但必须注意的是，不等于说这时候的晶体管就没有放大作用了，这是因为此时功率增益和电压增益还有可能大于1(因为放大器的输出负载阻抗往往大于输入阻抗)。这一点不能混淆。

(2) 特征频率 f_T 高于 β 截止频率 f_β，即 $f_T>f_\beta$。由式(3-9)可见，f_T 约比 f_β 高出 β_0 倍。例如，设晶体管 3DG32A 的 $f_T=500$ MHz，$\beta_0=50$，则其 $f_\beta\approx\frac{f_T}{\beta_0}=\frac{500}{50}=10$ MHz。这表明，当晶体管选定后，f_T 也基本确定，那么要获得足够大的电流放大系数 β，其工作频率就不能太高。如果要两者兼得，就必须选择 f_T 更高的晶体管。

(3) 特征频率 f_T 与高频时的电流放大系数 β 还有一种简单关系。当工作频率 $f\gg f_\beta$ 的时候，可以得到

$$f_T\approx f|\beta| \tag{3-10}$$

由式(3-10)可知，当 f_T 确定后，就能很快知道在某一工作频率 f 时的电流放大系数 $|\beta|$。例如，晶体管 3DG32D 的 $f_T=700$ MHz，$\beta_0=50$，则可计算出 $f_\beta\approx f_T/\beta_0=14$ MHz。如果此晶体管的工作频率为 $f=70$ MHz 时，可以近似认为满足 $f\gg f_\beta$，故在 70 MHz 工作频率上，$|\beta|\approx700/70=10$。

(4) 特征频率 f_T 与晶体管的静态工作点 I_{CQ} 和 U_{CEQ} 是有关的。电路手册上给出的 f_T 值都是在一定的静态工作点上测出的。可以证明

$$f_T=\frac{g_m}{2\pi(C_{b'e}+C_{b'c})} \tag{3-11}$$

由式(3-11)可见，f_T 与 g_m、$C_{b'e}$、$C_{b'c}$ 有关系，而 g_m、$C_{b'e}$、$C_{b'c}$ 都与静态工作点 I_{CQ} 和 U_{CEQ} 有关，因此，f_T 与静态工作点有关。一般情况下，当 I_{CQ} 和 U_{CEQ} 大时，f_T 值也升高一些。

3. α 的截止频率 f_α

与讨论 f_β 时类似，定义晶体管在共基状态时，随着频率的增高，共基极电流放大系数 α 的值从低频时的 α_0 下降到 $\alpha_0/\sqrt{2}$ 时所对应的频率称为 α 截止频率，用 f_α 表示。

根据 $\beta_0=\frac{\alpha_0}{1-\alpha_0}$ 的关系，可求出

$$f_\alpha=(1+\beta_0)f_\beta$$

故有

$$f_\alpha=f_\beta+\beta_0 f_\beta\approx f_\beta+f_T \tag{3-12}$$

式(3-12)表明 f_α 通常要远大于 f_β，略大于 f_T，即有

$$f_\alpha > f_T \gg f_\beta \tag{3-13}$$

说明共基极电路的工作频带宽带比共射极宽，适用于宽带放大器。

4. 最高振荡频率 f_{max}

把晶体管的功率增益等于 1 时的工作频率称为最高振荡频率，用 f_{max}表示。可以证明

$$f_{max} \approx \sqrt{\frac{f_T}{8\pi r_{bb'} C_{b'c}}} \tag{3-14}$$

f_{max}表示一个晶体管所能运用的最高极限频率，此时，晶体管已得不到功率放大，当 $f > f_{max}$时，无论用什么办法都不能使晶体管产生振荡，故称 f_{max}为最高振荡频率。通常，为使电路稳定地工作且使其具有一定的功率增益，晶体管的实际工作频率应等于 f_{max}的 1/4 左右。

3.4　小信号单调谐回路谐振放大器

从本节开始，重点讨论一种常用的共发射极小信号谐振放大器——共射单调谐回路谐振放大器，分析其工作原理，并讨论它的主要质量指标。回路谐振放大器简称为谐振放大器或回路放大器。

3.4.1　单级单调谐回路放大器

图 3-12 为两级小信号共射单调谐回路放大器。其第一级晶体管 VT_1 的输出端(c、e 之间)和下一级晶体管 VT_2 的输入端(b、e 之间)都是采用自感耦合部分接入并联谐振回路，前者的接入系数为 P_1，后者的接入系数为 P_2，晶体管和负载均采用“部分接入”谐振回路方式以达到两个目的：减弱晶体管和负载对谐振回路性能的影响，并实现阻抗匹配；R_{B1}、R_{B2}、R_E 组成分压式偏置电路，为晶体管提供合适的静态工作点；C_{B1}、C_{B2}为输入、输出耦合电容，C_E 为射极高频旁路电容；L、C 构成并联谐振回路，谐振频率 ω_0 应等于输入信号频率 ω(在忽略晶体管和负载电容影响时)；L_F、C_F 组成电源滤波电路，其中，L_F 为高频扼流圈，对高频信号开路；C_F 为高频旁路电容，对高频信号短路。

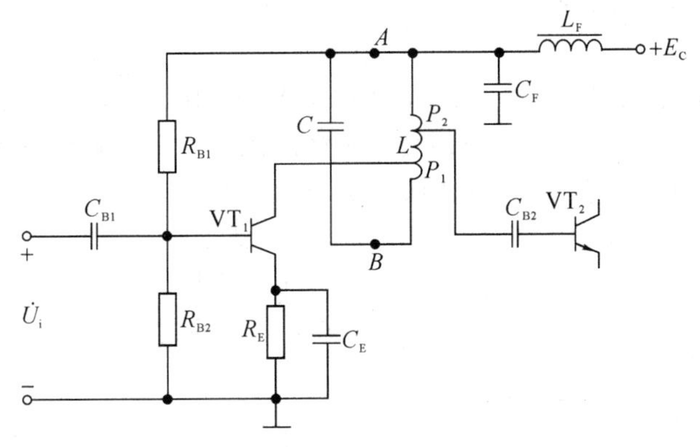

图 3-12　两级小信号共射单调谐回路放大器

1. 电路的工作原理

小信号谐振放大器的晶体管工作在“小信号”甲类工作状态(即晶体管对输入交流信号在整个周期均导通)，因此电路中同时存在着直流和交流信号。

1）静态分析

直流工作情况是指放大器没有外加信号时的工作情况，即所谓“静态”工作情况。要分析静态情况，可先画出电路的直流通路，如图 3-13 所示。这是一个分压式偏置电路，通常是通过改变 R_{B1} 的值来调整工作点，使晶体管工作在线性放大区。

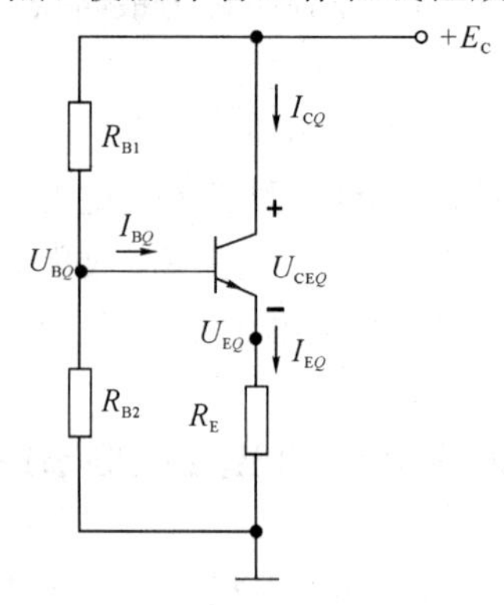

图 3-13　放大器直流通路

电路中各支路的直流电流方向如图 3-13 中箭头所示。工作点计算过程为

$$U_{BQ} \approx \frac{R_{B2}}{R_{B1}+R_{B2}} E_C$$

$$U_{EQ}=U_{BQ}-U_{BEQ} \quad (\text{硅管：} U_{BEQ}\approx 0.7\ \text{V，锗管：} U_{BEQ}\approx 0.2\ \text{V})$$

$$I_{EQ}=\frac{U_{EQ}}{R_E},\ I_{CQ}\approx I_{EQ},\ I_{BQ}\approx \frac{I_{CQ}}{\beta_0}$$

$$U_{CEQ}=E_C-U_{EQ}$$

以上计算方法及估算次序，虽然在先修课程中学习过，但是在本课程中仍要熟练掌握。因为在无线电收信机和发信机中，高频放大器的故障，有相当一部分不是交流通路的问题，而是直流通路不正常。因此在实践中，检查高频放大器故障的第一步是检查电路静态电流和电压是否正常，而在用万用表测量之前，先要估算出各点的正常电压值是多少，才可能判断所测得的电压值是否正常。

2）动态分析

当直流工作正常后，分析“动态”情况，即在输入信号作用下，小信号谐振放大器交流工作情况。要分析动态情况，可画出电路的交流通路，如图 3-14 所示。其中，$R_B = R_{B1} /\!/ R_{B2}$，y_{ie2} 为后一级放大器的输入导纳，作为本级负载导纳。

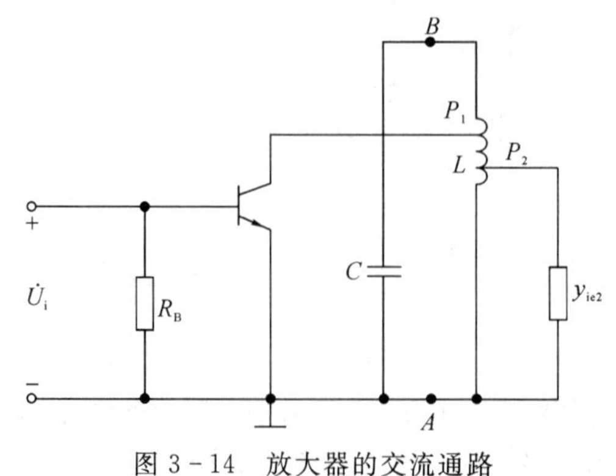

图 3-14　放大器的交流通路

3）工作过程

高频小信号被放大的基本过程是：高频小信号源作用在本级晶体管 b、e 之间，产生基极电流 i_b，通过晶体管放大作用产生集电极电流 i_c，当 LC 谐振回路调谐在输入信号频率上时(在忽略晶体管和负载电容影响的情况下)，在回路两端出现较高的谐振电压，再经自耦变压器耦合就在负载中产生电流 i_L，从而负载上将得到较大的、不失真的功率或电压。如果 LC 谐振回路谐振频率不等于输入信号频率，就不能实现放大作用。

当要分析放大器放大倍数、通频带等性能参数时，首先要画出其 Y 参数等效电路。

2. 小信号单调谐放大器的 *Y* 参数等效电路及其简化电路

图 3 - 14 所示的小信号单调谐放大器的 Y 参数等效电路如图 3 - 15 所示。图中虚线框里是晶体管的 Y 参数等效电路，R_P 是负载谐振回路等效并联损耗电阻。

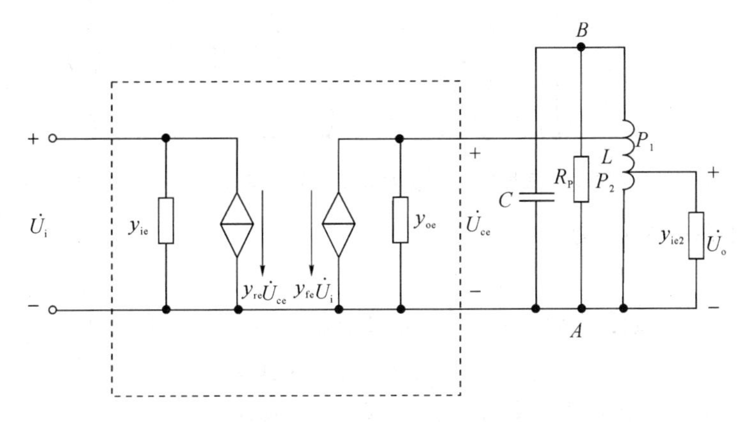

图 3 - 15　小信号单调谐放大器的 Y 参数等效电路

由于晶体管的 Y 参数等效电路与负载 y_{ie2} 是部分接入 LC 谐振回路的，因此下面对图 3 - 15 进一步等效，即将虚线框里的晶体管 Y 参数等效电路以及负载导纳 y_{ie2} 折合到谐振回路两端，如图 3 - 16 所示。具体方法是：将晶体管 Y 参数等效电路中集电极回路的受控电流源 $y_{fe}\dot{U}_i$ 和 y_{oe} 从低抽头转换到谐振回路 AB 两端，则等效为 $P_1 y_{fe}\dot{U}_i$ 和 $P_1^2 y_{oe}$；负载 y_{ie2} 从低抽头转换到 AB 两端，则等效为 $P_2^2 y_{ie2}$，其两端输出电压等效为$\dfrac{\dot{U}_o}{P_2}$。图中 $G_P=\dfrac{1}{R_P}$。

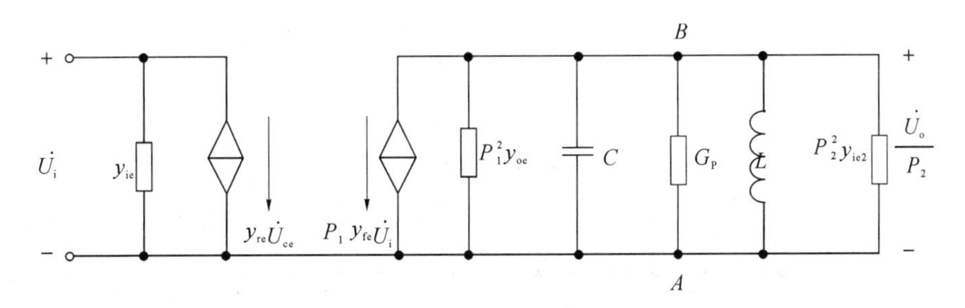

图 3 - 16　晶体管 Y 参数等效电路以及负载折合到谐振回路两端的等效电路

由于 $y_{ie}=g_{ie}+j\omega C_{ie}$，$y_{oe}=g_{oe}+j\omega C_{oe}$，则图 3 - 16 中导纳 $P_1^2 y_{oe}$ 和 $P_2^2 y_{ie2}$ 可以分别等效为电导和电容的并联电路，如图 3 - 17 所示。

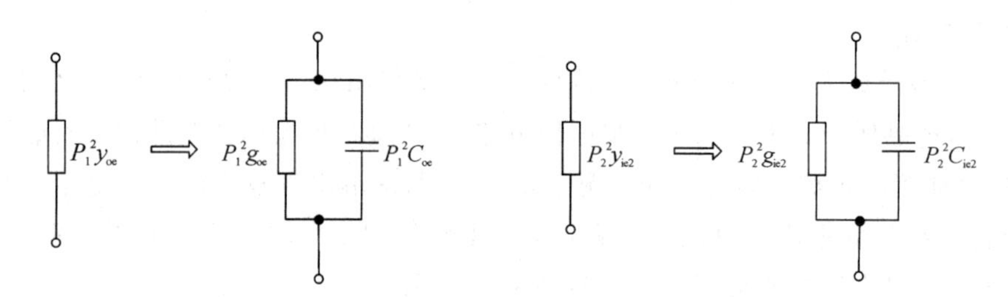

图 3－17　导纳 $P_1^2y_{oe}$ 和导纳 $P_2^2y_{ie2}$ 的等效电路

为此，将图 3－16 中所有电导合并为总电导 g_{Σ}，所有电容合并为总电容 C_{Σ}，则可以进一步简化为如图 3－18 所示电路。

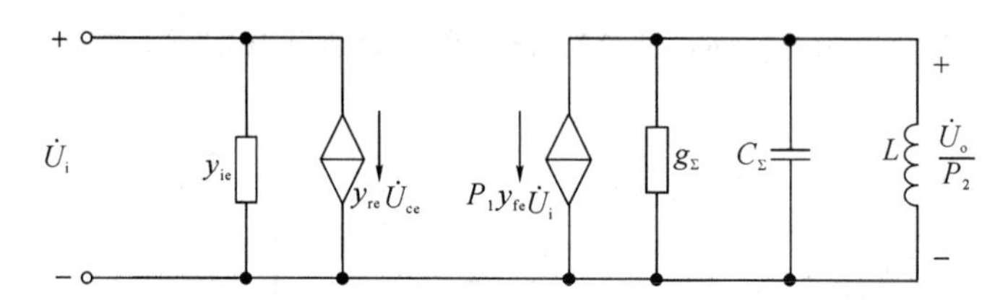

图 3－18　小信号单调谐放大器 Y 参数等效电路的简化电路

图 3－18 中总电导 g_{Σ} 为

$$g_{\Sigma}=G_P+P_1^2g_{ie2}+P_2^2g_{oe} \tag{3-15}$$

式中，G_P 为线圈并联损耗等效电导；g_{oe} 为晶体管输出电导；g_{ie2} 为负载电导。总电容 C_{Σ} 为

$$C_{\Sigma}=C+P_1^2C_{ie2}+P_2^2C_{oe} \tag{3-16}$$

式中，C 为回路电容；C_{oe} 为晶体管输出电容；C_{ie2} 为负载电容。

图 3－18 放大器等效电路的输出回路就是一个基本的并联谐振回路，其信号源为 $P_1y_{fe}\dot{U}_i$，回路电感为 L，回路等效电容为 C_{Σ}，回路等效损耗为 g_{Σ}，输出电压为 $\dot{U}_o/P_2$。根据并联谐振回路知识就比较容易计算出电压增益、通频带等性能指标。

3. 电压增益

由图 3－18 可见，放大器存在反向受控电流源 $y_{re}\dot{U}_{ce}$，即存在内反馈，易使得放大器工作不稳定，同时使分析复杂化。为了简化分析，假设放大器采取稳定措施后(3.6 节将介绍稳定措施)使得 $y_{re}\approx 0$，则等效电路图 3－18 变为图 3－19。

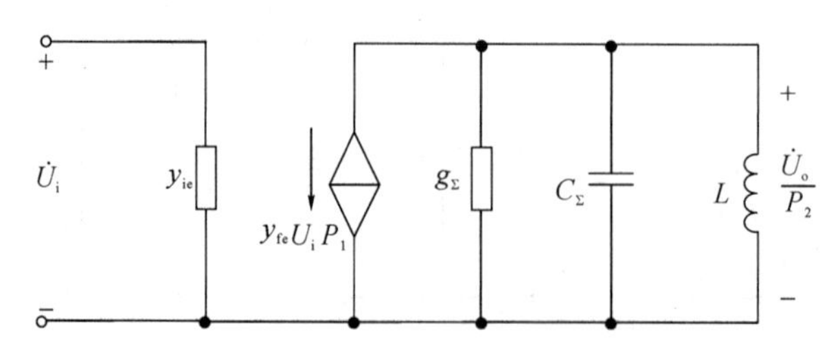

图 3－19　$y_{re}\approx 0$ 时的放大器 Y 参数等效电路

1）电压增益一般表示式

由图 3－19 可见，电压增益 $\dot{A}_u$ 为

$$\dot{A}_u = \frac{\dot{U}_o}{\dot{U}_i} = \frac{-P_1P_2y_{fe}}{g_\Sigma + j\omega C_\Sigma + \dfrac{1}{j\omega L}} = \frac{-P_1P_2y_{fe}}{g_\Sigma + jB_\Sigma} = \frac{-P_1P_2y_{fe}}{g_\Sigma\left(1 + j\dfrac{B_\Sigma}{g_\Sigma}\right)} \tag{3-17}$$

式中，$B_\Sigma = \omega C_\Sigma - \dfrac{1}{\omega L}$。

由于

$$\frac{B_\Sigma}{g_\Sigma} \approx Q_L \frac{2\Delta f}{f_0}$$

其中，$\Delta f = f - f_0$，将 Δf 称为失谐量。代入式(3-17)后，可得单调谐回路放大器电压增益的一般表示为

$$\dot{A}_u \approx \frac{-P_1P_2y_{fe}}{g_\Sigma\left(1 + jQ_L\dfrac{2\Delta f}{f_0}\right)} \tag{3-18}$$

由式(3-18)可以看出，电压增益 $\dot{A}_u$ 是工作频率 f 的函数。

2）谐振电压增益 $\dot{A}_{u0}$

在实际工作中，最重要的是放大器谐振时的增益，即在谐振频率(或中心频率)处的电压增益。谐振时有 $f = f_0$，即当 $\Delta f = 0$ 时，代入式(3-18)，可得到电压增益的最大值，即放大器谐振时的电压增益为

$$\dot{A}_{u0} = \frac{-P_1P_2y_{fe}}{g_\Sigma} \tag{3-19}$$

式中，负号"－"表示高频放大器工作在共发射极状态，但不能说明 $\dot{U}_o$ 与 $\dot{U}_i$ 的相位差为 180°，这是因为式中的 y_{fe} 是复数，它有一个相角 φ_{fe}。因此在负载回路谐振时，输出电压 $\dot{U}_o$ 与输入电压 $\dot{U}_i$ 的相位差为 $180° + \varphi_{fe}$。只有当工作频率在低频时，$\varphi_{fe} = 0$，此时 $\dot{U}_o$ 与 $\dot{U}_i$ 的相位差为 180°。因此，放大器谐振时的电压增益大小为

$$A_{u0} = \frac{P_1P_2|y_{fe}|}{g_\Sigma} \tag{3-20}$$

可见，谐振时的电压增益与晶体管参数 y_{fe}、g_{oe}、g_{ie2} 有关，与接入系数 P_1、P_2 有关，还与回路损耗电导 G_P 有关。所以当希望提高放大器谐振电压增益时，可做几个方面的选择：或选用 y_{fe} 大、g_{oe} 和 g_{ie2}(即负载电导 g_L)小的晶体管；或减小回路损耗电导 G_P，即回路空载品质因数 Q_0 要高；或适当选择接入系数 P_1、P_2(但并不能简单说 P_1、P_2 越大越好或越小越好，请读者自行分析)。

4. 通频带

由式(3-18)和式(3-19)可知，把谐振放大器工作在任一频率时电压增益模值 A_u 与谐振电压增益模值 A_{u0} 之比可表示为

$$\frac{A_u}{A_{u0}} = \frac{1}{\sqrt{1 + \left(Q_L\dfrac{2\Delta f}{f_0}\right)^2}} \tag{3-21}$$

式中，$\Delta f = f - f_0$。当 Q_L 一定时，根据式(3-21)可以画出谐振放大器的通用谐振曲线，如图 3-20 所示。

根据通频带的定义，将式(3-21)中的 $2\Delta f$ 改写为 $2\Delta f_{0.7}$，即有

$$\frac{A_u}{A_{u0}}=\frac{1}{\sqrt{1+\left(Q_L\ \frac{2\Delta f_{0.7}}{f_0}\right)^2}}=\frac{1}{\sqrt{2}}$$

得到单调谐放大器通频带的计算公式为

$$B_{0.7}=2\Delta f_{0.7}=\frac{f_0}{Q_L} \qquad (3-22)$$

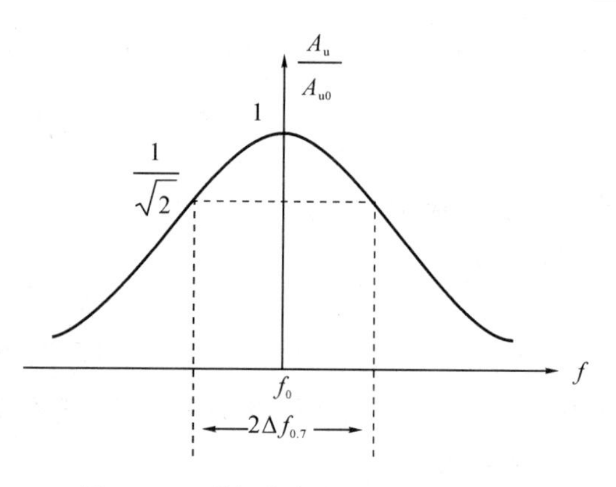

图 3-20　谐振放大器的通用谐振曲线

式(3-21)与谐振回路的通频带公式类似，不同的是，其中有载品质因数 Q_L 要考虑总损耗电导 g_Σ，即 Q_L 可以表示为

$$Q_L=\frac{\omega_0 C_\Sigma}{g_\Sigma}=\frac{1}{g_\Sigma\omega_0 L} \qquad (3-23)$$

其中，谐振频率 f_0 要考虑总电容 C_Σ，即 f_0 可以表示为

$$f_0=\frac{1}{2\pi\sqrt{LC_\Sigma}} \qquad (3-24)$$

在分析了放大器的通频带计算方法后，下面讨论谐振电压增益与通频带的关系。由式(3-19)和式(3-22)可得

$$\dot{A}_{u0}B_{0.7}=\frac{-P_1P_2y_{fe}}{2\pi C_\Sigma} \qquad (3-25)$$

一般把式(3-25)称为放大器的增益带宽积，即 GB 积。由此可得到两个有用的结论：

(1) 放大器的 GB 积为一常数。也就是说，提高放大器的增益与拓宽通频带是矛盾的。当需要加宽通频带时，只能减小增益；若想提高增益，只能靠压缩通频带达到目的。要两者兼得，只能提高 GB 积的值。

(2) 为了提高放大器的 GB 积的值，有两个办法：一是选用正向传输导纳 y_{fe} 大的晶体管；二是尽量减小回路总电容 C_Σ 的值。然而 C_Σ 的减小是有限度的，由于 $C_\Sigma=C+P_1^2C_{oe}+P_2^2C_{ie2}$，其中，$C_{oe}$、$C_{ie2}$ 都是不稳定的，也是无法减小的，因此要企图减小 C_Σ 只能靠减小回路电容 C，但是，若 C_Σ 主要由不稳定电容组成，会使放大器的谐振频率和谐振曲线变得不稳定，这是不利的。所以，从提高 $A_{u0}B_{0.7}$ 的值出发，希望回路电容 C 的值小一些好，而从稳定谐振曲线出发，又希望 C 值大一些好。在实际中，要区别情况对待：对宽带放大器，因为频带宽，谐振曲线有些不稳定还可以允许，可以选 C 值小一些，使得 GB 积的积能大些；对窄带放大器，主要希望谐振曲线稳定，因此可选 C 值大一些，使放大器工作稳定性提高。

5. 选择性

根据矩形系数定义式，首先求 $2\Delta f_{0.1}$，把式(3-21)中的 $2\Delta f$ 改为 $2\Delta f_{0.1}$，则有

$$\alpha=\frac{A_u}{A_{u0}}=\frac{1}{\sqrt{1+\left(Q_L\ \frac{2\Delta f_{0.1}}{f_0}\right)^2}}=0.1$$

解上式，可得到失谐通频带为

$$2\Delta f_{0.1}=\sqrt{10^2-1}\frac{f_0}{Q_L} \qquad (3-26)$$

因此单调谐回路谐振放大器的矩形系数为

$$K_{r0.1}=\frac{2\Delta f_{0.1}}{2\Delta f_{0.7}}=\sqrt{10^2-1}\approx 9.95 \tag{3-27}$$

可见，单调谐回路谐振放大器的矩形系数远远大于 1，与理想值相差比较远，显然这样的选择性是不好的，其邻近电台的抑制能力差，这是单级单调谐回路放大器的缺点。

例 3-1　谐振放大器交流等效电路如图 3-21 所示，已知谐振频率 $f_0=10.7\ \text{MHz}$，$B_{0.7}=500\ \text{kHz}$，$A_{u0}=100$，$Q_0=60$。晶体管的 Y 参数为：$y_{ie}=(2+\text{j}0.5)\text{mS}$，$y_{oe}=(20+\text{j}40)\mu\text{S}$，$y_{re}\approx 0$，$y_{fe}=(20-\text{j}5)\text{mS}$。(1) 试画出电路的 Y 参数等效电路；(2) 试计算谐振回路的 L、C、R。

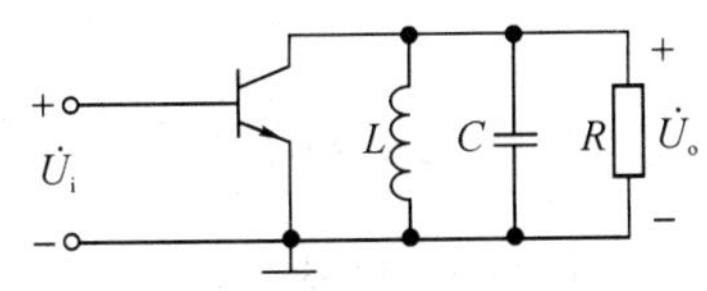

图 3-21　例 3-1 电路图

解　(1) 放大器的 Y 参数等效电路如图 3-22 所示。

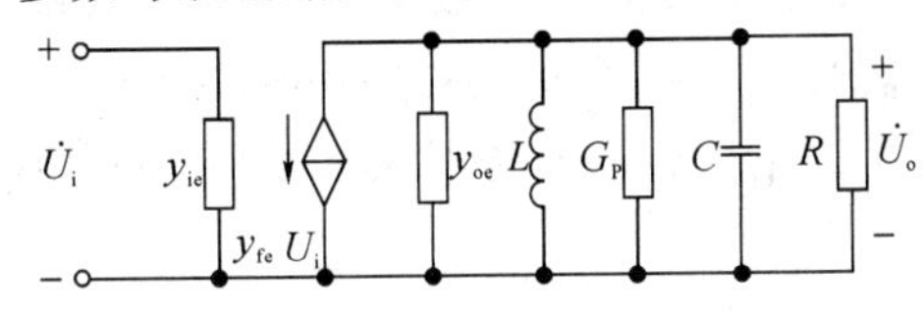

图 3-22　例 3-1 电路的 Y 参数等效电路

(2) 因为

$$A_{u0}=\frac{P_1P_2\,|y_{fe}|}{g_\Sigma}=\frac{|y_{fe}|}{g_\Sigma}$$

所以

$$g_\Sigma=\frac{|y_{fe}|}{A_{u0}}=\frac{\sqrt{20^2+5^2}\times 10^{-3}}{100}=0.21\ \text{mS}$$

又因为

$$B_{0.7}=\frac{f_0}{Q_L}$$

所以

$$Q_L=\frac{f_0}{B_{0.7}}=\frac{10.7\times 10^6}{500\times 10^3}=21.4$$

而

$$Q_L=\frac{1}{g_\Sigma\omega_0 L}$$

所以

$$L=\frac{1}{Q_L g_\Sigma\omega_0}=3.3\ \mu\text{H}$$

又因为 $f_0=\dfrac{1}{2\pi\sqrt{LC_\Sigma}}$，则

$$C_{\Sigma} = \frac{1}{4\pi^2 f_0^2 L} = 67\ \text{pF}$$

因为

$$C_{\Sigma} = C + P_1^2 C_{oe} + P_2^2 C_{ie2} = C + C_{oe}$$

所以

$$C = C_{\Sigma} - C_{oe} = 66.4\ \text{pF}$$

因为

$$g_{\Sigma} = G_P + P_1^2 g_{oe} + P_2^2 g_{ie2} = G_P + g_{oe} + g$$

所以

$$g = g_{\Sigma} - G_P - g_{oe} = g_{\Sigma} - \frac{1}{Q_0 \omega_0 L} - g_{oe} = 0.115\ \text{mS}$$

$$R = \frac{1}{g} = 8.7\ \text{k}\Omega$$

例 3-2 小信号谐振放大器如图 3-23 所示。设工作频率 $f_0 = 10.7$ MHz，回路电容 $C = 56$ pF，回路电感 $L = 4\ \mu$H，空载品质因数 $Q_0 = 60$，接入系数 $P_1 = P_2 = 0.25$，电阻 $R_4 = 10$ kΩ。晶体管的 Y 参数为：$y_{ie} = (0.96 + \text{j}1.5)$mS，$y_{oe} = (0.058 + \text{j}0.72)$mS，$y_{re} \approx 0$，$y_{fe} = (37 - \text{j}4.1)$mS。求：(1) 画出电路的 Y 参数等效电路；(2) 谐振放大倍数 A_{u0}；(3) 通频带 $B_{0.7}$。

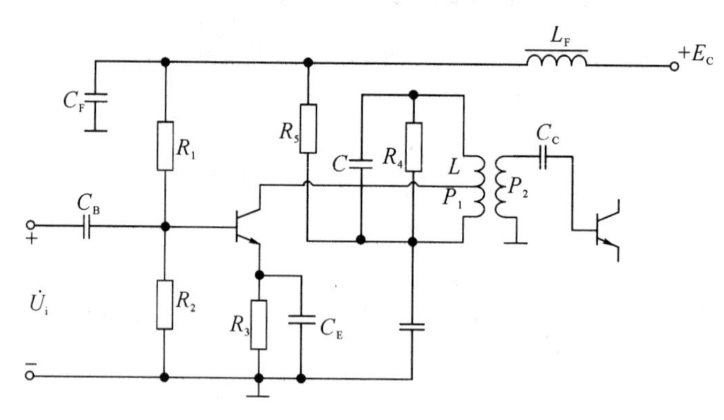

图 3-23 例 3-2 电路图

解 (1) 放大器的 Y 参数等效电路如图 3-24 所示。

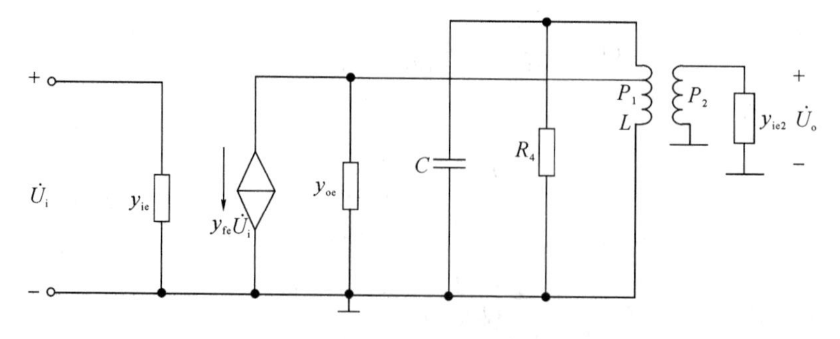

图 3-24 例 3-2 电路的 Y 参数等效电路

(2) 由题意可知，g_{Σ} 包括线圈损耗电导 G_P、回路外接电导 g_4、本级晶体管输出电导 g_{oe} 和下一集放大器输入电导 g_{ie2} 折合到负载回路两端的 $P_1^2 g_{oe}$ 和 $P_2^2 g_{ie2}$，即

$$g_{\Sigma} = G_P + P_1^2 g_{oe} + P_2^2 g_{ie2} + \frac{1}{R_4}$$

又因为 $G_P = \frac{1}{Q_0 \omega_0 L}$，得到 $g_{\Sigma} = 0.22\ \text{mS}$，所以

$$A_{u0} = \frac{P_1 P_2 \mid y_{fe} \mid}{g_{\Sigma}} = \frac{0.25 \times 0.25 \times \sqrt{37^2 + 4.1^2}}{0.22} \approx 10.5$$

根据 $B_{0.7} = \frac{f_0}{Q_L}$ 和 $Q_L = \frac{1}{g_{\Sigma} \omega_0 L}$，可得

$$B_{0.7} \approx 633\ \text{kHz}$$

3.4.2 多级单调谐回路放大器

在通信设备中实际使用的调谐放大器，往往要求增益很高，需要几级单调谐放大器组成多级单调谐放大器。多级单调谐放大器的总增益、总频带以及总矩形系数有什么变化？与单级单调谐放大器的这些指标有何关系？下面分别进行讨论。

1. 总电压增益

假设放大器共有 m 级，各级的电压增益分别为 A_{u1}、A_{u2}……A_{um}，则电压总增益 $(A_u)_m$ 为

$$(A_u)_m = A_{u1} \cdot A_{u2} \cdots\cdots A_{um} \tag{3-28}$$

即多级放大器电压总增益为各级电压增益的乘积。

如果多级调谐放大器是由 m 个相同参数(包括晶体管参数和回路参数)的单级放大器所组成的，并且它们的中心频率都调谐在同一频率 f_0 上，则有

$$(A_u)_m = (A_u)^m \tag{3-29}$$

式中，A_u 为每级放大器增益。

2. 总通频带

当 m 级相同的放大器级联时，总的谐振曲线为单级谐振曲线的乘积，即

$$\frac{(A_u)_m}{(A_{u0})_m} = \frac{1}{\left[\sqrt{1+\left(Q_L \dfrac{2\Delta f}{f_0}\right)^2}\right]^m} \tag{3-30}$$

根据式(3-30)可以画出 m 级相同参数的多级放大器的谐振曲线。图 3-25 所示为级数分别是 $m=1$、$m=2$、$m=3$ 的谐振曲线。显然，级数 m 愈多，谐振曲线愈尖锐，选择性愈好，但是通频带变窄。

那么通频带变窄多少呢？为求出多级放大器的通频带，令式(3-30)中 $2\Delta f = 2\Delta f_{0.7}$，则有

$$\frac{(A_u)_m}{(A_{u0})_m} = \frac{1}{\left[\sqrt{1+\left(Q_L \dfrac{2\Delta f_{0.7}}{f_0}\right)^2}\right]^m} = \frac{1}{\sqrt{2}}$$

解上式，可得多级放大器的通频带为

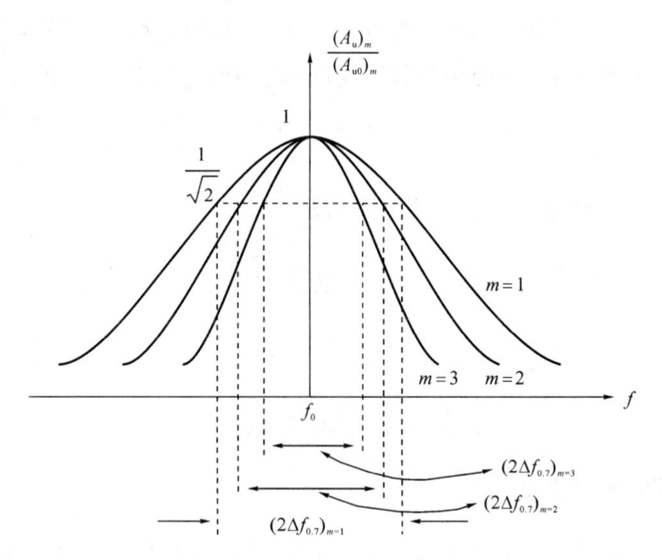

图 3-25　m 级放大器的谐振曲线

$$(2\Delta f_{0.7})_m=\sqrt{2^{\frac{1}{m}}-1}\,\frac{f_0}{Q_L} \tag{3-31}$$

式中，$\sqrt{2^{\frac{1}{m}}-1}$称为 m 级放大器的 3 dB 带宽缩减系数。

可见，多级带宽窄于单级带宽，如果要求 m 级放大器的总通频带和单级时一样，则必须加宽每一级通频带，为此每一级回路的 Q_L 必须按$\sqrt{2^{\frac{1}{m}}-1}$倍降低。但是每级的增益就会降低，那么总增益也必然降低。所以，对于多级单调谐放大器来说，增益和通频带的矛盾也是一个严重的问题。特别是对要求高增益、宽频带的放大器来说，这个问题尤为突出。

3. 总选择性

由图 3-25 所示的谐振曲线可见，随着级数 m 增加，谐振曲线选择性变好。那么是否 m 级数越多选择性越得到改善呢？

m 级相同参数的多级放大器矩形系数的表达式为

$$K_{r0.1}=\frac{(2\Delta f_{0.1})_m}{(2\Delta f_{0.7})_m} \tag{3-32}$$

当$\frac{(A_u)_m}{(A_{u0})_m}=\frac{1}{\left[\sqrt{1+\left(Q_L\,\frac{2\Delta f_{0.1}}{f_0}\right)^2}\,\right]^m}=0.1$ 时，求得

$$(2\Delta f_{0.1})_m=\sqrt{100^{\frac{1}{m}}-1}\,\frac{f_0}{Q_L} \tag{3-33}$$

又已知

$$(2\Delta f_{0.7})_m=\sqrt{2^{\frac{1}{m}}-1}\,\frac{f_0}{Q_L}$$

故有

$$K_{r0.1}=\frac{\sqrt{100^{\frac{1}{m}}-1}}{\sqrt{2^{\frac{1}{m}}-1}} \tag{3-34}$$

根据式(3－34)可以得到矩形系数 $K_{r0.1}$ 与级数 m 的关系，如表 3－1 所示。

表 3－1　不同级数时多级单调谐放大器的 $K_{r0.1}$

m	1	2	3	4	5	6	7	8	9	10	∞
$K_{r0.1}$	9.95	4.3	3.75	3.4	3.2	3.1	3	2.94	2.92	2.9	2.56

由表 3－1 可见，随着级数 m 增加，放大器的矩形系数逐渐减小，可见选择性逐渐改善。但是这种改善是有限度的，因为级数增加至 3 级以上后，选择性改善速度变慢，当级数为无穷多时，$K_{r0.1}$ 也只有 2.56，离理想情况 $K_{r0.1}=1$ 还有距离。因此，多级放大器能改善选择性，但是是有限的。

通过以上各节分析可知单调谐回路放大器的选择性差，增益和带宽的矛盾也较突出，为了解决这个问题，可采用下面即将讨论的双调谐回路谐振放大器。

3.5　小信号双调谐回路谐振放大器

双调谐回路谐振放大器是指负载采用双耦合回路的晶体管放大器，其典型电路如图 3－26所示。双调谐回路谐振放大器电路与单回路放大器相似，本级晶体管的集电极和下一级晶体管都是部分接入双回路，接入系数分别为 P_1 和 P_2。

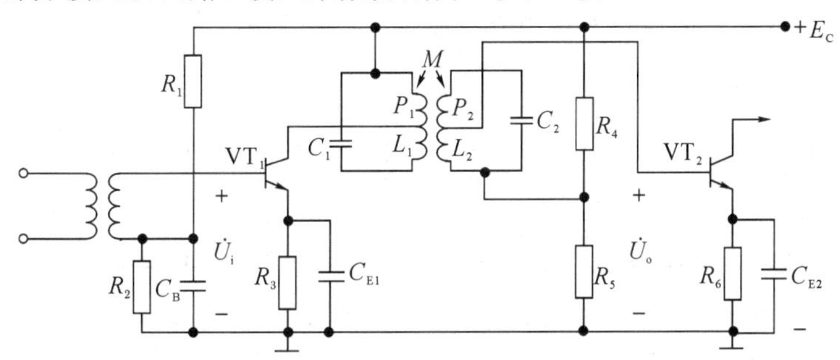

图 3－26　双调谐回路谐振放大器的典型电路

双调谐回路放大器的工作原理、各元件作用、静态工作情况都与单调谐回路放大器相同，不再赘述。这里只讨论它的增益、通频带和选择性。分析方法也是首先画出放大器的 Y 参数等效电路，然后利用等效电路进行分析。

3.5.1　双调谐回路放大器的 Y 参数等效电路

假设初、次级回路本身的损耗很小，可忽略不计，则可以画出双调谐放大器的高频 Y 参数等效电路，如图 3－27 所示。

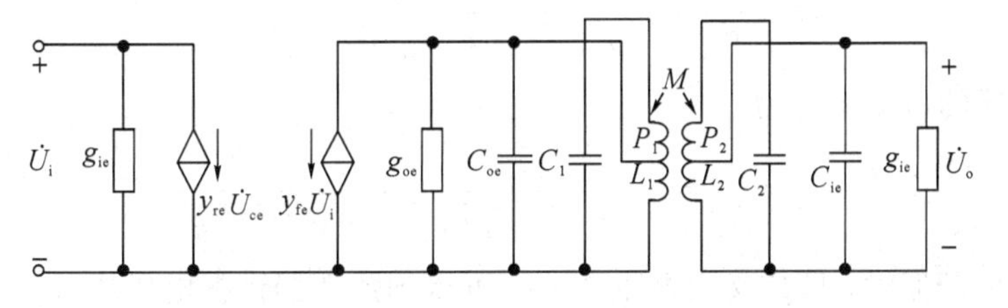

图 3－27　双调谐回路放大器的高频等效电路

设反向传输导纳 $y_{re}=0$(采取稳定措施)，把电流源 $y_{fe}\dot{U}_i$ 和晶体管输出电导 g_{oe}、输出电容 C_{oe} 折合到初级回路 L_1C_1 的两端，负载电导 g_{ie}、负载电容 C_{ie} 折合到次级回路 L_2C_2 的两端，则可得到如图 3-28 所示的等效电路。

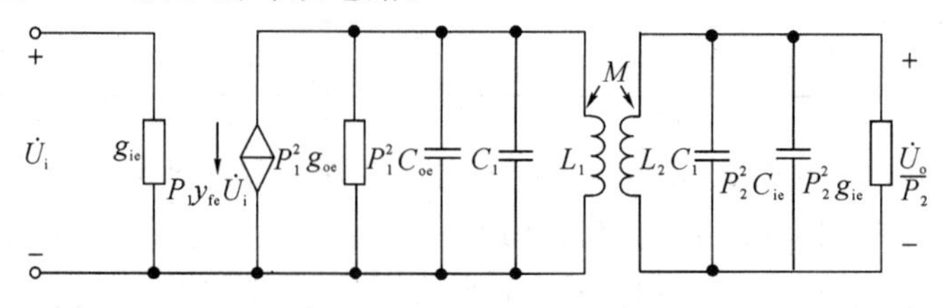

图 3-28　折合到回路两端的等效电路

考虑到在实际应用中，初、次级回路都调谐在同一中心频率 f_0 上，并且假设初、次级回路元件参数都相同，即有 $L_1=L_2=L$，$C_1+P_1^2C_{oe}=C_2+P_2^2C_{ie}=C$，$P_1^2g_{oe}=P_2^2g_{ie}=g$，则回路谐振角频率均为

$$\omega_{01}=\omega_{02}=\omega_0=\frac{1}{\sqrt{LC}}$$

初、次级回路的有载品质因数为

$$Q_{L1}=Q_{L2}=Q_L=\frac{\omega_0C}{g}=\frac{1}{\omega_0Lg}$$

则可得双调谐回路放大器的简化等效电路，如图 3-29 所示。

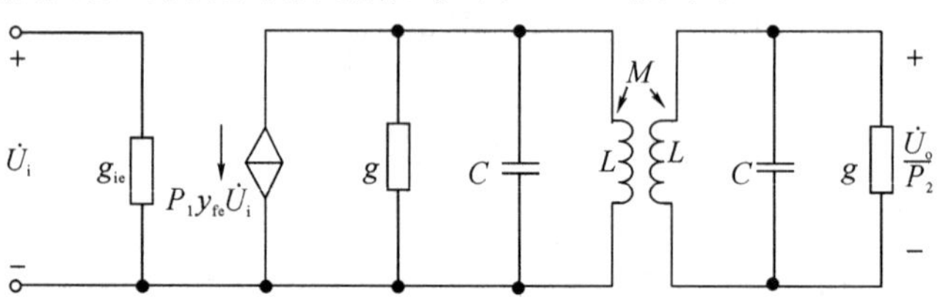

图 3-29　双调谐回路放大器的简化等效电路

图 3-29 是一个典型的并联型互感耦合双谐振回路，可直接利用前一章中对双谐振回路分析的结果，推导出双调谐放大器的增益、通频带和选择性。

3.5.2　双调谐放大器性能指标分析

1. 电压增益

参考第 2 章中所得到的双回路次级输出电压表达式(2-42)，可得到如图 3-29 所示的电路的次级输出电压为

$$\frac{\dot{U}_o}{P_2}=-\frac{\eta P_1y_{fe}\dot{U}_i}{g\sqrt{(1-\xi^2+\eta^2)^2+4\xi^2}}$$

则双调谐放大器的电压增益为

$$\dot{A}_u=\frac{\dot{U}_o}{\dot{U}_i}=-\frac{P_1P_2y_{fe}}{g}\frac{\eta}{\sqrt{(1-\xi^2+\eta^2)^2+4\xi^2}} \tag{3-35}$$

当电路产生谐振时，即广义失谐量 $\xi=0$，可得到放大器谐振电压增益为

$$\dot{A}_{u0}=-\frac{\eta}{1+\eta^{2}}\cdot\frac{P_{1}P_{2}y_{fe}}{g} \tag{3-36}$$

将式(3－36)与单回路放大器电压增益公式 $\left(\dot{A}_{u0}=-\frac{P_{1}P_{2}y_{fe}}{g_{\Sigma}}\right)$ 比较后可见：双回路放大器的电压增益还与耦合因数 η 有关。因为 $\frac{\eta}{1+\eta^{2}}<1$，所以双回路放大器的增益要比单回路放大器的增益小。若调节初、次级之间的耦合，使放大器处于临界耦合状态，即 $\eta=1$ 时，A_{u0} 达到最大，其值为

$$(A_{u0})_{m}=\frac{1}{2}\cdot\frac{P_{1}P_{2}|y_{fe}|}{g} \tag{3-37}$$

式(3－37)表明，临界耦合状态的放大器电压增益只有单回路放大器的一半。这是由于双回路多了一个谐振回路，增加了回路损耗所造成的。

双回路放大器与双回路并联谐振回路类似，根据 η 大小也分为弱耦合($\eta<1$)、临界耦合($\eta=1$)和强耦合($\eta>1$)三种情况，相应的谐振曲线如图 3－30 所示。

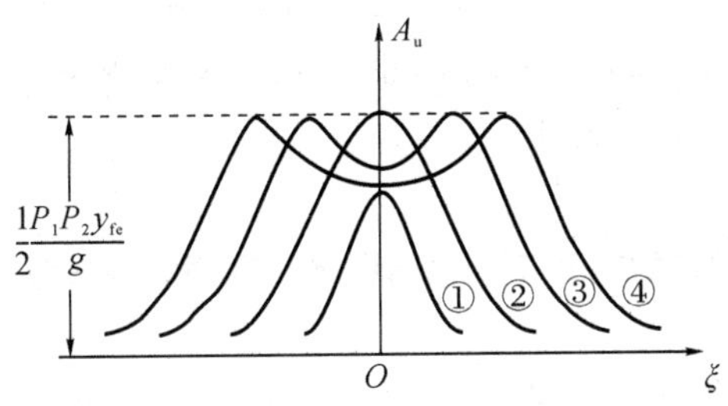

图 3－30　双回路放大器谐振曲线

2. 通频带

由图 3－30 可见，强耦合(曲线③和④)通频带最宽，临界耦合(曲线②)次之，弱耦合(曲线①)最窄。下面仅讨论临界耦合通频带。可以证明当 $\eta=1$ 时的放大器的归一化增益为

$$\alpha=\frac{A_{u}}{A_{u0}}=\frac{2}{\sqrt{4+\xi^{4}}}=\frac{2}{\sqrt{4+\left(Q_{L}\frac{2\Delta f}{f_{0}}\right)^{4}}} \tag{3-38}$$

当 $\Delta f=\Delta f_{0.7}$ 时，则 $\alpha=\frac{1}{\sqrt{2}}$，即

$$\alpha=\frac{2}{\sqrt{4+\left(Q_{L}\frac{2\Delta f_{0.7}}{f_{0}}\right)^{4}}}=\frac{1}{\sqrt{2}}$$

则临界耦合时的通频带为

$$B_{0.7}=2\Delta f_{0.7}=\sqrt{2}\frac{f_{0}}{Q_{L}} \tag{3-39}$$

由式(3－39)可见，在 Q_L 值相同的情况下，临界耦合双回路放大器的通频带比单回路放大器要宽 $\sqrt{2}$ 倍。

3. 选择性

当频偏为 $\Delta f_{0.1}$ 时，$\alpha=0.1$，代入式(3－38)可得

$$\frac{2}{\sqrt{4+\left(Q_L\ \frac{2\Delta f_{0.1}}{f_0}\right)^4}}=\frac{1}{10}$$

解上式得

$$2\Delta f_{0.1}=\sqrt{100-1}\frac{\sqrt{2}f_0}{Q_L}$$

则矩形系数为

$$K_{r0.1}=\frac{2\Delta f_{0.1}}{2\Delta f_{0.7}}=\sqrt{100-1}=3.16 \qquad (3-40)$$

可见，临界耦合时一级双回路放大器的矩形系数比一级单回路放大器矩形系数($K_{r0.1}=9.96$)小很多，其谐振曲线的形状更接近于理想矩形，选择性得到改善。但代价是以成倍的元器件和牺牲放大倍数而换取的。

上面只讨论了临界耦合的通频带和选择性，这是因为这种情况应用最多。而弱耦合的谐振曲线与单回路放大器相似，通频带窄，选择性差。强耦合时，虽然通频带变得更宽，矩形系数也更好，但谐振曲线顶部出现凹陷，回路的调整也麻烦，因此只有在要求更宽的频带时，其与临界耦合级配合时才使用。

3.6 高频小信号谐振放大器的稳定性

前面讨论了小信号谐振放大器的三大基本指标：增益、通频带和选择性，除此之外，放大器的稳定性也是一个很重要的问题。一个放大器指标虽然很好，如果工作不稳定，那么好的指标就没有意义了。本节讨论小信号谐振放大器的稳定性问题。

3.6.1 放大器工作不稳定的原因及其分析

1. 不稳定的原因和现象

在前几节中，为了集中力量分析主要矛盾，是在假设晶体管反向传输导纳 $y_{re}\approx 0$ 的条件下，分析放大器的增益、带宽等问题。而实际上，在高频工作时晶体管内部反馈不能忽略，即存在反向传输导纳 y_{re} 或 $C_{b'c}$。内部反馈的存在一方面使放大器的增益、带宽不会与理想情况相同；另一方面使放大器产生不稳定。

调谐放大器工作不稳定的原因可以用反馈观点来解释。因为被放大后的输出电压通过反向传输导纳 y_{re} 把输出信号中一部分反馈到输入端，而输出端是谐振回路，具有选频特点。同时，y_{re} 是频率的函数，这样就使反馈信号的幅度和相位随频率而变，它对某些频率是负反馈，而对某些频率则是正反馈，反馈的强弱也不同。这样，某一频率的信号可能被加强，而某些频率分量可能削弱，结果就造成放大器谐振曲线的变形。在条件合适时(是指相位和幅度满足起振条件)，某些频率的反馈信号回到输入端，再加以放大，然后又反馈到输入端，如此循环不止，以致放大器不需要外加信号也能产生正弦波或其他波形的振荡信号，这就是自激现象。

晶体管内部反馈造成放大器工作不稳定现象表现有以下三种：

(1) 使放大器的输入、输出回路之间以及多级放大器之间，互相影响，互相牵扯，给放大器的调整带来很大麻烦。

(2) 使放大器谐振曲线产生变形，致使放大器通频带、选择性都发生变化，改变了原有指标。

(3) 使放大器出现自激振荡。放大器变成了振荡器，无法正常进行放大工作。

2. 用输入导纳的观点分析不稳定的原因

为了进一步理解晶体管内部反馈对放大器工作的影响，下面还可用放大器输入导纳的观点来进行分析，如图 3 - 31 所示。

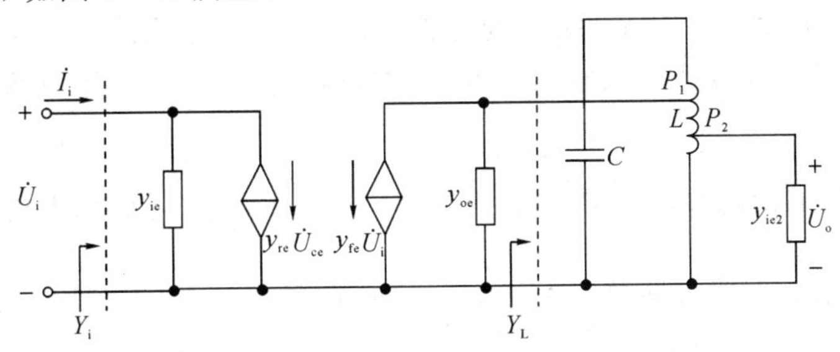

图 3 - 31　放大器输入导纳等效电路

由图 3 - 31 可以求出单回路放大器的输入导纳表示式为

$$Y_i = y_{ie} - \frac{y_{fe} y_{re}}{y_{oe} + Y_L} \tag{3-41}$$

由式(3 - 41)可见，放大器的输入导纳 Y_i 并不等于晶体管的输入导纳 y_{ie}，而是包括两部分：一部分是晶体管输入导纳 y_{ie}；另一部分是输出端通过反向传输导纳 y_{re} 的反馈作用在输入端产生的等效导纳，称它为反馈导纳，用 Y_F 表示，即

$$Y_F = -\frac{y_{fe} y_{re}}{y_{oe} + Y_L} \tag{3-42}$$

这样就有

$$Y_i = y_{ie} + Y_F \tag{3-43}$$

由式(3 - 42)可见，由于晶体管 Y 参数 y_{fe}、y_{re}、y_{oe} 都是频率的函数，因此反馈导纳 Y_F 也是大小和电抗性质随频率而不同的复数导纳，可表示为

$$Y_F = g_F + \mathrm{j}b_F \tag{3-44}$$

式中，g_F 为反馈电导；b_F 为反馈电纳，它们都是频率的函数。这样，放大器的输入导纳又可表示为

$$Y_i = g_{ie} + \mathrm{j}\omega C_{ie} + g_F + \mathrm{j}b_F \tag{3-45}$$

由式(3 - 45)可见，C_{ie} 已作为输入回路电容一部分，现在又增加一个 b_F(一般为容性)，会使回路失谐，谐振点向频率低的方向移动。g_F 的作用是使回路的 Q_L 值发生变化，特别值得注意的是，g_F 是频率的函数，它与频率的关系曲线如图 3 - 32 所示。由图可见，g_F 在某些频率范围内的值是负的，即 g_F 具有负电阻特性。从能量观点

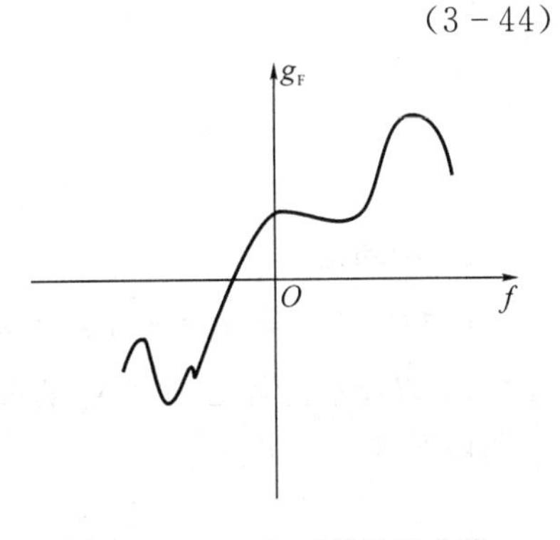

图 3 - 32　g_F 与 f 的关系曲线

看，正电阻是耗能元件，而负电阻则是供能元件。当 g_F 为负值时，回路总电导将下降，Q_L 增大，这样就引起通频带下降，增益上升。当 g_F 负值增大到使 $g_\Sigma = g_{ie} - g_F = 0$ 成立时，则回路 Q_L 值变为无穷大，也就是说，反馈能量抵消了回路能量损耗，使输入端不需要信号源再提供能量，放大器就产生自激现象，失去放大能力，这是不允许的。

3.6.2 高频小信号谐振放大器的稳定措施

如前所述，由于高频小信号谐振放大器存在 y_{re}(即 $C_{b'c}$)的内反馈，使得放大器不能单向工作，存在不稳定因素。保证放大器稳定(或单向化)的措施的具体办法是：一种是消除 y_{re}(即 $C_{b'c}$)的反馈作用，称为“中和法”；另一种是增大负载导纳 Y_L，使得式(3-41)中的 $Y_i \approx y_{ie}$。由于负载导纳增加，使得放大器输入或输出回路与晶体管失去匹配，称为“失配法”。

1. 失配法

如果在负载回路两端并接电阻 $g_{并}$，使得 $g'_\Sigma = g_\Sigma + g_{并}$，从而增大负载导纳 Y_L，使得 $y_{ie} \gg \dfrac{y_{fe} y_{re}}{y_{oe} + Y_L}$，则放大器输入导纳 $Y_i \approx y_{ie}$，等效地消除了 y_{re} 影响。但是，这样就使电路失配，代价是增益降低。

实际上失配法并不是真的在回路并接一个外电阻，而是采用一些组合电路，其典型电路为共射—共基极级联电路，其交流等效电路如图 3-33 所示。由于共基极电路有一个特点：输入阻抗很低(输入导纳 y_i 很大)，输出阻抗很高(输出导纳 y_o 很小)。当共基极电路和共射极电路连接时，相当于共射电路放大器接了一个很大的负载导纳 Y_L，使得 $y_{ie} \gg \dfrac{y_{fe} y_{re}}{y_{oe} + Y_L}$。另外，也可以求得共发—共基极级联放大器的等效反向传输导纳为

$$y'_r = \frac{y_{re}}{y_{fe}}(y_{re} + y_{oe})$$

由于 y_{fe} 较大，因此 $y'_r \ll y_{re}$，即该组合电路的等效反向传输导纳远小于单级共射电路的反向传输导纳。这种组合电路工作稳定性比单管电路好，当然代价是增益降低了。

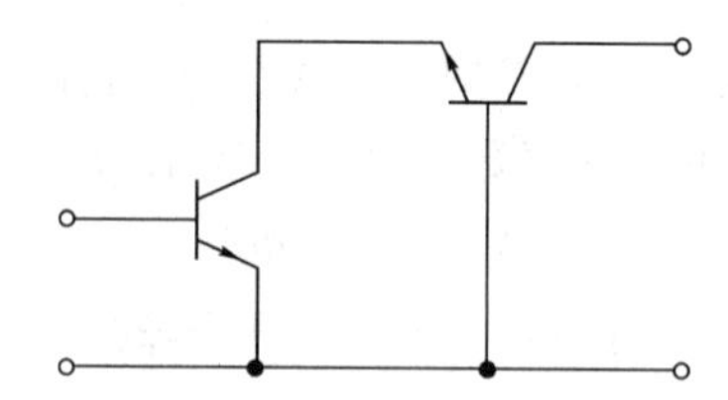

图 3-33 共射—共基极级联电路的交流等效电路

2. 中和法

中和法是在晶体管的输出端和输入端之间引入一个附加的外部反馈元件 Y_N(称为中和元件)，以抵消晶体管内部 y_{re} 的反馈作用，其原理电路如图 3-34 所示。

由图 3-34 可得

$$\begin{aligned}\dot{I}_i &= \dot{I}_N + \dot{I}_b = (\dot{U}_i - \dot{U}_N)Y_N + \dot{U}_i y_{ie} + \dot{U}_c y_{re} \\ &= (Y_N + y_{ie})\dot{U}_i - \dot{U}_N Y_N + \dot{U}_c y_{re}\end{aligned}$$

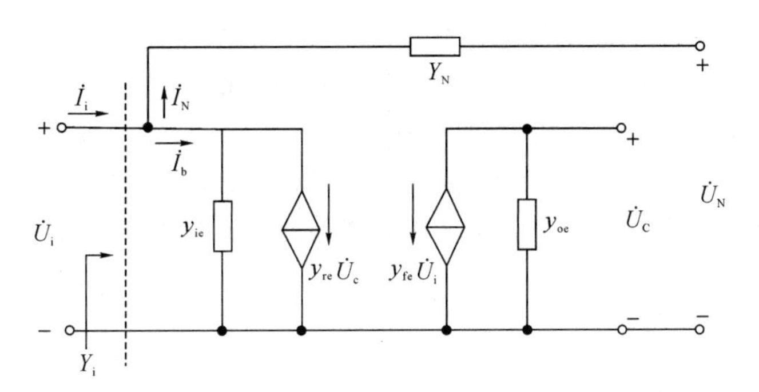

图 3-34　中和法原理电路

当有

$$\dot{U}_c y_{re} - \dot{U}_N Y_N = 0 \tag{3-46}$$

则放大器的输入导纳为

$$Y_i = \frac{I_i}{U_i} = y_{ie} + Y_N$$

可见，当满足式(3-46)时，放大器输入导纳与负载导纳无关，仅与晶体管输入导纳 y_{ie}和中和元件 Y_N 有关，等效地消除了 y_{re}影响，实现了放大器的单向化，这就是中和原理。

当工作频率在甚高频以下时 $y_{re} = -j\omega C_{b'c}$，同时设 $Y_N = j\omega C_N$，由式(3-46)可得到实现中和的条件为

$$C_N = -\frac{\dot{U}_c}{\dot{U}_N} C'_{b'c} \tag{3-47}$$

式(3-47)表明，实现中和的条件是：① 中和电容 C_N 的连接要正确：一端接基极；另一端接输出且使得 $\dot{U}_C$与 $\dot{U}_N$反相；② C_N 大小应满足 $C_N = \frac{U_C}{U_N} C'_{b'c}$。

例如，在图 3-35 中，由于变压器初级抽头交流接地，根据变压器同名端，为使 $\dot{U}_C$与 $\dot{U}_N$反相，中和电容 $\dot{C}_N$一端接基极，另一端应接到负载回路的下端，同时中和电容大小为

$$C_N = \frac{U_C}{U_N} C_{b'c} = \frac{N_1}{N_2} C_{b'c}$$

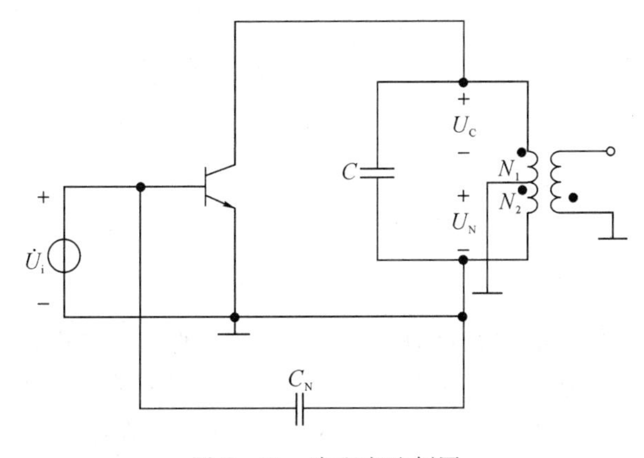

图 3-35　中和方法例图

采用中和法和失配法实现单向化各有优缺点。中和法的优点是放大器增益高，但是缺点也是明显的。首先，由于反馈电容量与频率有关，中和电容只能对某一频率起到完全中和的作用，故频带放大器无法使用中和法。其次，晶体管参数离散性大，合适的中和电容量需要在每个晶体管的实际调整过程中确定，比较麻烦和费时间，不适合大量生产。

失配法的主要缺点是增益较低。但这种方法除能防止放大器自激外，还能提高管子参数稳定性，展宽放大器频带。另外，在生产过程中无需调整，适用于大量生产。

在实际电路中，可视具体情况来确定选用哪一种稳定措施。必要时，也可对一个电路同时采用两种方法，即固定中和并加少量失配。

3.7 小信号谐振放大器设计应用举例

某中波超外差式收音机的两级单调谐中频放大器如图 3-36 所示。其工作频率均为 465 kHz。图中，VT_1、VT_2 为中频放大管，B_1、B_2 为中频变压器(俗称中周)，它们的初级线圈与 C_4、C_7 组成中频谐振回路，通过调节中周磁芯改变线圈电感，使其谐振频率为 465 kHz；R_1、R_2、R_3 和 R_4、R_5、R_6 组成分压式偏置电路，为两个中频放大器提供合适的静态工作点；C_2、C_3、C_5、C_6 为旁路电容，C_8、C_9 为中和电容；R_2、C_2 取出来自后级电路的自动控制电压加到第一中放管的基极，以控制中放的增益。中频放大器自动增益控制原理为：若接收电台信号大，则经过 R_2、C_2 取出的自动控制电压大，使得 VT_2 基极电位提高，进而使 VT_2 的导通性能变差，放大倍数下降，达到自动增益控制目的。

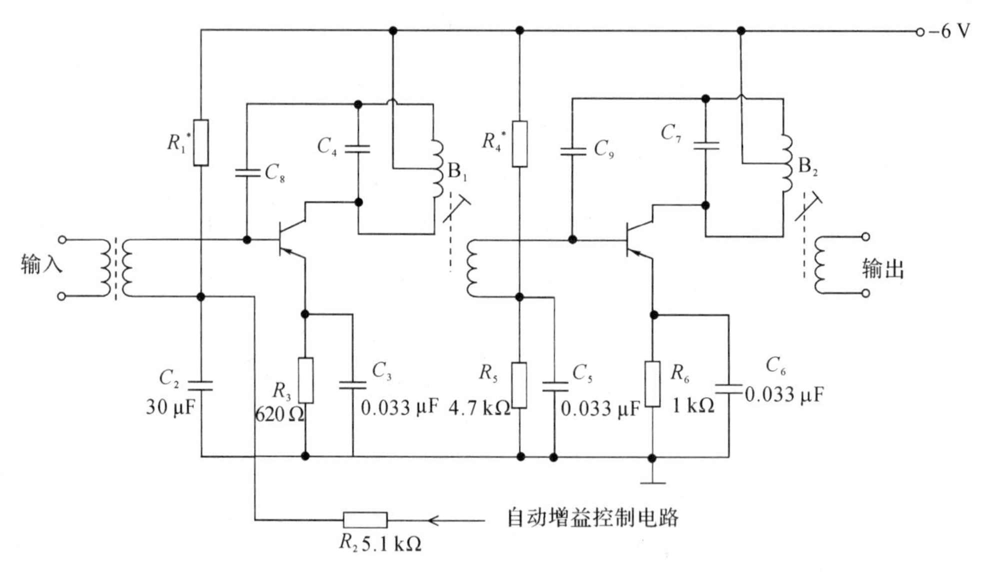

图 3-36 某收音机的两级单调谐中频放大器

1. 中频放大器偏置电阻设计

两级中频放大器中第一级加有自动增益控制电路，直流工作电流不宜过大，并且第一级输入的信号也较小，因此工作点一般选为 0.4～0.6 mA；第二级要求有足够的增益，因此工作电流选得较大，一般约为 0.7～0.9 mA。对于中频放大器的晶体管的 β 值不能太高，否则容易引起啸叫，一般选为 60～100 左右为宜。

2. 中频回路(中周)电感 L 与电容 C_Σ 设计

回路电容 C_Σ 取值非常关键，如果选取值大，根据谐振频率设计的 L 值就会太小。实际绕制的 L 过小的电感线圈时，空载品质因数就不容易做得大。反之，如果 C_Σ 选取的过小，晶体三极管的输入和输出电容、引线电容和分布电容等不稳定电容在总电容 C_Σ 中所占的比例就过大，从而影响谐振频率的稳定性。根据经验，在不同的中频频率时，C_Σ 的取值范围为

当 $f_0=465$ kHz 时，C_Σ 取 150～510 pF

当 $f_0=10.7$ MHz 时，C_Σ 取 50～150 pF

当 $f_0=30$ MHz 时，C_Σ 取 10～30 pF

C_Σ 取值确定后，L 值也就确定了。一般中频回路(中周)在出厂时就做好了。

习　　题

1. 晶体管 3DG6C 的特征频率 $f_T=250$ MHz，$\beta_0=50$。试求该管在 $f=1$ MHz、20 MHz和 50 MHz 的 β 值。

2. 在图 3-37 中，晶体管 3DG39 工作频率 $f_0=10.7$ MHz，调谐回路采用中频变压器 $L_{1\sim3}=4$ μH，$Q_0=100$，抽头 $N_{2\sim3}=5$ 圈，$N_{1\sim3}=20$ 圈，$N_{4\sim5}=5$ 圈。已知 3DG29 在工作点处的 Y 参数为：$g_{ie}=2860$ μS，$C_{ie}=18$ pF；$g_{oe}=200$ μS，$C_{oe}=7$ pF；$|y_{fe}|=45$ mS，$\varphi_{fe}=-54°$；$y_{re}\approx0$。(1) 试画出第一级放大器的 Y 参数等效电路。(2) 试计算放大器谐振电压增益和通频带。

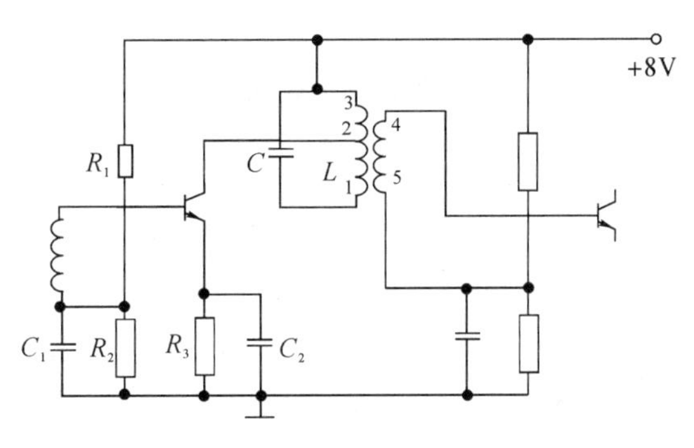

图 3-37

3. 由相同的晶体三极管组成的多级单调谐回路谐振放大器，其中心频率 $f_0=465$ kHz。已知在工作点上的 Y 参数为：$g_{ie}=0.4$ mS，$C_{ie}=142$ pF；$g_{oe}=55$ μS，$C_{oe}=18$ pF；$g_{fe}=36.8$ mS，$\varphi_{fe}=0$，$y_{re}=0$，调谐回路的接入系数 $P_1=0.35$，$P_2=0.035$，回路的等效电容 $C_\Sigma=200$ pF。若回路的空载品质因数 $Q_0=80$，试求：(1) 等效有载品质因数 Q_L；(2) 计算每级的谐振电压增益 A_{u0}。

4. 在三级同步调谐的单回路放大器中，中心频率为 465 kHz，每个回路的 $Q_L=40$，试问总的通频带是多少？如果要使总的通频带为 10 kHz，则允许最大 Q_L 为多少？

5. 三级同步调谐的单回路放大器中心频率 $f_0=10.7$ MHz，要求$(2\Delta f_{0.7})_3\geqslant100$ kHz，

失谐在±250 kHz时衰减大于或等于20 dB。试确定单回路放大器每个回路的Q_L值。

6. 一单调谐中频放大器，如图3-38所示。工作频率f_0=10 MHz，晶体管的Y参数为：$y_{ie}=(0.126+j1.34)$mS，$y_{fe}=(38-j3.85)$mS，$y_{oe}=(0.0766+j0.7)$mS，$y_{re}\approx 0$。回路电容C=63 pF，电感L=4 μH，Q_0=100，接入系数$P_1=P_2=0.3$。试求：(1) 画出第一级放大器的Y参数等效电路；(2) 单级谐振电压增益A_{u0}；(3) 单级通频带$2\Delta f_{0.7}$；(4) 四级的总谐振电压增益$(A_{u0})_4$；(5) 四级的总通频带$(2\Delta f_{0.7})_4$；(6) 如果四级的总通频带$(2\Delta f_{0.7})_4$保持和单级的通频带$2\Delta f_{0.7}$相同，则单级通频带应加宽多少？四级的总电压增益下降为多少？

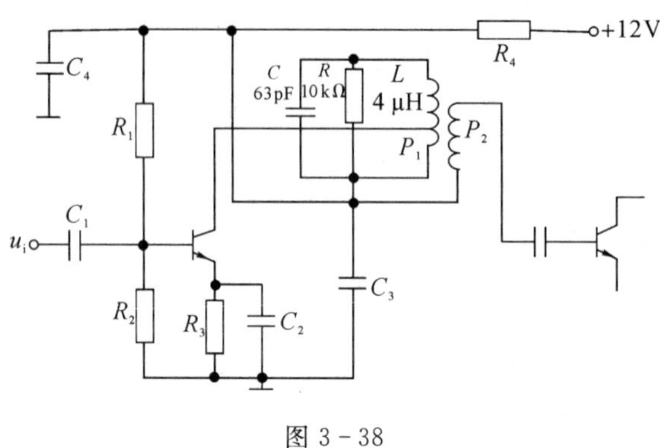

图3-38

7. 在如图3-39所示的电容耦合双调谐回路谐振放大器中，若两个三极管的Y参数相同，均为$g_{ie}=7.69\times10^{-4}$ S，C_{ie}=12.2 pF，g_{fe}=38 mS，$\varphi_{fe}=0$，$g_{re}=0$，$C_{re}=0$，$g_{oe}=10^{-4}$ S，$C_{oe}=0$。放大器的中心频率f_0=10.7 MHz，初级、次级回路电容C=100 pF，初次回路空载品质因数Q_0=100，接入系数$n_1=0.75$，$n_2=0.27$，若不考虑偏置电阻的影响，电容C_1、C_2、C_3、C_4在工作频率上可视为短路。试计算当临界耦合($\eta=1$)时：(1) 耦合电容C_M；(2) 从本级基极到下级基极的谐振电压A_{u0}；(3)通频带$2\Delta f_{0.7}$。

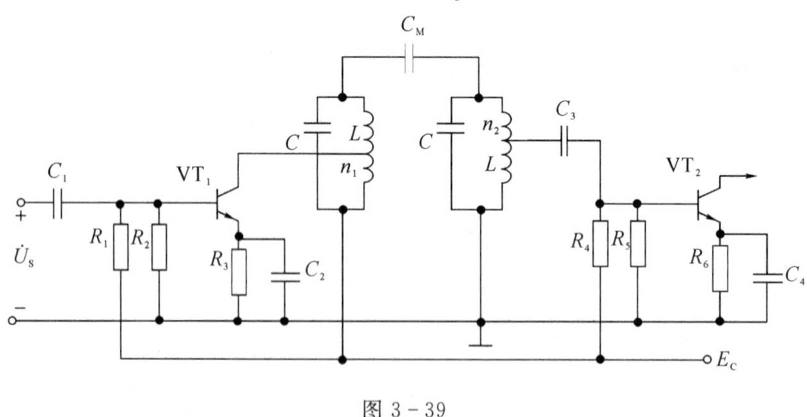

图3-39

8. 由四级单回路谐振放大器组成中心频率f_0=10.7 MHz的两对临界失调的参差调谐放大器。已知每级单回路谐振放大倍数A_{u0}=20，$2\Delta f_{0.7}$=400 kHz。试求该放大器的总增益、通频带和每级放大器的谐振频率。

9. 试画出如图3-40所示电路中的中和电容，写出中和电容数的表示式，并标出线圈的同名端。

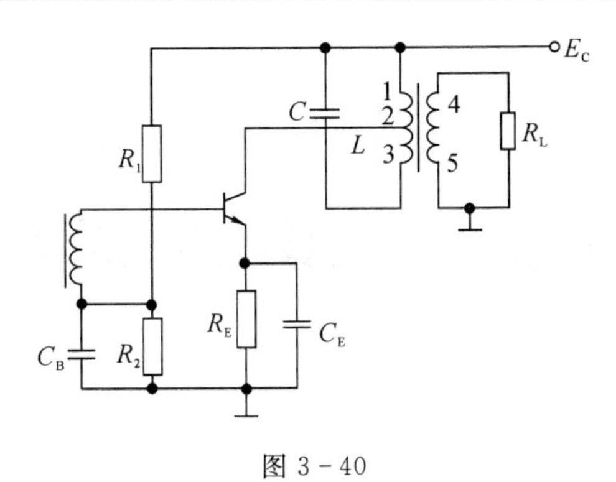

图 3-40

10. 高频小信号谐振放大器产生不稳定现象的具体表现是什么？产生不稳定的根本原因是什么？克服不稳定的措施是什么？

11. 实际测得双回路谐振放大器输出电压幅值随频率变化的特性为双曲线，其峰值为 1 V，相应的峰值频率分别为 415 kHz 和 515 kHz；谷值为 0.25 V，相应的谷值频率为 465 kHz。试求放大器的耦合因数 η、等效品质因数 Q_L 和耦合系数 k。

第4章 高频功率放大器

【应用背景】

高频功率放大器一般用于无线电发射机的末级(如图4-1所示的阴影框图)，其作用是将调制器输出的高频已调波信号进行功率放大，以满足发送功率的要求，然后经过天线将其辐射到空间，保证在一定区域内的接收机可以接收到满意的信号电平，并且不干扰相邻信道的通信。高频功率放大器是通信系统中发送装置的重要组件。

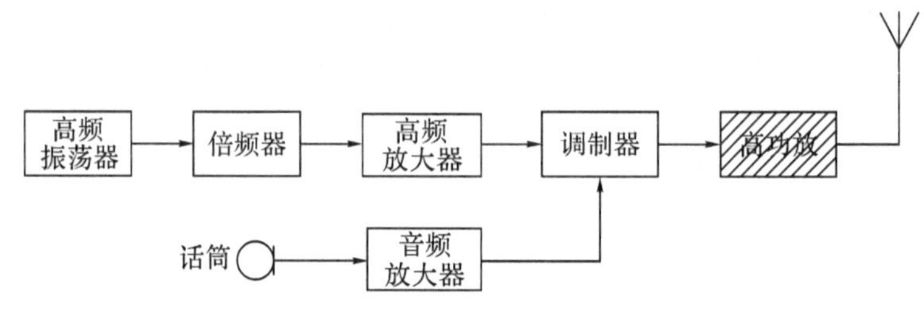

图4-1 高频功率放大器应用示例

4.1 概 述

4.1.1 高频功率放大器的分类

高频功率放大器按工作频带的宽窄，可分为窄带高频功率放大器和宽带高频功率放大器。窄带高频功率放大器以 *LC* 谐振回路作为负载，因此又称为谐振功率放大器。宽带高频功率放大器以传输线变压器作为负载，因此又称为非谐振功率放大器。本章主要介绍谐振功率放大器。

4.1.2 高频功率放大器的特点

高频功率放大器和低频功率放大器的相同点是都要求输出功率大和效率高。但由于二者的工作频率和相对频带宽度相差很大，这就决定了高频功率放大器具有自己的特点。首先高频功率放大器的工作频率高，而低频功率放大器的工作频率低。其次，高频功率放大器一般都采用选频网络作为负载回路(又称为谐振功率放大器)，而低频功率放大器用电阻、变压器等作为负载。由于以上特点，使得这两种放大器所选用的工作状态也不相同：低频功率放大器可以工作于甲类(A类)、甲乙类和乙类(B类)状态，而高频功率放大器则一般都工作于丙类(C类)状态。丙类放大器虽然效率较高，但其电流波形失真太大，低频功率放大器无法使用，而高频功率放大器因有谐振回路的滤波功能，使输出电流与电压仍然接近于正弦波，失真较小。

高频功率放大器与高频小信号谐振放大器的相同点是工作频率都很高，负载均是谐振回路。但二者也有较大的差异，高频小信号谐振放大器输入信号很小(微伏级或毫伏级)，高频功率放大器的输入信号要大得多。高频小信号谐振放大器的性能要求侧重于能不失真地放大有用信号，而对其输出功率和效率的要求相对降低。而对高频功率放大器来说，则要求有高的输出功率和高的效率。高频小信号放大器的工作状态为甲类，而高频功率放大器则为丙类。另外，这两种放大器负载回路的选频作用不同，高频小信号谐振放大器是利用选频回路滤除大量的干扰信号，选出有用信号，高频功率放大器却是利用选频回路来选出信号的基波分量，滤除谐波分量。

4.2　谐振功率放大器工作原理

4.2.1　谐振功率放大器电路组成

高频谐振功率放大器的原理电路如图 4-2 所示。由图可见，放大器电路是由晶体管 VT、负载 LC 谐振回路以及电源三部分组成的。晶体管起开关控制作用，按输入信号的变化规律把直流能量转变为交流能量。负载 LC 谐振回路的谐振频率为输入信号频率，其作用分别是：一是滤波作用，选取集电极电流中的基波分量，滤除谐波分量；二是阻抗匹配作用，当输出匹配时，可保证放大器输出最大功率。R_P 是 LC 谐振回路的谐振电阻；电源包括基极偏置电压 E_B 和集电极电源 E_C，其中，基极偏置电压 E_B 的值一般小于晶体管导通电压 U_{BZ}，以保证晶体管工作在丙类状态。E_C 是功率放大器的能源。

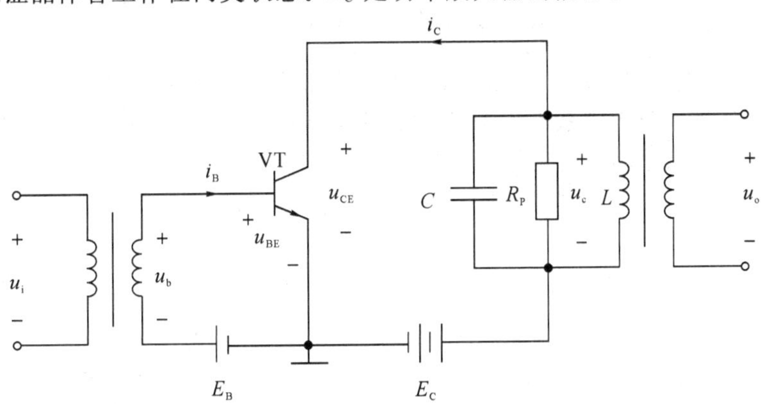

图 4-2　谐振功率放大器的原理电路

4.2.2　谐振功率放大器工作原理

为了讨论方便，图 4-3 画出了丙类状态的谐振功率放大器工作情况。图中已知三极管转移特性曲线 $i_C=f(u_{BE})$，其导通电压为 U_{BZ}。设功率放大器输入端电压 $u_b=U_{bm}\cos\omega t$，则输入回路发射结电压为

$$u_{BE}=E_B+U_{bm}\cos\omega t \tag{4-1}$$

式中，$E_B<U_{BZ}$，因此导通角 $\theta<90°$，电路工作在丙类状态。由图 4-3 可见，只有当 u_{BE} 大于导

通电压 U_{BZ}时，三极管才导通，产生集电极电流 i_C，i_C 近似为一串周期性尖顶余弦脉冲。

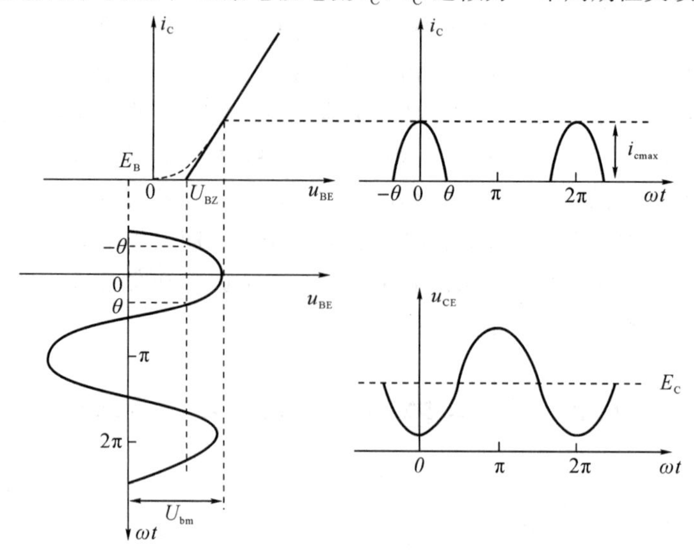

图 4-3 谐振功率放大器丙类工作状态工作情况

由于集电极电流 i_C 是周期性非正弦波，用傅立叶级数可以展开为

$$i_C = I_{C0} + I_{c1m}\cos\omega t + I_{c2m}\cos 2\omega t + \cdots + I_{cnm}\cos n\omega t + \cdots \tag{4-2}$$

可见，i_C 由直流分量 I_{C0}、基波分量 $I_{c1m}\cos\omega t$ 和其他各次谐波分量组成。

由于负载回路对输入信号角频率 ω 谐振，因此只有集电极电流 i_C 中的基波电流分量产生谐振，此时负载回路等效为一个谐振电阻 R_P，其值近似为

$$R_P = Q_0\sqrt{\frac{L}{C}} = \omega_0 L Q_0 = \frac{Q_0}{\omega_0 C} \tag{4-3}$$

而负载回路对各次谐波分量严重失谐，呈现很小的阻抗，可视为短路；负载回路对直流分量也可视为短路(即通过电感线圈 L 短路)。因此，式(4-2)中 i_C 的各个分量中只有基波分量 $I_{c1m}\cos\omega t$ 在负载回路两端产生较大压降，输出基波电压，即

$$u_c = U_{cm}\cos\omega t = I_{c1m}R_P\cos\omega t \tag{4-4}$$

则集电结电压为

$$u_{CE} = E_C - U_{cm}\cos\omega t \tag{4-5}$$

由式(4-5)可得到 u_{CE}的电压波形，如图 4-3 所示。

从以上分析可见，虽然集电极只在很短时间内有电流通过，集电极电流为尖顶余弦脉冲，但由于输出谐振回路的选频作用，使集电极输出的交流电压仍是一个与输入信号频率一样的、完整的余弦波，在理想情况下几乎没有谐波。如果电路参数选择得当，功率放大器就能实现不失真放大。

谐振功率放大器各部分电流与电压波形的时间关系如图 4-4 所示。图 4-4(a)为输入电压 $u_b = U_{bm}\cos\omega t$ 的波形；图 4-4(b)为发射结电压 $u_{BE} = E_B + U_{bm}\cos\omega t$ 的波形(其中，$E_B < U_{BZ}$)；图 4-4(c)为集电极电流 i_C 的波形(其中，虚线波形为基波电流分量波形)；图 4-4(d)为输出的基波电压 $u_c = U_{cm}\cos\omega t$ 的波形；图 4-4(e)为集电结电压 $u_{CE} = E_C - U_{cm}\cos\omega t$的波形，其中，集电结电压 u_{CE}的波形与输入电压波形相位相反，这是因为功率放大器采用的是共发射极接法。

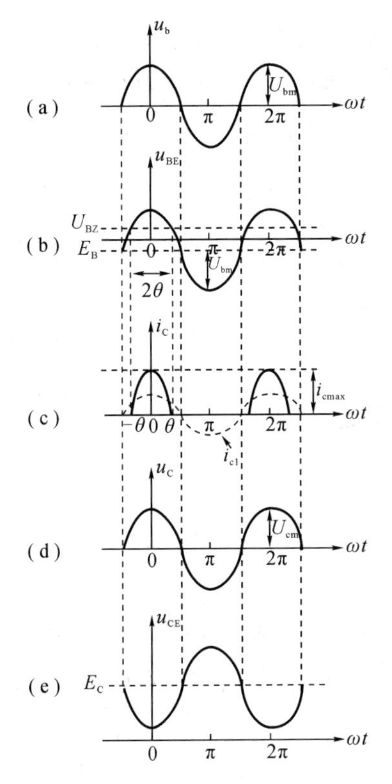

图 4-4　谐振功率放大器各部分电流与电压波形

4.2.3　丙类工作状态效率高的原因

谐振功率放大器大多工作于丙类工作状态，这是因为丙类效率高。由“低频电路”课程知道，放大器可以按照电流导通角 2θ 的数值不同，分为甲、乙、丙三类工作状态。放大器工作于哪一种状态，决定于基极偏置电压 E_B、晶体管的导通电压 U_{BZ}(硅管约为 0.7 V，锗管约为 0.2 V)和被放大信号的幅度。下面利用晶体管的转移特性 $i_C \sim u_{BE}$ 关系曲线来说明。

当 $E_B \gg U_{BZ}$时，由图 4-5 可见，若输入信号较小，晶体管工作在甲类，电流导通角 2θ

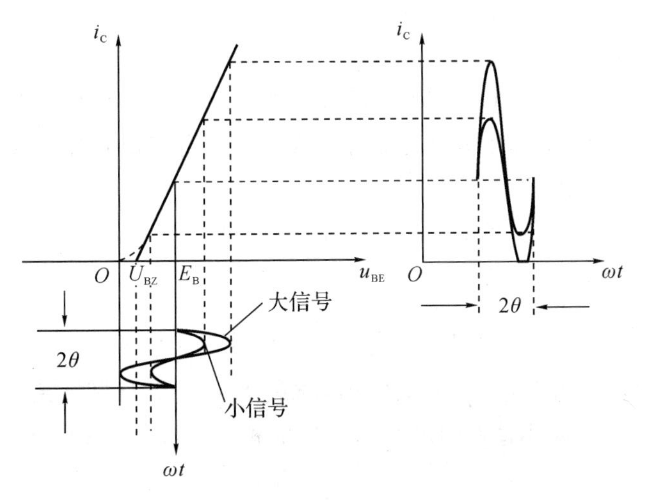

图 4-5　晶体管的甲类和甲乙类工作状态

为 360°。若输入信号较大，晶体管工作在甲乙类，电流导通角为：$360° > 2\theta > 180°$。

当 $E_B = U_{BZ}$ 时，由图 4－6 可见，晶体管工作在乙类状态，电流导通角 $2\theta = 180°$。

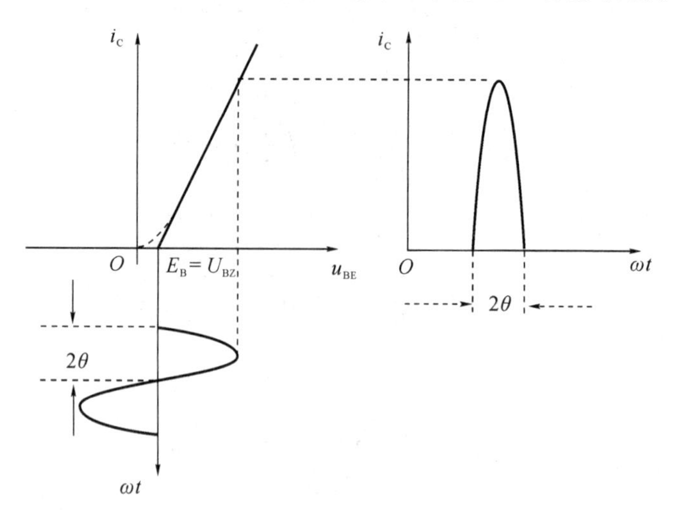

图 4－6　晶体管的乙类工作状态

当 $E_B < U_{BZ}$ 时，由图 4－7 可见，晶体管工作在丙类状态，电流导通角 $2\theta < 180°$。

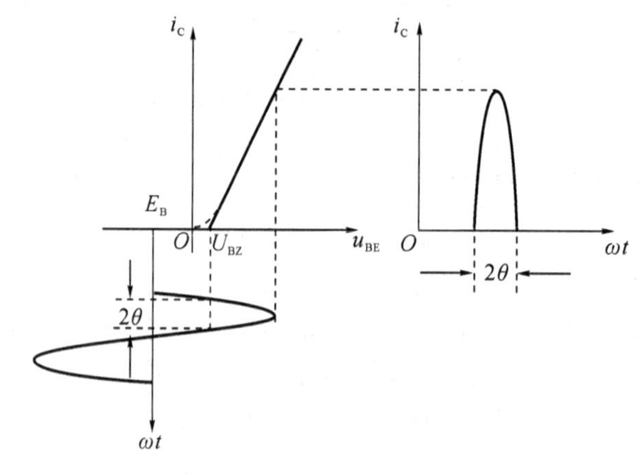

图 4－7　晶体管的丙类工作状态

晶体管在乙类和丙类工作状态时，当没有外加激励信号情况时，晶体管都是处于截止状态的，此时，基极电流 i_B 和集电极电流 i_C 都等于零，电路没有静态管耗，因此从这点来看，乙类和丙类的效率比甲类高。

另外，为了进一步提高效率，必须设法减小消耗在集电极上的耗散功率 P_c。可以证明晶体三极管的集电极耗散功率为

$$P_c = \frac{1}{2\pi}\int_{-\pi}^{\pi} i_C u_{CE} \mathrm{d}(\omega t)$$

可见，要减小 P_c 就必须做到：① 当晶体管内有较大 i_C 时，要尽量减小这一期间的 u_{CE}；② 当 u_{CE} 较大时，要尽量减小这期间的 i_C；③ 尽量减小 i_C 和 u_{CE} 都不为零的时间，即减小积分区间。

晶体管在甲、乙、丙类三种工作状态时的集电结电压和集电极电流波形如图 4－8 所示。

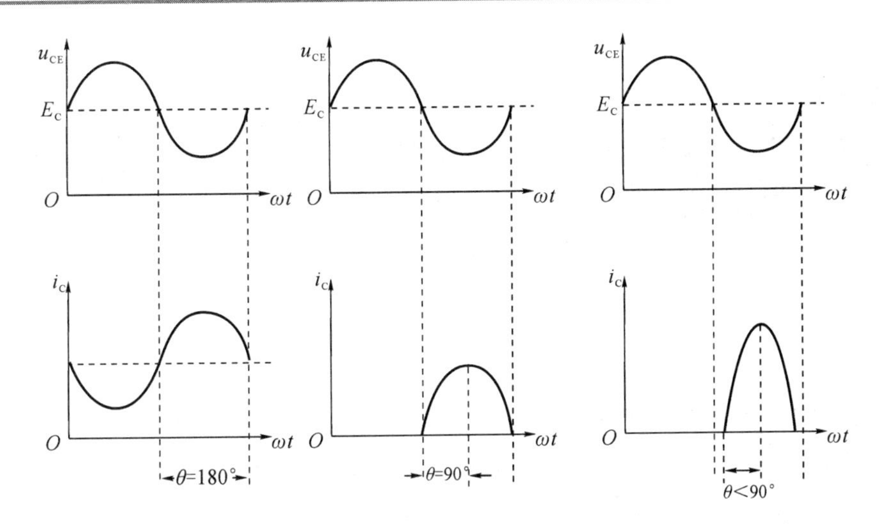

图 4－8　甲、乙、丙三种工作状态时的集电结电压和集电极电流波形

由如图 4－8 所示的甲、乙、丙三种工作状态来看：图 4－8(a)的甲类状态，在整个周期中都有 i_C 流通，即导通角等于 180°，尽管在 u_{CE}较大时，i_C 较小，但 i_C 永远不等于零，因此甲类状态的管耗大，效率低，理想效率不超过 50％。图 4－8(b)是乙类状态，i_C 仅在半个周期中流通，即导通角等于 90°，并且当 i_C 最大时 u_{CE}最小，因此管耗小，效率高，理想效率可达 75％。图 4－8(c)是丙类状态，虽然当 i_C 最大时 u_{CE}也最小，但是 i_C 的导通角小于半个周期的导通角，即导通角小于 90°，因此其效率比乙类高，可达 80％以上。为了提高效率，谐振功率放大器一般选择工作在丙类状态。

4.2.4　谐振功率放大器的性能指标分析

谐振功率放大器的重要性能指标是功率与效率。其中，功率包括输出功率、直流电源供给功率与耗散功率。

1. 输出功率 P_o

由于负载回路输出基波电压，因此输出功率是指输送给负载回路的基波信号功率。其计算方法为

$$P_o=\frac{1}{2}U_{cm}I_{c1m} \tag{4-6}$$

式中，U_{cm}为负载回路两端基波电压的振幅；I_{c1m}为晶体管集电极基波电流的振幅。

2. 直流电源供给功率 P_E

直流电源供给的直流功率计算方法为

$$P_E=E_C I_{C0} \tag{4-7}$$

式中，I_{C0}为晶体管集电极电流平均分量。

3. 耗散功率 P_c

谐振功率放大器是一种能量转换机构，它将直流电源供给的功率转换成为交流输出功率。在这种能量转换的过程中，必然会有一部分功率以热能的形式消耗在集电极上，即集电极耗散功率，其计算方法为

$$P_c = P_E - P_o \tag{4-8}$$

4. 效率 η_c

为了说明晶体管放大器将直流电源供给的功率转换成为交流输出功率的能力，用集电极效率 η_c 衡量，其定义为

$$\eta_c = \frac{P_o}{P_E} \tag{4-9}$$

由式(4-6)、式(4-7)和式(4-9)可得到

$$\eta_c = \frac{P_o}{P_E} = \frac{U_{cm} I_{c1m}}{2E_C I_{C0}} = \frac{1}{2}\xi g_1(\theta) \tag{4-10}$$

式中，$\xi = U_{cm}/E_C$ 为集电结电压利用系数；$g_1(\theta) = I_{c1m}/I_{C0}$ 为波形系数。由式(4-10)可见，ξ 和 $g_1(\theta)$ 越大，效率 η_c 越高。$g_1(\theta)$ 是电流导通角 θ 的函数，它们的关系如图 4-9 所示。由图可见，θ 越小，$g_1(\theta)$ 越大，则效率 η_c 越高。

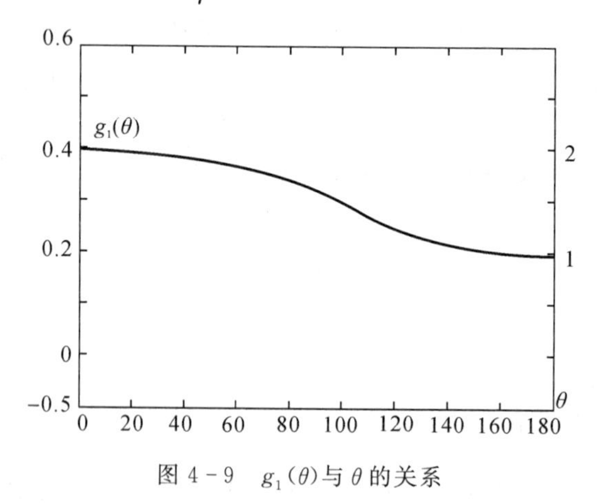

图 4-9 $g_1(\theta)$ 与 θ 的关系

各类功率放大器的理想效率可以通过式(4-10)分析得到。假设在理想情况下，集电结电压利用系数 $\xi = 1$，则甲类功率放大器($\theta = 180°$)的理想效率为

$$\eta_c = \frac{1}{2}\xi g_1(\theta) = \frac{1}{2}\xi g_1(180°) = 50\%$$

乙类功率放大器($\theta = 90°$)的理想效率为

$$\eta_c = \frac{1}{2}\xi g_1(\theta) = \frac{1}{2}\xi g_1(90°) = 78.5\%$$

丙类功率放大器($\theta = 60°$)的理想效率为

$$\eta_c = \frac{1}{2}\xi g_1(\theta) = \frac{1}{2}\xi g_1(60°) = 90\%$$

通过以上分析，进一步证明：晶体管的导通角越小，功率放大器的效率越高。

4.3 谐振功率放大器的折线近似分析法

4.3.1 晶体管特性曲线的折线化(理想化)

为了能求出谐振功率放大器的输出功率 P_o、电源供给功率 P_E、集电极效率 η_c 和集电

极负载电阻 R_P，关键在于先求出集电极电流 i_C 的直流分量 I_{C0} 与基频分量振幅 I_{c1m}。这就需要求出集电极电流 i_C 脉冲波的表达式，进而求出其各项分量值。

然而对工作在丙类状态的晶体管放大器进行分析是比较困难的。首先，它工作在脉冲状态，即集电极电流 i_C 为脉冲波，而负载回路上产生电压降 u_c 的电流是 i_C 的基波分量 I_{c1m}，因此 i_C 与 u_c 的关系复杂，要画出物理模拟等效电路很困难。其次，由于输入信号幅度大，晶体管已不是工作在特性曲线的某一小段了，甚至工作在截止区和饱和区，因此，也不能用网络参数来模拟晶体管。也就是说，功率放大器的晶体管是非线性元件，功率放大器电路是非线性电路。

求解非线性电路，常用的方法是折线近似分析法。这种方法的步骤是：

① 将电子器件的特性曲线理想化，每一条特性曲线用一条或几条直线组成的折线来代替；

② 用简单的数学解析式来代表折线化了的电子器件曲线；

③ 通过解方程来求解有关电量。

在折线法中主要使用晶体管的两组静态特性曲线：转移特性曲线和输出特性曲线。图 4－10 为晶体管的静态转移特性曲线，其折线化后，可用与横轴相交的截距为 U_{BZ} 的一条直线来表示，U_{BZ} 为导通电压。

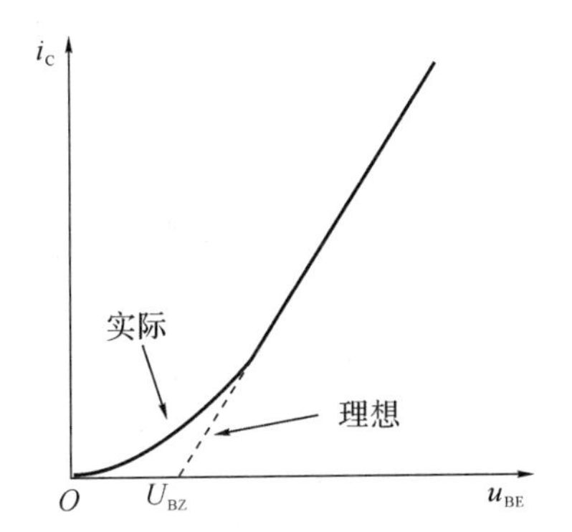

图 4－10　晶体管的静态转移特性曲线及其折线化

图 4－11(a)表示晶体管的实际输出特性曲线。图 4－11(b)为折线化的输出特性曲线，它是用临界饱和线和一组等间隔的水平线来逼近输出特性曲线，其中，临界饱和线是一条与以 u_{BE} 或 i_B 为参变量的各条特性曲线的饱和转折点相连接的直线，其斜率用 g_{cr} 表示。

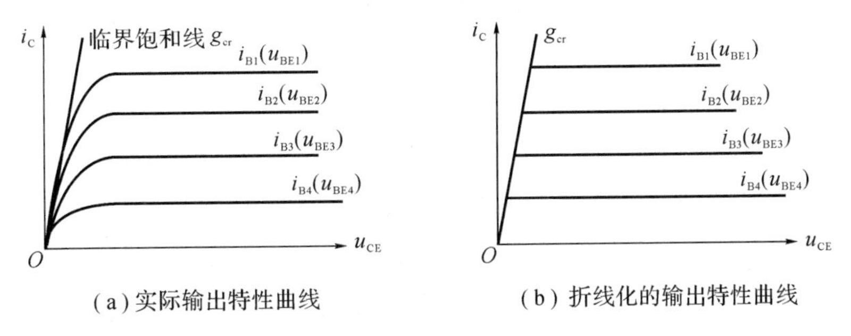

(a) 实际输出特性曲线　　(b) 折线化的输出特性曲线

图 4－11　晶体管的输出特性曲线及其折线化

4.3.2 集电极余弦电流脉冲的分解

1. 由折线化的转移特性曲线求 i_C 表达式

把晶体管特性曲线折线化后，当放大器输入激励电压为余弦波时，利用作图方法，可以在折线化的转移特性上求出集电极电流的波形，如图 4-12 所示。集电极电流脉冲波形的主要参量是脉冲高度 i_{cmax} 与导通角 θ。也就是说，已知这两个值，脉冲的形状就唯一确定了。

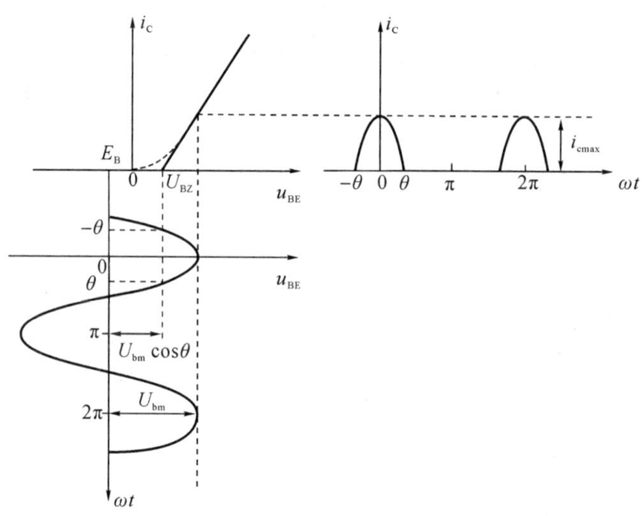

图 4-12 由折线化后的转移特性曲线求集电极电流的波形

1）求导通角 θ

当三极管的导通角等于 θ 时，输入信号的大小为 $U_{bm}\cos\theta$，由图 4-12 可知，其与基极偏置电压 E_B 和导通电压 U_{BZ} 的关系为

$$U_{bm}\cos\theta=U_{BZ}-E_B$$

则得到 θ 的求解方法为

$$\theta=\arccos\left(\frac{U_{BZ}-E_B}{U_{bm}}\right) \tag{4-11}$$

由式(4-11)可见，导通角 θ 与输入信号的大小 U_{bm}、基极偏置电压 E_B 和导通电压 U_{BZ} 有关。

2）求集电极电流 i_C 的表达式

由如图 4-13 所示的集电极电流尖顶余弦脉冲可知，图中，I_{cm} 表示将该余弦脉冲电流

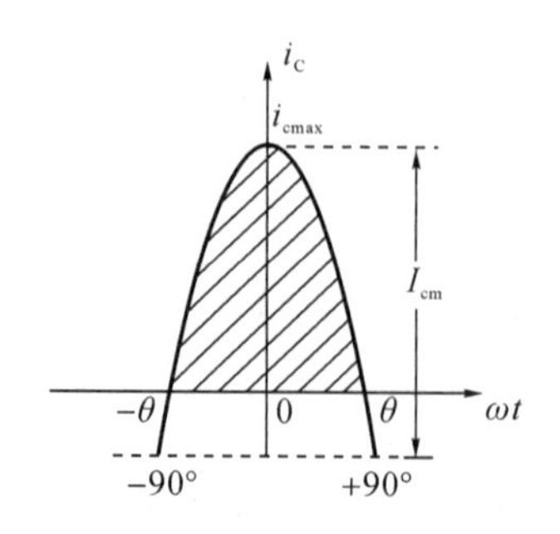

图 4-13 集电极电流尖顶余弦脉冲波

延长到半个周期时所呈现的高度，其值与尖顶余弦脉冲高度 i_{cmax} 之间的关系可以表示为

$$i_{cmax}=I_{cm}-I_{cm}\cos\theta$$

因此集电极电流脉冲在 $|\omega t-2k\pi|<\theta$ 范围可以表示为

$$i_C=I_{cm}(\cos\omega t-\cos\theta)=\frac{i_{cmax}}{1-\cos\theta}(\cos\omega t-\cos\theta) \tag{4-12}$$

式(4－12)即为尖顶余弦脉冲电流 i_C 的解析式。可见，i_C 完全取决于脉冲高度 i_{cmax} 和导通角 θ。

2. 求集电极电流 i_C 中各分量的幅度

由于尖顶脉冲电流 i_C 的傅里叶级数展开式为

$$i_C=I_{C0}+I_{c1m}\cos\omega t+I_{c2m}\cos2\omega t+\cdots+I_{cnm}\cos n\omega t+\cdots$$

则根据尖顶余弦脉冲电流 i_C 的解析式(4－12)，可得到直流分量为

$$\begin{aligned}I_{C0}&=\frac{1}{2\pi}\int_{-\pi}^{\pi}i_C\,d(\omega t)=\frac{1}{2\pi}\int_{-\theta}^{\theta}i_{cmax}\left(\frac{\cos\omega t-\cos\theta}{1-\cos\theta}\right)d(\omega t)\\&=i_{cmax}\frac{\sin\theta-\theta\cos\theta}{\pi(1-\cos\theta)}\\&=i_{cmax}\alpha_0(\theta)\end{aligned} \tag{4-13}$$

基波分量振幅为

$$\begin{aligned}I_{c1m}&=\frac{1}{\pi}\int_{-\pi}^{\pi}i_C\cos\omega t\,d(\omega t)=\frac{1}{\pi}\int_{-\theta}^{\theta}i_{cmax}\left(\frac{\cos\omega t-\cos\theta}{1-\cos\theta}\right)\cos\omega t\,d(\omega t)\\&=i_{cmax}\frac{\theta-\sin\theta\cos\theta}{\pi(1-\cos\theta)}\\&=i_{cmax}\alpha_1(\theta)\end{aligned} \tag{4-14}$$

n 次谐波分量振幅为

$$\begin{aligned}I_{cnm}&=\frac{1}{\pi}\int_{-\pi}^{\pi}i_C\cos n\omega t\,d(\omega t)=i_{cmax}\frac{2\sin\theta\cos\theta-2n\sin\theta\cos n\theta}{\pi n(n^2-1)(1-\cos\theta)}\\&=i_{cmax}\alpha_n(\theta)\end{aligned} \tag{4-15}$$

式中，$\alpha_0(\theta)$、$\alpha_1(\theta)$、$\alpha_n(\theta)$分别称为直流分量电流分解系数、基波分量电流分解系数和 n 次谐波分量电流分解系数，它们都是导通角 θ 的函数。

综上所述，i_C 的各分量表达式只包括两部分：一是脉冲高度 i_{cmax}；二是各电流分量的分解系数。$\alpha_0(\theta)$、$\alpha_1(\theta)$、$\alpha_n(\theta)$等电流分量分解系数可以通过本书的附录二用查表的形式找到它们在不同 θ 值时的精确数值。

3. 功率放大器最佳导通角

图 4－14 表示了 $\alpha_0(\theta)$、$\alpha_1(\theta)$、$\alpha_n(\theta)$、$g_1(\theta)$与 θ 的关系曲线。由图 4－14 可以看出，当 $\theta\approx120°$时，$\alpha_1(\theta)$最大，即 I_{c1m}/i_{cmax} 达到最大值，放大器的输出功率 P_o 将达到最大值。但是由于 $\theta\approx120°$，说明放大器工作于甲乙类状态，此时图 4－14 中的 $g_1(\theta)$比较低，因此集电极效率 η_c 比较低。为了兼顾高输出功率和高效率两项指标，即相应的 $\alpha_1(\theta)$与 $g_1(\theta)$都要求较高时，由图 4－14 可以看出，谐振功率放大器最佳导通角 θ 的取值大概为 60°～80°。

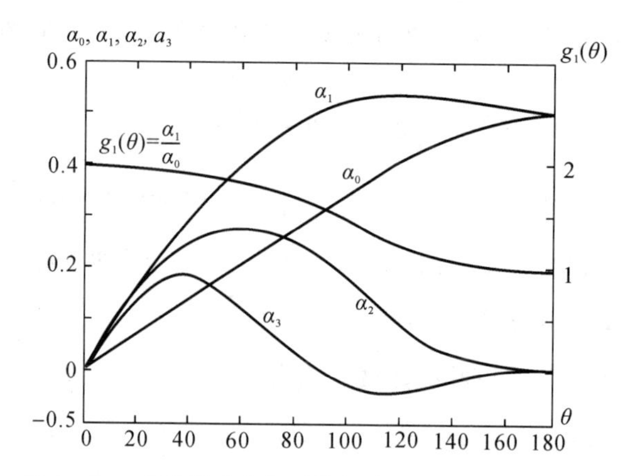

图 4-14　余弦脉冲分解系数与波形系与 θ 的关系曲线

另外，由图 4-14 还可以看出，当 $\theta=60°$时，二次谐波分解系数 $\alpha_2(\theta)$达到最大值；当 $\theta=40°$时，三次谐波分解系数 $\alpha_3(\theta)$达到最大值。在后续讨论倍频器时，这些数值是设计倍频器的参考值。

4.3.3　谐振功率放大器的动态线

谐振功率放大器要获得较高的输出功率和效率，除了上节所讨论的要正确选择电流导通角 θ 外，还必须合理地选择晶体管的集电极负载。因此，在讨论负载阻抗对放大器工作性能影响之前，先讨论功率放大器交流负载线，即动态线。所谓动态线，是指在输入信号激励下集电极交流电流和交流电压的关系曲线。

在过去的学习中，由于低频放大器是电阻性负载，输出满足关系式 $u_c=-i_c R'_L$，做交流负载线的步骤是：首先在放大管的输出特性曲线上作斜率为 $-1/R'_L$ 的交流负载线，而后在输入信号作用下，根据交流负载线作出集电极电流和集电结电压波形，最后根据电流和电压值分析放大器性能。但是谐振功率放大器的负载为 LC 谐振回路，是电抗性的，其上的电压不是与集电极电流瞬时值成正比的，而是与其基波分量成正比的，即 $u_c=-i_{c1}R_P$，因此，仅根据 R_P 是作不出交流负载线的，必须另外找到作交流负载线的方法。下面介绍谐振功率放大器交流负载线的作法，即动态线作法。

假设已知目前电路参数和信号参数为 E_B、U_{BZ}、U_{bm}、E_C、U_{cm}。动态线作法是：根据谐振功率放大器输入回路和输出回路的电压关系式 $u_{BE}=E_B+U_{bm}\cos\omega t$，$u_{CE}=E_C-U_{cm}\cos\omega t$，求出动态线上的两个特殊坐标点：当 $\omega t=0$ 时和当 $\omega t=\theta$ 时分别对应的坐标点（u_{BE}，u_{CE}）。具体分析如下：

当 $\omega t=0$ 时，则

$$\begin{cases}u_{BE}=E_B+U_{bm}=u_{BEmax}\\ u_{CE}=E_C-U_{cm}=u_{CEmin}\end{cases}\tag{4-16}$$

根据式(4-16)，可以在如图 4-15 所示的输出特性曲线上确定 C 点，其坐标为(u_{BEmax}，u_{CEmin})。

当 $\omega t=\theta$ 时，则

$$\begin{cases}u_{BE}=E_B+U_{bm}\cos\theta=U_{BZ}\\ u_{CE}=E_C-U_{cm}\cos\theta\end{cases}\tag{4-17}$$

根据式(4－17)，可以在如图 4－15 所示的输出特性曲线上确定 A 点，其坐标为(U_{BZ}，$E_C-U_{cm}\cos\theta$)。再根据 $u_{BE}=E_B+U_{bm}=u_{BEmax}$ 得到 B 点。连接 C、A 和 B 点，得到折线 CAB，就是所求的动态线。其中，CA 为晶体管导通时的动态线，AB 为晶体管截止时的动态线。将 CA 直线延长，与 $u_{CE}=E_C$ 直线相交于 Q 点，该 Q 点就是丙类工作状态的静态工作点。由于其对应的 i_C 是负值，因此该静态工作点实际并不存在，是虚拟的 Q 点。

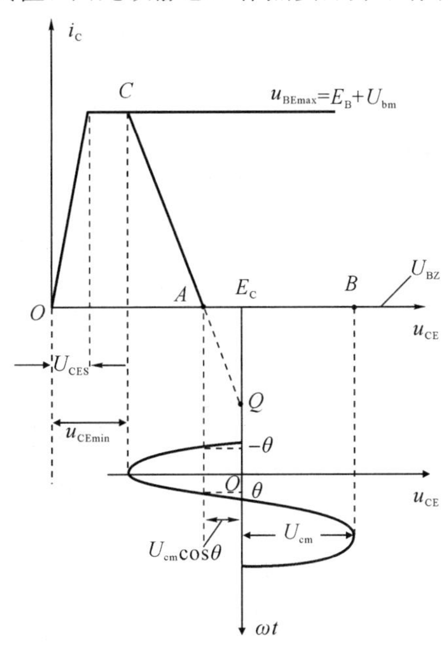

图 4－15　丙类谐振功率放大器的动态线

4.3.4　R_P、E_C、U_{bm}、E_B 对谐振功率放大器性能的影响

1. 谐振功率放大器的三种工作状态

谐振功率放大器根据导通期间所经历的工作区域不同，可分为三个工作状态，即欠压、临界和过压工作状态。

假设 U_{CES} 为晶体管饱和管压降，如图 4－15 所示。那么，满足 $E_C-U_{cm}>U_{CES}$ 称为欠压状态；满足 $E_C-U_{cm}=U_{CES}$，称为临界状态；满足 $E_C-U_{cm}<U_{CES}$，称为过压状态。

根据三种工作状态的定义，请读者分析如图 4－15 所示的动态线 CAB 是什么工作状态。

2. 负载特性

负载特性是指当 E_C、E_B、U_{bm} 一定时，功率放大器性能随负载 R_P 变化的特性。

1) R_P 变化对功率放大器工作状态的影响

图 4－16 给出了对应于各种不同负载阻抗值的动态特性曲线以及相应的集电极电流脉冲波形。

R_P 变化对功率放大器工作状态的影响如下：

(1) 当 R_P 较小时，输出电压 U_{cm} 较小，负载线是 CAB，此时满足 $E_C-U_{cm}>U_{CES}$，可以判断功率放大器工作于欠压工作状态，对应的集电极电流波形为尖顶余弦脉冲。输出电压、负载线与集电极电流脉冲如图 4－16 中曲线①所示。

（2）随着 R_P 的增加，输出电压 U_{cm} 随之逐渐增加，u_{CEmin} 逐渐减小，动态点 C 沿着 $u_{BE}=u_{BEmax}$ 输出特性曲线向左移动至 C' 点；由于电流通角不变，$U_{cm}\cos\theta$ 增大，动态点 A 也沿着横轴向左移至 A' 点，B 点移至 B' 点，连接 C'、A'、B'，得到负载线 $C'A'B'$；由于满足 $E_C-U_{cm}=U_{CES}$，因此功率放大器的工作状态为临界状态；电流 i_C 的波形仍为尖顶余弦脉冲，其导通角、脉冲高度与欠压状态一样。输出电压、负载线与集电极电流脉冲如图 4-16 中曲线②所示。

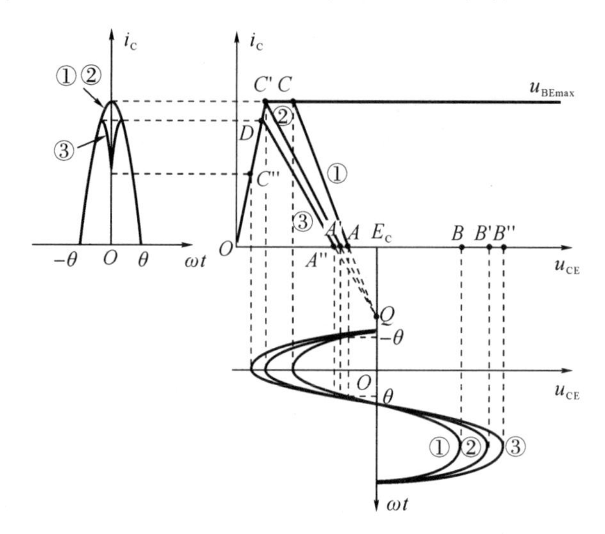

图 4-16　R_P 对功率放大器工作状态的影响

（3）随着负载阻抗 R_P 继续增加，输出电压 U_{cm} 进一步增大，由于电流导通角不变，$U_{cm}\cos\theta$ 继续增大，动态点 A' 沿着横轴继续向左移动至 A''；由于负载线均经过静态工作点 Q，连接 QA'' 并延长至临界线，相交于 D 点，并在 U_{cm} 作用下，D 点沿着临界线继续向下移动至 C''，B' 点移至 B'' 点，得到负载线为 $C''DA''B''$；由于满足 $E_C-U_{cm}<U_{CES}$，功率放大器进入过压工作状态；集电极电流脉冲变为凹陷脉冲，其中，凹陷部分是对应于 DC'' 画出的。显然输出电压 U_{cm} 越大，动态点 C'' 沿着临界线向下移动越多，相应的集电极电流脉冲凹陷越深，并且电流脉冲高度越低。输出电压、负载线与集电极电流脉冲如图 4-16 中曲线③所示。

2）R_P 变化对功率放大器的电流、电压的影响

仔细观察图 4-16，当 R_P 逐渐增大时，工作状态从欠压区至临界区的变化过程中，集电极电流脉冲的高度 i_{cmax} 及电流导通角 θ 基本不变，而由于 I_{C0} 与 I_{c1m} 都是 i_{cmax} 及 θ 的函数，因此在欠压区内的 I_{C0} 与 I_{c1m} 几乎维持常数，仅随 R_P 的增加而略有下降。在进入过压区后，i_C 电流脉冲开始凹陷，而且凹陷程度随着 R_P 的增大而急剧加深，致使 I_{C0} 与 I_{c1m} 也急剧下降。综上可以定性地画出如图 4-17(a)所示的 I_{C0}、I_{c1m} 随 R_P 变化的曲线，再根据 $U_{cm}=I_{c1m}R_P$，得到 U_{cm} 随 R_P 而变化的曲线。

由图 4-17(a)可以近似地认为，功率放大器欠压时 I_{c1m} 近似不变，过压时 U_{cm} 近似不变。因而可以把工作在欠压状态时的谐振功率放大器作为一个恒流源，把工作在过压状态的放大器作为一个恒压源。

根据功率、效率的计算公式，可以定性地画出如图 4-17(b)所示的功率、效率随 R_P 变化的曲线。由图可以看出，在临界状态 P_o 达到最大值，并且效率也较大，因此，临界工作状态是谐振功率放大器的最佳工作状态，此时的负载电阻为最佳负载电阻。

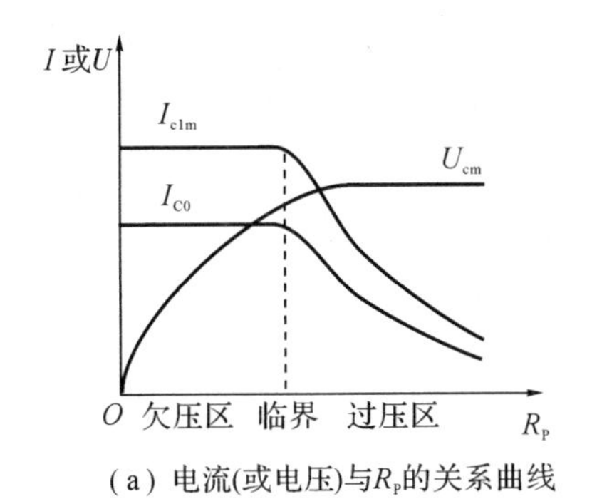

(a) 电流(或电压)与R_P的关系曲线

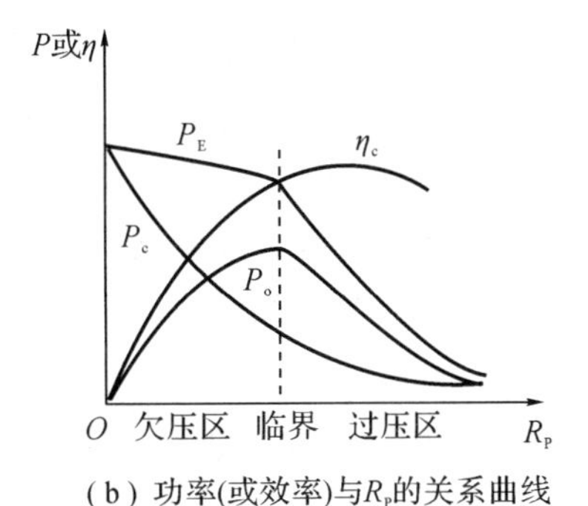

(b) 功率(或效率)与R_P的关系曲线

图 4－17　负载特性曲线

另外需要注意的是，根据图 4－17(b)中耗散功率 P_c 与 R_P 的关系可见，在欠压区内，当 R_P 减小时，P_c 上升很快，当 $R_P=0$ 时，P_c 达到最大值，此时会烧坏功放管。因此要正确调谐回路，注意不能失谐较大，保证功放管安全工作。

通过负载特性的讨论，可以将三种工作状态的优缺点归纳如下：

(1) 临界状态的优点是输出功率 P_o 最大，效率 η_c 较高，是最佳工作状态。这种工作状态主要用于发射机的末级功放，以获得尽可能大的输出功率。

(2) 过压状态的优点是当负载阻抗 R_P 变化时，输出电压 U_{cm} 变化平稳，在弱过压时，效率 η_c 可达最高，只是输出功率有所下降。它常用于需要维持输出电压比较稳定的场合，如发射机的中间放大级。集电极调幅也工作于这种状态，这将在后续章节讨论。

(3) 欠压状态的输出功率与效率都比较低，而且集电极耗散功率大，输出电压又不稳定。因此一般功率放大器中很少采用。但在某些场合下，如基极调幅，则需采用这种工作状态，这也将在后续加以讨论。

3. 集电极调制特性

集电极调制特性是指 R_P、E_B、U_{bm} 一定时，功率放大器性能随 E_C 变化的特性。这种特性一般应用于集电极调幅电路中。

1) E_C 变化对功率放大器工作状态的影响

由于 R_P、E_B、U_{bm} 一定，则负载线斜率近似不变，且 $u_{BEmax}=E_B+U_{bm}$ 不变。当 E_C 变化时，静态工作点即 Q 点的位置将发生变化，负载线将近似左右平行移动。例如，假设功率放大器原工作于临界状态(如图 4－18 中动态线②所示，电源为 E_{C2}，静态工作点为 Q_2)，当

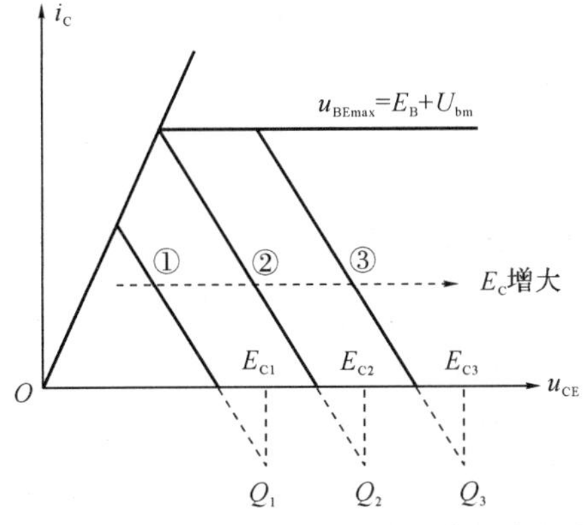

图 4－18　E_C 变化对功率放大器工作状态的影响

E_{C2}增至为E_{C3}时，静态工作点向右平移至Q_3，则负载线向右平行移动，放大器进入欠压区(如图4-18中动态线③所示)；反之，当E_{C2}减小至E_{C1}时，静态工作点向左平移至Q_1，则负载线向左平行移动，功率放大器进入过压区(如图4-18中动态线①所示)。

2) E_C变化对集电极电流和集电结电压的影响

由图4-18可见，当功率放大器工作在欠压区时，集电极电流为尖顶余弦脉冲，随着E_C由大减小，工作状态进入临界时，脉冲高度略有减小，使得I_{C0}、I_{c1m}也略有减小，近似认为保持不变，因此，U_{cm}也近似不变。当功率放大器工作在过压区时，集电极电流为凹陷脉冲，随着E_C减小，过压工作程度加深，脉冲高度降低，凹陷也越深，使得I_{C0}、I_{c1m}迅速减小，U_{cm}也迅速减小，并且U_{cm}与E_C几乎成线性关系。根据上述分析，定性得到E_C变化对集电极电流和集电结电压的影响，如图4-19所示。

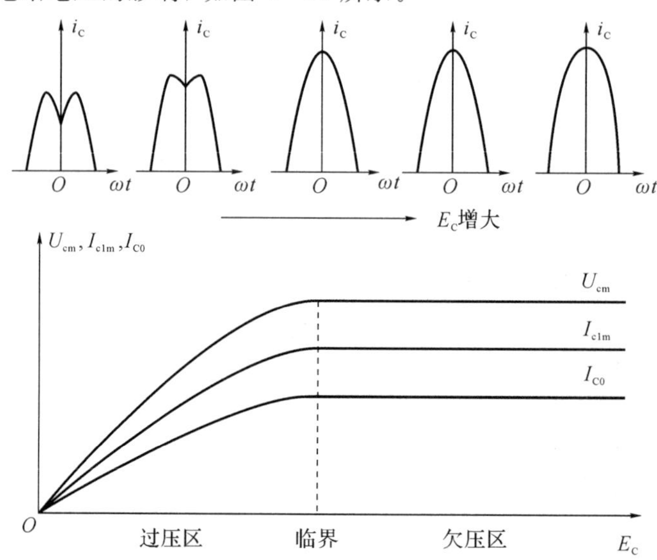

图4-19 E_C变化对集电极电流和集电结电压的影响

综上所述，如果要求改变E_C能够线性控制U_{cm}的变化，实现集电极调幅，则功率放大器必须工作在过压区。关于集电极调幅原理将在后续章节介绍。

4. 放大特性

放大特性是指当R_P、E_B、E_C一定时，功率放大器性能随U_{bm}变化的特性。

1) U_{bm}变化对功率放大器工作状态的影响

当保持R_P、E_B、E_C不变时，负载线的斜率近似不变，负载线也不左右平移。由于$u_{BEmax}=E_B+U_{bm}$，那么当U_{bm}变化时，u_{BEmax}随之发生变化，U_{bm}变化对功率放大器工作状态的影响如图4-20所示。假设功率放大器原来工作于临界状态，对应的发射结电压最大值为u_{BEmax}，那么随着U_{bm}增大至U_{bm1}，则u_{BEmax}增大至u_{BEmax1}，输出特性曲线将向上移动，此时功率放大器进入到过压状态；反之，当U_{bm}减小时，发射结电压最大值将减小为u_{BEmax2}，即输出特性曲线向下移动，功率放大器进入欠压状态。

2) U_{bm}变化对集电极电流和集电结电压的影响

由图4-20可见，在欠压区与临界线之间，随着U_{bm}的减小，集电极电流脉冲幅度减小，

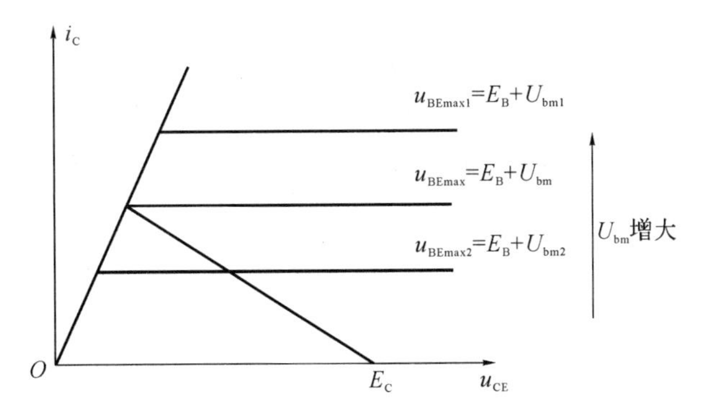

图 4 - 20　U_{bm}变化对功率放大器工作状态的影响

则电流 I_{C0}、I_{C1m}和相应的 U_{cm}也随之减小。而进入过压状态后，由于电流脉冲出现凹陷，随着 U_{bm}增加时，虽然脉冲幅度增加，但电流的凹陷程度也增大，故 I_{C0}、I_{c1m}和相应的 U_{cm}的增加很缓慢，近似不变。U_{bm}变化对集电极电流和集电结电压的影响如图 4 - 21 所示。

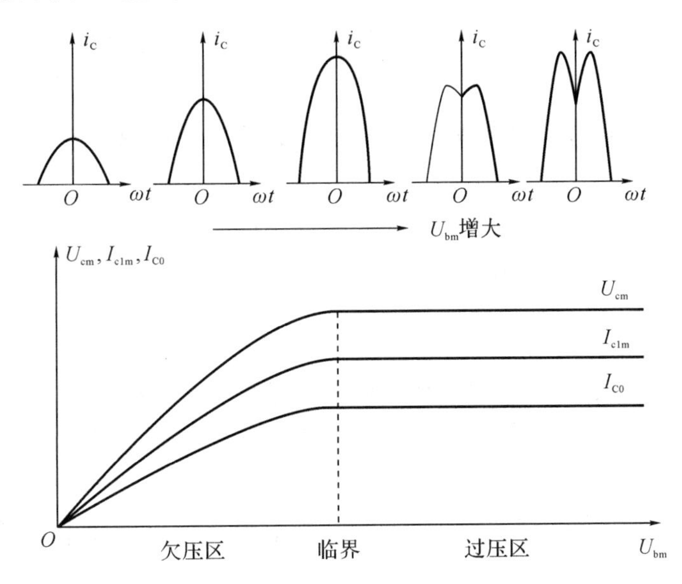

图 4 - 21　U_{bm}变化对集电极电流和集电结电压的影响

由此可见，若要求改变 U_{bm}能有效控制 U_{cm}的变化，实现线性放大功能，则应选择在功率放大器的欠压区。若要求 U_{bm}变化时 U_{cm}尽可能保持不变，可作为限幅器，则 U_{bm}应选择在功率放大器的过压区。

5. 基极调制特性

基极调制特性是指当 R_P、U_{bm}、E_C 一定时，功率放大器性能随 E_B 变化的特性。由 $u_{BEmax}=E_B+U_{bm}$可知，增加 U_{bm}与增大 E_B 是等效的，二者都会使 u_{BEmax}产生同样的变化。因此，电流 I_{C0}、I_{c1m}和相应的 U_{cm}随 E_B 的变化与随 U_{bm}的变化的曲线是类似的，如图 4 - 22 所示。可见，在欠压区，E_B 与 U_{bm} 近似成线性关系。

由图 4 - 22 可以看出，如果要求改变 E_B 能够线性控制 U_{cm}的变化，实现基极调幅，则功率放大器必须选在欠压区。关于基极调幅将在后续章节介绍。

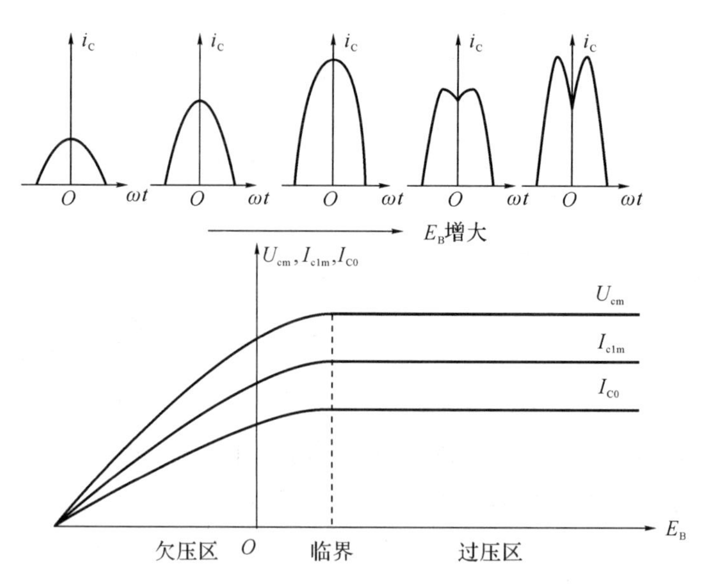

图 4-22 E_B 变化对集电极电流和集电结电压的影响

4.4 谐振功率放大器实际电路

前面分析的谐振功率放大器电路是原理电路，而实际的谐振功率放大器要复杂得多。实际谐振功率放大器除功放管以外，还有直流馈电电路和滤波匹配网络电路。

4.4.1 直流馈电电路

直流馈电电路包括集电极馈电电路和基极馈电电路两部分。无论采用哪一种馈电方式，都要按照一定的原则组成，而这些原则决定了功率放大器的工作性能。

1. 馈电电路的组成原则

下面以集电极馈电为例，介绍馈电电路的组成原则，其结果同样适用于基极馈电电路。

对于集电极电路，由于电路中的电流是脉冲形状，它包含直流电流 I_{C0}、基波电流 i_{c1} 和谐波电流 i_{cn} 等各种频率成分。所以，为了保证电路大的输出功率、高效率，要求集电极馈电电路对直流分量 I_{C0}、基波电流 i_{c1} 和谐波电流 i_{cn} 应呈现不同的阻抗，这就形成了集电极馈电电路的组成原则：

(1) 对 I_{C0} 等效：I_{C0} 是产生功率的源泉，要求管外电路对 I_{C0} 应短路，以保证 E_C 全部加到集电极上。这样，既可避免管外电路消耗电源功率，又可充分利用 E_C。等效电路如图 4-23(a)所示。

(2) 对 i_{c1} 等效：基波电流 i_{c1} 应通过负载回路，以产生输出基波电压 u_c 和所需要的高频输出功率。因此，为了尽可能不消耗高频基波信号能量，除调谐回路外，各部分对基波 i_{c1} 都应该是短路。等效电路如图 4-23(b)所示。

(3) 对 i_{cn} 等效：高频谐波分量 i_{cn} 是多余的“副产品”，不应该被它消耗电源功率，应设法滤除。因此要求管外电路对 i_{cn} 尽量呈现短路状况。等效电路如图 4-23(c)所示。

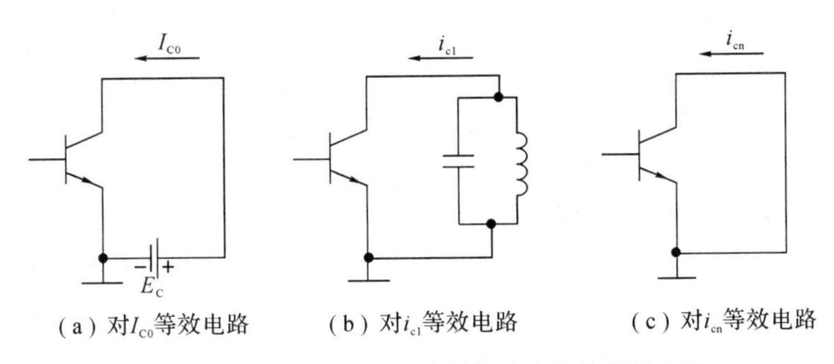

(a) 对I_{C0}等效电路　(b) 对i_{c1}等效电路　(c) 对i_{cn}等效电路

图 4-23　集电极电路对不同频率电流的等效电路

2. 集电极馈电电路

根据直流电源与晶体管、负载回路的连接方式不同，集电极馈电电路可以分为串联馈电与并联馈电两种电路。

1) 串联馈电电路

所谓串联馈电电路，就是将晶体管、负载回路和直流电源三部分串联起来，如图 4-24(a)所示。图中，LC 是负载回路，L_C 是高频扼流圈，C_C 是高频旁路电容。要求在信号频率上，L_C 呈现很大的阻抗，近似开路；C_C 呈现很小的阻抗，近似短路。工程上，一般 C_C 取值是按它在信号频率上的容抗小于信号回路阻抗的 1/10 选取，L_C 取值是按它在信号频率上的感抗大于信号回路阻抗的 10 倍选取。例如，在短波波段，C_C 一般为 0.1～0.01 μF，L_C 为几十到几百微亨。

图 4-24(a)中加入 L_C、C_C 这些附加电抗元件，就能使电路满足馈电原则。例如，对 I_{C0}而言，电路中 L_C 对其短路，C_C 对其开路，L 也对其短路，因此等效结果与图 4-23(a)一致；同样对 i_{c1} 而言，C_C 对其短路，L_C 对其开路，LC 对其谐振并呈现大的谐振阻抗，因此等效结果与图 4-23(b)一致；对 i_{cn}而言，C_C 对其短路，L_C 对其开路，C 又对其短路，等效结果与图 4-23(c)一致。

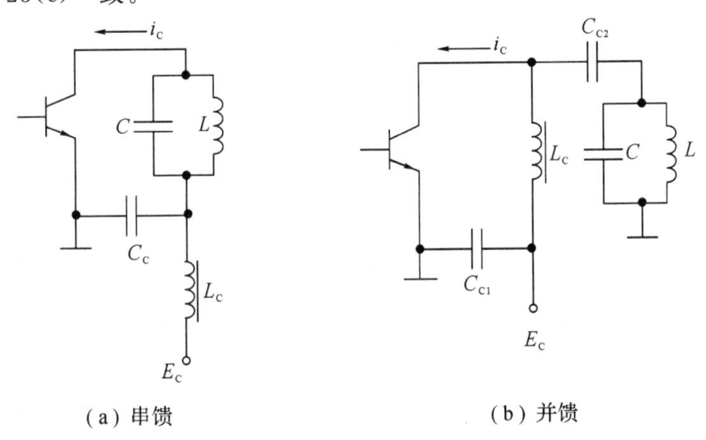

(a) 串馈　(b) 并馈

图 4-24　集电极馈电电路

2) 并联馈电电路

所谓并联馈电电路，就是将晶体管、负载回路和直流电源三部分并联起来。集电极并联馈电电路如图 4-24(b)所示。图中，L_C 是高频扼流圈，C_{C1}是高频旁路电容，C_{C2}是高频耦合电容。图 4－24(b)是否符合馈电电路的组成原则？请读者自行分析。

另外，还应指出的是，无论是串联馈电还是并联馈电，对于集电结电压来说，直流电压与交流电压总是串联的，都满足集电极电路的基本关系式 $u_{CE}=E_C-U_{cm}\cos\omega t$。串联馈电电路可比较明显地看出这一点。对于并馈电路，u_{CE} 无论是从 L_C 与 E_C 这条支路或从 C_{C2} 与负载回路这条支路来看，似乎都不满足上述关系。实际上 L_C 承担全部交流输出电压 u_c，C_{C2} 则承担了全部直流电压 E_C，因此，无论从哪条支路来看，并馈电路中 u_c 与 E_C 也总是串联的。

比较串联馈电与并联馈电电路，发现并馈电路中负载回路的可变电容器 C 动片可以接地，在调谐回路时，人体对回路的影响较小，但并馈电路的 L_C、C_{C2} 元件均处于高频高电位，它们对回路影响较大，特别是馈电支路与调谐回路并联，馈电支路的分布电容使回路电容 C 加大，降低了回路的谐振频率，限制放大器的高端频率的提高；而串馈电路的馈电元件与调谐回路串联，并且回路通过旁路电容 C_C 接地。因此，馈电支路分布参数不影响调谐回路，其缺点是可变电容 C 动片不能接地，外部参数及人体影响较大。因此串馈电路一般适用于工作频率较高的放大器，并馈电路则适用于频率较低的放大器。

3. 基极馈电电路

基极馈电电路也有串馈和并馈之分。基极串馈是指输入信号源、偏置电压、晶体管发射结三者串联连接的一种形式。若三者并联则为基极并馈。

1) 基极串馈

基极串馈电路如图 4－25(a)所示。图中，C_B 为高频旁路电容。由图可见基极电流直流分量 I_{B0} 和基波分量 i_{b1} 的等效流通回路不一样，符合馈电原则。

2) 基极并馈

基极并馈电路如图 4－25 所示(b)所示。图中，C_{B1} 为高频耦合电容，C_{B2} 为高频旁路电容，L_B 为高频扼流圈。由图可见基极电流直流分量 I_{B0} 和基波分量 i_{b1} 的等效流通回路不一样，符合馈电原则。

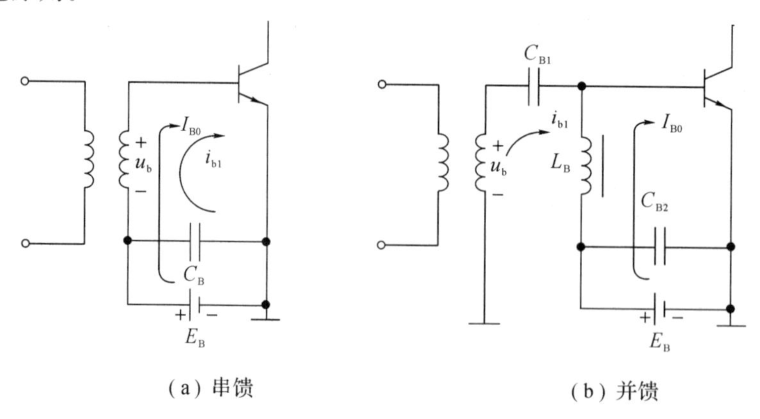

(a) 串馈　　(b) 并馈

图 4－25　基极馈电电路

4. 基极偏压电路

在丙类谐振功率放大器中基极偏压 E_B 可以为小于导通电压的正偏压或负偏压或零偏压。在实际应用中，E_B 用外加独立偏置电源是不方便的，通常是通过偏置电路得到。

E_B 的正偏压是通过电源分压得到，如图 4-26 所示。图 4-26(a)和图 4-26(b)中正电源 E_C 通过 R_1 和 R_2 的分压得到所需的正偏压给基极。需要注意的是，分压电阻值应适当取大些，以减少分压电路功耗。

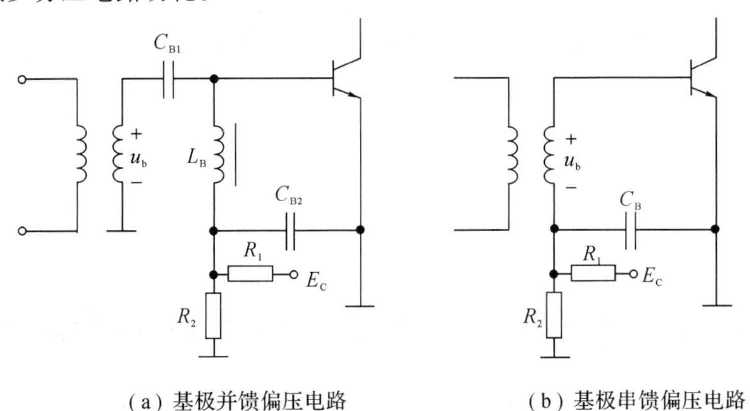

(a) 基极并馈偏压电路　　(b) 基极串馈偏压电路

图 4-26　分压偏置电路

E_B 的负偏压和零偏压无法通过正电源分压得到，而是通过自给偏置电路得到，如图 4-27所示。图 4-27(a)中 NPN 管的基极直流电流 I_{B0} 由下而上流过电阻 R_B，产生下正上负的电压通过 L_B 加至发射结上，为晶体管提供所需的负偏压。图 4-27(b)中发射极直流电流 I_{E0} 由上而下流过电阻 R_E，产生上正下负的电压加至发射结上，提供一个基极所需的负偏压。图 4-27(c)中基极直流电流 I_{B0} 由下自上流过高频扼流圈 L_B，由于 L_B 的直流电阻接近于零，因此提供了近似的零偏压。

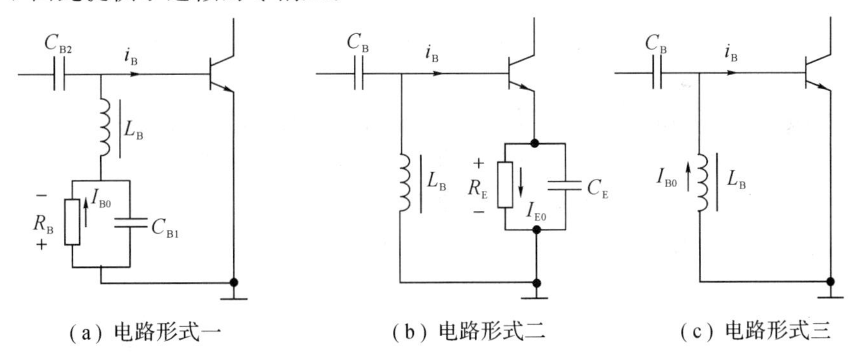

(a) 电路形式一　　(b) 电路形式二　　(c) 电路形式三

图 4-27　几种常用的自给偏置电路

自给偏置还有个优点就是具有自给偏置效应，能够自动维持放大器的工作稳定。所谓自给偏置效应就是当激励电压加大时，I_{B0}、I_{E0} 增大，使负偏压加大，而 $u_{BE}=E_B+U_{bm}\cos\omega t$，会使 u_{BE}减小，因而又使 I_{B0}、I_{E0}的相对增加量减少，这就使放大器的工作状态变化不大。

4.4.2　滤波匹配网络

为了使功率放大器具有较大的输出功率，还必须具有良好的输入、输出滤波匹配网络。这里主要以输出滤波匹配网络为例进行介绍。

输出匹配网络(Filter Matched Network)介于功放管与外接负载 R_L(如天线)之间，如

图 4-28 所示。

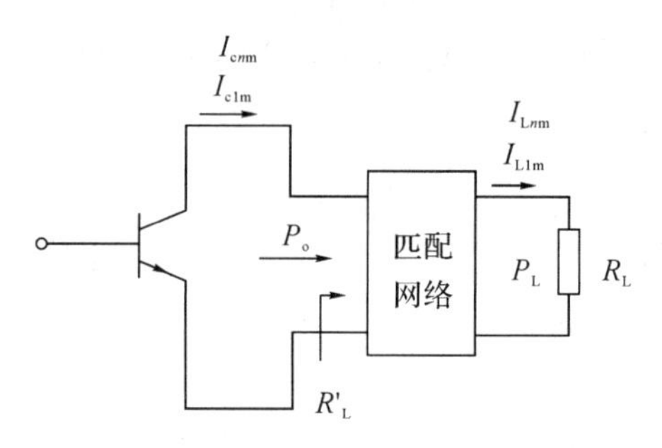

图 4-28 输出匹配网络

对滤波匹配网络主要有如下要求：

(1) 具有阻抗匹配作用。将外接负载变换为放大管所要求的负载阻抗，以保证放大器输出所需要的功率。

(2) 具有滤波作用。充分滤除不需要的各高次谐波分量，以保证外接负载上输出高频基波功率。工程上，通常用滤波度 φ_n 表示滤波性能好坏，即

$$\varphi_n = \frac{I_{cnm}/I_{c1m}}{I_{Lnm}/I_{L1m}}$$

式中，I_{c1m} 和 I_{cnm} 分别为集电极电流脉冲中的基波和 n 次谐波分量的振幅；I_{L1m} 和 I_{Lnm} 分别为通过外接负载电流中的基波和 n 次谐波分量的振幅。显然，φ_n 越大，匹配网络对于 n 次谐波分量的滤波能力就越强。

(3) 将功率管输出的基波信号功率高效率地传送到外接负载上。设功率传输能力的回路效率定义为

$$\eta_k = \frac{P_L}{P_o}$$

式中，P_L 为外接负载上得到的功率；P_o 为功率管输出的基波信号功率。η_k 越接近于 1 效率越高。

在实际匹配网络中 φ_n 与 η_k 是矛盾的，也是相互制约的。一般 η_k 越大，φ_n 就越小，因此要兼顾考虑。例如，对应一般并联谐振回路匹配网络，如图 4-29 所示。设 r 为线圈串联损耗电阻，R_L 为负载电阻，由图 4-29 可以得到回路有载品质因数为

$$Q_L \approx \frac{\omega_0 L}{r+R_L} = Q_0 \frac{r}{r+R_L}$$

可见，如果 R_L 远大于 r，传输效率 η_k 将增大，但此时 Q_L 减小，谐振曲线变平坦，抑制谐波能力 φ_n 变差。因此在高频功率放大器中，为了提高传输效率，回路有载品质因数 Q_L 都比较小，一般为 10 左右。

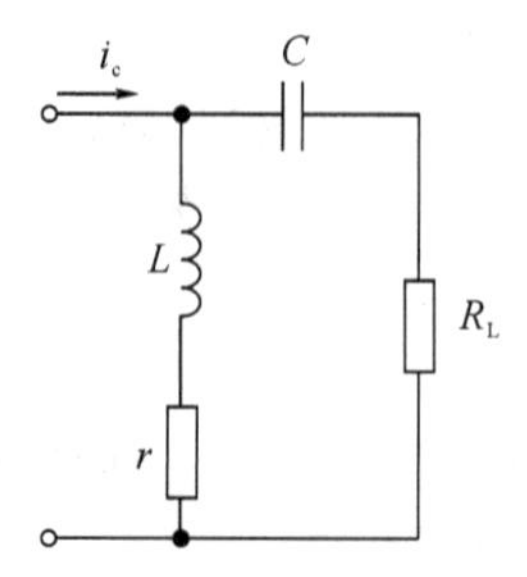

图 4-29 并联谐振回路匹配网络

为了解决 φ_n 与 η_k 这一对矛盾，在谐振功率放大器中，常采用的滤波匹配网络大多数为三个及以上电抗组成的 π 型、T 型、L 型网络以及混合型网络，如图 4-30 所示。关于这些网络的设计方法可以借鉴其他专业书籍，这里不再赘述。

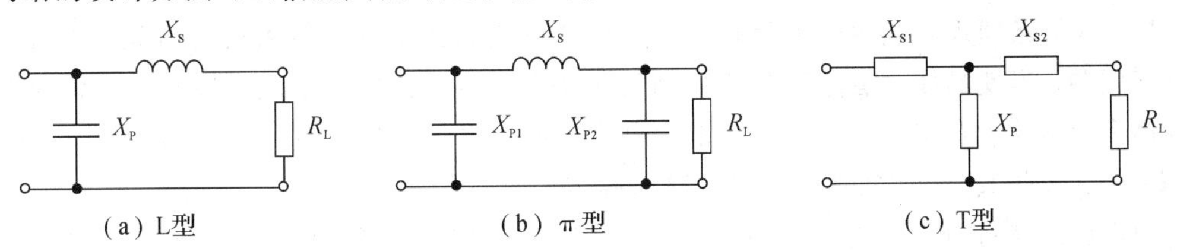

图 4-30　L 型、π 型、T 型滤波匹配网络

4.4.3　谐振功率放大器实际电路举例

采用不同的馈电电路和匹配网络，可以构成谐振功率放大器的各种实用电路。图 4-31 是工作频率为 160 MHz 的谐振功率放大器。其向外接负载 50 Ω 提供 13 W 的功率，功率增益达到 9 dB。该电路特点是高频扼流圈 L_B 构成并馈自给偏压电路，提供零或微小的负偏压。集电极由高频扼流圈 L_C 和旁路电容 C_C 组成并馈电路。功率放大器输入滤波匹配网络由 L_1、C_1、C_2 组成 T 型网络，通过调节 C_1 或 C_2 使得在工作频率上，将输入阻抗变换为前级电路所要求的 50 Ω 阻抗。输出滤波匹配网络由 L_2、C_3、C_4 组成 L 型网络，通过调节 C_3 或 C_4 使得在工作频率上实现功放输出阻抗与负载阻抗 50 Ω 匹配。

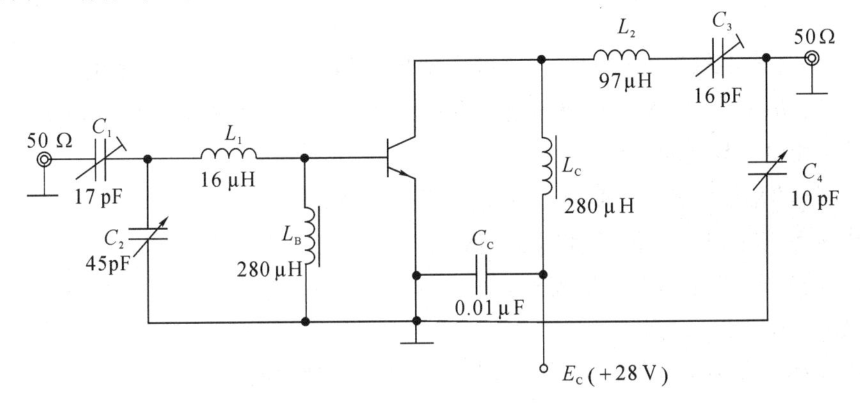

图 4-31　谐振功率放大器

4.5　倍频器

倍频器是一种频率变换电路，广泛用于发射机、频率合成器等各种电子设备中，其功能是将频率为 f 的输入信号变换成频率为 nf 的输出信号。倍频器的主要用途为：将频率较低但稳定度较高的石英晶体振荡器所产生的稳定振荡信号进行倍频，以得到频率较高且稳定的振荡信号(如图 4-1 所示的倍频器)；扩展仪表设备的工作频段，如对扫频仪中的扫频振荡源信号进行倍频，可使扫频仪的工作频率范围扩大几倍；使用一个振荡器通过倍频得到两个或多个成整数比的频率，如某些仪表中的振荡器；对于调频发射机来说，还可利用倍频器加深调制深度，以获得较大的频偏。

晶体管倍频器有两种主要形式：晶体管丙类倍频器和变容管倍频器。下面简单介绍一下晶体管丙类倍频器的工作原理。

丙类倍频电路与谐振功率放大器的电路形式基本一样，差别在于输出回路的谐振频率不一样。其倍频原理是利用丙类状态放大器余弦电流脉冲中的谐波来获得倍频，所以称为丙类倍频器。当使晶体管运用于非线性丙类工作状态时，集电极电流呈脉冲状。脉冲电流的频谱中包含丰富的高次谐波。借助于输出谐振回路谐振于其中的 n 次谐波，把所需要的 n 次谐波分离出来，从而实现信号的 n 次倍频。

前面已经详细分析了丙类谐振功率放大器的工作情况。当电流导通角 $\theta=60°$时，二次谐波分解系数 $\alpha_2(\theta)$为最大值；当 $\theta=40°$时，三次谐波分解系数 $\alpha_3(\theta)$为最大值。可见，为了使 n 次倍频输出功率 P_o 最大，在二次倍频时应取 $\theta\approx60°$，三次倍频时应取 $\theta\approx40°$。

但是由于谐波的振幅比基波小，因此输出功率及效率均不如基频输出时大。一般二次倍频的输出功率约等于基波功率的一半，三次倍频器的输出功率约等于基波功率的三分之一。可见输出功率将随倍频次数增加而下降。与此同时，倍频效率也随倍频次数的增高而下降。因此丙类倍频器的倍频次数不能做高，一般为 2 到 3 次。如果要求倍频次数大于 3，则要采用其他倍频器，如变容管倍频器。关于变容管倍频器读者可以参考其他文献，这里不再赘述。

习　题

1. 某一晶体管谐振功率放大器，已知电源电压 $E_C=24$ V，集电极电流直流分量 $I_{C0}=250$ mA，输出功率 $P_o=5$ W，集电结电压利用系数 $\xi=1$。试求直流电源功率 P_E、效率 η_c、负载电阻 R_P 和电流导通角 θ。

2. 一谐振功率放大器，已知 $E_C=24$ V，$P_o=5$ W。

(1) 当 $\eta_c=60\%$时，试求 P_c 和 I_{C0} 的值；

(2) 若保持 P_o 不变，将 η_c 提高到 80%，试问 P_c 减少多少？

3. 在图 4-32 中，试问：

(1) 当电源电压为 E_C(图中的 C 点)时，动态特性曲线为什么不是从 $u_{CE}=E_C$ 的 C 点画起的，而是从 Q 点画起？

(2) 当电流导通角 θ 等于多少时，动态特性曲线才从 C 点画起？

(3) 集电极电流脉冲是从 B 点才开始发生的，那么在 BQ 这段区间并没有电流，为何此时有电压降 BC 存在？物理意义是什么？

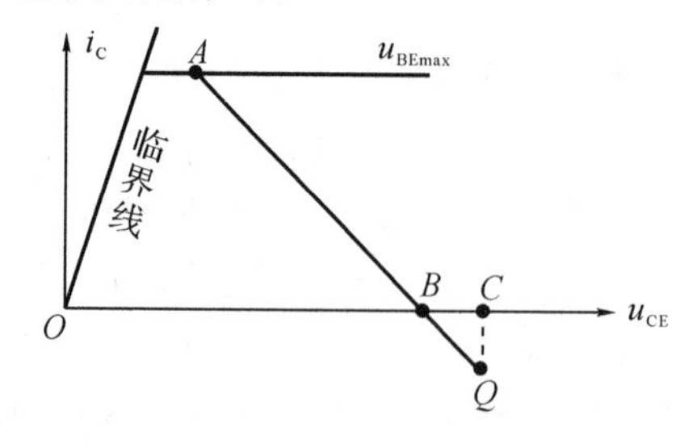

图 4-32

4. 晶体管放大器工作于临界状态，$\eta_c=70\%$，$E_C=12$ V，$U_{cm}=10.8$ V，回路电流 $I_k=2$ A(有效值)，回路电阻 $R=1$ Ω，试求 θ 和 P_c。

5. 放大器工作于临界状态，已知 $R_P=200$ Ω，$I_{C0}=90$ mA，$E_C=30$ V，$\theta=90°$。试求 P_o 与 η_c。

6. 一谐振功率放大器工作于临界状态。若已知 $E_C=30$ V，临界线斜率 $g_{cr}=0.4$ S，基极偏置电压 $E_B=U_{BZ}=0.6$ V，集电结电压利用系数 $\xi=0.96$。试分别求效率 η_c、输出功率 P_o、负载电阻 R_P 和集电极耗散功率 P_c。

7. 一谐振功率放大器工作于临界状态。若已知 $E_C=18$ V，$g_{cr}=0.6$ S，$\theta=90°$，要求输出 $P_o=1.8$ W，试计算 P_E、P_c、η_c 和 R_P。

8. 已知谐振功率放大器工作于欠压状态，现要求将其调整到临界状态，可以改变哪些参数来实现？改变其中任意一参数时，放大器的输出功率是否相同？

9. 两个具有相同电路元件参数的谐振功率放大器，输出功率 P_o 分别为 1 W 和 0.6 W，现在为了增加 P_o 而提高两个放大器的 E_C，结果发现原来 $P_o=1$ W 放大器的功率增加不明显，而原来 $P_o=0.6$ W 放大器的功率却有明显增加。试分析其原因，并且指出若要提高原来 $P_o=1$ W 放大器的输出功率，还应同时采取什么措施？

10. 谐振功率放大器原来工作在临界状态，其电流导通角 $\theta=70°$，输出功率 $P_o=3$ W，效率 $\eta_c=60\%$，后来由于某种原因，性能发生变化。经实测发现，η_c 已增加到 68%，而输出功率明显下降，但 E_C、U_{cm}、U_{BEmax} 不变。试分析原因，并计算这时的实际输出功率和导通角。

11. 若谐振功率放大器的 $u_{BE}=-1.3+4\cos\omega t$(V)，$u_{CE}=18-15\cos\omega t$(V)，$U_{BZ}=0.7$ V，晶体管的输出特性曲线如图 4-33 所示。

(1) 画出该放大器的动态线，并判别它的工作状态。

(2) 求 P_o、P_c、η_c 和 R_P。

12. 一谐振功放晶体管转移特性曲线如图 4-34 所示。

(1) 作为放大器时，给定 $i_{cmax}=500$ mA，$\theta=70°$，求 E_B、U_{bm} 的值。

(2) 作为三倍频器时，若 $i_{cmax}=500$ mA，试求三次谐波输出最大时的 E_B、U_{bm} 的值。

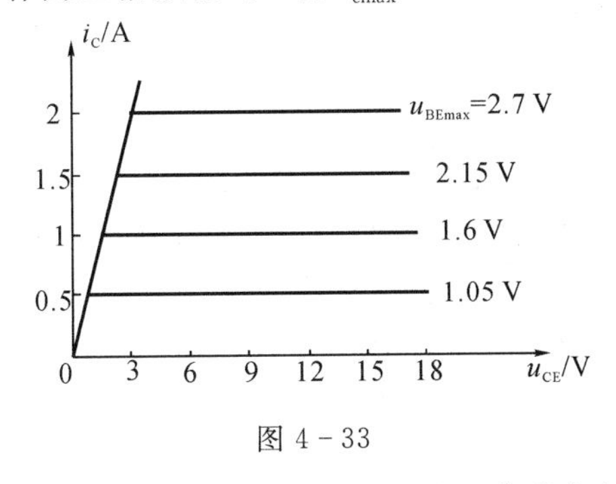

图 4-33

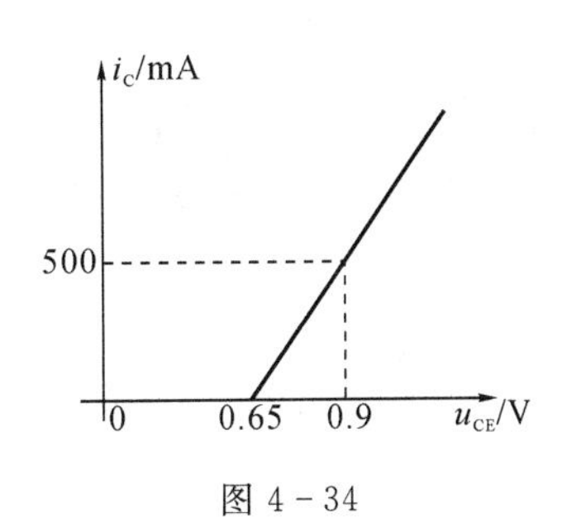

图 4-34

13. 一谐振功放导通期间的动特性曲线如图 4-35 所示。其中的 AB 段，坐标分别为：A 点($u_{CE}=4.5$ V，$i_{cmax}=600$ mA)，B 点($u_{CE}=20$ V，$i_C=0$ V)。已知集电极直流电源 $E_C=24$ V，试求出此时的集电极负载电阻 R_P 及输出功率 P_o 的值。

14. 某谐振功放的动特性曲线如图 4-36 所示。

(1) 判别放大器的工作类型，并说明工作在何种状态？

(2) 为了使输出功率最大，应如何调整负载 R_P，并画出此时的动特性曲线。

(3) 确定调整后的最大输出功率与原输出功率的比值 P_{omax}/P_o。

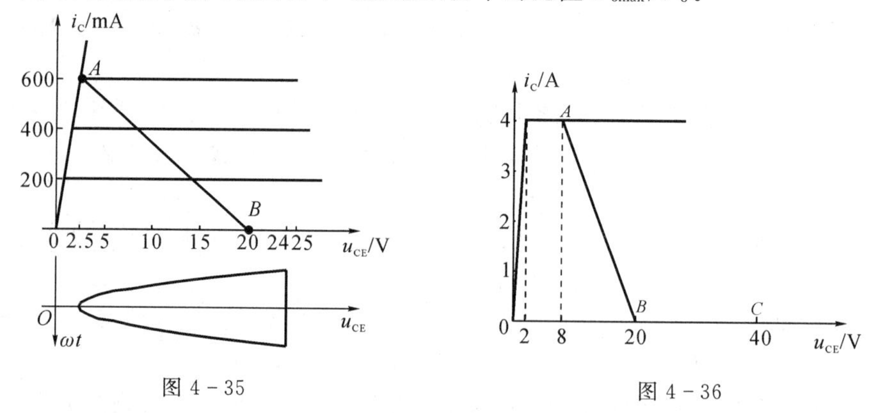

图 4-35　　图 4-36

15. 已知某谐振功率放大器电路及元件参数如图 4-37 所示，晶体管的输出特性曲线如图 4-38 所示。其中，$E_C=26$ V，$E_B=U_{BZ}$，$i_{cmax}=500$ mA。

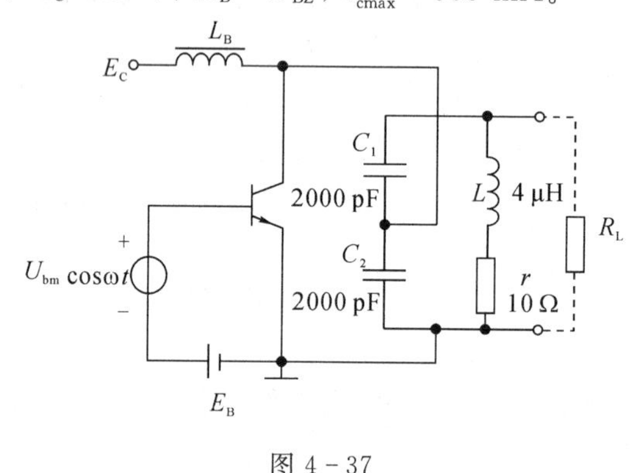

图 4-37

(1) 放大器这时工作于什么状态？画出动特性曲线；

(2) 若在放大器输出端接一负载电阻 $R_L=500$ Ω(如图 4-37 所示)，问此时放大器将工作在什么状态？画出动特性曲线。

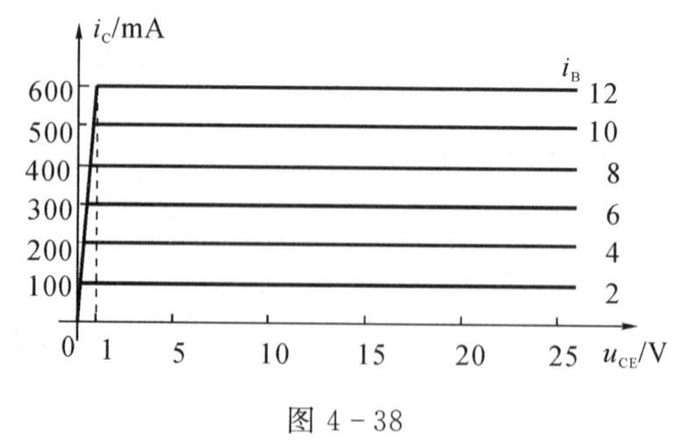

图 4-38

16. 某晶体三极管的转移特性曲线、输出特性曲线以及用该管构成的谐振功率放大器如图 4-39 所示。其中，$u_b=U_{bm}\cos\omega t$。已知该放大器导通期间的动特性为图中的 AB 段，$\beta=50$。

(1) 求放大器的直流偏压 E_B 以及激励电压振幅 U_{bm}。

(2) 为使放大器输出功率最大，负载电阻 R_P 应改为多大(其他条件不变)？计算此时放大器输出功率 P_o、直流电源供给功率 P_E 和集电极效率 η_c。

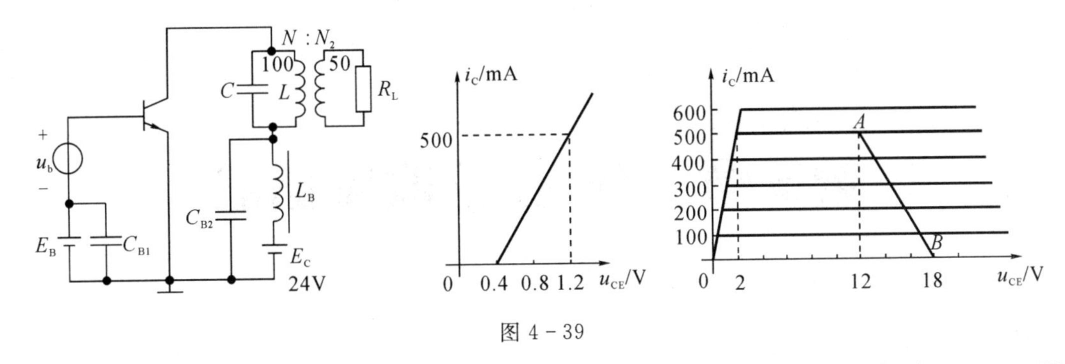

图 4 - 39

17. 已知某谐振功率放大器基极偏置电压 $E_B=-0.2$ V，晶体管的导通电压 $U_{BZ}=0.6$ V，临界饱和线斜率 $g_{cr}=0.4$ S，放大器的电源电压 $E_C=24$ V。集电极回路负载谐振电阻 $R_P=50\ \Omega$，激励电压振幅 $U_{bm}=1.6$ V，输出功率 $P_o=1$ W。

(1) 求集电极电流最大值 i_{cmax}、输出电压幅度 U_{cm} 及集电极效率 η_c，这时放大器工作在什么状态？

(2) 当 R_P 变为何值时，放大器可以工作于临界状态？这时输出功率 P_o、集电极效率 η_c 分别等于多少？

18. 两级放大电路如图 4 - 40 所示。试改正错误，重新画出正确的两级谐振功率放大器电路。

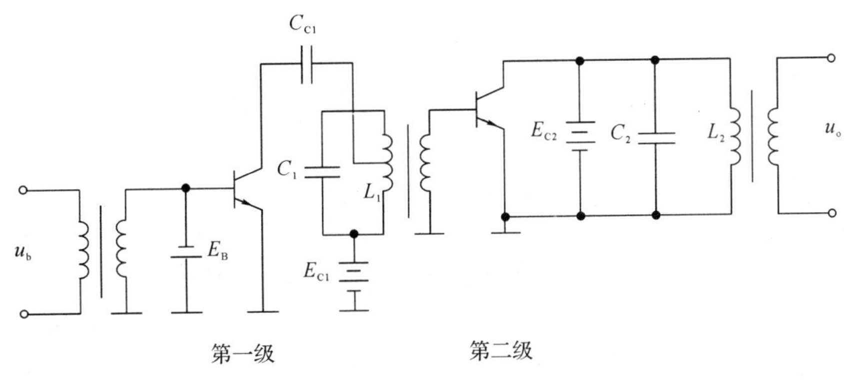

图 4 - 40

第5章 *LC*正弦波振荡器

【应用背景】

正弦波振荡器在通信、广播电视、自动控制、电子测量以及其他电子科学技术领域都有广泛的应用。无线电通信或广播中，作为发射机的高频振荡器(如图5-1所示的阴影框图)产生高频载波信号；作为接收机的本地振荡器产生高频振荡信号；在各种定时系统中，用来作为时间基准信号；各种电子测量设备，如高频信号源、Q表等，其核心部分都是正弦波振荡器。

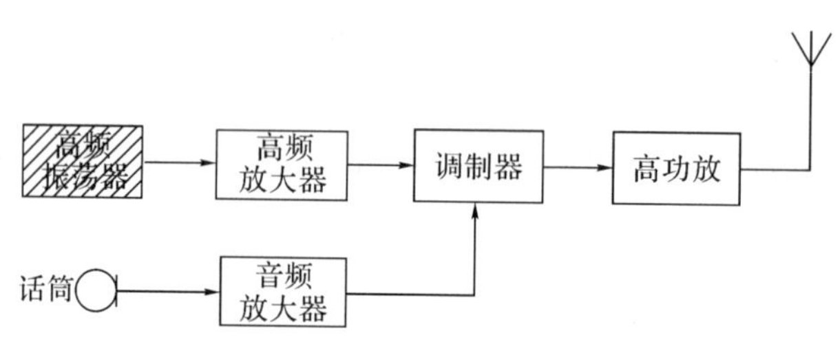

图5-1 高频*LC*正弦波振荡器应用示例

5.1 概 述

常用的正弦波振荡器主要由决定频率的选频网络和维持振荡的正反馈放大电路两部分组成。按选频回路所采用的元件不同，正弦波振荡器可分为*LC*、*RC*及石英晶体振荡器等，这类振荡器统称为反馈振荡器。其中，*RC*振荡器已在“低频电路”课程中讲授，故本章主要介绍*LC*正弦波振荡器的基本理论、各种*LC*正弦波振荡电路以及石英晶体振荡器、频率稳定度概念及稳频措施。

5.2 反馈式振荡器的基本原理

讨论正弦波自激振荡的基本原理关键在于找出其演变条件。概括地讲，就是保证振荡器从无到有地建立振荡的起振条件；保证振荡器进入平衡状态、产生等幅持续振荡的平衡条件；保证平衡状态稳定的稳定条件。

5.2.1 平衡条件

所谓平衡条件，是指振荡已经建立，为了维持自激振荡，电路必须满足的幅度与相位关系。

图5-2是反馈式振荡器的原理框图。它由调谐放大器(图中虚线框所示)和反馈网络两

部分组成。图中，$\dot{A}$ 是调谐放大器的增益，$\dot{F}$ 是反馈网络的反馈系数。调谐放大器的输入电压为$\dot{U}_i$，输出电压为$\dot{U}_o$，$\dot{U}_o$ 经过反馈网络后，反馈电压为$\dot{U}_f$。

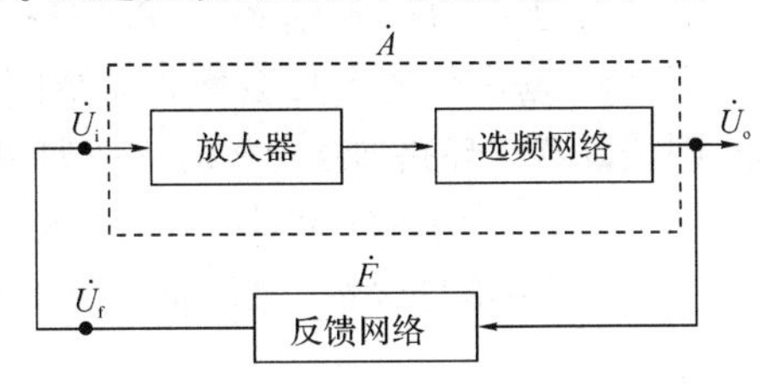

图 5-2 反馈式振荡器原理方框图

若在某一频率 f_0 上，当$\dot{U}_f$ 与$\dot{U}_i$ 同相，并且两者振幅相等，即当$\dot{U}_f=\dot{U}_i$ 时，输入电压 $\dot{U}_i$ 就将全部由反馈电压$\dot{U}_f$ 提供，而无需外加激励信号电压，输出就会持续产生频率为 f_0 的正弦输出电压$\dot{U}_o$。由于

$$\dot{A}=\frac{\dot{U}_o}{\dot{U}_i},\ \dot{F}=\frac{\dot{U}_f}{\dot{U}_o}$$

为了使 $\dot{U}_f=\dot{U}_i$，必须使闭合环路的环路增益满足

$$\dot{A}\dot{F}=1 \tag{5-1}$$

式(5-1)称为自激振荡的平衡条件。设 $\dot{A}=Ae^{j\varphi_A}$，$\dot{F}=Fe^{j\varphi_F}$，则平衡条件可分别表示为振幅平衡条件和相位平衡条件，分别为

$$\begin{cases}AF=1\\ \varphi_A+\varphi_F=2n\pi \quad n=0,\ \pm1,\ \pm2,\ \cdots\end{cases} \tag{5-2}$$

式(5-2)说明反馈信号与输入信号同相，即反馈电路必须接成正反馈形式，并且反馈信号的幅度等于输入信号的幅度。

由于实际振荡电路不需外加激励信号，那么振荡器接通电源时，原始的输入电压从哪里来的？又如何过渡到平衡状态？这就要讨论起振条件。

5.2.2 起振条件

实际上，当电源接通的瞬间，电路中就会产生突变的电压或电流窄脉冲，其频谱分布很广，其中包含频率为 f_0 的分量。由于调谐放大器选频网络的谐振频率为 f_0，因此，放大器对接近 f_0 的分量有较大的放大量，如果此时满足 $\dot{U}_f>\dot{U}_i$，则可产生增幅振荡，使输出电压进一步增大，经过若干次放大和反馈循环后，输出电压持续增大，一个频率为 f_0 的自由振荡就建立起来。所以振荡器的起振条件是

$$\dot{A}\dot{F}>1 \tag{5-3}$$

即振幅起振条件和相位起振条件分别为

$$\begin{cases}AF>1\\ \varphi_A+\varphi_F=2n\pi \quad n=0,\ \pm1,\ \pm2,\ \cdots\end{cases} \tag{5-4}$$

式(5-4)说明起振时反馈信号的幅度应当大于输入信号幅度，同时电路的连接必须是正反馈形式。

那么满足起振条件的正弦波振荡器输出电压是否会无限制地增大？答案是否定的！这是由于振荡器中振荡管非线性器件的作用，当输出电压增大到一定程度后，振荡管由放大区进入饱和区或截止区，这时放大电路的放大倍数 A 将会逐渐下降，由振幅起振条件 $AF>1$ 过渡到振幅平衡条件 $AF=1$，输出信号不再会增大而维持等幅振荡输出。

假设反馈系数 F 是常数，则振荡器的环路增益 AF 的特性如图 5-3 所示。由图可见，一开始 U_i 很小，为了满足起振条件 $AF>1$，调谐放大器必须有足够的增益，因此，静态工作点应设置在放大区。此时，放大器工作在小信号状态，放大倍数 A 恒定不变，即 AF 恒定不变。

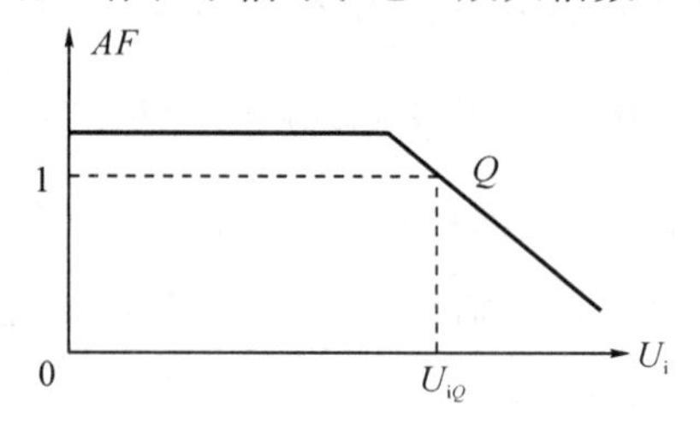

图 5-3　振荡器的环路增益 AF 的特性

当 U_i 较大时，有两个原因使得振荡器由起振过渡到平衡：一是放大器固有的非线性特性。随着输入电压增大，放大器进入非线性区，放大倍数 A 开始下降，AF 由 $AF>1$ 下降到 $AF=1$，进入到平衡状态(如图 5-3 所示的平衡点 Q)。二是放大器的自给偏置效应，将加快这种过渡。具有自给偏置效应的振荡管偏置电路如图 5-4 所示，当振荡电路未起振时，三极管的基极电流 I_{B0} 和发射极电流 I_{E0} 分别为静态工作电流 I_{BQ} 和 I_{EQ}，则发射结电压 $U_{BEQ}=E_C-I_{BQ}R_B-I_{EQ}R_E$。当振荡器起振后，振荡电压逐渐加大，三极管的基极电流和发射极电流也逐渐加大，使得发射结电压减小，放大管由导通区向截止区移动，放大倍数降低，振荡器的起振状态将比固定偏置时更快地过渡到平衡状态，如图 5-5 所示。

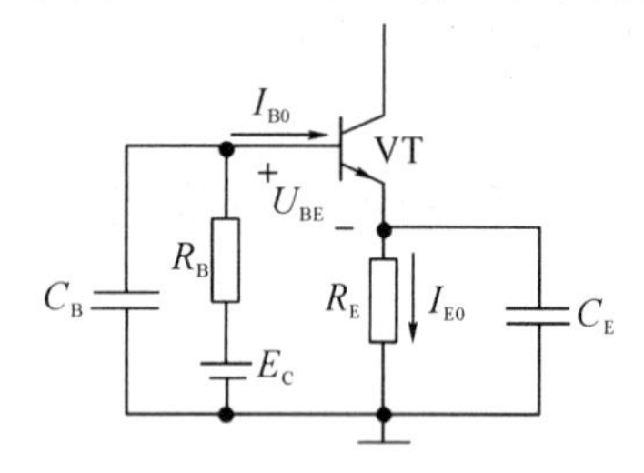

图 5-4　自给偏置电路图

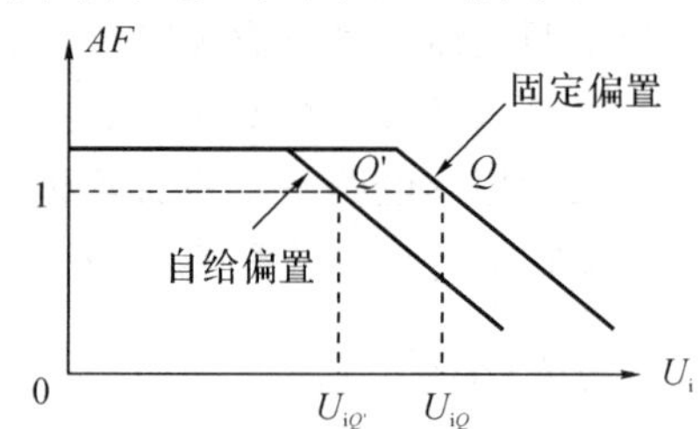

图 5-5　在自给偏置效应下 AF 随 U_i 的变化特性

振荡器进入平衡状态后，当外界的电源电压和温度等发生变化时，引起三极管和回路的参数变化，使振荡器的幅度和频率发生变化，势必破坏平衡。就如铅笔直立在桌面上，表明铅笔处于平衡状态，但是一旦有外力作用使铅笔倾斜，铅笔就会立即倒在桌面上，进入另一个平衡状态，因此，最初的平衡状态是不稳定的。而不倒翁立于桌面时，当有外力作用使不倒翁倾斜时，不倒翁总具有恢复到原平衡状态的趋势，当外力消失时，又自动恢复到原平衡状态，说明这种平衡状态是稳定的。那么振荡器是否能自动克服外界影响，产生持续的、稳定的等幅振荡呢？答案是肯定的，但必须满足稳定条件。

5.2.3　稳定条件

稳定条件同样包括振幅稳定条件和相位稳定条件。

1. 振幅稳定条件

要使振幅稳定，振荡器在它的平衡点必须具有自动阻止幅度变化的能力。下面分析如图 5－3 所示的环路增益特性中 Q 平衡点是否稳定？若因某种外界原因使 $U_{\mathrm{i}}>U_{\mathrm{i}Q}$，由于振荡器具有如图 5－3 所示的环路增益特性，因此电路的放大倍数 A 会随之减小(由于反馈系数 F 是常数)，振荡幅度就会衰减，驱使 U_{i} 自动减小而回到 Q 点；反之，若因某种原因使 $U_{\mathrm{i}}<U_{\mathrm{i}Q}$，则因放大倍数 A 随之增大而引起增幅振荡，也迫使 U_{i} 自动增大而回到 Q 点。因此，该 Q 点是稳定的平衡点。可见，放大倍数 A 应具有随着输入电压 U_{i} 增大而减小的特性，也即在平衡点处特性曲线应为负斜率，即

$$\left.\frac{\partial A}{\partial U_{\mathrm{i}}}\right|_{Q}<0 \tag{5-5}$$

式(5－5)就是振荡器振幅稳定条件。需要说明的是，在实际的振荡电路中，当晶体管工作在大信号状态时，放大倍数 A 恰好具有这种随幅度增强而下降的特性，自然振荡器也就具有这种自动稳定振幅的功能。

下面观察图 5－6，图中有两个平衡点 A 和 B，那么哪一个是稳定的平衡点呢？由图可见，当 U_{i} 很小时，$AF<1$，电路不能起振，但是如果给一个大于 $U_{\mathrm{i}B}$ 的扰动电压，例如，在基极用金属棒敲击一下，使得 $AF>1$，那么电路开始起振，然后过渡到 A 点，而该点处的曲线斜率小于零，因此振荡器能够在 A 点处稳定地、持续地工作。因此，A 点是稳定的平衡点，B 点是不稳定的平衡点。之所以会出现这种情况，是因为振荡器的静态工作点设置在紧靠截止区的位置，当接通电源时，是不会自行起振的，必须施以大的外力才可能振荡，将这种振荡称为硬激励。一个合格的振荡器，必须避免硬激励状态。那么，具有如图 5－3 所示的环路增益 AF 特性的振荡称为软激励，即当电源接通时，振荡器能够自行起振。

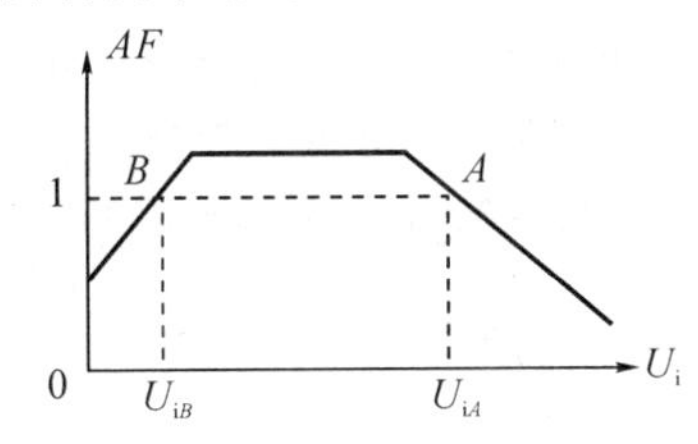

图 5－6 硬激励状态下的环路增益特性

实际振荡电路中有两种稳幅方法：一种就是前面讲的振幅稳定条件，这是内稳幅；另一种，就是可以在振荡环路中插入非线性环节来实现稳幅，这是外稳幅。有关外稳幅方法，请读者参考其他文献资料进行了解。

2. 相位稳定条件(频率稳定条件)

相位稳定条件实际上也是频率稳定条件，因为振荡的角频率就是相位的变化率$\left(即\ \omega=\frac{\mathrm{d}\varphi}{\mathrm{d}t}\right)$，所以当振荡器的相位稳定时，频率也必然稳定。

现在来观察一下如图 5－7 所示的相频特性，其中，ω_0 为振荡角频率。假定由于某种外界干扰而产生 $+\Delta\varphi$ 时，相位平衡遭到破坏，而 $+\Delta\varphi$ 会使电路振荡角频率增大，即 $\omega>\omega_0$，对于图 5－7 所示的相频特性而言，角频率的增大引起电路附加相位移 $-\Delta\varphi_{\Sigma}$，使得反馈电压 $\dot{U}_{\mathrm{f}}$ 超前原有输入电压 $\dot{U}_{\mathrm{i}}$ 的相位量 $+\Delta\varphi$ 变小，即角频率变小，如果这种趋势继续循环，

最后会使得$+\Delta\varphi=0$，电路重新满足相位平衡条件$\varphi_{\Sigma}=0$，而振荡角频率ω也稳定在ω_0上。可见，在振荡频率ω_0处，振荡器的相位变化与角频率的变化具有相反的关系，即满足

$$\left.\frac{\partial\varphi_{\Sigma}}{\partial\omega}\right|_{\omega_0}<0 \tag{5-6}$$

式(5-6)就是相位稳定条件，即频率稳定条件。它表明，只有振荡器本身在工作点附近具有负的相频特性。这种相位稳定条件所要求的具有负斜率的相频特性是不难满足的，振荡器的LC选频回路正好具有了这样的相频特性，其表达式为

$$\varphi_Z=-\arctan\frac{2(\omega-\omega_0)}{\omega_0}Q$$

式中，ω_0和Q分别为回路的谐振角频率和品质因数。虽然振荡器的总相移φ_{Σ}由环路中各部分相移组成，但是当角频率ω变化时，主要是φ_Z在变化，因此，φ_Z随着ω变化的特性近似可以代表φ_{Σ}随着ω变化的特性。

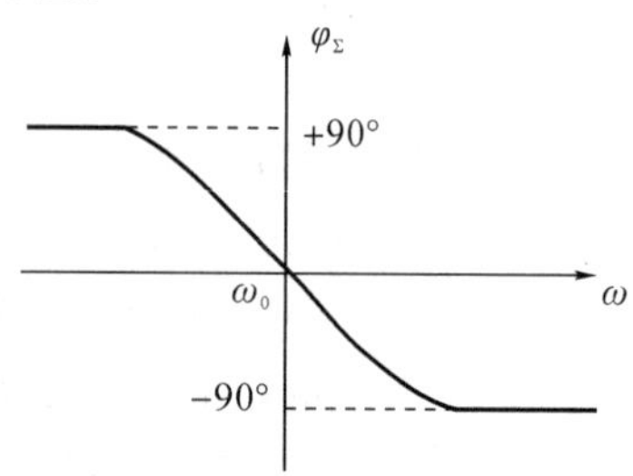

图 5-7　满足相位稳定条件所需的相频特性

另外，也可以看出，回路的品质因数Q值越高，$\left|\frac{\partial\varphi_Z}{\partial\omega}\right|$的斜率愈大，则$\left|\frac{\partial\varphi_{\Sigma}}{\partial\omega}\right|$的斜率愈大。因此只要$\omega$有很小的变化，便可以产生足够大的附加相移，抵消外界因素的影响。所以为了提高振荡频率稳定度，应尽量提高并联谐振回路的Q值。

有关频率稳定度的问题将在后面介绍振荡频率稳定度概念时再做进一步的深入讨论。

5.2.4　反馈式振荡器的基本组成及其分析方法

通过以上讨论可知，任何一种反馈式正弦波自激振荡器，最少应包括以下三个基本组成部分：

(1) 有源器件。振荡器既要对外输出功率，还要通过反馈网络供给自身的输入激励信号功率。因此，必须有功率增益的有源器件。有源器件常见的有晶体管、场效应管、差分对管、集成运放等。

(2) 选频网络。选频网络能够从众多的频谱分量中选出满足振荡条件的某一频率分量f_0，从而产生正弦波信号。振荡频率f_0的大小由选频网络参数决定。另外，选频网络的相频特性具有稳相功能。选频网络一般分为LC谐振回路、RC选频回路和石英晶体谐振器等。

(3) 正反馈网络。正反馈网络决定了振荡器的相位平衡条件。正反馈网络一般分为变压器耦合电路、电感分压电路、电容分压电路等。

因为任何反馈振荡器都是含有电抗元件的非线性系统，对振荡器电路进行严格分析有一定困难。因此，在工程上常常采用近似分析方法。

首先，检查实际振荡电路组成是否合理，包括直流通路、交流通路(相位平衡条件)是否正确。其次，分析起振条件。由于振荡器开始时 U_i 很小，放大管工作在特性的线性区域，因此可以用小信号微变等效电路来分析和推导环路增益 AF 的表示式，并由此求出振幅起振条件。如果实际振荡器电路是合理的，而且又满足起振条件，那么振荡器必然能够进入稳定的平衡状态，产生持续的等幅振荡。最后，分析振荡器的频率稳定度，并提出改进的措施。

5.3　LC 正弦波振荡器

根据前面介绍的振荡器的分析方法可知，首先要判断振荡器组成是否合理，即是否满足相位平衡条件。下面介绍 LC 正弦波振荡器的相位平衡条件判别方法。

5.3.1　LC 正弦波振荡器的组成原则(相位平衡条件)

根据正反馈网络类型，LC 正弦波振荡器包括变压器耦合反馈式振荡器、电感分压式振荡器(又称为电感三点式振荡器)、电容分压式振荡器(又称为电容三点式振荡器)。首先介绍变压器耦合反馈式振荡器电路及其相位平衡条件的判别方法。

1. 变压器耦合反馈式振荡器

变压器耦合反馈式振荡器是一种常用的振荡电路。例如，在收音机中就常遇到这类电路。它采用变压器作为反馈网络。典型变压器耦合反馈式振荡器如图 5-8 所示。图中采用 LC 并联谐振回路作为选频网络，变压器 Tr 的次级线圈作为反馈网络。

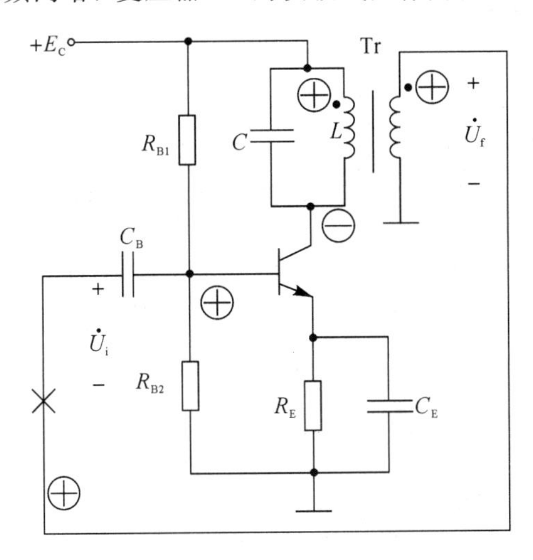

图 5-8　变压器耦合反馈式振荡器

变压器反馈式 LC 振荡器的相位平衡条件是依靠线圈同名端的正确绕向实现的。一般采用瞬时极性法判断变压器耦合反馈式振荡器的相位平衡条件，方法是：首先断开反馈支路(如图 5-8 所示的“×”)，然后假设在放大器的输入端基极加一瞬时极性为“⊕”的电位，通过三极管放大，由于三极管是共射组态，构成反向放大器，因此输出端集电极的电位瞬时极性为“⊖”，则变压器初、次级线圈同名端“•”极性均为“⊕”。当接通反馈支路后，反馈到基极的瞬时电位也是“⊕”，从而保证 $\dot{U}_f$ 与 $\dot{U}_i$ 同相，满足振荡器相位平衡条件，即正反馈条件。

变压器耦合反馈式振荡电路的特点是容易起振，输出电压较大，调节频率方便，即调反馈量时基本不影响工作频率。但是由于变压器分布电容大，频率稳定性差，振荡频率不能很高，一般为几千赫到几兆赫，常用于中波和短波波段。

下面重点讨论频率稳定度更好、在通信设备中更多采用的 LC 三点式振荡器。

2. *LC* 三点式振荡器

LC 三点式振荡器采用电容分压或电感分压电路作为反馈网络。首先看图 5－9(a)所示的振荡器，图中电抗 X_1、X_2 和 X_3 组成选频网络，从选频网络引出三个引线分别与放大管的三个电极 b、e、c 相连接(是指交流连接)，三点式振荡器由此得名。那么，电抗 X_1、X_2 和 X_3 分别选取什么电抗元件才能使电路满足相位平衡条件呢？当振荡器工作时，选频网络对振荡频率谐振，则谐振回路的总电抗为零，即

$$X_1+X_2+X_3=0 \tag{5-7}$$

由图 5－9(a)可知，当忽略基极电流时，反馈电压 U_f 为输出电压 U_o 通过电抗 X_1、X_2 分压所得，并结合式(5－7)，得到

$$\dot{U}_f=\frac{X_2}{X_1+X_2}\dot{U}_o=-\frac{X_2}{X_3}\dot{U}_o \tag{5-8}$$

由于图 5－9(a)中三极管是共射组态，输入电压 $\dot{U}_i$ 与输出电压 $\dot{U}_o$ 反相，那么为满足正反馈，应要求输入电压 U_i 与反馈电压 U_f 同相，为此反馈电压 U_f 与输出电压 U_o 必须反相，那么式(5－8)中 X_2 和 X_3 就必须为同性质电抗。再由式(5－7)可知，X_1 与 X_2(或 X_3)应该为异性质电抗，也即：当 X_2 和 X_3 均为电感时，X_1 应为电容；当 X_2 和 X_3 均为电容时，X_1 应为电感。

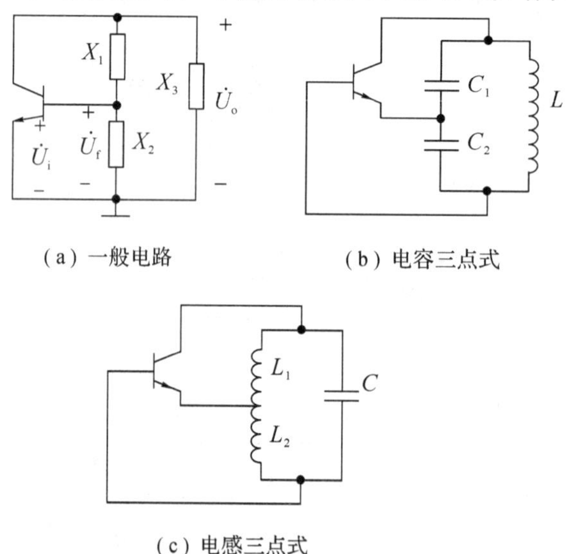

(a) 一般电路　　(b) 电容三点式

(c) 电感三点式

图 5－9　三点式振荡器

综上分析，得到 LC 三点式振荡电路相位平衡条件为：晶体管的 c、e 极之间和 b、e 极之间元件的电抗性质是相同的，而它们与 c、b 极之间元件的电抗性质总是相反的，简称“射同基反”。因此，LC 三点式振荡电路有两种，分别如图 5－9(b)、(c)所示，其中，图 5－9(b)为电容三点式振荡器，图 5－9(c)为电感三点式振荡器。

运用“射同基反”的原则，很容易判断 LC 三点式振荡电路的组成是否合理，也有助于

在分析复杂电路时，找出哪些元件是振荡回路元件，还可以利用它去分析寄生振荡现象，以便想法消除。

例 5-1 利用相位平衡条件判断如图 5-10 所示的电路是否可能振荡？有条件的需说明条件，并指出振荡器名称。

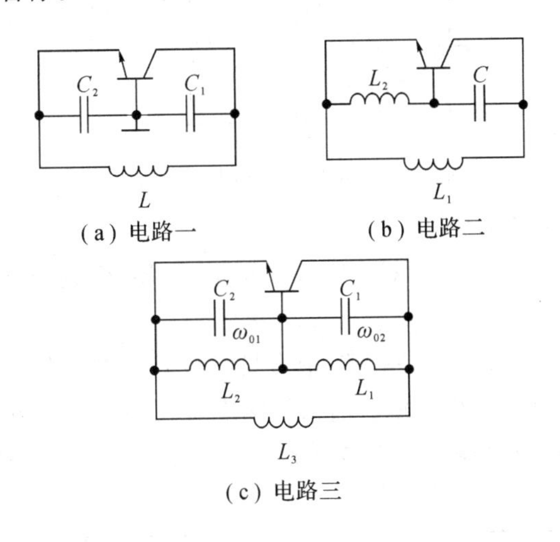

图 5-10 例 5-1 图

解 图 5-10(a)所示晶体管的 c、e 极之间为纯电感，b、e 极之间为纯电容，不满足“射同基反”的原则，因此不能振荡。

图 5-10(b)所示晶体管的 c、e 极之间为纯电感，b、e 极之间为纯电感，c、b 极之间为纯电容，显然满足“射同基反”的原则，因此可能振荡。电路为电感三点式振荡器。

图 5-10(c)所示晶体管的 c、e 极之间为电感 L_3，而 b、e 极之间为 L_2C_2 组成的并联谐振回路，谐振频率为 ω_{01}，c、b 极之间为 L_1C_1 组成的并联谐振回路，谐振频率为 ω_{02}。

设振荡角频率为 ω_0，为满足“射同基反”，L_2C_2 谐振回路在 ω_0 上应为感性，同时 L_1C_1 谐振回路在 ω_0 上应为容性，即当

$$
\begin{cases}
\omega_0 L_2 < \dfrac{1}{\omega_0 C_2}，\text{即 } \omega_0 < \dfrac{1}{\sqrt{L_2C_2}} = \omega_{02} \\
\omega_0 L_1 > \dfrac{1}{\omega_0 C_1}，\text{即 } \omega_0 > \dfrac{1}{\sqrt{L_1C_1}} = \omega_{01}
\end{cases}
$$

也即当 $\omega_{01} < \omega_0 < \omega_{02}$ 或 $L_2C_2 < L_1C_1$ 时，电路可能振荡。该电路为电感三点式振荡器。

5.3.2 LC 三点式振荡器电路分析

LC 三点式振荡器包括电感三点式振荡器和电容三点式振荡器。下面从三个方面对振荡器进行分析：分析交直流等效电路，判断电路组成是否正确；分析电路振荡频率和反馈系数；分析振幅起振条件，得到影响振幅起振的因数，从而正确指导振荡器的设计、调试。

1. 电容三点式振荡器

电容三点式振荡器又称为考毕兹振荡器(Colpitts Oscillator)，其典型电路如图 5-11 所示。图中，C_B 为基极旁路电容，C_C 为隔直流电容，均对振荡频率呈现短路状态。

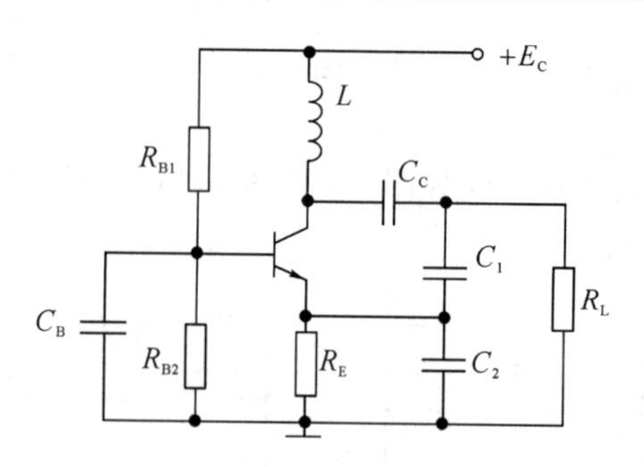

图 5-11　电容三点式振荡器电路

1）直流、交流等效电路的分析

直流等效电路如图 5-12(a)所示。图中，R_{B1}、R_{B2}、R_E 组成分压式偏置电路，保证振荡器静态工作点设置在放大区。

交流等效电路如图 5-12(b)所示。图中可见三极管是共基极组态，C_1、C_2、L 组成选频网络。电路从电容 C_1、C_2 串联支路引出三个端点分别与晶体管的三个电极 e、b、c 交流连接，反馈信号从电容 C_2 两端取出。由交流通路可见振荡器满足“射同基反”的原则，属于电容三点式振荡器。

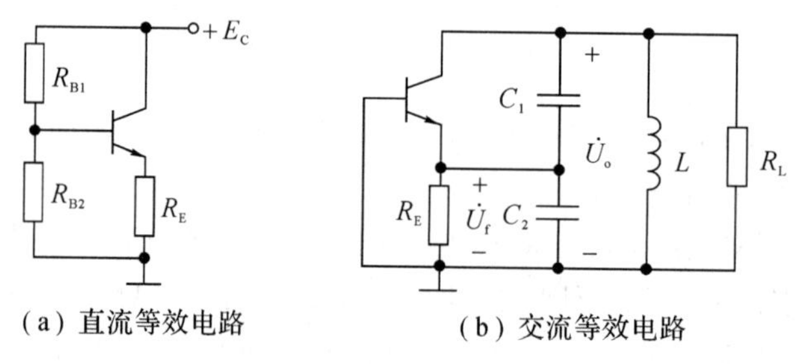

图 5-12　交直流等效电路

2）振荡频率和反馈系数分析计算

电路的实际振荡频率不仅与选频网络参数有关，而且与三极管分布电容和负载有关。实际中常采用工程近似计算，近似认为振荡频率等于选频网络的固有谐振频率，即

$$f_o \approx \frac{1}{2\pi\sqrt{LC_\Sigma}} \tag{5-9}$$

由于 C_1 和 C_2 是串联的，则总电容为

$$C_\Sigma = \frac{C_1C_2}{C_1+C_2} \tag{5-10}$$

可见，调节电容 C_1 或 C_2 或电感 L 的大小，可以改变振荡频率 f_o 的大小。

由图 5-12(b)可见，输出信号 U_o 从集电极到“地”之间取出，反馈信号 U_f 从电容 C_2 两端取出。如果忽略三极管分布电容和输入电阻，可近似认为 U_f 是 U_o 通过电容 C_1 和 C_2 串联分压得到的，因此由反馈系数 F 定义可知

$$F = \frac{U_f}{U_o} \approx \frac{\dfrac{1}{\omega C_2}}{\dfrac{1}{\omega C_\Sigma}} = \frac{C_\Sigma}{C_2} = \frac{C_1}{C_1+C_2} \tag{5-11}$$

可见，调节电容 C_1 或 C_2，可以改变反馈系数大小。

3）振幅起振条件分析

振幅起振条件是 $AF>1$，由于反馈系数 F 已经求出，下面要分析放大倍数 A，然后再看它们的乘积是否大于 1，从而得出电路起振的具体条件。

由于起振时，电路中信号很小，因此可以用晶体管微变等效电路进行求解。在忽略三极管分布电容情况下，图 5－12(b)对应的微变等效电路如图 5－13(a)所示，图中虚线框内是三极管共基极组态的微变等效电路，其中，$g_m=\frac{I_{EQ}}{U_T}=\frac{1}{r_e}$为晶体管的跨导，$R_P$ 是电感线圈的并联等效损耗。由于微变等效电路仍是闭环系统，因此为了推导放大倍数，就必须将电路进行单向化处理，即将反馈环路断开(如图 5－13(a)所示的"×")，然后在输入 e、b 之间加入输入电压 U_i，同时注意反馈断开后应考虑反馈网络的负载效应。由于断开反馈环之前，电容 C_2 与电阻 $R_i=R_E \parallel r_e$ 是并联的，因此断开后在 C_2 两端接入电阻 $R_i=R_E \parallel r_e$，如图 5－13(b)所示。

进一步进行简化，将图 5－13(b)中 C_2 两端并联的 R_i 等效到集电极回路 c、b 两端，从而得到

$$R'_i=\left(\frac{U_o}{U_f}\right)^2 R_i=\frac{1}{F^2}R_i \tag{5-12}$$

简化后的等效电路如图 5－13(c)所示。由图 5－13(c)很容易求出谐振时的放大倍数，为

$$A=\frac{U_o}{U_i}=\frac{g_m U_i R'_L}{U_i}=g_m R'_L \tag{5-13}$$

根据 $AF>1$，可得电路的起振条件为

$$g_m R'_L F>1 \tag{5-14}$$

式中，$R'_L=R_P \parallel R_L \parallel R'_i$。

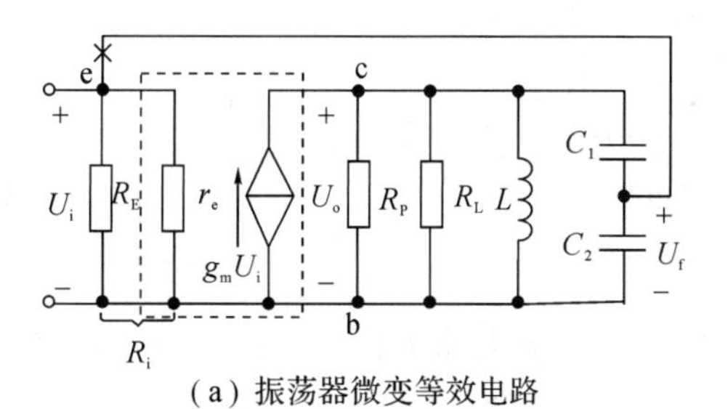

(a) 振荡器微变等效电路

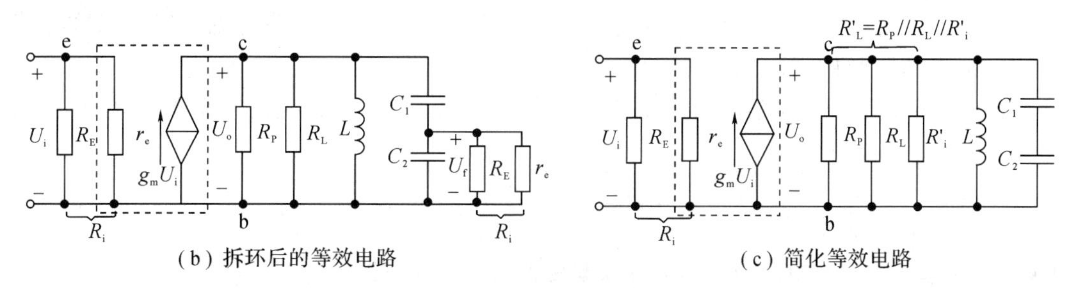

(b) 拆环后的等效电路　　(c) 简化等效电路

图 5－13　电容三点式振荡器微变等效电路及其简化

下面分析影响起振条件的因素。若忽略线圈损耗 R_P，将式(5－12)代入式(5－14)并整理，得到起振条件的另一种表现形式，即

$$g_m>\frac{1}{R'_L F}\approx\frac{1}{R_L F}+\frac{F}{R_i} \tag{5-15}$$

由式(5－15)可得到影响起振条件的因素为：

(1) 晶体管的跨导 g_m 越大越容易起振，即静态工作电流 I_{EQ}越大，越容易起振，但是如果 I_{EQ}过大，r_e 就过小，R'_i 过小，R'_L 过小，放大倍数下降，反而不容易起振。因此，静态工作电流 I_{EQ}取值要适中，一般在小功率振荡器中取 $I_{EQ}=(1\sim5)\text{mA}$。

(2) 负载电阻越大，越容易起振，一般要求 $R'_L>1\ \text{k}\Omega$。如果外接负载太小，就会造成振荡器停振，因此实际工程中，往往在振荡器与外接负载之间接入射极跟随器，以隔离负载的影响。

(3) 从不等式(5－15)的右边看，第一项表示 F 越大，越容易起振，而第二项则表示 F 越大，越不容易起振，这是相互矛盾的。因此反馈系数 F 取值要适中，一般取 $F=\frac{1}{8}\sim\frac{1}{3}$。

以上振幅起振条件分析结果适合所有振荡器，其他振荡器的起振条件分析不再赘述。

2. 电感三点式振荡器

电感三点式振荡器又称为哈特莱振荡器(Hartley Oscillator)，其典型电路如图5－14(a)所示。图中 C_B、C_{C1}、C_{C2}为隔直流电容，C_E 为射极旁路电容，L_C 为高频扼流圈。R_{B1}、R_{B2}、R_E 组成分压式偏置电路，保证振荡器静态工作点设置在放大区。

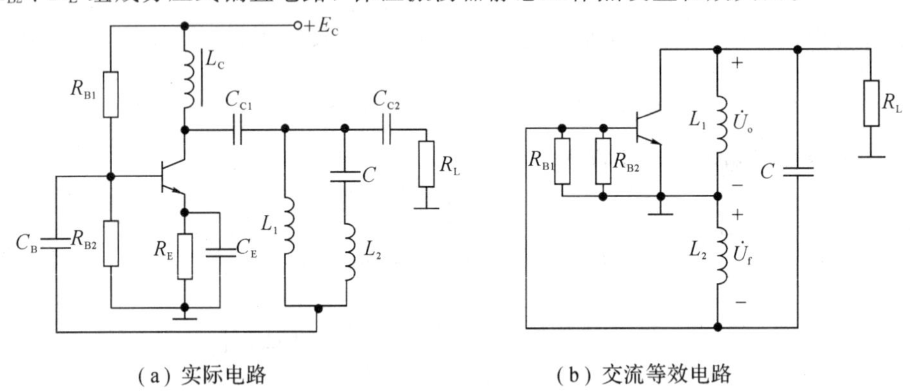

图 5－14 电感三点式振荡器

电感三点式振荡器的交流等效电路如图5－14(b)所示。图中可见三极管为共射极组态，L_1、L_2、C 组成选频网络。它从电感 L_1、L_2 串联支路引出三个端点分别与晶体管的三个电极 e、b、c 交流连接。反馈信号从电感 L_2 两端取出。由交流通路可见电感三点式振荡器满足"射同基反"的原则。

若忽略三极管分布电容、负载和互感，振荡频率近似等于选频网络的固有谐振频率，即

$$f_0\approx\frac{1}{2\pi\sqrt{(L_1+L_2)C}} \tag{5-16}$$

可见，改变选频网络的电感或电容，可以改变振荡频率 f_0 的大小。

由图5－14(b)可见，输出信号 U_o 从集电极到"地"之间取出，即从电感 L_1 两端取出，反馈信号 U_f 从电感 L_2 两端取出。如果忽略三极管分布电容和输入电阻，则反馈系数 F 可以表示为

$$F=\frac{U_f}{U_o}\approx\frac{L_2}{L_1} \tag{5-17}$$

可见，调节电感 L_1 或 L_2，可以改变反馈系数大小。

3. 电感三点式振荡器与电容三点式振荡器的比较

电感三点式振荡器的特点是：① 当改变电感大小来调节反馈量时，并不影响振荡频率，故便于做成频率可调节的波段振荡器。② 振荡波形不好，原因是反馈电压取自电感 L_2 两端，L_2 对高次谐波呈现高阻抗，故高次谐波反馈强，使振荡波形中含谐波成分多，波形失真大。③ 工作频率不高。由于在高频工作时，分布电容和晶体管结电容与线圈 L_1 和 L_2 并联，影响反馈系数，频率越高，分布参数影响越大，以至于分布电容和晶体管结电容起主要作用，反馈的性质会发生变化，使得在高频端出现停振。所以振荡器的工作频率不高，一般在几十兆赫以下。

电容三点式振荡器的特点是：① 输出波形好。因为反馈取自电容 C_2 两端，对高次谐振阻抗小，因此高次谐波的反馈弱，反馈电压中谐波分量小，输出波形中谐波分量也很小，正弦波质量好。② 频率稳定度较高。由于不稳定电容(管子结电容、分布电容等)与回路电容并联，适当加大回路电容就可削弱不稳定电容的影响，从而提高了频率稳定度。③ 工作频率较高。高频时，可用器件的输入、输出电容作回路电容，故频率可高达上千兆赫。④ 缺点是调节频率不方便，因为用可变电容调节时，会同时改变反馈系数，会影响起振条件。所以电容三点式振荡器多用于频率固定的、频率较高的振荡器中。

5.3.3 改进型电容三点式振荡器

1. 一般电容三点式振荡器存在的问题

一般电容三点式振荡器因具有波形质量好、工作频率高、频率稳定度较高等优点而被广泛应用，但是其频率调节不方便，而且振荡频率稳定度还不够高，尤其受晶体管极间电容影响较大。如图 5-15 所示，C_{ie} 和 C_{oe} 分别为晶体管输入、输出电容，是不稳定的极间电容，由电路可以求出 C_{oe} 对回路的接入系数，即

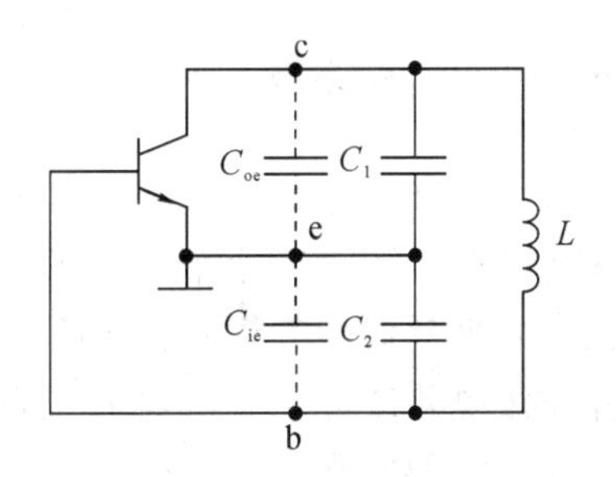

图 5-15 晶体管极间电容对振荡器的影响

$$P_{ce} \approx \frac{C_\Sigma}{C_1} = \frac{C_2}{C_1 + C_2}$$

C_{ie} 对回路的接入系数，即

$$P_{be} \approx \frac{C_\Sigma}{C_2} = \frac{C_1}{C_1 + C_2}$$

为了减小不稳定的极间电容对振荡频率的影响，可以减小它们对回路的接入系数 P_{ce} 和 P_{be}，即减弱晶体管与谐振回路的耦合程度。为此，对电容三点式振荡器进行改进，提出了改进型电容三点式振荡电路。

2. 克拉泼(Clapp)振荡器

图 5-16(a)是克拉泼振荡器交流等效电路，它与一般电容三点式振荡器的主要不同点是在回路的电感支路中串入了一个小电容 C_3，且满足 $C_3 \ll C_1$ 且 $C_3 \ll C_2$。显然，由 C_1、C_2、

C_3 串联的回路总电容近似为 $C_\Sigma \approx C_3$。

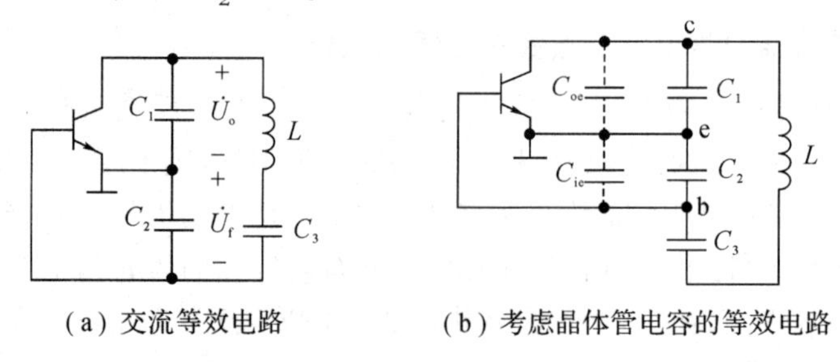

(a) 交流等效电路　　(b) 考虑晶体管电容的等效电路

图 5-16　克拉泼振荡器

1）提高频率稳定度的原因

在图 5-16(b)的交流等效电路中给出了晶体管的输入电容 C_{ie} 和输出电容 C_{oe}，由电路可以求出 C_{oe} 对回路的接入系数 $P_{ce} \approx \dfrac{C_\Sigma}{C_1} \approx \dfrac{C_3}{C_1}$，$C_{ie}$ 对回路的接入系数 $P_{be} \approx \dfrac{C_\Sigma}{C_2} \approx \dfrac{C_3}{C_2}$，由于 $C_3 \ll C_1$ 且 $C_3 \ll C_2$，接入系数 P_{ce} 和 P_{be} 远远小于 1，因此克拉泼电路通过减弱晶体管与谐振回路的耦合程度，提高振荡器的频率稳定度，并且 C_3 越小，频率稳定度越高。

2）振荡频率与反馈系数的计算

若忽略晶体管电容效应，振荡频率近似等于选频网络的固有谐振频率，即

$$f_0 \approx \frac{1}{2\pi\sqrt{LC_\Sigma}} \approx \frac{1}{2\pi\sqrt{LC_3}} \tag{5-18}$$

由图 5-16(a)可知反馈系数 F 为

$$F = \frac{U_f}{U_o} \approx \frac{C_1}{C_2} \tag{5-19}$$

可见，调节电容 C_3 可以改变振荡频率且不影响反馈系数的大小。因此，克拉泼电路克服了一般电容三点式振荡器调节频率影响反馈的缺点。

虽然克拉泼电路改进了一般电容三点式振荡器的性能，即频率稳定度高，调节方便，但是其还存在一定的问题。

3）克拉泼振荡器存在的问题

根据前面分析可知，从提高频率稳定度角度考虑，C_3 越小，越有利于频率稳定度提高，但却不利于起振。为了分析这个问题，假设振荡器的负载为 R_L、电感线圈损耗为 R_P，如图 5-17 所示。那么折合到集电极回路的等效负载为

$$R'_L = P_{ce}^2 (R_L // R_P)$$

式中，$P_{ce} \approx \dfrac{C_3}{C_1}$。

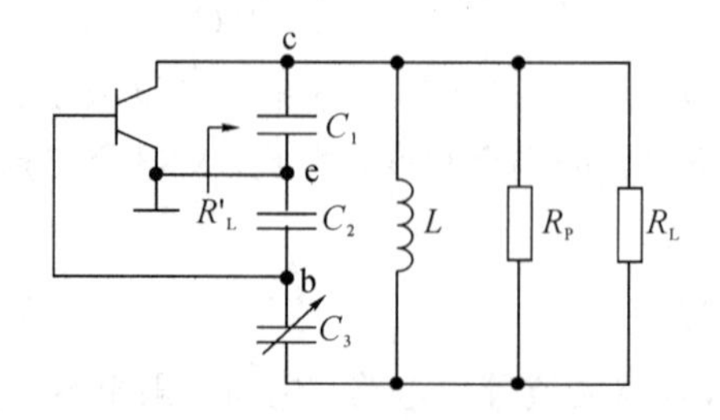

图 5-17　考虑负载的克拉泼电路

可见，当 C_3 减小时，P_{ce}减小，R'_L减小，根据起振条件 $g_m R'_L F > 1$ 可知，R'_L 不利于振荡器起振，甚至可能会停振。因此在满足起振条件下，C_3 尽量小以提高频率稳定度。

另外，若将克拉泼振荡器做成可调的波段频率振荡器，在调节 C_3 改变频率时，由于 C_3 与频率的平方成反比，因此随着频率的升高，C_3 迅速减小，R'_L 减小，放大倍数减小，输出振幅显著下降，高频段易停振。因此，这种振荡器的波段覆盖系数较小，一般约为 1.2～1.3。

为了克服上述缺点，在波段振荡器中目前广泛采用西勒振荡器。

3. 西勒(Seiler)振荡器

图 5－18 是西勒振荡器的交流等效电路。由图可见，西勒电路是在回路电感 L 支路中，除了串联小电容 C_3 外，还在回路电感 L 两端并联了一个可变电容 C_4，其中，C_3 的容量依然满足 $C_3 \ll C_1$ 且 $C_3 \ll C_2$。显然，电路中回路的总电容近似为 $C_\Sigma \approx C_3 + C_4$。

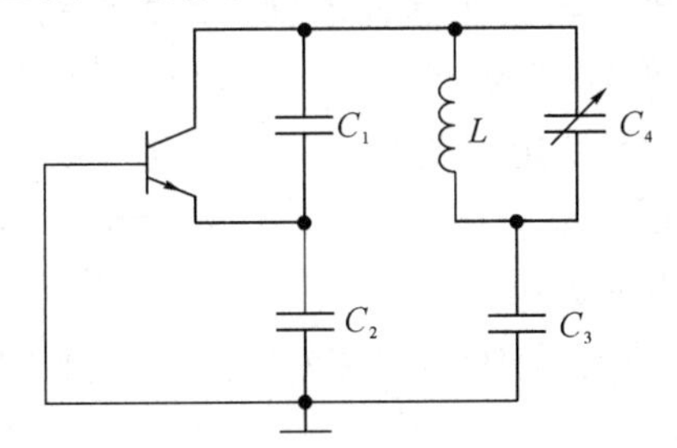

图 5－18 西勒振荡器的交流等效电路

由图 5－18 可知西勒振荡器的振荡频率近似为

$$f_0 \approx \frac{1}{2\pi\sqrt{L(C_3 + C_4)}} \tag{5-20}$$

可见，当调节可变电容 C_4 改变频率时，不会改变接入系数 P_{ce}，因此，这种电路除了与克拉泼电路一样具有较高的频率稳定度之外，还具有波段范围内输出幅度平稳、波段覆盖面较宽的优点。因而西勒振荡电路在短波、超短波通信设备及电视接收机等高频设备中得到了更为广泛的应用。

5.4 振荡器的频率稳定度

5.4.1 频率稳定度的定义

频率稳定度是振荡器的一个重要指标。衡量振荡器的频率稳定度有两种表示方法：绝对频率稳定度和相对频率稳定度。

1. 绝对频率稳定度

绝对频率稳定度是在规定的时间间隔内频率准确度变化的最大值，又称为最大频率偏差，用 Δf_{max} 表示。例如，一个振荡器的标称频率为 1 MHz，一天内频率最低变为 0.999 99 MHz，则 $\Delta f_{max} = (1 - 0.99999) \times 10^6 = 10$ Hz。

2. 相对频率稳定度

相对频率稳定度是指最大频率稳定度 Δf_{max}与标称频率 f_0 的比值，表示振荡器在规定

的时间内振荡频率相对变化量的大小。用δ表示，即

$$\delta=\frac{|f-f_0|_{max}}{f_0}=\frac{\Delta f_{max}}{f_0} \tag{5-21}$$

为此，可求出上述例子中的振荡器相对频率稳定度$\delta=1\times10^{-5}$。

在实际电路中，一般提到频率稳定度，若不加说明，都是指相对频率稳定度。按规定的时间长短的不同，频率稳定度可分为长期、短期和瞬间稳定度三种。长期频率稳定度是指一天以上乃至几个月内，因元件老化而引起的相对频率变化量；短期频率稳定度是指一天之内，因温度、电源电压等外界因素变化而引起的相对频率变化量；瞬间频率稳定度是指秒或毫秒数量级之内随机的频率变化，即频率的瞬间无规则变化，它是由干扰或起伏噪声引起的。通常所讲的频率稳定度大多是指短期稳定度。

对频率稳定度的要求视振荡器的用途而不同。各类振荡器频率稳定度的大致数量级为：一般收音机的本振频率稳定度为$10^{-2}\sim10^{-3}$，电视机的本振频率稳定度为$10^{-3}\sim10^{-4}$，中波电台载波振荡的频率稳定度为10^{-5}，短波电台载波振荡的频率稳定度为10^{-6}，电视发射台载波振荡的频率稳定度为10^{-7}，普通信号发生器的频率稳定度为$10^{-4}\sim10^{-5}$，高精度信号发生器的频率稳定度为$10^{-7}\sim10^{-9}$。

那么振荡器的振荡频率为什么会不稳定呢？下面首先讨论频率不稳定的原因，再介绍一些稳定频率的措施。

5.4.2 频率不稳定的原因及稳频措施

1. 振荡频率不稳定的原因

振荡器的频率主要决定于谐振回路的参数，也与晶体管的参数有关。由于这些参数不可能固定不变，所以振荡频率不会绝对稳定。其影响因素主要有以下几个方面：

(1) LC回路参数的不稳定。温度变化是LC回路参数不稳定的主要原因。温度变化会使电感线圈和电容器的几何尺寸以及电容器的介电常数发生变化。温度增加时，电感线圈导线和骨架产生热膨胀，几何尺寸加大，电感量增加，因此，电感线圈一般具有正的温度系数。而电容器的温度系数有正有负，视介质材料和工艺不同而定。机械振动会使电容器和电感线圈变形，L和C值也会变化。另外，大气压的变化会改变电容器介质材料的介电系数，使容量发生变化。除去L、C参数外，电感线圈的损耗电阻(或负载电阻)也会影响振荡频率。

(2) 晶体管参数的不稳定。晶体管的输入阻抗、输出阻抗及极间电容等参数与温度、电源电压和工作点有关，当温度和电源电压变化时，它们都将发生变化，使振荡频率不稳定。

2. 提高频率稳定度的措施

(1) 减小外界因素的变化。外界因素除了温度、湿度、大气压力、电源电压和机械振动外，还有周围电磁场和负载变化等。它们都会直接引起晶体管和回路元件的参数变化，其中温度的变化则是诸因素中最主要的。

减小外界因素变化的办法很多。例如，为了减少温度变化量，可将振荡器置于恒温槽内，设法使振荡器远离热源；也可采用温度补偿措施(如正、负温度系数的电容并用)。为了稳定电源电压，可单独给振荡电路供给高稳定度的稳压电源，并采用高稳定的直流偏置电

路和良好的去耦滤波电路。为了减小负载的影响，可在振荡器与不稳定负载之间加射极跟随器。另外，还可采用减震装置来减小机械振动；用磁屏蔽、密封工艺来减小磁场、湿气和大气压变化的影响等。究竟采用哪些措施，应视振荡器具体工作情况和要求而定。

(2) 提高选频网络的标准性。具体措施包括：① 提高回路元件参数的稳定性：采用低温度系数、高稳定度的元件，如优质云母电容、空气电容器、在高频陶瓷骨架上制成高稳定电感元件等；② 采用温度补偿法：选用合适的负温度系数陶瓷电容器来补偿电感的正温度系数变化；③ 减弱选频回路与晶体管的耦合，如采用克拉泼、西勒电路；④ 提高回路的 Q 值，如采用多股绕制和镀银线圈等；⑤ 缩短元器件引线，采用机械强度高的引线并安装牢靠以减小分布参数的变化。

(3) 电路系统方面的稳频措施。采用自动频率控制(AFC)电路以及振荡与倍频组合电路。前者在后面的章节中还会讨论，后者使振荡器振荡于较低的工作频率，以保证频率稳定度，然后用倍频器将频率提高到规定值。

5.5　石英晶体振荡器

前面所讲的各种 LC 振荡器，虽然采用了各种稳频措施，但其频率稳定度最高也只能达到10^{-5}，其原因主要是 LC 回路的 Q 值不高，最多能做到 200～300。如果要求频率稳定度超过10^{-5}，就要采用晶体振荡器，它是用石英谐振器来控制振荡频率的一种振荡器，其频率稳定度很高，可以达到10^{-9}～10^{-11}数量级，在电子设备中得到了广泛的应用。

5.5.1　石英晶体振荡器的电抗特性

1. 晶体的物理特征

石英谐振器是利用二氧化硅的正反压电效应制成的一种谐振器件，其内部结构如图 5-19 所示，即在一块石英晶体(正方形、圆形或长方形，简称晶体)的两面涂上银层作为电极，电极上焊出两根引线固定在管脚上。石英晶体具有以下物理特征：

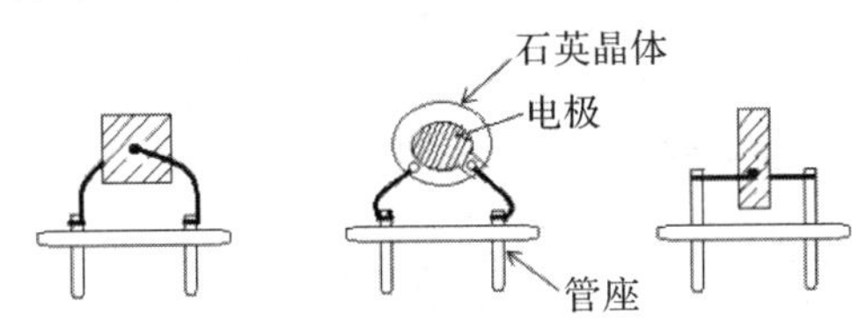

图 5-19　石英谐振器的内部结构

(1) 具有正反压电效应。石英晶体是具有弹性的物体。若在石英晶体的两面施加机械力，则沿受力方向产生一个交变电场，在晶体两面产生异号电荷；反之，在晶体上加以交变电场，晶体则会产生机械振动。两者互为因果，如此循环往复而形成振荡，最后受到由晶体本身机械参数(几何尺寸、材料性质)决定的固有频率的限制而达到稳定。通常将这种机与电相互转换的效应称为正反压电效应。

如果将该石英晶体接入振荡器的环路中，则石英晶体的交变电场通过反馈、放大后，又以相同相位加到石英晶体的电极上，加强原来的电场，以维持石英晶体的机械振荡。这就是利用晶体的机械振荡并通过压电效应来控制振荡频率的工作原理。

（2）具有多谐性。石英晶体的振荡模式具有多谐性，既具有基频振荡，还具有奇次谐波的泛音振荡。对于一个石英晶体，既可以利用其基频振荡，也可以利用其泛音振荡，前者称为基频晶体，后者称为泛音晶体。由于晶振频率与石英晶体的厚度有关系，频率越高，晶体越薄，越容易震碎，因此，受工艺限制，基波频率一般为几百千赫到几十兆赫，更高频率就要采用泛音模式。泛音晶体广泛采用三次或五次的奇次泛音振荡，因为如果泛音次数过高，无论是起振条件还是抑制低次泛音振荡都较为困难。

（3）具有稳定的物理和化学特性。因为石英晶体的物理和化学特性极其稳定，所以其固有振动频率也十分稳定，很少受温度、气压等环境条件的影响。石英晶体的标准度非常高。

2. 晶体的电路符号及其等效电路

石英晶体的电路符号如图 5-20(a)所示。就其电抗特性而言，当外加交变电压频率与晶体固有振动频率相等时，晶体产生共振，电极上产生的交变电荷最大，通过晶体的交变电流最大，因此晶体的压电效应可以等效为串联等效电路。基频晶体的等效电路如图 5-20(b)所示。其中，L_q 等效于机械振荡的惯性，其值为$10^{-3}\sim10^{-2}$ H；C_q 等效于晶片的弹性，其值在 0.005～0.1 pF 之间；r_q 等效于机械摩擦损耗，约为几百欧姆；C_0 为静态电容，它是以石英谐振片为介质在两个极板之间形成的电容，又称为支架电容，其值在几皮法到几十皮法之间，因此 $C_0\gg C_q$。

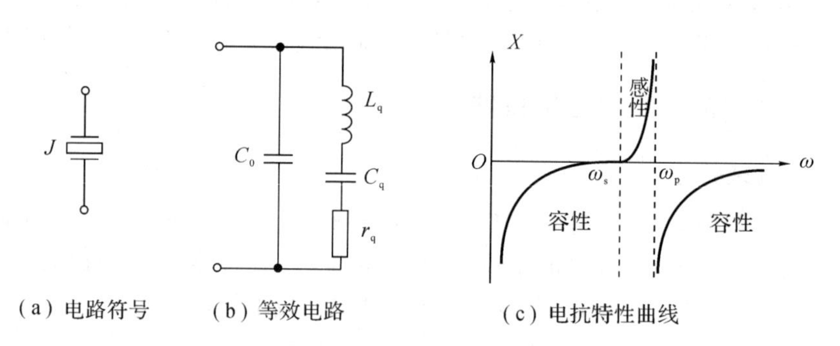

(a) 电路符号　(b) 等效电路　(c) 电抗特性曲线

图 5-20　晶体的电特性

由图 5-20(b)所示的串联等效电路，经过推导，可得出其电抗(忽略 r_q)为

$$\mathrm{j}X_e=\frac{1}{\dfrac{1}{\mathrm{j}\omega L_q+\dfrac{1}{\mathrm{j}\omega C_q}}+\dfrac{1}{\dfrac{1}{\mathrm{j}\omega C_0}}}$$

$$=\frac{1}{\mathrm{j}\omega C_0}\frac{1-\dfrac{1}{\omega^2L_qC_q}}{1-\dfrac{C_q+C_0}{\omega^2L_qC_qC_0}}=\frac{1}{\mathrm{j}\omega C_0}\frac{1-\dfrac{\omega_s^2}{\omega^2}}{1-\dfrac{\omega_p^2}{\omega^2}} \tag{5-22}$$

式中，ω_s 为串联谐振频率；ω_p 为并联谐振频率。

由此可得到石英晶体的电抗特性为：

（1）石英晶体有两个谐振频率，分别为

$$f_s=\frac{1}{2\pi\sqrt{L_qC_q}} \tag{5-23}$$

$$f_p=\frac{1}{2\pi\sqrt{L_q\dfrac{C_0C_q}{C_0+C_q}}}=f_s\sqrt{1+\frac{C_q}{C_0}} \tag{5-24}$$

由于 $C_0 \gg C_q$，可见 f_p 略大于 f_s。

(2) 等效电路的电抗特性曲线如图 5-20(c)所示。由图可见，在 f_p 和 f_s 之间很窄的区域中回路阻抗呈感性，其他区域呈容性。因此在 f_p 和 f_s 之间晶体可等效为电感元件；由于在 f_s 附近电抗为零，而且 r_q 很小，因此在 f_s 附近晶体近似等效为高选通短路元件。

3. 石英晶体振荡器的稳频原因

用石英晶体组成晶体振荡器，为什么具有很高的频率稳定度呢？具体有以下两个原因：

(1) 石英晶体的品质因数 Q 值极高，故稳频作用很强。由图 5-20(b)所示的等效电路能够得到其品质因数 Q 为

$$Q=\frac{1}{r_q}\sqrt{\frac{L_q}{C_\Sigma}}\approx\frac{1}{r_q}\sqrt{\frac{L_q}{C_q}}$$

由于 L_q 很大，而 C_q 又很小，因此 Q 值极高，可达$10^5 \sim 10^6$。

(2) 石英晶体与外电路的接入系数很小。假设其连接形式如图 5-21(a)所示，将石英晶体(图中虚线框所示)接在晶体管的 c、b 之间(图中外接电容 C_L 为晶体管的 c、b 之间的负载电容)，也可改画成如图 5-21(b)所示的形式，因此从 c、b 端看进去的接入系数为

$$P_{cb}\approx\frac{C_q}{C_0+C_q}$$

由于 $C_0 \gg C_q$，因此 P_{cb}很小，大约为$10^{-3} \sim 10^{-4}$，即晶体与晶体管耦合很松，这样就大大减轻了外电路中不稳定因素对晶体参数的影响。

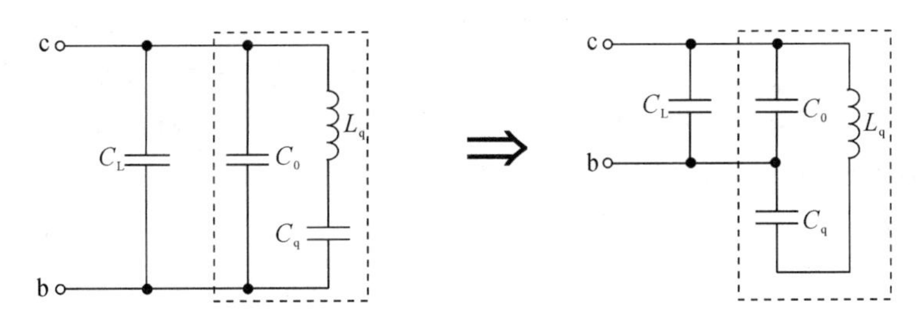

(a) 与晶体管c、b之间的连接电路　　(b) 图5-21(a)电路的等效形式

图 5-21　石英晶体接入外电路示意图

综上所述，晶体具有很大的 L_q、很小的 C_q、很高的 Q 值以及很小的外电路接入系数，因此晶体具有很高的回路标准性(这是普通的 LC 并联谐振回路所无法比拟的)，石英晶体振荡器具有很高的频率稳定度。

5.5.2　石英晶体振荡器的类型

根据晶体在电路中不同的作用，晶体振荡器分为并联型和串联型两类。

1. 并联型晶体振荡器

并联型晶体振荡器的典型电路如图 5-22 所示。图中 R_{B1}、R_{B2}、R_E、R_C 组成分压式偏置电路，C_B 为基极旁路电容。电路相当于电容三点式振荡器，电容 C_1、C_2、C_3 与晶体组成

选频网络，其中，晶体等效为电感元件。振荡频率位于 f_s 和 f_p 之间。

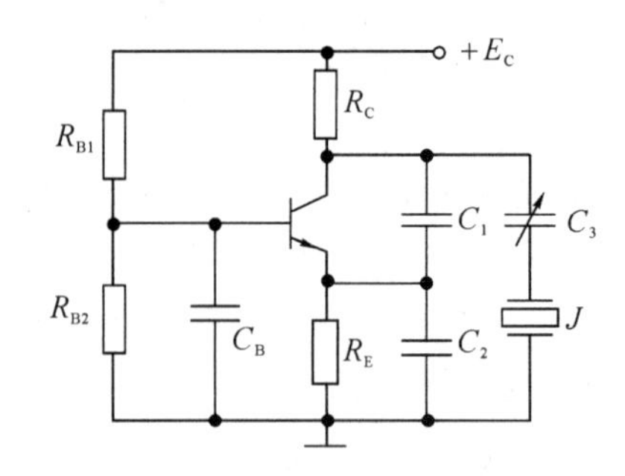

图 5－22　并联型晶体振荡器的典型电路

实际市场出售的晶体外壳上标注的振荡频率(称为晶体的标称频率)是指晶体与规定电容 C_L 并联的谐振频率值。电容 C_L 称为负载电容，厂家在产品说明书中都会给出，一般基频晶体规定的负载电容 $C_L=15\sim30$ pF。因此，要使振荡频率等于标称频率，必须使电容 C_1、C_2 的串联值等于 C_L，即 $\dfrac{C_1C_2}{C_1+C_2}=C_L$。由于生产工艺的不一致性以及老化等影响，实际的振荡频率与外壳上所标注的标称频率有一定偏差，因此在振荡频率要求准确度较高的场合(如精密测量仪器)，晶体振荡器中必须接入一些频率微调元件。例如，图 5－22 中微调电容 C_3，调节其数值可以改变并接在晶体两端的负载电容，从而改变振荡频率。

上面讨论了基频晶体振荡电路。如果改用泛音晶体，那么在组成振荡电路时，必须在电路中设计一个抑制基频振荡和低次泛音振荡的电路。并联型泛音晶体振荡器的交流等效电路如图 5－23 所示。在图 5－23 中，设基频为 10 MHz 的晶振，其三次泛音频率就是 30 MHz，五次泛音频率就是50 MHz。如果 LC_1 并联谐振回路的谐振频率设置在 10 MHz 到 30 MHz 之间，那么就振荡在三次泛音上。例如，LC_1 回路谐振频率取 20 MHz，那么在 30 MHz 频率上 LC_1 回路为容性，满足相位平衡条件，能够振荡，而在基频 10 MHz 上 LC_1 回路为感性，不满足相位平衡条件，不能振荡。在五次及以上泛音频率上 LC_1 回路虽然也为容性，但是由于失谐过于严重，容抗过小，不满足振幅起振条件。同理，如果 LC_1 回路谐振频率设置在 30 MHz 到 50 MHz 之间，那么就振荡在五次泛音上。

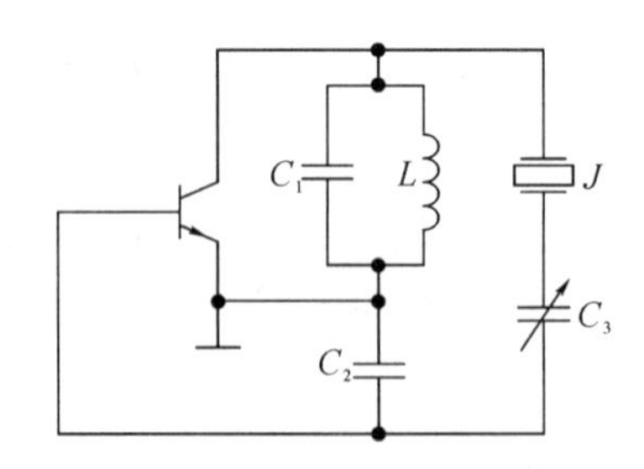

图 5－23　并联型泛音晶体振荡器的交流等效电路

2. 串联型晶体振荡器

串联型晶体振荡器的典型电路如图 5－24 所示。电路中晶体可以采用基频晶体或泛音晶体。图中，C_3、C_B 为旁路电容，C_C 为耦合电容。由图可见，电路为电容三点式形式，晶体接在反馈支路中，等效为高选通短路元件，振荡频率工作在串联谐振频率 f_s 上。

当工作频率偏离晶体的串联谐振频率时，晶体将呈现较大的等效阻抗，因而加到基极上的反馈电压振幅减小且相移增大，破坏振荡器的起振条件。这种电容三点式电路的振荡频率受晶体控制，因此其具有很高的频率稳定度。而且这种振荡器更适合于泛音振荡，选频回路谐振频率必须工作在泛音频率上，而对基频和其他泛音失谐，不能工作。

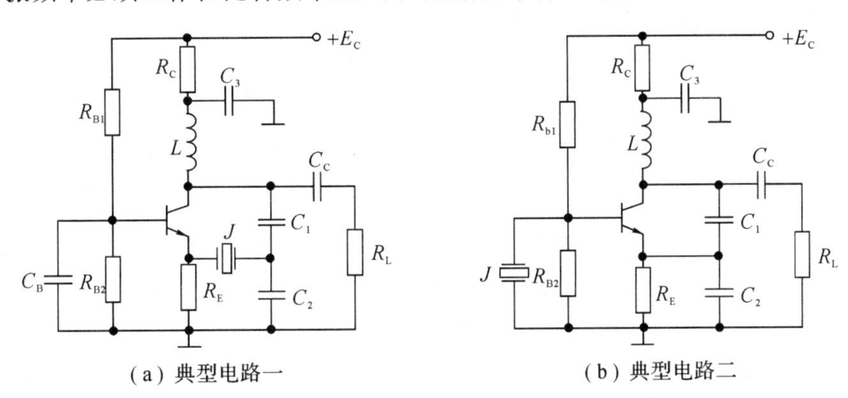

图 5 - 24　串联型晶体振荡器的典型电路

石英晶体振荡器的不足之处是只能稳定于一个固有频率，而且频率越高，石英晶片越容易被震碎，所以在要求振荡频率很高的场合，可先用石英晶体产生稳定度高、频率较低的振荡，然后再用倍频器把频率提高。

另外，石英振荡器只是在一定温度范围内才具有很高的频率稳定度，因此，为了进一步提高晶体振荡器的频率稳定度，可以采用放在恒温槽中或采用温度补偿措施，这样晶体的频率稳定度可达到10^{-9}数量级。

5.6　LC 正弦波振荡器设计应用举例

某调频振荡电路如图 5 - 25 所示。其工作频率为 18.5 MHz。图中，R_p、R_1、R_2、R_3、R_4、R_5 组成分压式偏置电路，保证振荡器静态工作点设置在放大区，调节 R_P 可以改变工作电流。晶体管的基极通过 C_7 接地，构成共基极形式。振荡器回路由 L 及 C_1、C_2、C_3，C_4、C_5、C_6 组成，其中，C_5、C_6 组成反馈网络。如果 $C_4 \ll C_5$、C_6，则构成西勒振荡器，其振荡频率主要由 L 及 C_1、C_2、C_3，C_4 决定。

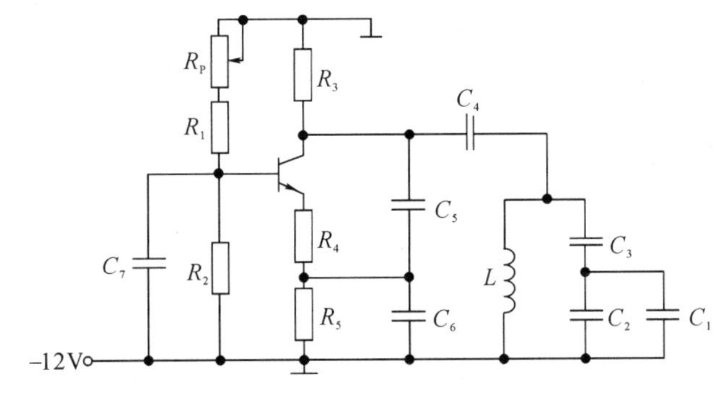

图 5 - 25　调频振荡电路

振荡器直流工作状态估算：已知振荡器工作电流为 3 mA，根据“低频电路”学习过的分压式偏置电路设计方法，设计合理的偏置电阻；

振荡回路电容估算：根据反馈系数 $F=\frac{1}{8}\sim\frac{1}{3}$，设计反馈电容 C_5、C_6；根据 $C_4 \ll C_5$、C_6，可以初步确定 C_4 大小；已知回路电感 $L_2=1\ \mu\text{H}$、$C_1=20\ \text{pF}$，根据振荡频率以及电容之间大小关系，可以设计出振荡回路其他电容大小。

某收音机本机振荡器是典型变压器反馈式振荡器，如图 5－26 所示。图中，R_1、R_2、R_3 组成分压式偏置电路，保证振荡器静态工作点设置在放大区。C_2 为基极旁路电容，使电路为共基极形式。C_3 为正反馈耦合电容。L_1、C_{1b}、C_{T1} 组成振荡器选频回路，L_2 为反馈线圈。振荡器的工作电流一般为 1 mA 左右，过小，不易起振；过大，会使振荡不稳定。

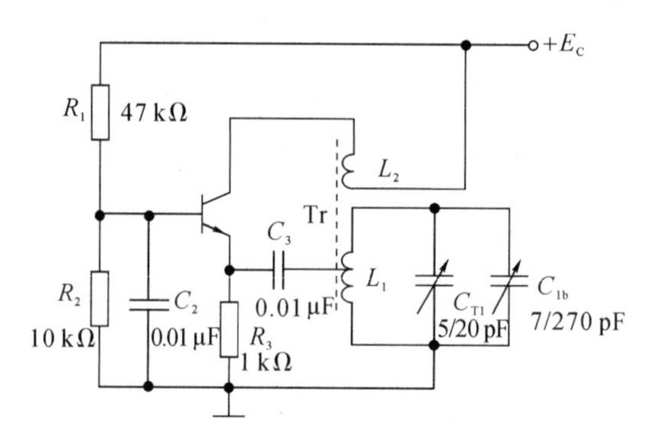

图 5－26　典型的本机振荡器

电路的工作过程为：接通电源，L_2 中流过集电极脉冲电流，其中谐波成分很多，通过 L_2 与 L_1 电感耦合，L_1 就会产生感应电压，选频回路对电压中某一频率 f_0 产生微弱振荡，通过 C_3 加到振荡晶体管的 e、b 之间，被晶体管放大。放大后的信号由集电极输出，再经过 L_2 与 L_1 电感耦合，选频回路又对 f_0 引起较强振荡，再通过 C_3 加到振荡晶体管的 e、b 之间，再被晶体管放大。这样周而复始，形成振荡。振荡电路要能够自行起振，电路必须满足正反馈，如果 L_2 的接线相反，变成负反馈就不能形成振荡。振荡频率由 L_1、C_{1b}、C_{T1} 决定，通过改变 C_{1b} 即可改变振荡频率。C_{1b} 与图 2－26 收音机输入回路中的 C_{1a} 组成双联电容。

习　题

1. 为什么振荡电路必须满足平衡条件、起振条件和稳定条件？试从振荡的物理过程说明这三个条件的含义。

2. 图 5－27 是变压器反馈振荡器的交流等效电路，请标明满足相位平衡条件的同名端。

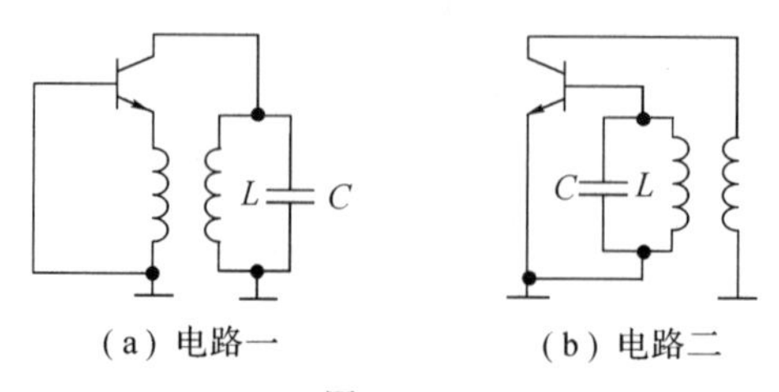

(a) 电路一　　(b) 电路二

图 5－27

3. 根据相位平衡条件，判断如图 5-28 所示的交流电路中，哪些可能产生振荡，哪些不可能产生振荡。若能振荡，那它属于哪种类型的振荡？有些电路应说明在什么条件下才能振荡。

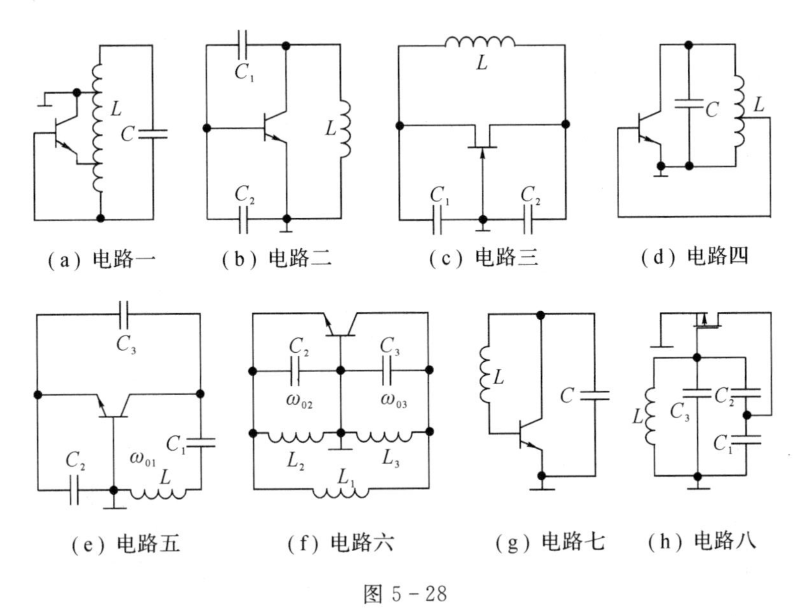

(a) 电路一　(b) 电路二　(c) 电路三　(d) 电路四

(e) 电路五　(f) 电路六　(g) 电路七　(h) 电路八

图 5-28

4. 试画出如图 5-29 所示的各振荡器的交流等效电路，并用振荡器的相位平衡条件判断哪些电路可能产生振荡，哪些电路不可能产生振荡，图中，C_E、C_B、C_C均为交流旁路电容或隔直流电容。

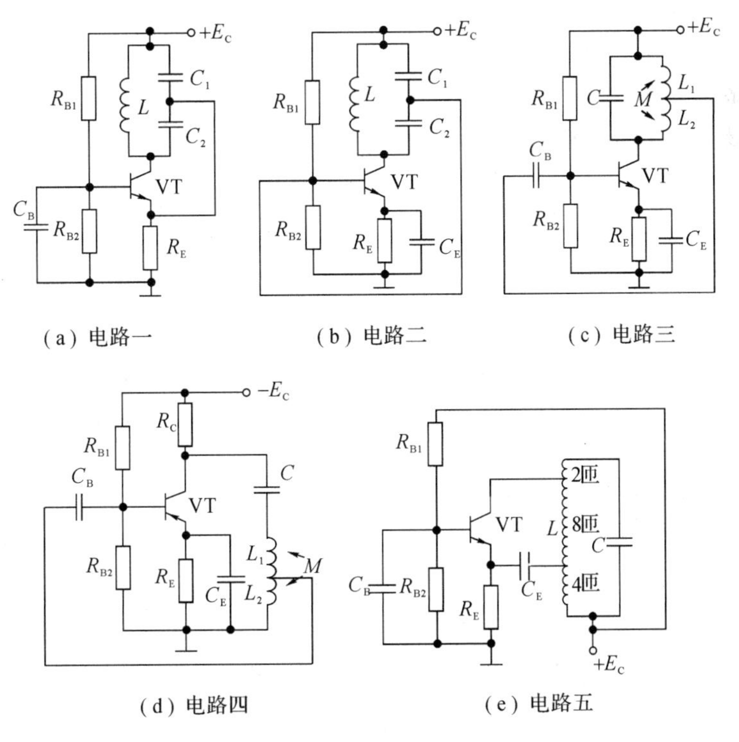

(a) 电路一　(b) 电路二　(c) 电路三

(d) 电路四　(e) 电路五

图 5-29

5. 图 5－30 表示三回路振荡器的交流等效电路，假定有以下六种情况，那么哪几种情况可能振荡？等效为哪种类型的振荡电路？其振荡频率与各回路的固有谐振频率之间是什么关系？

(1) $L_1C_1>L_2C_2>L_3C_3$；

(2) $L_1C_1<L_2C_2<L_3C_3$；

(3) $L_1C_1=L_2C_2=L_3C_3$；

(4) $L_1C_1=L_2C_2>L_3C_3$；

(5) $L_1C_1<L_2C_2=L_3C_3$；

(6) $L_2C_2<L_3C_3<L_1C_1$。

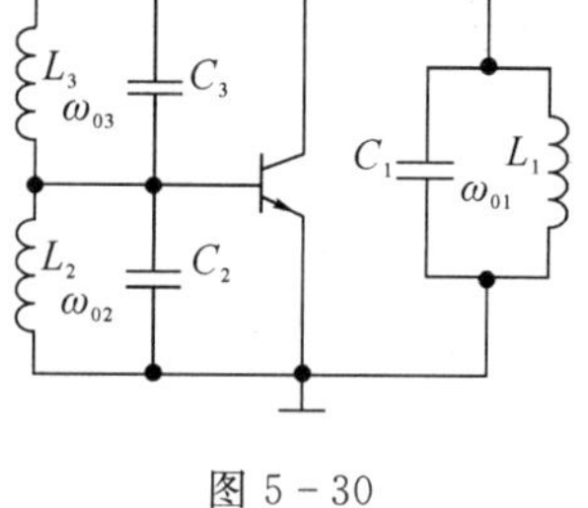

图 5－30

6. 试检查如图 5－31 所示的振荡电路有哪些错误，并加以改正。图中，C_E、C_B 均为交流旁路电容或隔直流电容，L_E、L_C 均为高频扼流圈。

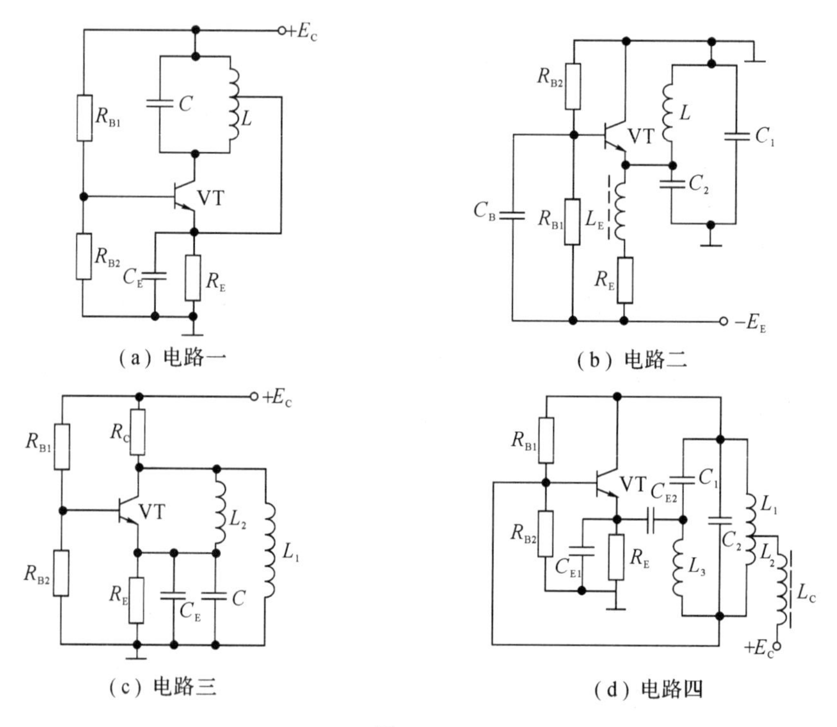

图 5－31

7. 试将如图 5－32 所示的几种振荡器交流等效电路改画成实际电路。对于互感耦合振荡器需注明同名端，对双回路振荡器须注明回路固有谐振频率的范围。

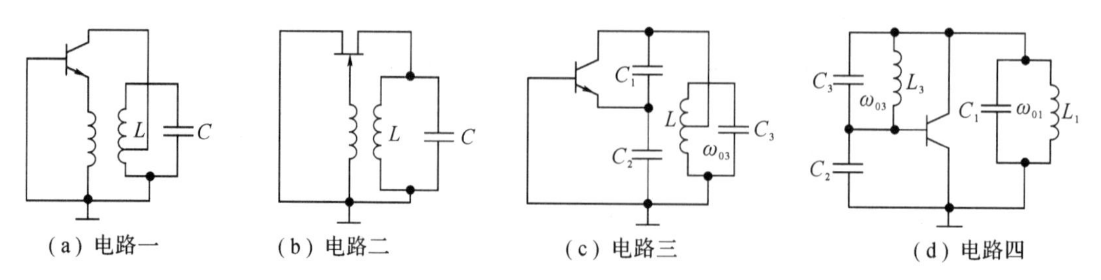

图 5－32

8. 图 5-33 是一个 LC 振荡电路。(1) 指出该振荡电路的形式。(2) 画出交、直流等效电路。(3) 计算振荡频率 f_0。(4) 若把反馈系数 F 降为原有值的一半，并保持 f_0 和 L 不变，应如何修改元件数值。

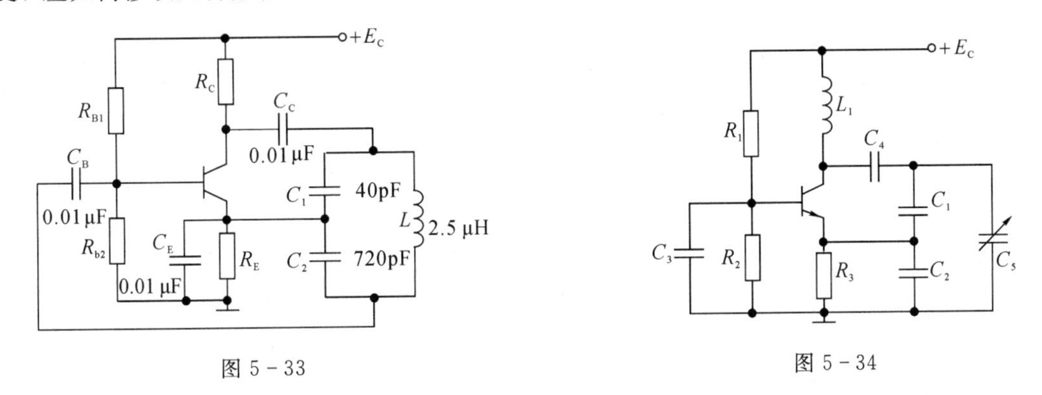

图 5-33

图 5-34

9. 图 5-34 为一振荡器。已知 $L_1=140\ \mu\text{H}$，$C_1=100\ \text{pF}$，$C_2=600\ \text{pF}$，$C_3=0.01\ \mu\text{F}$，$C_4=0.01\ \mu\text{F}$，$C_5=5\sim20\ \text{pF}$。(1) 指出振荡器的类型。(2) 画出直流通路及高频交流等效电路。(3) 估算振荡频率范围。(4) 计算反馈系数。

10. 某振荡器电路如图 5-35 所示。(1) 试说明电路名称及各元件的作用。(2) 当回路电感 $L=1.5\ \mu\text{H}$时，要使振荡频率为 49.5 MHz，C_4 应调到何值?

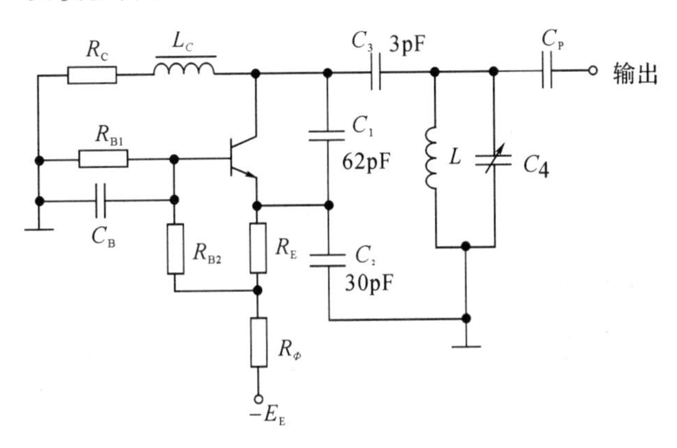

图 5-35

11. 克拉泼振荡电路如图 5-36 所示。其中，$C_1=C_2=100\ \text{pF}$，$L=50\ \mu\text{H}$，$C_3=5\sim20\ \text{pF}$，回路的 Q 值为 100。(1) 试求振荡器的波段范围。(2) 若放大管的 $h_{ie}=2\ \text{k}\Omega$，$h_{oe}=0.1\ \text{ms}$，求满足振荡条件的 h_{fe}的最小值。

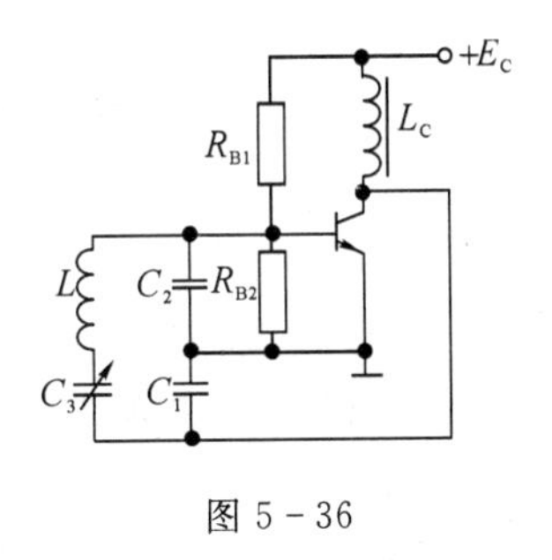

图 5-36

12. 西勒振荡器的等效电路如图 5-37 所示。若 $C_1=C_2=40$ pF，$C_3=5$ pF，C_4 在 1～2 pF之间可调，$L=6$ μH，有载品质因数 $Q_L=50$。为使电路在整个波段内均能满足振荡条件，该振荡管的正向传输导纳 y_{fb} 及特征频率 f_T 应不小于何值？

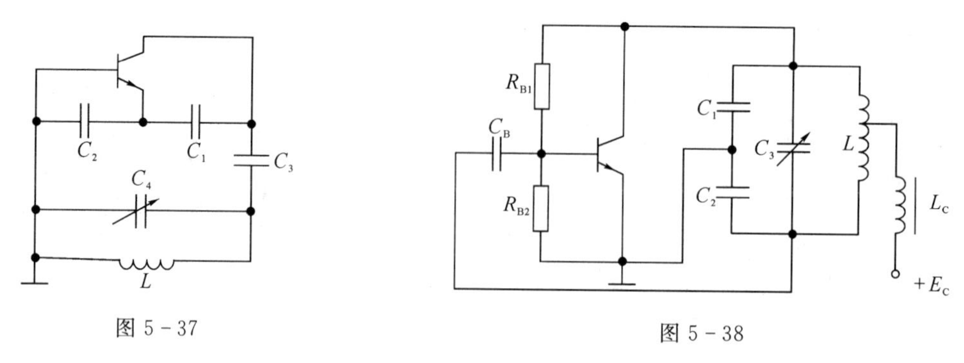

图 5-37　　　　图 5-38

13. 振荡电路如图 5-38 所示。其中，$C_1=C_2=C_3=100$ pF，$L=20$ μH，$Q_L=150$。若晶体管的正向传输导纳 $y_{fe}=32\times10^{-3}$ S，该电路能否振荡？

14. 振荡电路如图 5-39 所示。(1) 画出振荡电路的直流、交流通路。(2) 说明振荡电路的类型。(3) 写出振荡频率的表达式。(4) 为了提高频率稳定度，本电路采取了哪些措施？

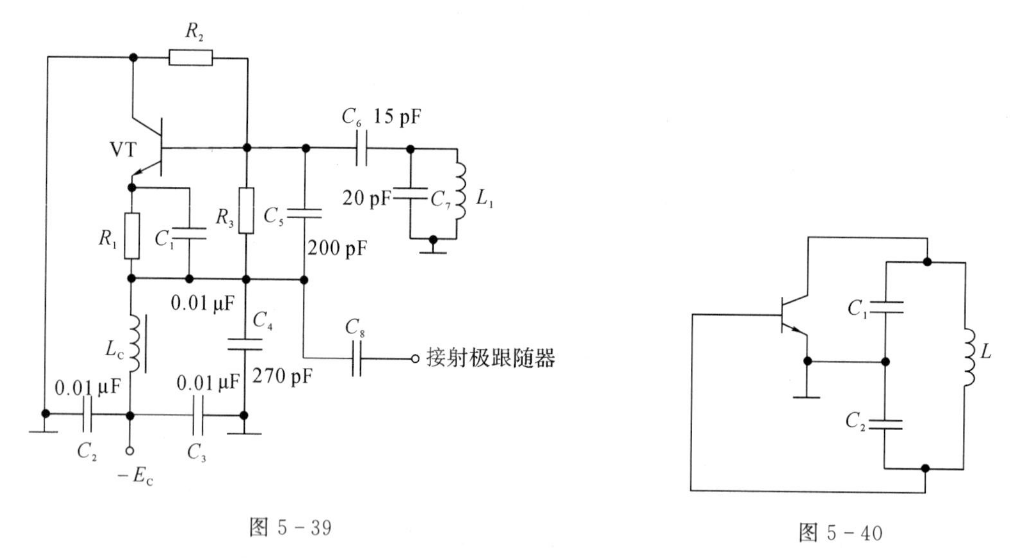

图 5-39　　　　图 5-40

15. 图 5-40 为一个振荡器的交流等效电路。图中，$C_1=C_2=200$ pF，$L=25$ μH，当折算到输入端的总不稳定电容的变化量 $\Delta C_{d2}=+8$ pF 时，要求：(1) 求相对频率稳定度 $\Delta\omega/\omega_0$；(2) 若将回路总电压增大 10 倍，电感 L 减小为原来的 1/10，再计算频率稳定度，并分析比较所得的两种结果。

16. 克拉泼振荡电路如图 5-41 所示。已知 $C_1=500$ pF，$C_2=1000$ pF，$C_3=10$ pF，$L=100$ μH，$R_E=470$ Ω，$I_{EQ}=4$ mA，$Q_0=100$，$R_L=2$ kΩ，放大管三个极间的不稳定量 $\Delta C_{ce}=\Delta C_{be}=1$ pF，$\Delta C_{bc}=4$ pF。电路能否起振？若能起振，试求回路振荡角频率的相对频率稳定度 $\Delta\omega/\omega_0$。

17. 石英晶体的等效电路如图 5-42 所示。若损耗电阻 r_q 忽略不计，试画出 AB 两端的电抗特性曲线，并证明：

$$\frac{\omega_p}{\omega_s} \approx 1 + \frac{1}{2}\frac{C_q}{C_0}$$

若 $C_q = 0.04$ pF，$C_0 = 2$ pF，则 ω_p 比 ω_s 大百分之几？

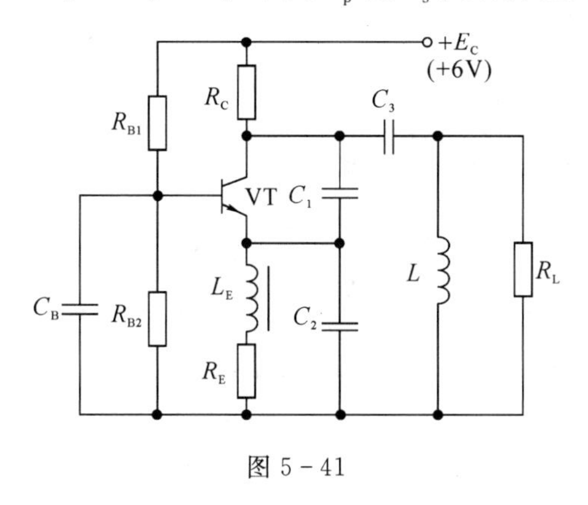

图 5－41

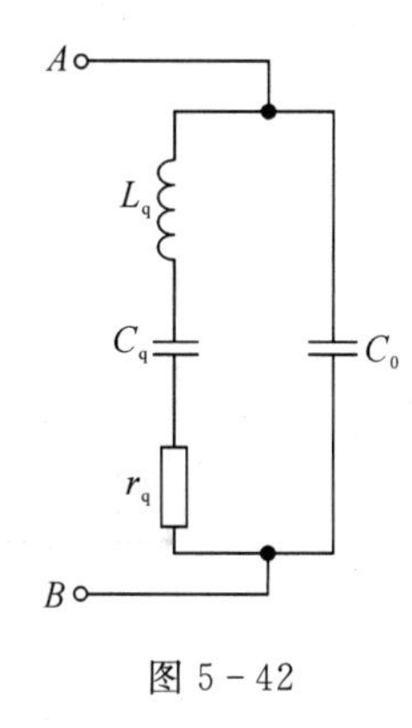

图 5－42

18. 振荡器电路如图 5－43 所示。已知石英晶体参数：$L_q = 20$ H，$r_q = 10$ Ω，$C_q = 1.25\times10^{-4}$ pF，$C_0 = 5$ pF。(1) 画出交流等效电路。(2) 求振荡器的工作频率 f_g。(3) 说明石英晶体的作用。

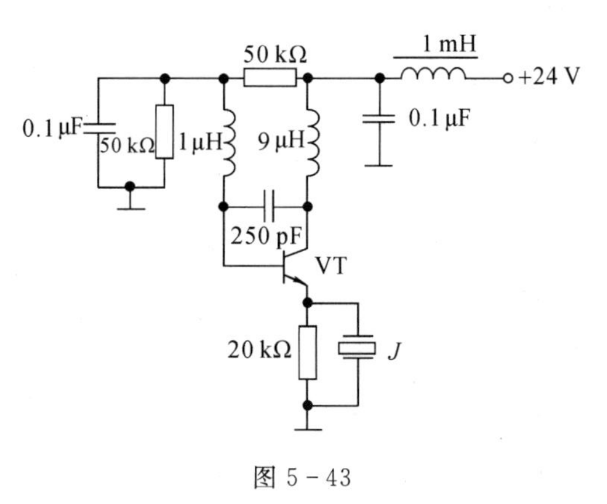

图 5－43

19. 图 5－44 给出了一数字频率计用的晶体振荡器。要求：(1) 画出交流等效电路；(2) 计算由 4.7 μH 电感与 330 pF 电容所组成的并联回路的谐振频率，并与晶体频率相比较，由此说明该回路的作用；(3) 说明其他元件作用。

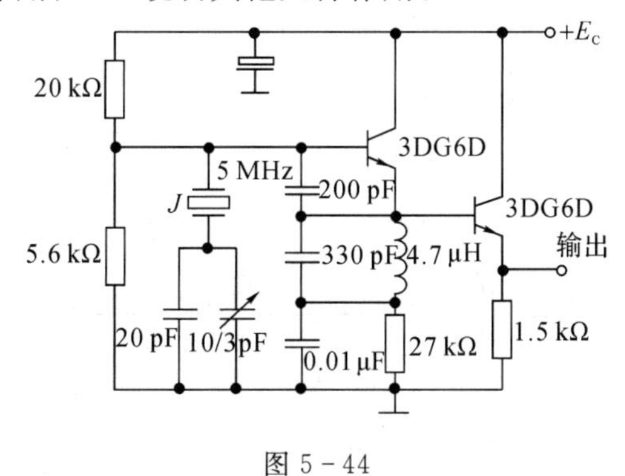

图 5－44

20. 某广播发射机的主振荡器实际电路如图 5-45 所示。试画出该电路的交流等效电路，并分析该电路采用了哪几种稳频措施。

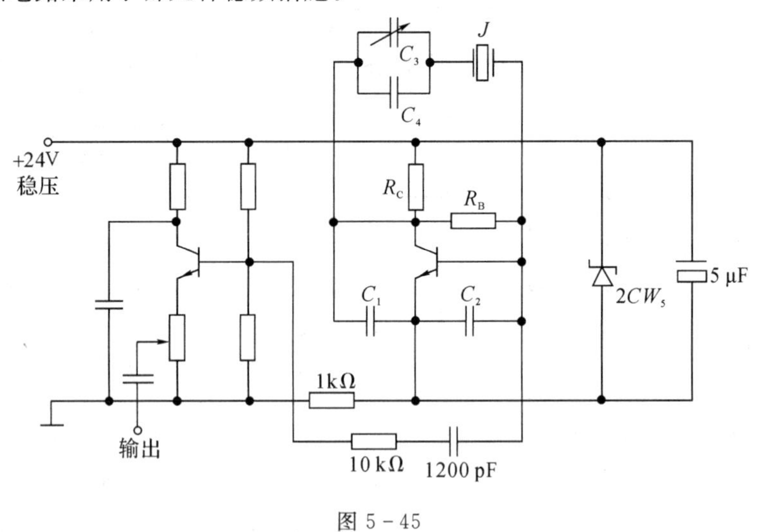

图 5-45

21. 试画出如图 5-46 所示的各振荡器的交流等效电路，并指出电路类型。

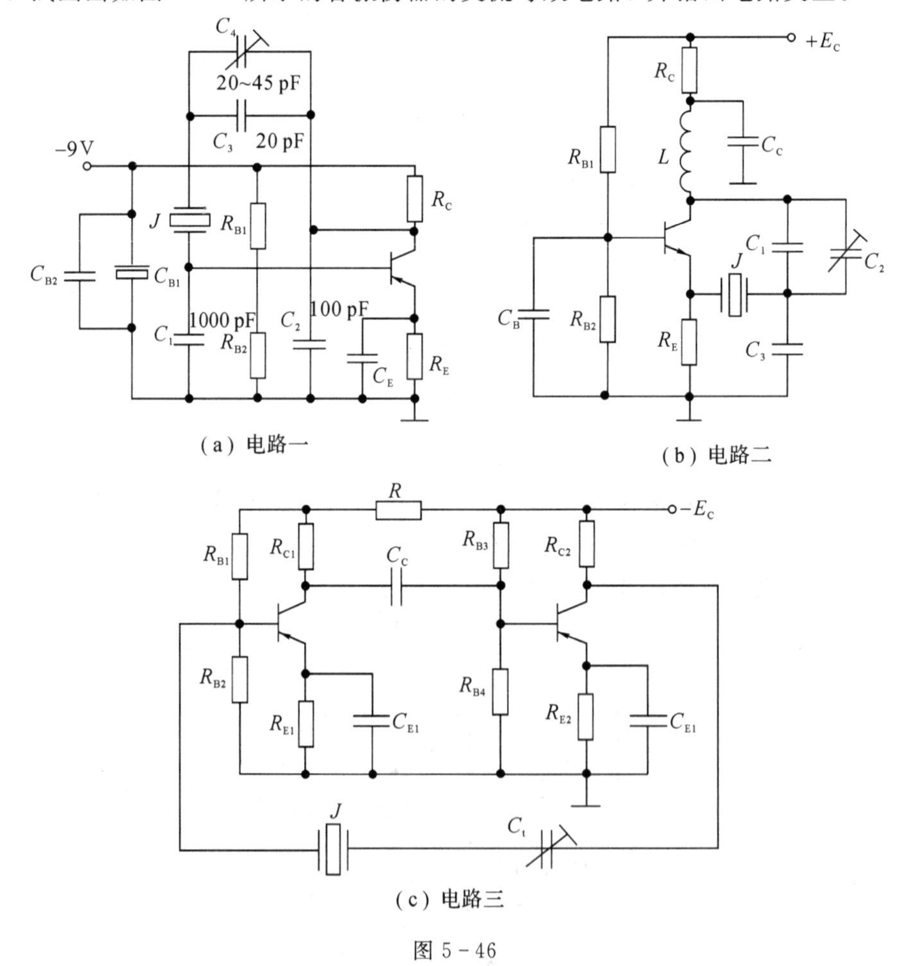

图 5-46

第 6 章　振幅调制与解调器

【应用背景】

无线电通信、广播、导航、雷达、遥控遥测等都是利用无线电技术传输各种不同信息的方式，都需要采用“调制解调”技术。在第 1 章绪论中介绍了一个典型的无线电广播发射与接收机，其组成框图如图 6－1 所示。其中，阴影框图所示的“调制器”就是把需要发送的音频信号“装载”到高频振荡器产生的高频载波上去，最后通过高频功率放大和天线将已调高频信号发射出去；阴影框图所示的“检波器”在接收机端解调出音频信号，送给耳机，或对音频信号再放大后送给扬声器。

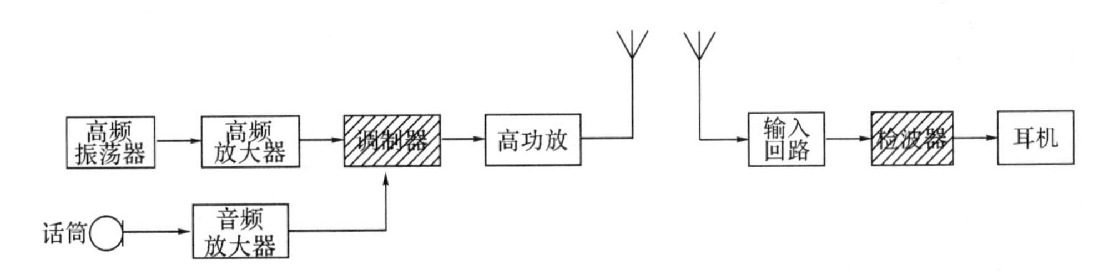

图 6－1　调制与解调应用示例

调制解调器有振幅调制与解调、角度调制与解调等。本章首先学习振幅调制与解调。

6.1　概　　述

调制是指在发送端将频率较低的原始电信号去控制高频振荡信号某一参数的过程。其中，原始电信号称为调制信号，高频振荡信号称为载波，被调制的高频信号称为已调信号。所谓解调，是指在接收端将低频的原始信号从高频已调信号中取出的过程，又称为反调制。

为什么一定要调制，即为什么必须利用高频电磁波才能将低频的原始信号“携带”到空间去的原因，已在第 1 章讲过，不再重复。

然而，以上所述不是调制技术的唯一用途。调制技术还具有其他作用，例如，在多路通信系统中，为了能在一个信道中同时传送多对电话信号，就是利用调制技术把频谱范围相同的多路电话信号搬移到不同频率的载波附近，接收机再利用频率分割的方法分离出所需频率的信号，不至于互相干扰。这种利用调制来实现一个信道内传送多路信号的技术，称为多路复用技术。近代无线电通信系统中都广泛采用多路复用技术。此外，通过改变调制技术，也是提高抗干扰能力有效手段，例如，调频抗干扰能力优于调幅，数字调制抗干扰能力优于模拟调制技术等。

调制的方式有很多种，根据载波不同，可分为连续波调制与脉冲波调制。连续波调制是用调制信号去控制连续正弦波的振幅、频率或相位。如果调制信号为模拟信号，则为模拟调制，包括调幅(AM)、调频(FM)和调相(PM)；如果调制信号为数字信号，则为数字调制，包括幅度键控(ASK)、频率键控(FSK)和相位键控(PSK)等基本调制方式。脉冲波调制则是用调制信号去控制脉冲载波的幅度、宽度、位置等，其分为脉幅、脉宽、脉位、脉冲编码调制等多种形式。本书只讨论连续波调制，数字调制和脉冲波调制将在有关课程中讨论。

6.2 振幅调制信号

根据频谱的不同结构特点，振幅调制分为普通调幅(简称调幅)(AM，Amplitude Modulation)、抑制载波的双边带调制(DSB - SC，Double Sideband - Surprised Carrier)、抑制载波的单边带调制(SSB - SC，Single Sideband - Surprised Carrier)和抑制载波的残留边带调制(VSB - SC，Vestigial Sideband - Surprised Carrier)等。其中，普通调幅是最基本的振幅调制波，其他振幅调制都是由它演变而来的。

6.2.1 普通调幅波

普通调幅就是用调制信号控制载波瞬时幅度的过程。下面分别从时域、频域和功率等方面进行详细介绍。

1. 时域特性

设调制信号为 $u_\Omega(t)$，高频载波信号为

$$u_c(t)=U_{cm}\cos\omega_c t=U_{cm}\cos 2\pi f_c t$$

再根据普通调幅的定义得到其瞬时幅度为

$$U_{AM}(t)=U_{cm}+k_a u_\Omega(t)$$

式中，k_a 为比例系数。因此普通调幅波的一般表示式为

$$u_{AM}(t)=U_{AM}(t)\cos\omega_c t=(U_{cm}+k_a u_\Omega)\cos\omega_c t \tag{6-1}$$

若调制信号是单音调制信号，即

$$u_\Omega(t)=U_{\Omega m}\cos\Omega t=U_{\Omega m}\cos 2\pi F t$$

式中，$F\ll f_c$，将单音调制信号代入式(6-1)，则

$$\begin{aligned}u_{AM}(t)&=(U_{cm}+k_a U_{\Omega m}\cos\Omega t)\cos\omega_c t\\&=U_{cm}\left(1+\frac{k_a U_{\Omega m}}{U_{cm}}\cos\Omega t\right)\cos\omega_c t\\&=U_{cm}(1+m_a\cos\Omega t)\cos\omega_c t\end{aligned}$$

单音调幅波的表示式为

$$u_{AM}(t)=U_{cm}(1+m_a\cos\Omega t)\cos\omega_c t \tag{6-2}$$

式中，$m_a=\dfrac{k_aU_{\Omega m}}{U_{cm}}$，称为调幅系数或调幅度；$U_{cm}(1+m_a\cos\Omega t)$是 AM 波的幅度，反映了调制信号的变化规律，称为 AM 波的包络函数。AM 波的波形如图 6－2 所示。

由式(6－2)可得到图 6－2 所示的调幅波的瞬时最大值和瞬时最小值，分别为 $U_{max}=(1+m_a)U_{cm}$，$U_{min}=(1-m_a)U_{cm}$。通过瞬时最大值和瞬时最小值，可以得到调幅度 m_a 的求解方法，即

$$m_a=\frac{U_{max}-U_{min}}{2U_{cm}} \tag{6-3}$$

另外，从已调波形图 6－2 可以看出，如果 $m_a>1$，则会出现如图 6－3 所示的情况，载波振幅的包络线不再按调制信号的波形变化，从而产生严重失真，此称为过调幅失真。在接收端经过解调以后，将无法还原出调制信号的波形，因此这种失真必须避免。

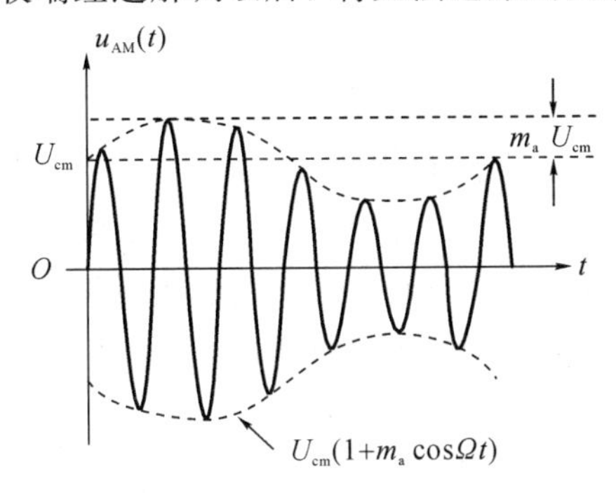

图 6－2　单音调制时的 AM 波的波形

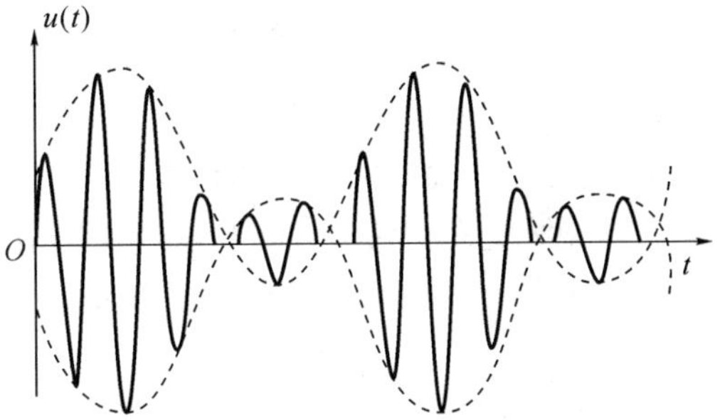

图 6－3　过调幅失真($m_a>1$)

综上所述，由 AM 波的时域特性可见，AM 的包络携带消息，即与调制信号变化规律一致；为了保证不失真调幅，调幅度 m_a 必须满足 $0<m_a\leqslant 1$。

2. 频域特性

普通调幅波是非正弦信号，将式(6－2)展开，可以得到单音调制的调幅波频谱，即

$$\begin{aligned}u_{AM}(t)&=U_{cm}(1+m_a\cos\Omega t)\cos\omega_c t\\&=U_{cm}\cos\omega_c t+\frac{1}{2}m_aU_{cm}\cos(\omega_c+\Omega)t+\frac{1}{2}m_aU_{cm}\cos(\omega_c-\Omega)t\end{aligned} \tag{6-4}$$

由式(6－4)可见，单音调制的 AM 波包含有三个频率成分，即载频分量 f_c、上边频分量 f_c+F 与下边频分量 f_c-F，其中两个边频分量的幅度是载波幅度 U_{cm} 的 $m_a/2$ 倍。上、下边频分量是调制产生的新频率分量。由式(6－4)可得到单音调制时的普通调幅波频谱图，如图 6－4 所示。

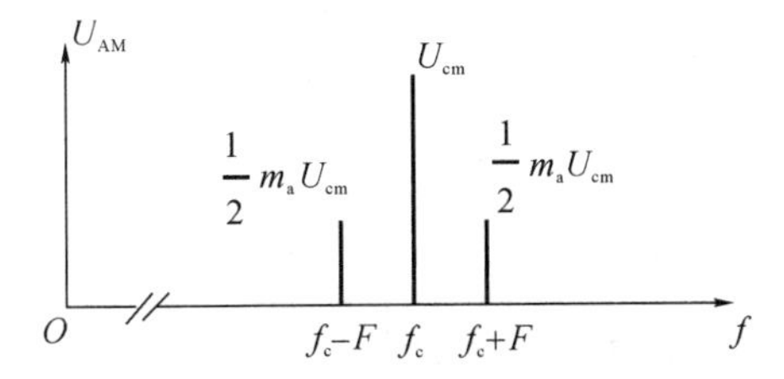

图 6－4　单音调制时的普通调幅波频谱图

图 6－5 为普通调幅前后波形与其频谱的对应关系。自上而下分别为单音调制信号、高

频载波信号和 AM 调幅信号。

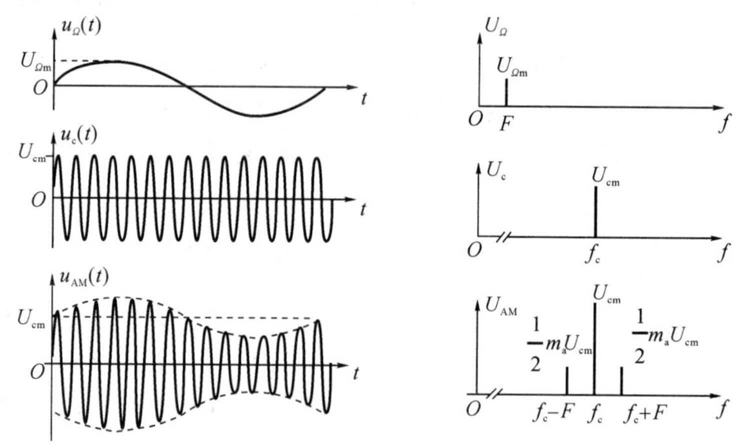

图 6-5　单音调制时的 AM 波的波形与频谱的对应关系

从时域波形看，普通调幅就是 u_{AM} 的瞬时幅度变化轨迹(包络线)的变化规律与调制信号 u_{Ω} 的变化规律一致。从频域的频谱看，普通调幅就是将调制信号 u_{Ω} 频谱由低频位置搬移到载波频谱两边的过程，且调制信号频谱结构没有变化。一般把这种频谱在搬移过程中频谱结构不变的现象称为频谱线性搬移或者线性调制。因此，AM 调制是一种频谱线性搬移技术。

由调幅信号频谱集中的频率范围 $f_c-F\sim f_c+F$ 得到 AM 调幅信号的频带宽度为

$$B_{AM}=2F \tag{6-5}$$

式中，F 为调制信号频率，单位是 Hz。

上面分析的是单音调制情况，实际上调制信号一般都是非正弦信号，其频谱具有一定带宽。例如，图 6-6 所示的调制信号为多音频信号，其频率范围为 $F_{min}\sim F_{max}$，则对其振幅调制后的 AM 波频谱包括三部分：载频分量、上边带和下边带。AM 波带宽等于最高调频制频率 F_{max} 的两倍，即 $B_{AM}=2F_{max}$。例如，我国广播电台调制信号最高频率限为 4.5 kHz，因此规定每个电台的带宽为 9 kHz。另外，图 6-6 所示的频谱线性搬移现象更加明显。

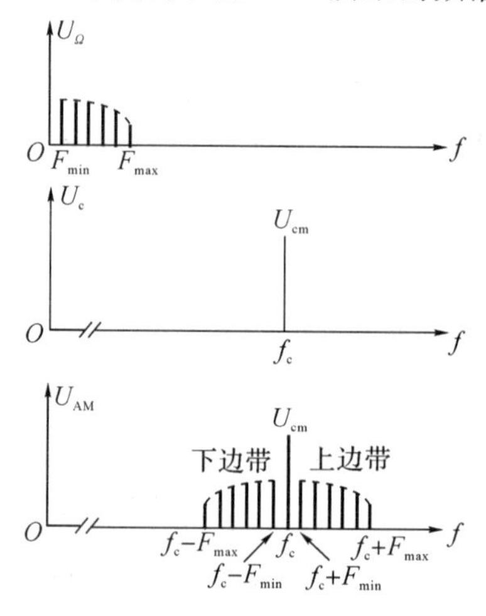

图 6-6　多音频调制的 AM 波频谱

3. 功率特性

1) 功率计算

根据帕塞瓦尔定理可知，周期性非正弦信号在单位电阻上的平均功率等于其分解后的各频率分量平均功率之和。若设负载为 R_L，则单音调幅的平均功率 P_{AM} 为载频、上边频和下边频分量分别在负载 R_L 上所消耗的功率和，即

$$P_{AM}=P_C+P_{SB} \tag{6-6}$$

式中，载波平均功率为 P_C 为

$$P_C=\frac{1}{2}\frac{U_{cm}^2}{R_L} \tag{6-7}$$

边带平均功率为 P_{SB} 为

$$P_{SB}=P_{USB}+P_{LSB}=\frac{1}{4}\frac{m_a^2U_{cm}^2}{R_L} \tag{6-8}$$

可见，m_a 越大，边带功率 P_{SB} 越大，调幅波总功率 P_{AM} 越大。

2) 效率计算

定义调幅波携带有用信息的效率 η_{AM} 为

$$\eta_{AM}=\frac{P_{SB}}{P_{AM}} \tag{6-9}$$

则由式(6-7)和式(6-8)可以得到

$$\eta_{AM}=\frac{P_{SB}}{P_{AM}}=\frac{m_a^2}{2+m_a^2}$$

可见，当 $m_a=1$ 时，η_{AM} 最大，等于 1/3，即有用的边带功率只占总功率的三分之一，而实际上通常 m_a 的平均值只有 0.3。也就是说，普通调幅波中大部分的功率为载波分量功率，而载波分量不含信息，是无用功率。因此，普通调幅波的效率很低。但是由于这种调制体制设备简单，技术难度低，所以目前仍然得到广泛应用。

由普通调幅波的频谱可知，唯有其边带分量才实际反映调制信号的频谱结构，而载波分量只起到频谱搬移作用，因此从传输信息观点来看，占有绝大部分功率的载波分量是无用的。如果在发射调幅波前将它抑制掉，那么就可以在不影响信息传输的条件下，大大节省发射机的发射功率，解决 AM 波效率低的问题，由此提出了抑制载波的双边带调制技术，简称双边带调制。

6.2.2　抑制载波的双边带调制

1. 时域表达式及波形

由 AM 波的一般数学表示式(6-1)可知，AM 之所以产生载波分量，是因为包络函数 $(U_{cm}+k_a u_\Omega)$ 中存在常数量 U_{cm}。如果令 $U_{cm}=0$，就不会产生载波分量，因此双边带调制表达式为

$$u_{DSB}(t)=ku_\Omega\cos\omega_c t \tag{6-10}$$

式中，k 为乘法系数。双边带调制波形如图 6-7 所示。

可见，当调制信号过零时，即在 $u_\Omega=0$ 处，已调高频信号的相位发生 180°突变，即在调制信号正半周，已调高频信号的相位与载波同相；在调制信号负半周，已调高频信号的相

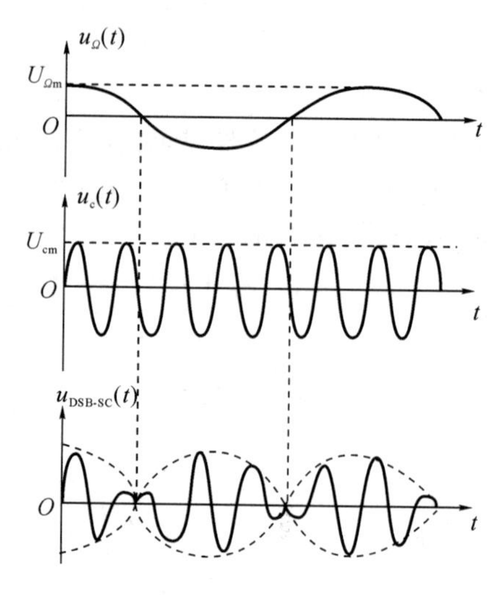

图 6-7　双边带调制波形

位与载波反相；双边带调制波形在正电压区或负电压区合成包络与调制信号规律不同，因此抑制载波双边带的包络不再携带信息。

2. 频谱及带宽

若设单音调制信号为

$$u_\Omega(t)=U_{\Omega m}\cos\Omega t$$

则将式(6-10)展开，可以得到双边带调制的频谱，即

$$u_{DSB}(t)=\frac{1}{2}kU_{\Omega m}\cos(\omega_c+\Omega)t+\frac{1}{2}kU_{\Omega m}\cos(\omega_c-\Omega)t \tag{6-11}$$

双边带调制信号频谱如图 6-8 所示。可见，双边带调制的频谱不含载频分量，只有两个边频分量；双边带调制依然是频谱线性搬移。双边带调制波的带宽与 AM 波一样，即

$$B_{DSB-SC}=2F \tag{6-12}$$

式中，F 为调制信号频率，单位是 Hz。

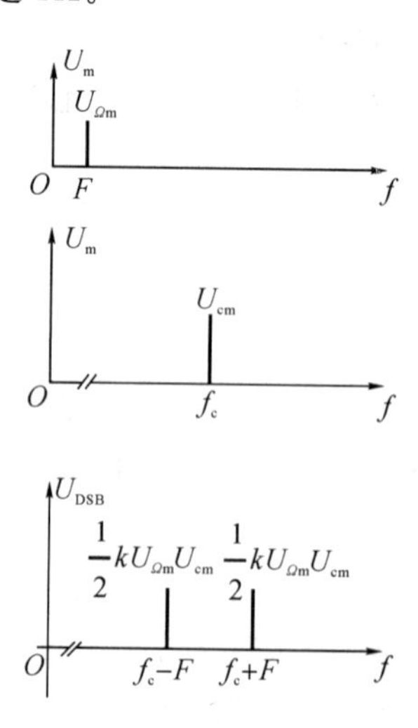

图 6-8　双边带调制信号频谱

通过上述分析可见，AM 信号与 DSB－SC 信号的频谱均是双边谱，上边频(带)与下边频(带)频谱均反映了调制信号的频谱结构，区别就在于下边带是调制信号频谱的倒置。从传输信道利用率来看，这两种已调信号无疑是不经济的。试想如果只发射一个边频(带)，调制信号谱依然是完整的，而已调信号的带宽却被压缩了一倍，这样做不但进一步节省了发射功率，而且提高了信道的频带利用率，这就是抑制载波的单边带调制。

6.2.3　抑制载波的单边带调制

单边带调制是一种只传输一个边频(带)的传输方式。将只传输上边带(USB)信号称为上边带调制，只传输下边带(LSB)信号称为下边带调制。实现单边带调制方式有两种，分别是滤波法和相移法。

1. 滤波法

1）组成框图

单边带滤波法调制器的组成框图如图 6－9 所示。首先将调制信号 $u_\Omega(t)$ 与载波 $u_c(t)$ 相乘，产生抑制载波的双边带信号，然后用单边带滤波器取出一个边带，滤除另一个边带。

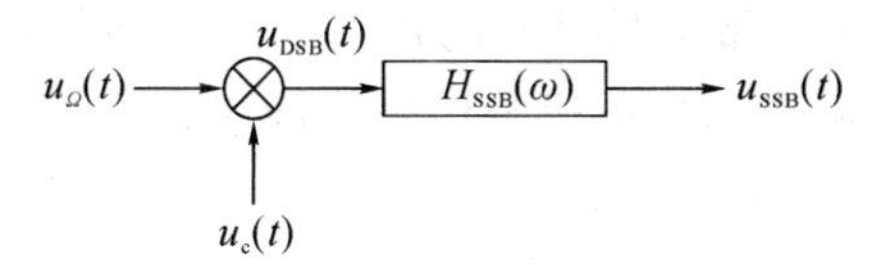

图 6－9　单边带滤波法调制器的组成框图

以单音调制为例，滤波法的工作过程如图 6－10 所示，其中，双边带信号频谱(如图 6－10(a)所示)分别经过低通(如图 6－10(b)所示)或高通(如图 6－10(c)所示)的单边带滤波(其截止频率均为载频 f_c)后，则分别得到下边频(带)频谱图(如图 6－10(d)所示)和上边频(带)频谱图(如图 6－10(e)所示)。

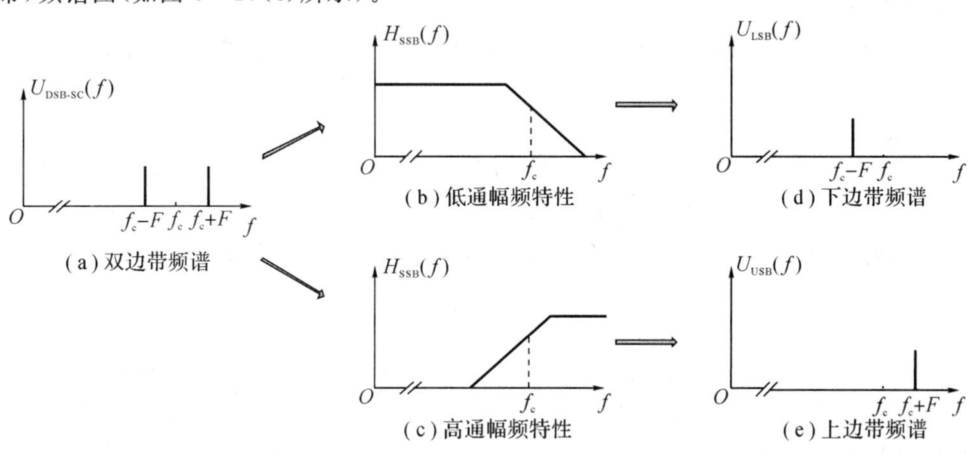

图 6－10　单边带滤波法的频域工作过程

下面介绍单边带信号的时域特点。假设双边带信号为

$$u_{DSB}(t)=\frac{1}{2}U_{\Omega m}\cos(\omega_c+\Omega)t+\frac{1}{2}U_{\Omega m}\cos(\omega_c-\Omega)t$$

若经过高通(截止频率为载频 f_c)后，输出为单边带(上边带)信号，其表示式为

$$u_{\mathrm{USB}}(t)=\frac{1}{2}U_{\Omega\mathrm{m}}\cos(\omega_{\mathrm{c}}+\Omega)t \tag{6-13}$$

若经过低通(截止频率为载频 f_{c})后，输出为单边带(下边带)信号，其表示式为

$$u_{\mathrm{LSB}}(t)=\frac{1}{2}U_{\Omega\mathrm{m}}\cos(\omega_{\mathrm{c}}-\Omega)t \tag{6-14}$$

单边带时域波形如图 6-11 所示。由图可见，单边带信号波形包络不再反映调制信号规律，但是其频谱依然含有一个完整的调制信号谱。

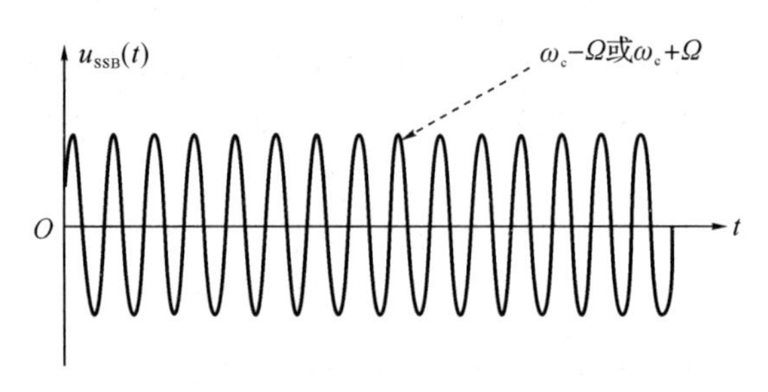

图 6-11　单边带时域波形

综上所述，抑制载波的单边带信号具有的特点是：① 包络不含有调制信息；② 频谱只含一个边带，仍是频谱线性搬移；③ 单边带信号传输带宽等于调制信号带宽，即 $B_{\mathrm{SSB}}=F$；④ 传输带宽比 AM、DSB 压缩一半，信道频带利用率提高一倍。SSB 已经成为频道特别拥挤的短波通信中最主要的一种方式。

2) 滤波法存在的问题

当调制信号低频分量越低时，要求滤波器过渡带越窄，滤波特性实现越困难。若调制信号含有零频成分，就无法用滤波法实现 SSB 调制。因此对于这些信号需要采用另一种方法实现单边带调制，即相移法。

2. 相移法

将单音调制的单边带信号，即式(6-13)和式(6-14)进一步展开、合并，可得

$$u_{\mathrm{SSB}}(t)=\frac{1}{2}U_{\Omega\mathrm{m}}\cos\Omega t\cos\omega_{\mathrm{c}}t\mp\frac{1}{2}U_{\Omega\mathrm{m}}\sin\Omega t\sin\omega_{\mathrm{c}}t \tag{6-15}$$

由式(6-15)可见，单边带信号 $u_{\mathrm{SSB}}(t)$ 由两部分叠加而成：第一部分是调制信号 $U_{\Omega\mathrm{m}}\cos\Omega t$ 与载波 $\cos\omega_{\mathrm{c}}t$ 相乘，第二部分是调制信号的正交信号 $U_{\Omega\mathrm{m}}\sin\Omega t$ 与载波的正交信号 $\sin\omega_{\mathrm{c}}t$ 相乘。

若设调制信号为 $u_{\Omega}(t)=U_{\Omega\mathrm{m}}\cos\Omega t$，则单边带信号时域表达式可以写成一般形式，即

$$u_{\mathrm{SSB}}(t)=\frac{1}{2}u_{\Omega}(t)u_{\mathrm{c}}(t)\mp\frac{1}{2}\hat{u}_{\Omega}(t)\hat{u}_{\mathrm{c}}(t) \tag{6-16}$$

式中，$\hat{u}_{\Omega}(t)$、$\hat{u}_{\mathrm{c}}(t)$ 分别为 $u_{\Omega}(t)$ 和 $u_{\mathrm{c}}(t)$ 相移 90°的正交信号；取“+”号为下边带信号，取“−”号为上边带信号。

由式(6-16)得到单边带相移法产生框图如图6-12所示。图中 $H_{\mathrm{h}}(\omega)$ 为相移 −90°宽带相移网络。显然，相移法实现电路要比滤波法复杂，另外，其技术难点

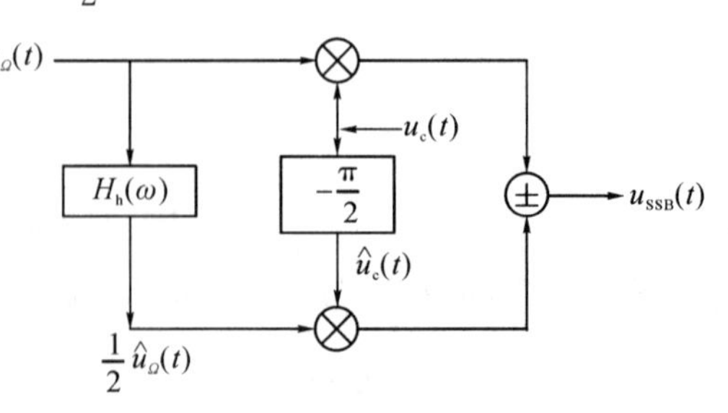

图 6-12　单边带相移法产生框图

就是需要对 $u_{\Omega}(t)$ 的各频率分量均要相移 $-90°$。因此，究竟采用哪种方法，视实际情况而定。

由于单边带发送会使收发设备变得比较复杂，这就限制了它在民用方面的推广应用，例如，广播电视系统中图像信号（又称为视频信号）传输为节省带宽，不能采用 AM 和 DSB，而 SSB 滤波法无法实现（由于我国图像信号理论带宽为 0～6 MHz），相移法又太复杂且技术难度大，因此采用一种介于 DSB 和 SSB 之间的一种折中的传输方式，即残留边带调制（VSB），其既能压缩图像信号发射的频带，又降低了电视机的成本。

6.2.4　抑制载波的残留边带调制

残留边带调制是指使信号一个边带的频谱大部分保留，另一个边带频谱只保留小部分（残留）。残留边带调制的方法与单边带调制一样，有滤波法和相移法，由于相移法太复杂，一般都采用滤波法。

残留边带滤波法如图 6－13 所示。其中，滤波器是残留边带滤波器 $H_{VSB}(\omega)$。为了不失真进行残留边带传输，滤波器 $H_{VSB}(\omega)$ 要按照残留边带要求进行设计，其不再要求十分陡峭的截止特性，因此比单边带的滤波器容易制作。

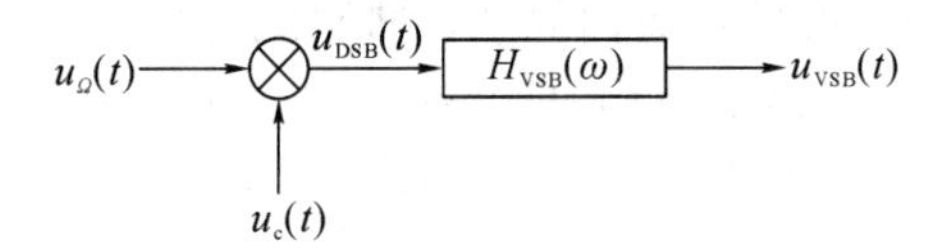

图 6－13　残留单边带滤波法框图

残留边带滤波器 $H_{VSB}(\omega)$ 的传输特性如图 6－14 所示。图 6－14(a) 所示的低通滤波器可以取出一个大部分的下边带、一小部分上边带；图 6－14(b) 所示的高通滤波器可以取出一个大部分的上边带、一小部分下边带。

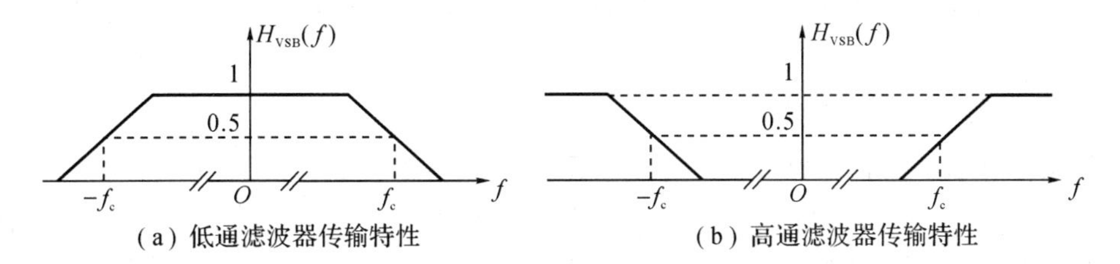

图 6－14　残留边带滤波器传输特性

由图 6－14 可见，残留边带滤波器传输特性具有两个特点：一是滤波器传输函数在载频处的幅度值为半幅度电平；二是载频处附近的传输特性具有互补对称的截止特性。因为只有这样在才能使得传输的小部分下边带（或上边带）补偿大部分上边带（或下边带），在接收端等效地接收到一个完整的上边带（或下边带），从而实现不失真地传输。

例如，残留边带调制的过程如图 6－15 所示。图中调制信号频谱为连续谱，其带宽为 F_{max}，对调制信号进行 DSB 调制后形成双边带频谱 $U_{DSB}(f)$，经高通滤波器 $H_{HPF}(\omega)$ 滤波，得到残留边带信号频谱 $U_{VSB}(f)$，可见该 VSB 是传输大部分上边带，残留小部分下边带。

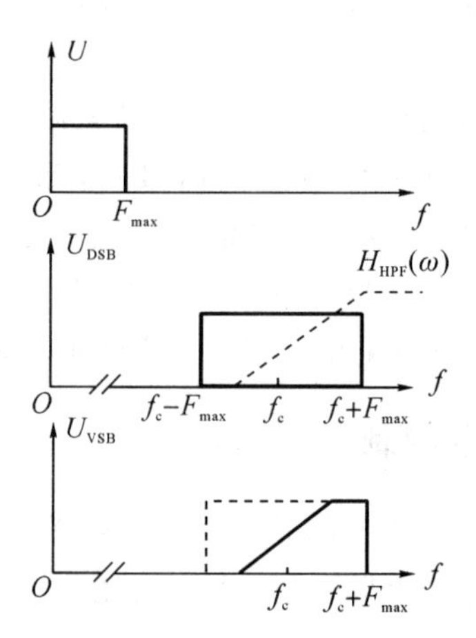

图 6-15　残留边带调制的过程

6.3　振幅调制信号产生原理

由前面调幅信号的分析，可见普通调幅波、抑制载波的双边带和单边带的时域表达式中都需要进行低频信号 $u_\Omega(t)$与载波 $u_c(t)$的相乘，即在频域中产生两个信号的频率加减运算 $f_c \pm F$，实现低频信号的频谱向高频端的搬移，即实现频率变换作用。那么，如何利用器件实现信号的相乘运算？本节将介绍非线性器件和线性时变器件的频率变换原理。

6.3.1　非线性器件的相乘作用

非线性元件的频率变换作用可以用图形做定性的解释，也可以利用数学工具进行定量分析，这就是幂级数分析法，它是分析各种频率变换的理论基础。这种方法的要点是把某些非线性元件的函数表达式近似地用幂级数来表示，这样做既能使问题简化，又能说明主要问题，而且有一定的准确性。

1. 非线性特性的幂级数表示

假设某晶体管非线性电路如图 6-16 所示，E_B 为静态偏置电压，输入信号为 u_s，则发射结电压为 $u_{BE} = u_s + E_B$。晶体管的非线性伏安特性曲线 $i_c = f(u_{BE})$如图 6-17 所示。若 $f(u_{BE})$在静态工作点 Q 的各阶导数都存在，则该函数在工作点 E_B 处可展开为泰勒级数为

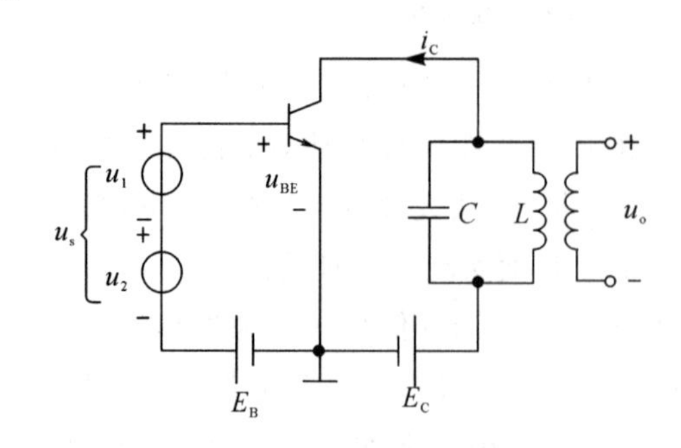

图 6-16　晶体管非线性电路

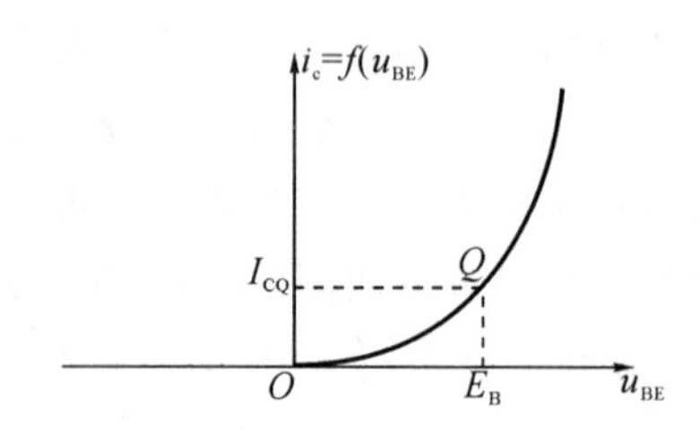

图 6-17　非线性伏安特性曲线

$$\begin{aligned} i_c &= a_0 + a_1(u_{BE} - E_B) + a_2(u_{BE} - E_B)^2 + a_3(u_{BE} - E_B)^3 + \cdots \\ &= a_0 + a_1 u_s + a_2 u_s^2 + a_3 u_s^3 + \cdots \end{aligned} \tag{6-17}$$

式中，各项系数 a_0、a_1、a_2、a_3…分别为

$$\begin{cases} a_0 = f(E_B) = I_{CQ} \\ a_1 = f'(u_{BE})\,|_{E_B} = g \\ a_2 = \dfrac{1}{2!} f''(u_{BE})\,|_{E_B} \\ a_3 = \dfrac{1}{3!} f'''(u_{BE})\,|_{E_B} \\ \vdots \\ a_n = \dfrac{1}{n!} f^n(u_{BE})\,|_{E_B} \end{cases}$$

式中，$a_0 = I_{CQ}$是晶体管静态工作点 Q 处的静态电流，$a_1 = g$ 是静态工作点 Q 处的晶体管跨导，即动态电阻 r 的倒数。

2. 幂级数分析法

下面分析当图 6-16 中的非线性电路输入端接入两个不同频率的正弦信号 $u_1 = U_{1m}\cos\omega_1 t$ 和 $u_2 = U_{2m}\cos\omega_2 t$ 时，晶体管能否实现频率变换作用？将 u_1 和 u_2 代入式(6-17)，可得

$$\begin{aligned} i_c &= a_0 + a_1(u_1 + u_2) + a_2(u_1 + u_2)^2 + \cdots \\ &= a_0 + a_1(U_{1m}\cos\omega_1 t + U_{2m}\cos\omega_2 t) + a_2(U_{1m}\cos\omega_1 t + U_{2m}\cos\omega_2 t)^2 + \cdots \\ &= \left(a_0 + \frac{a_2}{2}U_{1m}^2 + \frac{a_2}{2}U_{2m}^2\right) && \text{——直流分量} \\ &\quad + a_1 U_{1m}\cos\omega_1 t + a_1 U_{2m}\cos\omega_2 t && \text{——基波分量} \\ &\quad + \frac{a_2}{2}U_{1m}^2\cos 2\omega_1 t + \frac{a_2}{2}U_{2m}^2\cos 2\omega_2 t && \text{——二次谐波分量} \\ &\quad + a_2 U_{1m} U_{2m}\cos(\omega_1 + \omega_2)t && \text{——和频分量} \\ &\quad + a_2 U_{1m} U_{2m}\cos(\omega_1 - \omega_2)t && \text{——差频分量} \\ &\quad + \cdots\cdots && \text{——}\cdots\cdots \end{aligned} \tag{6-18}$$

由式(6-18)可以看出，输出电流 i_c 中除了有直流分量、ω_1 和 ω_2 分量外，还有其二次谐波分量 $2\omega_1$ 和 $2\omega_2$、两个频率的和频分量 $\omega_1+\omega_2$、差频分量 $\omega_1-\omega_2$ 以及其他更多频率分量。其中 $\omega_1 \pm \omega_2$ 分量正是 u_1 和 u_2 相乘的结果，是我们所需要的有用分量。例如，i_c 的四阶幂级数展开信号的频谱图如图 6-18 所示。

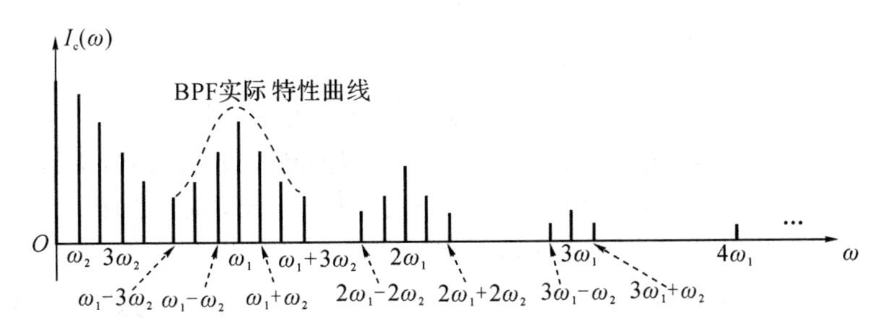

图 6-18　四阶幂级数展开信号的频谱图

由式(6-18)和图6-18可得到非线性器件相乘作用的特点如下：

(1) 可以证明幂级数的二次项、四次项等偶次项均可实现两个信号相乘，即均可产生$(\omega_1 \pm \omega_2)$分量。

(2) 非线性器件相乘作用不理想，无用频率分量太多。i_c中包含的所有频率分量可以写成通式，即

$$\omega_{p,q} = |\pm p\omega_1 \pm q\omega_2|$$

式中，p和q是包含零在内的正整数，即p，$q=0$，1，2，…，∞。其中，$p=1$，$q=1$对应的频率$\omega_{1,1} = |\pm\omega_1 \pm \omega_2|$是有用相乘项产生的，而其他组合频率是无用高次项产生的。

(3) 采用滤波器取出所需频率成分，可以完成相应频率变换功能。例如，如果图6-16中的LC负载回路是谐振频率为ω_1、带宽为$2\omega_2$的带通滤波器(如图6-18所示的BPF特性)，则可以取出ω_1和$\omega_1 \pm \omega_2$等有用分量。同时，由于实际滤波器不是理想的，且无用分量与有用分量$\omega_1 \pm \omega_2$靠得很近，也会通过滤波器输出，因此会造成输出信号非线性失真。

综上所述，为了实现接近理想的相乘运算，必须减少无用的组合频率分量。一般可以采用以下措施：

(1) 选用平方律器件，如场效应管、模拟乘法器等。

(2) 设置Q点接近非线性特性的平方区域，则输出电流幂级数$i_c = a_0 + a_1 u_s + a_2 u_s^2$，显然只有二次项存在，无高次项，无用组合分量减少。

(3) 减小输入信号幅度，可有效减小高阶项影响。由式(6-17)可知，若u_s幅度很小，高阶项幅度减小，其组合频率分量的幅度小到可以忽略不计。

(4) 由多个非线性器件组成平衡电路，使得输出信号中抵消一部分无用频率分量。

例6-1 某非线性器件特性$i=10+0.02u^2$(mA)，已知$u=5\cos\omega_c t+1.5\cos\Omega t$(V)，其中，$\omega_c \gg \Omega$。说明该器件可实现什么调幅？需要采用什么滤波器？并写出调幅表达式。

解

$$\begin{aligned} i &= 10+0.02\,(5\cos\omega_c t+1.5\cos\Omega t)^2 \\ &\approx 10.27+0.25\cos 2\omega_c t+0.0225\cos 2\Omega t+0.15\cos(\omega_c-\Omega)t+0.15\cos(\omega_c+\Omega)t \end{aligned}$$

则输出电流的频谱如图6-19所示。其包含直流、2Ω、$\omega_c-\Omega$、$\omega_c+\Omega$和$2\omega_c$等分量。

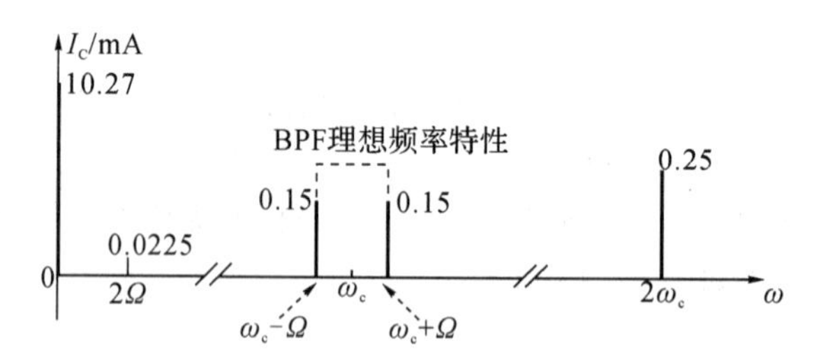

图6-19 例6-1输出电流的频谱

如果采用带通滤波器(中心角频率$\omega_0=\omega_c$，回路带宽$B=2\Omega$)，则可以取出图6-19中$\omega_c+\Omega$和$\omega_c-\Omega$两个分量，而其他分量被滤除。因此可以实现抑制载波的双边带调制，其表达式为

$$\begin{aligned} i_{\text{DSB-SC}}(t) &= 0.15\cos(\omega_c-\Omega)t+0.15\cos(\omega_c+\Omega)t \\ &= 0.3\cos\Omega t \cdot \cos\omega_c t \end{aligned}$$

例6-2 由场效应管组成的调幅电路如图6-20所示。已知场效应管的转移特性为$i_D = I_{DSS}\left(1-\dfrac{u_{GS}}{U_P}\right)^2$，$u_c = U_{cm}\cos\omega_c t$，$u_\Omega = U_{\Omega m}\cos\Omega t$。$LC$回路带宽$B=2\Omega$，调谐在$\omega_c$上，求

输出电压 u_o。

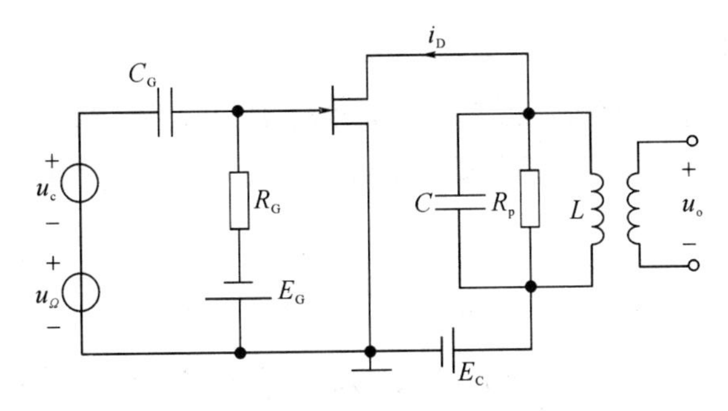

图 6-20　例 6-2 的场效应管调幅电路

解　因为

$$u_{GS}=u_c+u_\Omega+E_G$$

所以

$$\begin{aligned}
i_D&=I_{DSS}\left(1-\frac{u_c+u_\Omega+E_G}{U_P}\right)^2\\
&=\frac{I_{DSS}}{U_P^2}(U_P-E_G)^2-\frac{2I_{DSS}}{U_P^2}(U_P-E_G)u_c-\frac{2I_{DSS}}{U_P^2}(U_P-E_G)u_\Omega\\
&\quad+\frac{I_{DSS}}{U_P^2}u_c^2+\frac{I_{DSS}}{U_P^2}u_\Omega^2+\frac{2I_{DSS}}{U_P^2}u_cu_\Omega\\
&=\frac{I_{DSS}}{U_P^2}(U_P-E_G)^2+\frac{I_{DSS}}{2U_P^2}U_{cm}^2+\frac{I_{DSS}}{2U_P^2}U_{\Omega m}^2-\frac{2I_{DSS}}{U_P^2}(U_P-E_G)U_{cm}\cos\omega_ct\\
&\quad-\frac{2I_{DSS}}{U_P^2}(U_P-E_G)U_{\Omega m}\cos\Omega t+\frac{I_{DSS}}{2U_P^2}U_{cm}^2\cos2\omega_ct+\frac{I_{DSS}}{2U_P^2}U_{\Omega m}^2\cos2\Omega t\\
&\quad+\frac{I_{DSS}}{U_P^2}U_{cm}U_{\Omega m}\cos(\omega_c\pm\Omega)t^2
\end{aligned}$$

则输出电流的频谱如图 6-21 所示，其包含直流、Ω、2Ω、$\omega_c\pm\Omega$、ω_c 和 $2\omega_c$ 等分量。

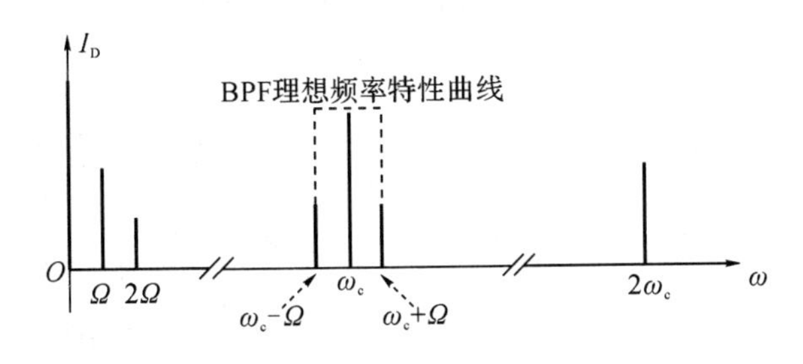

图 6-21　例 6-2 频谱图

由于电路负载 LC 回路带宽 $B=2\Omega$，谐振角频率为 ω_c，则可以取出 $\omega_c-\Omega$、ω_c 和 $\omega_c+\Omega$ 三个分量，而其他分量被滤除，因此输出电压为

$$u_o=i_{AM}\cdot R_p=-\frac{2I_{DSS}R_p}{U_P^2}(U_P-E_G)U_{cm}\cos\omega_ct+\frac{4I_{DSS}R_p}{U_P^2}U_{cm}U_{\Omega m}\cos(\omega_c\pm\Omega)t$$

所以图 6-20 所示的场效应管调幅电路可以实现 AM 波调幅。

6.3.2 线性时变器件的相乘作用

1. 线性时变器件

晶体管线性时变电路如图 6-22 所示。如果将 E_B+u_1 看成是晶体管的等效偏置电压 $E_B(t)$，输入信号为小信号 u_2，则晶体管的非线性特性 $i_c=f(u_{BE})$ 在 $E_B(t)$ 处展开成泰勒级数为

$$\begin{aligned} i_c &= a_0+a_1u_2+a_2u_2^2+a_3u_2^3+\cdots \\ &= f(E_B(t))+f'(E_B(t))u_2+\frac{1}{2!}f''(E_B(t))u_2^2+\cdots \\ &= f(E_B+u_1)+f'(E_B+u_1)u_2+\frac{1}{2!}f''(E_B+u_1)u_2^2+\cdots \end{aligned} \tag{6-19}$$

由于式(6-19)中 u_2 足够小，因此 u_2 的二次方以上各次方项可以忽略，则式(6-19)可以简化为

$$i_c\approx f(E_B+u_1)+f'(E_B+u_1)u_2 \tag{6-20}$$

式(6-20)中，$f(E_B+u_1)$和 $f'(E_B+u_1)$是与 u_2 无关的系数，但是它们都是随大信号 u_1 变化的，即随时间变化，因此称之为时变系数或时变参量。将 $I_0(t)=f(E_B+u_1)$称为时变静态电流(静态是指 $u_2=0$ 的工作状态)，$g(t)=f'(E_B+u_1)$称为时变静态跨导。假设大信号 u_1 为正弦波，则 $I_0(t)$与 $g(t)$波形分别如图 6-23 和图 6-24 所示。

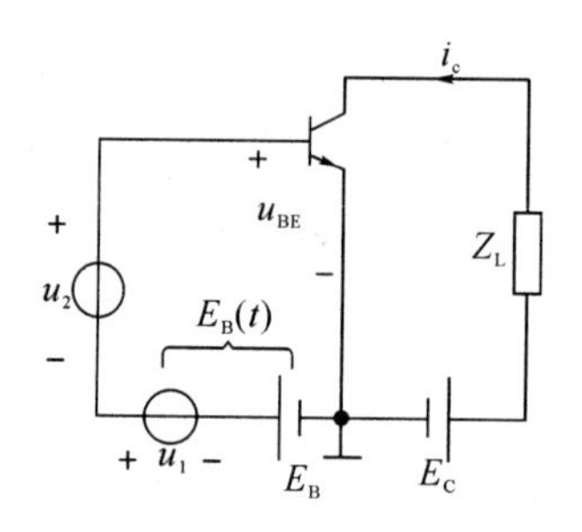

图 6-22 晶体管线性时变电路

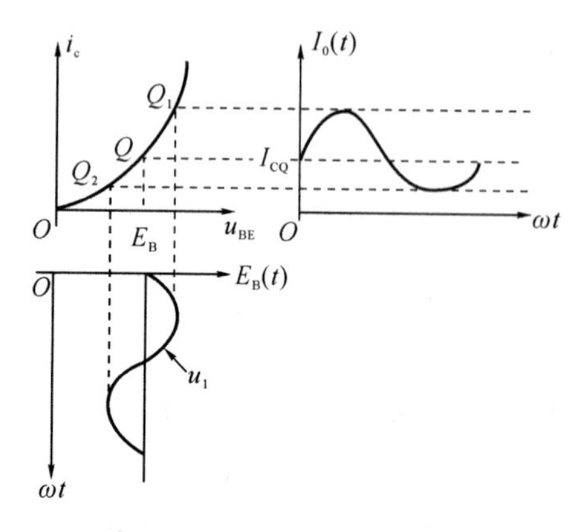

图 6-23 时变静态电流波形

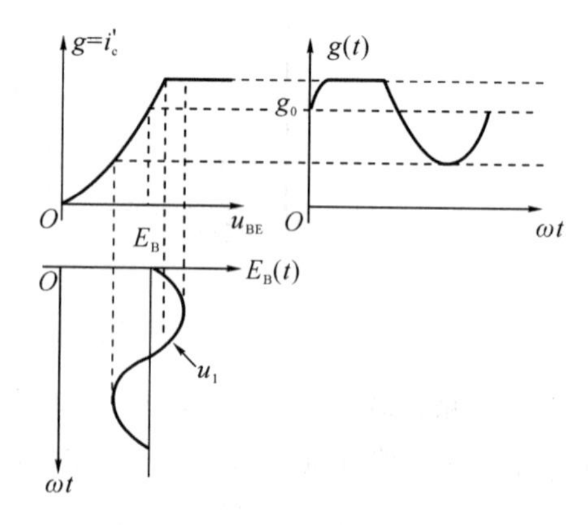

图 6-24 时变跨导波形

由上述分析可知，对于小信号 u_2 而言晶体管相当于线性器件，而晶体管的参数(如跨

导等)却随大信号 u_1 变化，即随时间变化，因此将这种器件称为线性时变器件。

2. 线性时变分析法

式(6－20)可以写为

$$i_c \approx I_0(t) + g(t)u_2 \tag{6-21}$$

若设 $u_1 = U_{1m}\cos\omega_1 t$，则在周期性信号 u_1 控制下 $I_0(t)$ 与 $g(t)$ 为周期性非正弦波(分别如图 6－23 和图 6－24 所示)，可以展开成直流分量、基波分量和若干正弦分量之和，即有

$$I_0(t) = I_{00} + I_{01}\cos\omega_1 t + I_{02}\cos 2\omega_1 t + \cdots \tag{6-22}$$

$$g(t) = g_0 + g_1\cos\omega_1 t + g_2\cos 2\omega_1 t + \cdots \tag{6-23}$$

当 $u_2 = U_{2m}\cos\omega_2 t$ 时，将式(6－23)代入式(6－21)，则集电极电流为

$$\begin{aligned} i_c &\approx I_0(t) + (g_0 + g_1\cos\omega_1 t + \cdots)U_{2m}\cos\omega_2 t \\ &= I_0(t) + g_0 U_{2m}\cos\omega_2 t + g_1 U_{2m}\cos\omega_1 t \cdot \cos\omega_2 t + \cdots \end{aligned} \tag{6-24}$$

式(6－24)中含有 $g_1 U_{2m}\cos\omega_1 t \cdot \cos\omega_2 t$ 相乘项，即能产生 $\omega_1 \pm \omega_2$ 分量，这正是我们需要的有用分量。i_c 的频谱如图 6－25 所示。

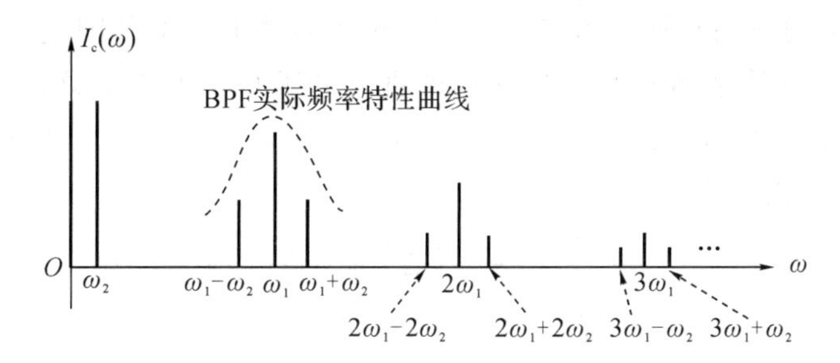

图 6－25　线性时变电路集电极电流的频谱图

由图 6－25 可见，通过中心频率为 ω_1、带宽为 $2\omega_2$ 的带通滤波器，就可以取出 ω_1、$\omega_1-\omega_2$ 和 $\omega_1+\omega_2$ 三个频率分量，能实现普通调幅。因此线性时变电路同样可以完成两个信号的相乘运算。

将图 6－25 与图 6－18 比较，可以发现线性时变电路的组合频率分量大大少于非线性电路的组合频率分量，并且无用频率分量远离有用频率分量 $\omega_1 \pm \omega_2$，通过带通滤波器可以得到质量较好的调幅信号。

6.4　振幅调制电路

根据前面介绍的振幅调制原理，可以构成各种振幅调制电路。按照实现调幅功能来划分，包括普通调幅电路、抑制载波的双边带电路和抑制载波的单边带电路。按照调幅信号功率大小来分，包括低电平调幅电路、高电平调幅电路，前者产生的调幅信号功率较小，一般用在双边带调制和低电平输出系统中，如信号发生器；后者是利用谐振功率放大器的集电极(或基极)调制特性实现调幅的，产生的调幅功率较大，置于发射机的末级。低电平调幅电路常用的有模拟乘法器调幅和二极管调幅电路，高电平调幅电路包括集电极调幅和基极调幅电路。

6.4.1 低电平调幅电路

1. 模拟乘法器调幅电路

乘法器是完成两个信号相乘的器件，是以差分放大器为基础构成的信号相乘电路，由于其工作原理在先修课程中介绍过，这里不再赘述，只介绍其应用原理。模拟乘法器电路符号如图 6-26 所示。

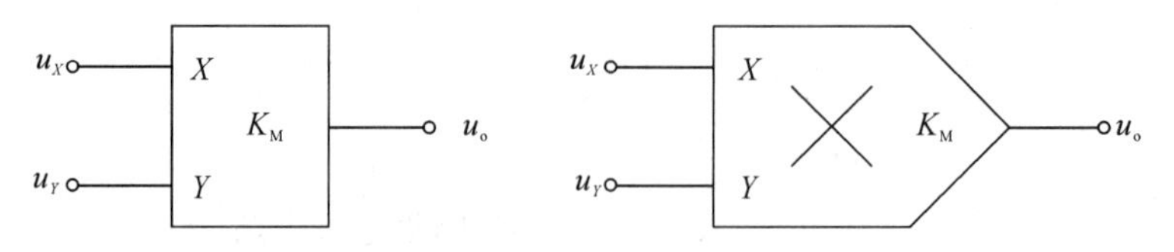

图 6-26 乘法器电路符号

理想的乘法器输出电压 $u_o(t)$ 与输入电压 $u_X(t)$、$u_Y(t)$ 的关系为

$$u_o(t)=K_M u_X(t) u_Y(t) \tag{6-25}$$

式中，K_M 为乘法器的增益。

图 6-27 是采用双列直插式 MC1596 单片模拟乘法器加上外围电路构成普通调幅电路。图中电位器 R_P 是用来调节 1、4 脚之间的直流电压 U_0，2、3 脚之间接负反馈电阻 R_3 是为了提高调制信号的动态范围，1、4 脚之间输入调制信号 $u_\Omega(t)$，7、8 脚之间输入载波信号 $u_c(t)$，6 脚输出调幅信号。

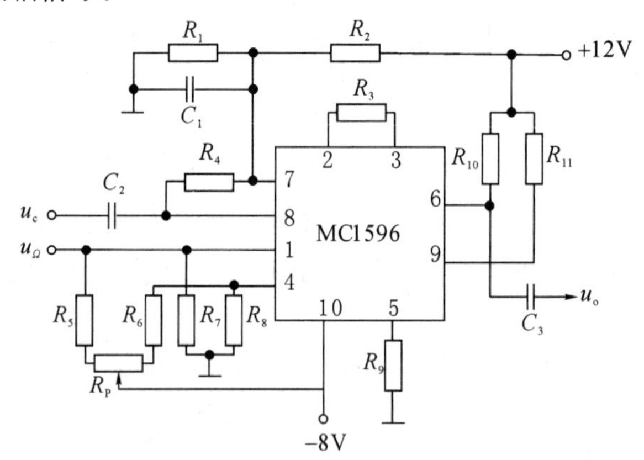

图 6-27 模拟乘法器调幅电路

当调节电位器 R_P，使 1、4 脚之间的直流电压 U_0 不为零时，相当于 1、4 脚之间输入电压为 $u_\Omega+U_0$，则 6 脚输出电压 $u_o=K_M(u_\Omega+U_0)u_c$，当 U_0 足够大时，则输出 u_o 为普通调幅 AM 波，且波形的调幅系数 m_a 随着 R_P 的变化而变化。

当调节电位器 R_P，使 U_0 等于零，则 6 脚输出电压 $u_o=K_M u_\Omega u_c$，可见输出 u_o 为抑制载波的双边带 DSB-SC。

单片的集成模拟乘法器种类比较多，性能指标也各不相同。在选择时应注意的参数有：工作频率范围、电源电压、输入电压动态范围、线性度等。目前常用的集成模拟乘法器是 Motorola(摩托罗拉)公司的 MC1496/1596(国内同型号的是 XFC-1596)、MC1495/1595(国内同型号的是 BG314)。模拟乘法器应用非常广泛，除了可以构成普通调幅电路和抑制载波的双边带调幅电路，还可以构成同步检波以及混频电路等。

2. 二极管调幅电路

1）单管调幅电路

二极管单管调幅电路如图 6－28(a)所示。其中，二极管 VD 是理想器件，R_P 是负载电阻，输入调制信号 $u_\Omega(t)=U_{\Omega m}\cos\Omega t$，载波信号 $u_c(t)=U_{cm}\cos\omega_c t$，并且满足 $U_{cm}\gg U_{\Omega m}$，$\omega_c\gg\Omega$。

由于 $U_{cm}\gg U_{\Omega m}$，所以二极管导通与否可以近似认为只受大信号载波 u_c 的控制。根据图 6－28(a)所示的二极管的连接方向，在理想情况下可以得到：当 u_c 正半周时，二极管导通，则 $u_o=u_c+u_\Omega$；当 u_c 为负半周时，二极管截止，则 $u_o=0$。显然二极管近似为开关元件，可以用一个单向开关函数 $k_1(\omega_c t)$来等效(如图 6－28(b)所示)，其与载波的时间对应关系如图 6－29 所示，可见当 u_c 正半周时，$k_1(\omega_c t)=1$，表示二极管导通；当 u_c 负半周时，$k_1(\omega_c t)=0$，表示二极管截止。因此输出电压 u_o 可表示为

$$u_o=(u_c+u_\Omega)k_1(\omega_c t)$$

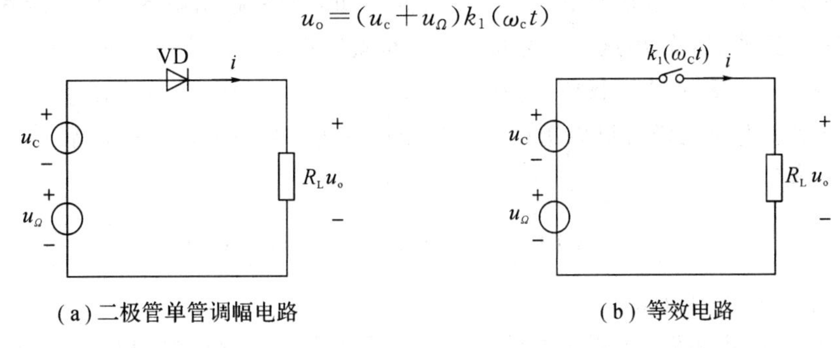

(a) 二极管单管调幅电路　　(b) 等效电路

图 6－28　二极管单管调幅电路

由于图 6－29 所示的单向开关函数 $k_1(\omega_c t)$表达式为

$$k_1(\omega_c t)=\frac{1}{2}+\frac{2}{\pi}\cos\omega_c t-\frac{2}{3\pi}\cos 3\omega_c t+\cdots \tag{6-26}$$

因此二极管调幅电路的输出电压 u_o 为

$$\begin{aligned}u_o&=(u_c+u_\Omega)k_1(\omega_c t)=(U_{cm}\cos\omega_c t+U_{\Omega cm}\cos\Omega t)\left(\frac{1}{2}+\frac{2}{\pi}\cos\omega_c t-\cdots\right)\\&=\frac{U_{cm}}{2}\cos\omega_c t+\frac{2U_{cm}}{\pi}\cos^2\omega_c t+\frac{2U_{\Omega m}}{\pi}\cos\Omega t\cos\omega_c t+\frac{U_{\Omega m}}{2}\cos\Omega t+\cdots\\&=\frac{U_{cm}}{2}\cos\omega_c t+\frac{U_{cm}}{\pi}+\frac{U_{cm}}{\pi}\cos 2\omega_c t+\frac{U_{\Omega m}}{\pi}\cos(\omega_c-\Omega)t+\frac{U_{\Omega m}}{\pi}\cos(\omega_c+\Omega)t+\cdots\end{aligned} \tag{6-27}$$

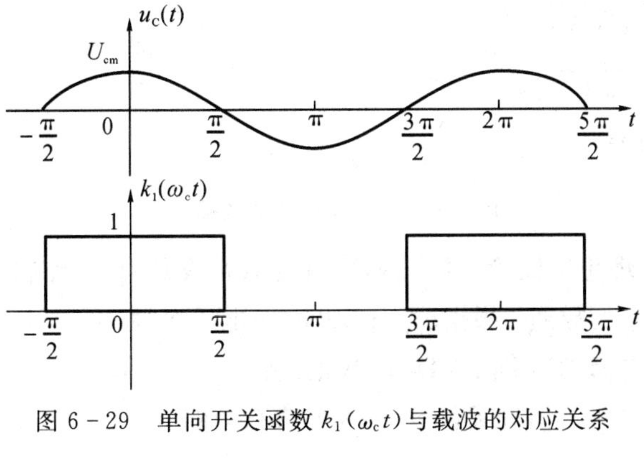

图 6－29　单向开关函数 $k_1(\omega_c t)$与载波的对应关系

由式(6-27)可以得到 u_o 的频谱图，如图 6-30 所示。

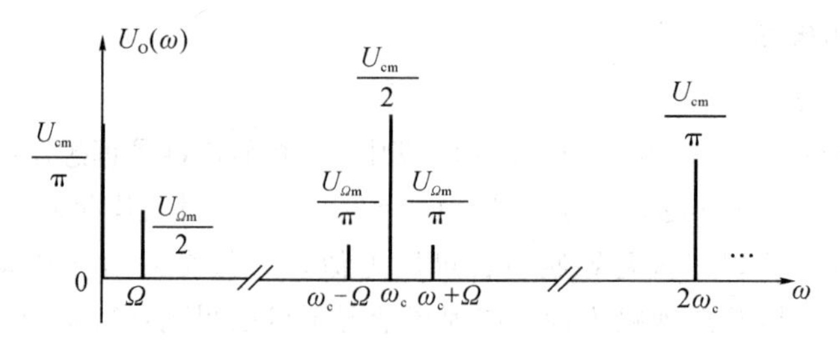

图 6-30　二极管单管调幅电路输出电压频谱图

由图 6-30 可见，频谱中含有直流分量、调制信号频率分量 Ω、下边频分量 $\omega_c-\Omega$、载频分量 ω_c、上边频分量 $\omega_c+\Omega$ 和载频二倍频分量 $2\omega_c$ 等许多频谱分量。其中，下边频分量 $\omega_c-\Omega$、载频分量 ω_c 和上边频分量 $\omega_c+\Omega$ 是有用分量，如果输出端通过中心频率为 ω_c、带宽为 2Ω 的带通滤波器，取出这三个分量，该电路就实现了普通调幅(AM)调制。

那么，当图 6-28(a)中二极管反过来接，即当 u_c 正半周时二极管截止，当 u_c 负半周时，二极管导通，此时二极管可以用相移 π 的单向开关函数 $k_1(\omega_c t-\pi)$ 表示。$k_1(\omega_c t-\pi)$ 表示为

$$k_1(\omega_c t-\pi)=\frac{1}{2}-\frac{2}{\pi}\cos\omega_c t+\frac{2}{3\pi}\cos 3\omega_c t+\cdots$$

2）二极管平衡调幅电路

采用单个二极管调幅无法抵消载波分量，如果要实现抑制载波的双边带调制，需要采用二极管平衡电路，即把两个性能完全相同的二极管调幅器对称地连接在一起，如图 6-31(a)所示。其中，Tr_1、Tr_2 分别是输入和输出变压器，Tr_1 的次级绕组和 Tr_2 的初级绕组都为中心抽头的对称绕组，对称绕组的每一边的匝数比均为 1∶1。调制电压 u_Ω 通过变压器 Tr_1 初级输入并反相加到两个二极管 VD_1、VD_2 输入端，载波电压 u_c 通过 Tr_3 输入。二极管平衡调幅电路等效电路如图 6-31(b)所示。其中，电流 i_1、i_2 和电压 u_{o1}、u_{o2} 的方向以二极管导通产生的电流和电压为参考方向。

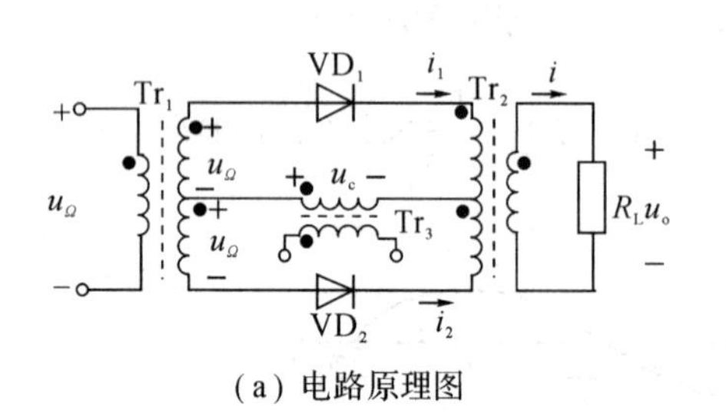

(a) 电路原理图

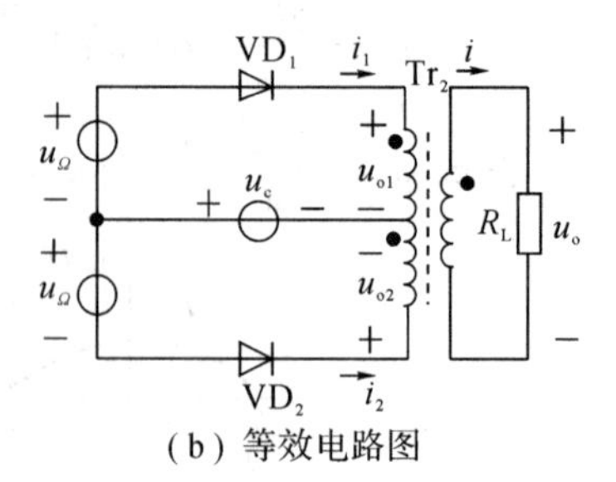

(b) 等效电路图

图 6-31　二极管平衡调幅电路

由于 $U_{cm}\gg U_{\Omega m}$，理想二极管 VD_1、VD_2 可近似看成是由 u_c 控制的开关。当 u_c 正半周时，二极管 VD_1、VD_2 均导通，根据图 6-31(b)中电压极性，得到 $u_{o1}=u_c+u_\Omega$，$u_{o2}=u_c-u_\Omega$；当 u_c 负半周时，二极管 VD_1、VD_2 均截止，则 $u_{o1}=0$，$u_{o2}=0$。由于 VD_1、VD_2 均是在 u_c 正半周导通，则可以用单向开关函数 $k_1(\omega_c t)$ 等效，即

$$\begin{cases} u_{o1}=(u_c+u_\Omega)k_1(\omega_c t) \\ u_{o2}=(u_c-u_\Omega)k_1(\omega_c t) \end{cases} \tag{6-28}$$

根据图 6-31 (b)中总输出电压 u_o 与 u_{o1}、u_{o2} 的极性关系，可得

$$\begin{aligned} u_o &= u_{o1}-u_{o2}=2u_\Omega k_1(\omega_c t)=2U_{\Omega m}\cos\Omega t\left(\frac{1}{2}+\frac{2}{\pi}\cos\omega_c t-\cdots\right) \\ &=U_{\Omega m}\cos\Omega t+\frac{4U_{\Omega m}}{\pi}\cos\Omega t\cos\omega_c t+\cdots \\ &=U_{\Omega m}\cos\Omega t+\frac{2U_{\Omega m}}{\pi}\cos(\omega_c-\Omega)t+\frac{2U_{\Omega m}}{\pi}\cos(\omega_c+\Omega)t+\cdots \end{aligned} \tag{6-29}$$

其相应的频谱图如图 6-32 所示。

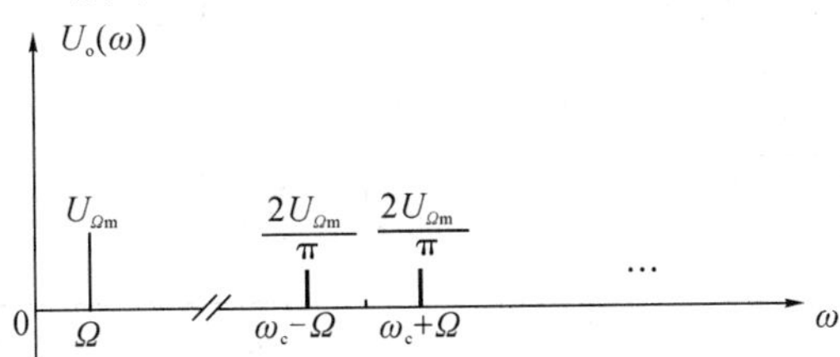

图 6-32 二极管平衡调幅电路输出电压频谱图

可见，如果输出端通过中心频率为 ω_c、带宽为 2Ω 的带通滤波器，可取出下边频分量 $\omega_c-\Omega$、上边频分量 $\omega_c+\Omega$，滤除 Ω 及其他分量，即得到抑制载波的双边带调制(DSB-SC)信号。如果再从双边带 DSB-SC 信号中再设法滤除一个边带，即可获得单边带输出。

这种平衡调幅器利用平衡对消技术，在输出端抵消了直流分量、ω_c 及其各次谐波分量等无用组合分量，从而实现了抑制载波的双边带调制。当然，如果在图 6-31(a)中改变二极管方向或改变 u_c、u_Ω 接入的位置，二极管平衡电路将有可能不能抑制载波甚至不能调幅。

3) 双平衡二极管调幅电路

为了进一步抵消无用组合频率分量，可将两个完全相同的单平衡二极管调制器组合，构成双平衡二极管调制器，如图 6-33(a)所示。这种调制器由 4 个二极管串联构成一个环路，因此又称为二极管环形调制器。Tr_1、Tr_2 分别是输入和输出变压器。Tr_1 的次级绕组和 Tr_2 的初级绕组都为中心抽头的对称绕组；对称绕组的每一边的匝数比均为 1∶1；变压器 Tr_2 次级外接负载电阻 R_L；变压器 Tr_1 初级输入为载波电压 u_c；调制电压 u_Ω 由 Tr_1 和 Tr_2 的两个中心抽头间输入。

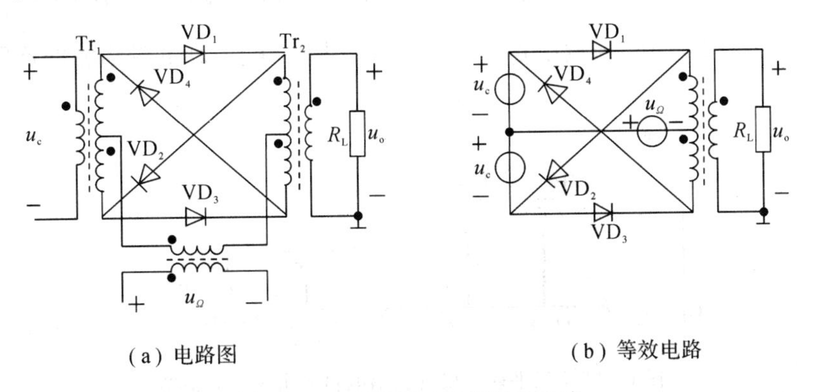

(a) 电路图　　　　(b) 等效电路

图 6-33 双平衡二极管调幅电路

根据图 6－33(a)所示电压极性得到等效电路如图 6－33(b)所示。然后分解成 4 个调幅电路的等效电路如图 6－34 所示，图中 R'_L 是等效负载电阻。

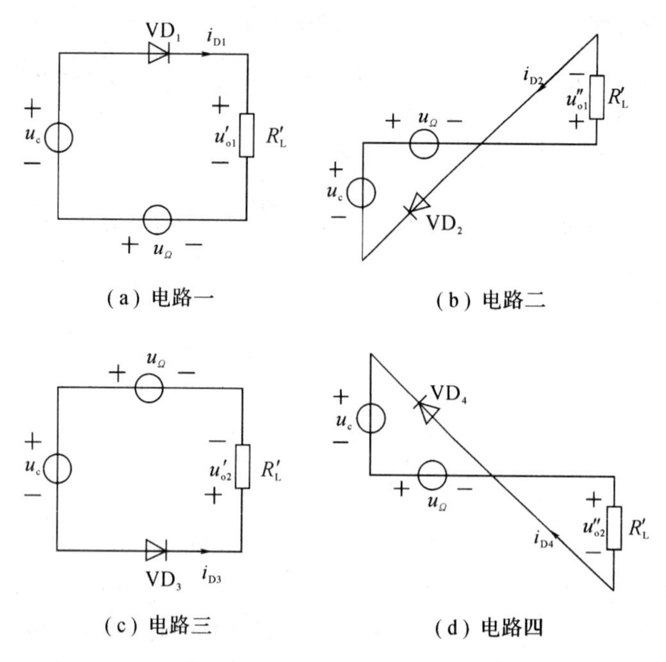

图 6－34　分解成 4 个调幅电路的等效电路

当 $U_{cm} \gg U_{\Omega m}$ 时，4 个二极管均可认为是受 u_c 控制的开关。根据图 6－33 所示电压极性，当 $u_c>0$ 时，VD_1、VD_2 导通，VD_3、VD_4 截止。由图 6－34(a)与图 6－34(b)得到输出电压 u_{o1} 为

$$u_{o1}=u'_{o1}-u''_{o1}=(u_c+u_\Omega)k_1(\omega_c t)-(u_c-u_\Omega)k_1(\omega_c t)=2u_\Omega k_1(\omega_c t)$$

当 $u_c<0$ 时，VD_1、VD_2 截止，VD_3、VD_4 导通。由图 6－34(c)与图 6－34(d)得到输出电压 u_{o2} 为

$$u_{o2}=u'_{o2}-u''_{o2}=(-u_c+u_\Omega)k_1(\omega_c t-\pi)-(-u_c-u_\Omega)k_1(\omega_c t-\pi)=2u_\Omega k_1(\omega_c t-\pi)$$

则总的输出电压 u_o 为

$$u_o=u_{o1}-u_{o2}=2u_\Omega[k_1(\omega_c t)-k_1(\omega_c t-\pi)]=2U_{\Omega m}\cos\Omega t\left(\frac{4}{\pi}\cos\omega_c t+\cdots\right)$$

u_o 的频谱如图 6－35 所示。通过中心频率等于 ω_c、带宽等于 2Ω 的带通滤波器即可取出双边带信号。

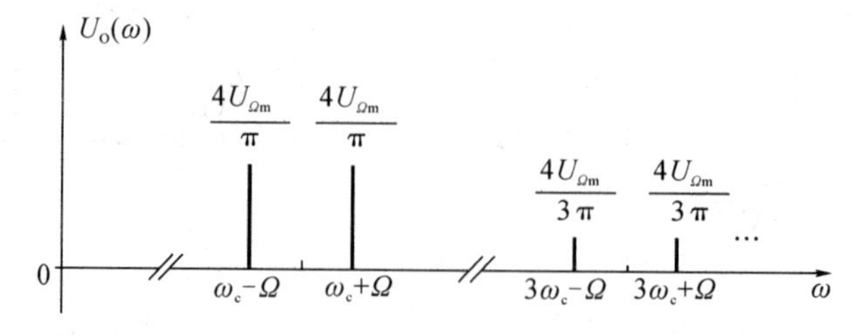

图 6－35　双平衡二极管调幅电路输出信号频谱图

可见，与平衡调幅器比较，双平衡调幅器进一步抵消了一些无用分量。

另外，为了保证正常工作，必须严格保证平衡电路在电性能与结构上完全对称，否则，将不能保证平衡对消，输出端将有载波分量输出，称为载漏。为此，二极管参数必须完全相同，具有中心抽头的变压器要严格对称。实际应用的双平衡调幅电路如图 6-36 所示。

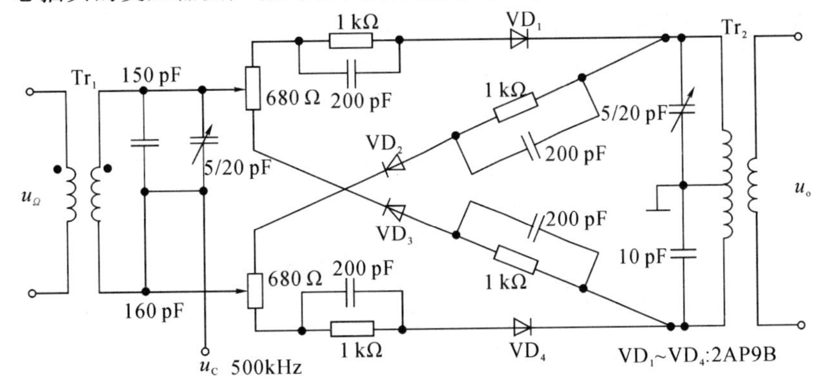

图 6-36　双平衡调幅电路

图中接入电容分压器，用 5/20 pF 可调电容调整，使电路接近对称。二极管支路接入 1 kΩ和 200 pF 电容的并联电路，以减少二极管参数不稳而引起的不平衡。另外，还用了两个 680 Ω 电位器，调整电路的对称性，以改善平衡对消的效果。

6.4.2　高电平调幅电路

早期实现振幅调制都是在功率级进行的，电平比较高，因此在功率级完成调幅的电路称为高电平调幅电路。高电平调幅电路实际上是在谐振功率放大器的集电极回路或基极回路接入调制信号，利用谐振功放的集电极调制特性和基极调制特性，使其输出的高频信号的振幅受调制信号控制，因此高电平调幅分为集电极调幅电路、基极调幅电路等。

1. 集电极调幅电路

图 6-37 是集电极调幅电路。图中，基极偏压 E_B 保证功放工作在丙类工作状态，直流电源 E_{C0} 保证功放工作在过压区。高频载波信号 $u_c(t)$ 加在谐振功率放大器的输入端，低频调制信号 $u_\Omega(t)$ 经低频变压器 Tr_2 耦合与直流电源 E_{C0}、LC 负载回路串接在集电极回路中。负载 LC 回路取出 AM 波，因此其谐振频率为载波频率 ω_c、通频带等于 AM 波的频带宽度。电容 C_1、C_3 是高频旁路电容，防止交流信号通过直流电源。要求 C_2 的取值既对高频呈现很低的阻抗，又对调制信号频率呈现很大的阻抗，以免将调制信号旁路。

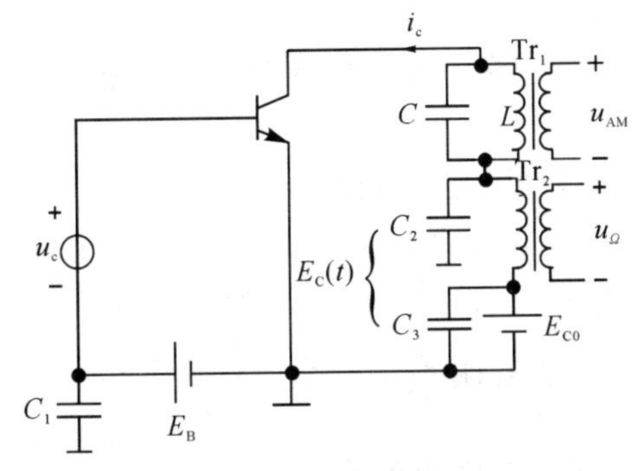

图 6-37　集电极调幅电路

集电极调幅是利用谐振功率放大器的集电极调制特性实现调幅的，其原理如图 6－38 所示。由图 6－38 可见，集电极电源电压等效为 $E_C(t)=E_{C0}+u_\Omega(t)$，由于直流电源 E_{C0} 选择集电极调制特性曲线的过压线性区，输出高频电压的振幅 U_{cm} 随着调制信号 u_Ω 线性变化，则输出端得到高频普通调幅波。

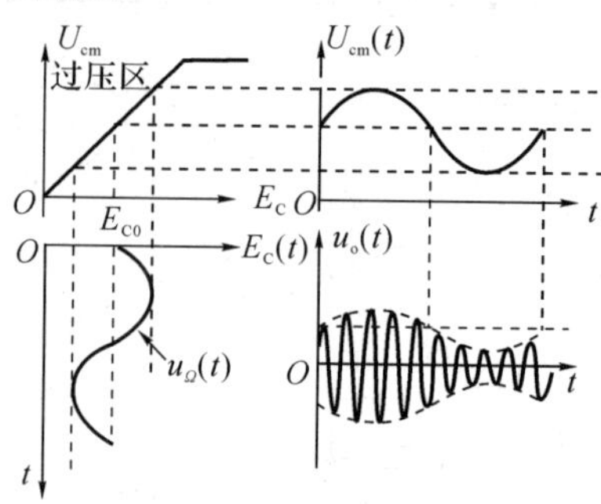

图 6－38　集电极调幅原理

2. 基极调幅电路

图 6－39 为基极调幅电路。图中，基极偏压 E_{B0} 保证功放工作在丙类状态和欠压状态，高频载波信号 $u_c(t)$ 加在谐振功率放大器的输入端，低频调制信号 $u_\Omega(t)$ 与基极偏压 E_{B0} 串接在基极回路中，负载 LC 回路谐振频率为载波角频率 ω_c、通频带等于 AM 波的频带宽度，输出 AM 波。

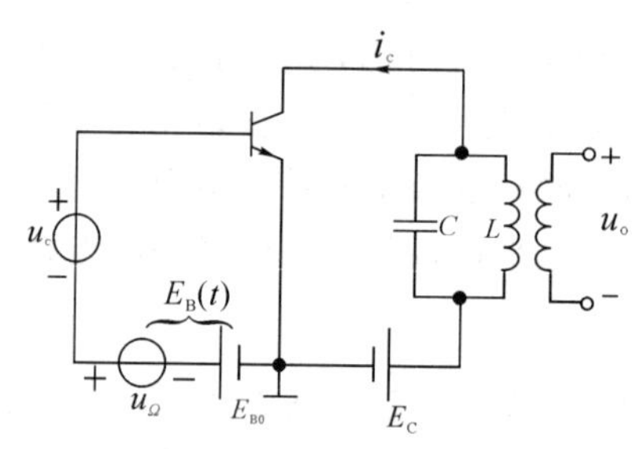

图 6－39　基极调幅电路

基极调幅是利用谐振功率放大器基极调制特性的欠压线性区实现调幅的。由图6－39 可见，基极偏置电压等效为 $E_B(t)=E_{B0}+u_\Omega(t)$，通过 $E_B(t)$ 变化，控制 U_{cm} 变化，从而实现普通调幅。详细原理请读者自行分析。

6.5　振幅解调电路

发送端的调制器把需要传输的信息(调制信号)调制到高频载波上，产生调幅波，再通过天线进行发射。那么接收端接收到调幅波后，如何从中把调制信号“取”出来？这就是解调器完成的任务。下面介绍振幅解调器的概念、电路形式及其工作原理。

6.5.1　振幅解调(检波)的基本概念

1. 振幅检波器的组成框图、波形和频谱

从高频已调信号中取出调制信号的过程称为解调，又称为检波。解调是调制的逆过程。

检波器的组成框图如图 6-40 所示，由非线性元件和低通滤波器组成。非线性元件作用是实现频率变换，产生许多新的频率成分，其中，含有原低频调制信号频率分量；低通滤波器是滤除无用频率成分，取出原低频调制信号频率分量。

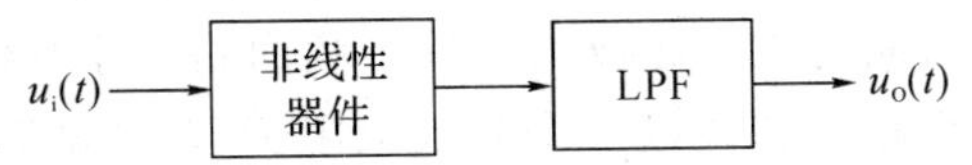

图 6-40　检波器的组成框图

检波器输入信号和输出信号的波形、频谱图如图 6-41 所示。在图 6-41(a)中，若输入信号是已调 AM 波 $u_s(t)$，则输出 $u_o(t)$ 为解调输出，即原来的低频调制信号。在图 6-41(b)中，若检波前调幅波的频谱由载频和上、下边频分量组成，则检波后的输出频谱为低频调制信号分量。从频谱关系来看，检波就是将调制信号频谱(边频)由高频搬移到低频的过程，而且在搬移过程中频谱结构没有发生变化，因此检波也是频谱的线性搬移过程。

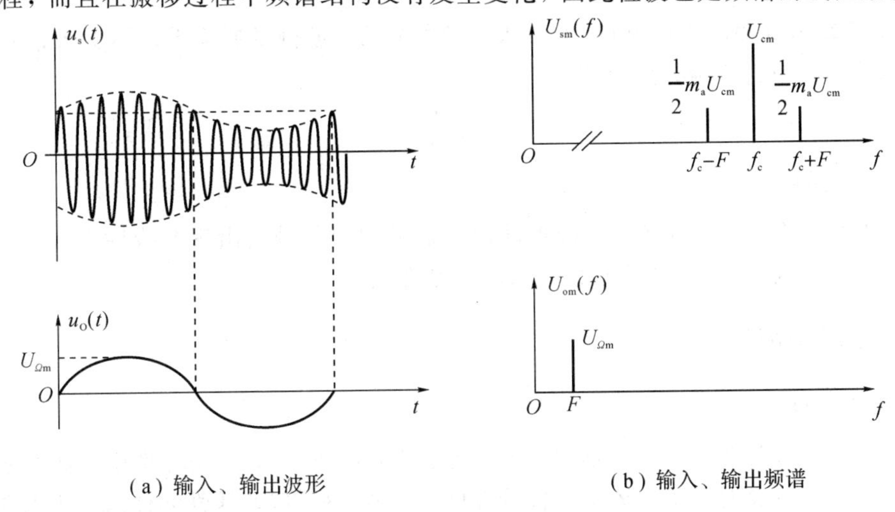

(a) 输入、输出波形　　(b) 输入、输出频谱

图 6-41　检波器输入、输出信号的波形、频谱图

常见的振幅检波有大信号峰值检波(又称为包络检波)和乘积检波(又称为同步检波)，其中，包络检波只适用于 AM 波解调，而同步检波适用于任何调幅波的解调。

2. 检波器技术指标

衡量检波器质量好坏的主要技术指标包括检波效率、输入电阻、检波失真等。

1) 检波效率 k_d

检波效率用以描述或评价检波器解调能力大小。当输入为高频等幅波时，检波效率是检波器输出直流电压 U_o 与输入高频电压振幅 U_{sm} 之比，即

$$k_d=\frac{U_o}{U_{sm}} \tag{6-30}$$

当输入为高频 AM 调幅波时，检波效率是检波器输出低频电压振幅 $U_{\Omega m}$ 与输入高频 AM 调幅波包络变化的振幅 m_aU_{sm} 之比，即

$$k_d=\frac{U_{\Omega m}}{m_aU_{sm}} \tag{6-31}$$

对于二极管检波器来说，k_d 越大，说明该检波器解调能力越强，而实际上 k_d 总是小于 1 的。

2）输入电阻 R_{id}

输入电阻 R_{id} 是从检波器输入端看进去的等效视在电阻，用来说明检波器对前级中放谐振放大电路的影响程度。检波器输入电阻的含义和作用如图 6-42 所示。图中，中频变压器 Tr 的初级线圈与电容 C_i 组成前级中频放大器的中频回路，对中频回路来说，检波器相当于负载，即相当于在中频回路两端并接一个等效电阻 R_{id}，这样就会使中频回路的 Q 值下降，从而影响放大器的谐振特性，R_{id} 越小，这种影响越明显。因此希望 R_{id} 值越大越好。

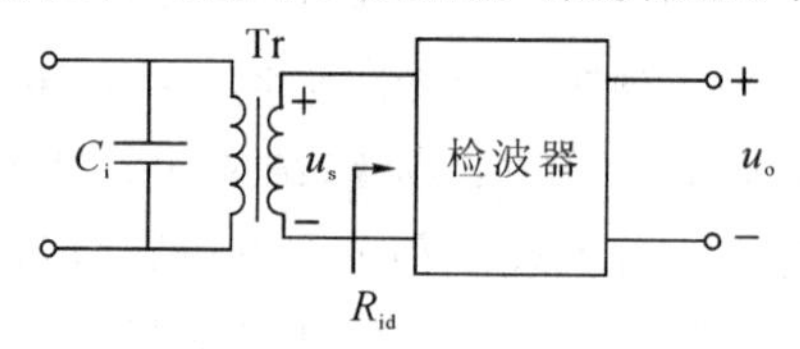

图 6-42　检波器输入电阻的含义和作用

R_{id} 等于输入高频电压振幅 U_{sm} 与输入高频电流的基波分量振幅 I_{s1m}（因为大信号检波时输入高频电流为脉冲电流）之比，即

$$R_{id}=\frac{U_{sm}}{I_{s1m}} \tag{6-32}$$

3）检波失真

如果检波器参数设计不当，检波器输出的低频调制信号会出现非线性失真。例如，惰性失真、负峰切割失真等，将在后续内容中详细介绍。

6.5.2　包络检波器

1. 工作原理

包络检波器又称为大信号峰值检波器，其原理电路如 6-43 所示。图中，输入的高频信号电压 u_s 较大（一般大于 0.5 V），二极管 VD 为检波二极管（非线性元件），R 是检波电阻，C 是检波电容，RC 组成低通滤波器。

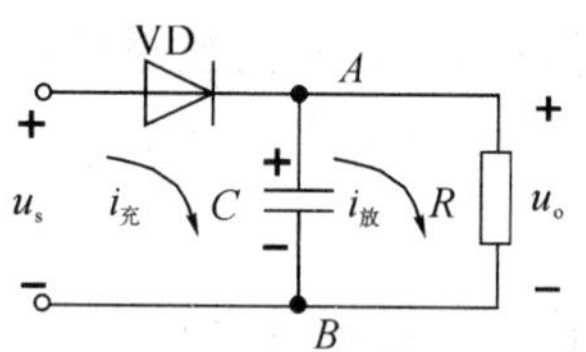

图 6-43　包络检波器的原理电路

本节在分析大信号检波原理时，先从波形进行定性讨论，讲清物理概念，然后再用折线法进行定量分析。

当检波电路输入 AM 调幅波 $u_s(t)$ 时，RC 并联电路两端产生输出电压 $u_o(t)$，则二极管 VD 两端电压 $u_D(t)=u_s(t)-u_o(t)$，因此二极管 VD 导通与否是由输入信号电压 $u_s(t)$ 和输出电压 $u_o(t)$ 共同决定的。刚开始时，设电容 C 两端初始电压为零，即 $u_o(t)=0$，当 $u_s(t)$ 进入正半周时，$u_s(t)>0$，二极管 VD 导通，导通电流 $i_{充}$ 对电容 C 充电，充电方向如图 6-43 所示，充电时间常数为 R_DC，由于二极管导通电阻 R_D 很小，因此电容 C 上充电的电压 $u_o(t)$ 迅速上升到接近 $u_s(t)$ 的最大值。$u_o(t)$ 建立后，又反向地加到二极管 VD 的两端，当 $u_s(t)$ 由最大值下降到比 $u_o(t)$ 小时，二极管 VD 两端电压为负值，二极管截止，电容 C 通过

检波负载电阻 R 放电，放电时间常数为 RC，由于 $R \gg R_D$，放电时间常数很大，且远大于 $u_s(t)$的周期，故放电很慢，当 $u_o(t)$下降不多时，$u_s(t)$第二个正半周的电压又超过 $u_o(t)$，二极管 VD 又导通，又对 C 充电，C 上电压又很快接近第二个高频电压 $u_s(t)$的最大值。在这样不断反复充放电的过程中，就得到如图 6-44 所示的电压 $u_o(t)$的波形。只要选择放电时间常数 RC 远远大于充电时间常数 R_DC，即充电很快，放电很慢，就可以使输出 $u_o(t)$与 $u_s(t)$的幅度相当接近，再通过 RC 低通滤波器去掉高频成分，就得到较平滑的调制信号 $u_o(t)$了。

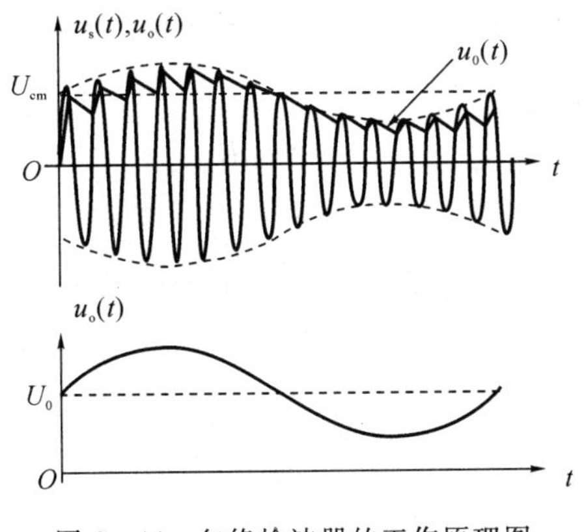

图 6-44　包络检波器的工作原理图

综上所述，包络检波过程主要是利用二极管的单向导电特性和检波负载 RC 的充放电过程实现的。

2. 定量分析

由上面分析已经知道，包络检波是大信号检波，在检波过程主要是利用二极管导通与截止这一特性，因此二极管伏安特性曲线可以近似地用两段折线来表示，也就是说，采用折线近似法对二极管包络检波电路进行定量分析。理想二极管折线化的伏安特性如图 6-45 所示，直线段的斜率为 g_D。

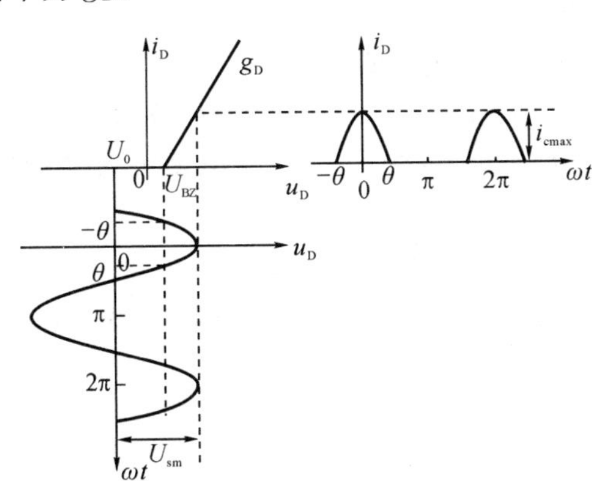

图 6-45　包络检波器的折线近似分析

设输入高频等幅波为

$$u_s(t) = U_{sm}\cos\omega_s t$$

由于输入等幅波时，包络检波器的输出电压 U_0 为直流电压，因此二极管两端电压为 $u_D = U_{sm}\cos\omega_s t - U_0$。由如图 6-45 所示的二极管伏安特性可得到二极管电流 i_D，为周期性尖顶余弦脉冲。由图可见，当 $\omega t=\theta$ 时，$U_{sm}\cos\theta=U_0$，则导通角 θ 为

$$\cos\theta=\frac{U_0}{U_{sm}} \tag{6-33}$$

二极管脉冲电流的高度 i_{Dmax} 等于

$$i_{Dmax}=g_D U_{sm}(1-\cos\theta)$$

则二极管电流中的直流分量 I_{D0} 为

$$I_{D0}=\alpha_0(\theta)i_{Dmax}=\frac{g_D U_{sm}}{\pi}(\sin\theta-\theta\cos\theta)$$

因为检波器的输出直流电压 U_0 为

$$U_0=I_{D0}R$$

代入式(6-33)，可得

$$\cos\theta=\frac{U_0}{U_{sm}}=\frac{g_D R}{\pi}(\sin\theta-\theta\cos\theta)$$

等式两边除以 $\cos\theta$，得到

$$\tan\theta-\theta=\frac{\pi}{g_D R}$$

当 θ 很小时，利用 $\tan\theta\approx\theta+\frac{1}{3}\theta^3$，得到

$$\theta\approx\sqrt[3]{\frac{3\pi R_D}{R}} \tag{6-34}$$

式中，R_D 为二极管导通电阻，R 为检波器的负载。可见 θ 仅与 R、R_D 有关，与 U_{cm} 大小无关，当 R 越大、R_D 越小，θ 值越小。

当输入为等幅波时，则由式(6-33)可求出其输出直流电压 U_0 为

$$U_0=U_{cm}\cos\theta \tag{6-35}$$

可见当电路参数 R、R_D 确定，即当 θ 确定时，输出电压 U_0 与输入高频振幅 U_{cm} 成线性关系，故大信号检波又称为线性检波。

当输入信号为普通调幅 AM 波时，即

$$u_s(t)=U_{sm}(1+m_a\cos\Omega t)\cos\omega_s t$$

并设此式中的包络函数 $U_{sm}(1+m_a\cos\Omega t)=U'_{sm}$，根据包络检波的线性检波特点，则输出电压 u_o 为

$$u_o(t)=U'_{sm}\cos\theta=U_{sm}(1+m_a\cos\Omega t)\cos\theta=m_a U_{sm}+U_{\Omega m}\cos\Omega t \tag{6-36}$$

可见，检波输出电压包括两部分：输出直流电压 $U_0=m_a U_{sm}$ 以及输出低频电压 $u_\Omega(t)=U_{\Omega m}\cos\Omega t$，其中低频电压幅度 $U_{\Omega m}=m_a U_{sm}\cos\theta$。

3. 性能指标分析

1) 检波效率 k_d

当输入为等幅波时，由式(6-30)和式(6-35)可得检波效率为 $\cos\theta$。当输入为 AM 波时，由式(6-31)和输出低频电压幅度 $U_{\Omega m}=m_a U_{sm}\cos\theta$，可得检波效率仍为 $\cos\theta$。因此包络检波器的检波效率 k_d 为

$$k_d=\cos\theta \tag{6-37}$$

由于 $R\gg R_D$，因此 θ 很小，即包络检波器效率较高。

2）输入电阻 R_{id}

假设输入为等幅波 $u_s(t)=U_{sm}\cos\omega_s t$。根据输入电阻定义式(6-32)，可得

$$R_{id}=\frac{U_{sm}}{I_{s1m}}=\frac{U_{sm}}{I_{D1m}}$$

而基波电流分量 I_{D1m} 为

$$I_{D1m}=\alpha_1(\theta)i_{Dmax}=\frac{g_D U_{sm}}{\pi}(\theta-\sin\theta\cos\theta)$$

则

$$R_{id}=\frac{\pi}{g_D(\theta-\sin\theta\cos\theta)}$$

当 θ 很小时，利用 $\sin\theta\approx\theta-\frac{1}{6}\theta^3$，$\cos\theta\approx1-\frac{1}{2}\theta^2$，再利用 $\theta\approx\sqrt[3]{\frac{3\pi R_D}{R}}$，$R_{id}$可近似表示为

$$R_{id}\approx\frac{1}{2}R_L$$

上述结论也可以从能量的角度来分析。由于检波器输入功率 P_i 为

$$P_i=P_o+P_D$$

式中，P_o 为输出功率；P_D 为二极管的消耗功率。

设输入为等幅波 $u_s(t)=U_{sm}\cos\omega_s t$，且检波器输入电阻为 R_{id}，则检波器输入功率为

$$P_i=\frac{U_{sm}^2}{2R_{id}}$$

经过二极管检波，输出为直流电压，则在负载 R 上获得的输出功率 P_o 为

$$P_o=\frac{U_0^2}{R}$$

由于二极管导通角 θ 很小，$k_d\approx1$，所以 $U_0\approx U_{sm}$，消耗在 R_D 上的功率可以忽略，即 $P_D\approx0$，故可以近似为 $P_i\approx P_o$，即

$$\frac{U_0^2}{R}\approx\frac{U_{cm}^2}{2R}$$

则

$$R_{id}\approx\frac{1}{2}R \tag{6-38}$$

由式(6-38)可知，在二极管大信号检波情况，检波器等效输入电阻 R_{id} 约等于检波负载电阻 R 的一半。负载电阻愈大，输入电阻也愈大，检波器对前级的影响也就愈小。

上述分析结果是基于包络检波器正常工作的基础上，如果包络检波器参数选择不当，包络检波可能出现两种特殊的非线性失真：一种是惰性失真(又称为对角切割失真)，另一种是负峰切割失真。那么这两种失真是如何产生的？又将如何克服？下面分别详述。

4. 检波失真

1）惰性失真

前面的分析表明，大信号检波过程是利用二极管的单向导电特性和负载 RC 的充放电过程。只要充电过程很快，放电过程很慢，检波器输出信号就可以再现调幅波的包络线形状。

但是，如果 RC 取得太大，放电过慢，以至于放电速度跟不上输入调幅波包络下降的速度就会引起输出信号失真，如图 6－46 所示。由图看出，在 $t_1 \sim t_2$ 时间内，放电速度跟不上包络下降，输出电压产生了非线性失真，通常称这种失真称为对角切割失真。由于这个非线性失真是由于电容 C 的惰性太大引起的，所以又称为惰性失真。

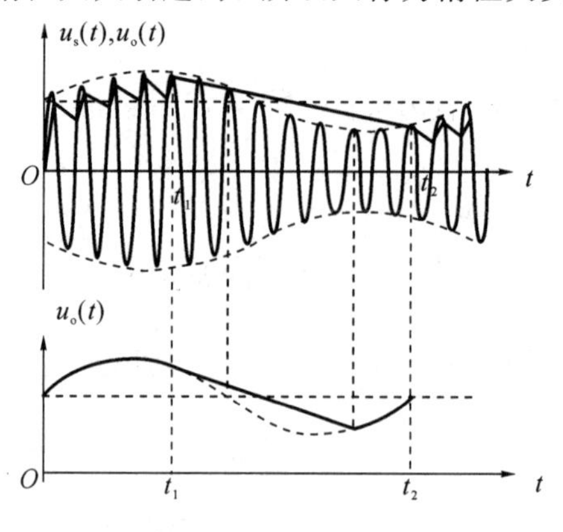

图 6－46　惰性失真

要避免这种失真，就必须使得在 t_1 时刻电容 C 通过 R 的放电速度大于或等于调幅波包络的下降速度，即满足

$$\left|\frac{\partial u_o}{\partial t}\right|_{t_1} \geqslant \left|\frac{\partial U'_{sm}}{\partial t}\right|_{t_1} \tag{6-39}$$

设包络函数为 $U'_{sm}=U_{sm}(1+m_a\cos\Omega t)$，其在 t_1 时刻的变化速率为

$$\left|\frac{\partial U'_{sm}}{\partial t}\right|_{t_1} = -m_a\Omega U_{sm}\sin\Omega t_1$$

而电容器自 t_1 时刻放电规律为

$$u_o = U_{o1}\mathrm{e}^{-\frac{t-t_1}{RC}}$$

式中，U_{o1} 表示检波器在 t_1 时刻的输出电压。当检波效率 $k_d \approx 1$ 时，t_1 时刻电容器两端电压 $U_{o1}=U'_{sm}(t_1)=U_{sm}(1+m_a\cos\Omega t_1)$，则电容 C 在 t_1 时刻通过 R 的放电速度为

$$\left|\frac{\partial u_o}{\partial t}\right|_{t_1} = -\frac{U_{o1}}{RC} = -\frac{U_{sm}(1+m_a\cos\Omega t_1)}{RC}$$

于是，式(6－39)可以表示为

$$A=\frac{\left|\dfrac{\partial U'_{sm}}{\partial t}\right|_{t_1}}{\left|\dfrac{\partial u_o}{\partial t}\right|_{t_1}} = \Omega RC\left|\frac{m_a\sin\Omega t_1}{1+m_a\cos\Omega t_1}\right| \leqslant 1 \tag{6-40}$$

由于 t_1 时刻不同，u_o 和 U'_{sm} 的下降速度不同。因此，为避免惰性失真的充要条件是在出现 A 的最大值时刻仍能满足 A 值小于 1 或等于 1。为此，将 A 对 t_1 求导并令其等于零，得到 A 的极值条件为

$$\cos\Omega t_1 = -m_a$$

代入式(6－40)，可以得到不产生惰性失真的条件为

$$RC\Omega_{max} \leqslant \frac{\sqrt{1-m_a^2}}{m_a} \tag{6-41}$$

在式(6－41)中，m_a 为调幅系数，Ω_{max}为输入调幅信号中调制信号的最高角频率。可见，RC 越小、Ω 越小、m_a 越小，越不容易产生惰性失真。在多音调制时，作为工程估算，Ω 和 m_a 应取最大值。

2）负峰切割失真

当考虑到检波器与下一级低频放大器电路连接时，一般都采用如图 6－47 所示的阻容耦合电路。图中 C_C 为隔直电容，其数值很大，对低频信号 Ω 呈交流短路；$R_{i低}$ 为下一级低频放大器输入电阻。正常工作情况下，检波器各点波形如图 6－47 所示。

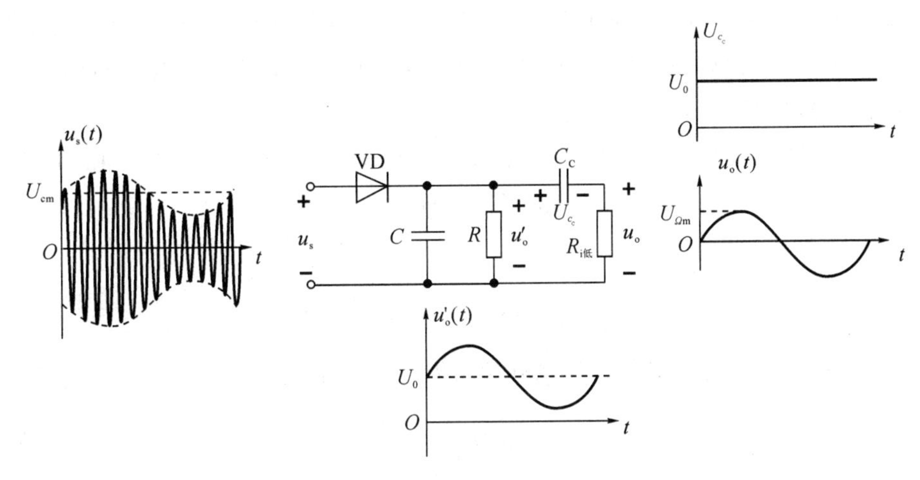

图 6－47　考虑下级电路的包络检波器及其工作波形

由图 6－47 可知，包络检波器的交直流负载电阻分别为

$$\begin{cases} Z_L(0)=R \\ Z_L(\Omega)=\dfrac{RR_{i低}}{R+R_{i低}} \end{cases} \tag{6-42}$$

式(6－42)说明，由于检波器接入下一级放大器，因此检波器中交、直流负载电阻不相等，且交流负载总小于直流负载。

当输入调幅波的调幅系数 m_a 较大时，由于交、直流负载电阻不相等，使得检波输出的低频信号的负峰值附近将被削平，出现负峰切割失真，如图 6－48 所示。

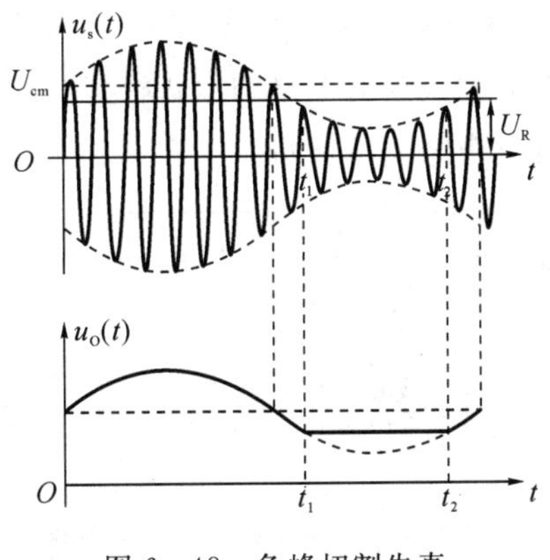

图 6－48　负峰切割失真

这是因为在检波过程中，隔直电容 C_C 被充电到两端电压为 $U_{C_C}=U_0\approx U_{cm}$，由于放电时间常数$(R+R_{i低})C_C$ 很大，因此在低频信号一周内，U_{C_C} 基本保持不变。所以，可把 U_{C_C} 看成是一直流电源，其通过检波电阻 R 和 $R_{i低}$ 分压，电阻 R 上所分的电压 U_R 为

$$U_R=\frac{R}{R+R_{i低}}U_{C_C}\approx\frac{R}{R+R_{i低}}U_{cm} \tag{6-43}$$

显然，U_R 电压又反向地作用在二极管 VD 上，使二极管的导通受到影响。在图6－48的 $t_1\sim t_2$ 时间内，由于输入调幅波包络的波谷值低于 U_R，因此二极管 VD 将截止，二极管不再正常检波，输出电压被钳位在 U_R 电平上，直到包络值上升到大于 U_R 时，二极管才能恢复正常工作，因此检波输出低频信号 u_Ω 的波形出现失真。由于输出低频电压的负峰被切割掉，所以称为负峰切割失真。

为了避免负峰切割失真，必须使 U_R 小于或等于输入调幅波包络的波谷值，即

$$U_R\leqslant U_{cm}-m_aU_{cm}$$

将式(6－43)代入上式得

$$\frac{R}{R+R_{i低}}U_{cm}\leqslant U_{cm}-m_aU_{cm}$$

再将上式代入式(6－42)，得到不产生负峰切割失真的条件为

$$m_a\leqslant\frac{R_{i低}}{R+R_{i低}}=\frac{Z_L(\Omega)}{Z_L(0)} \tag{6-44}$$

由式(6－44)可知，当 m_a 一定时，交、直流负载电阻相差越大，越容易失真。交、直流负载电阻一定时，m_a 越大越容易失真。

如果下一级电路输入电阻过小时，为减小交、直流负载电阻值的差别，最有效的办法是在检波器和下一级电路之间插入具有高输入阻抗的射极跟随器。

6.5.3 同步检波器

包络检波器只能用于普通调幅 AM 波的解调，那么其他调幅波，例如，DSB－SC、SSB－SC 的解调就要采用同步检波器(又称为乘积检波器)实现解调。同步检波器的组成框图如图 6－49 所示。输入调幅波 $u_s(t)$与参考载波 $u_r(t)$相乘，再经低通滤波器 LPF 取出低频信号 $u_o(t)$。同步检波技术的关键就是使参考载波 ω_r 与发送载波 ω_c 同步(即同频同相)。同步载波由载波提取电路得到，载波提取电路的形式很多，有平方环法、科斯塔斯环法等，这里不再深入介绍，请读者自行查阅文献资料。

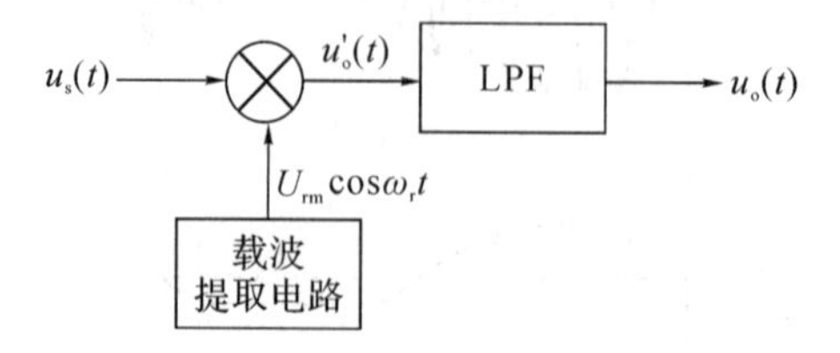

图 6－49　同步检波器的组成框图

下面分析同步检波工作原理。首先分析同步检波器同步的情况，假设乘法器输入调幅

信号为 DSB－SC，即

$$u_s(t)=U_{sm}\cos\Omega t\cos\omega_c t \tag{6-45}$$

设参考载波与发送载波同步，即 $\omega_r=\omega_c$，则参考载波为

$$u_r(t)=U_{rm}\cos\omega_c t \tag{6-46}$$

为了简化，设乘法器传输系数为 1，则通过乘法器相乘后得到

$$\begin{aligned} u_s\cdot u_r &=U_{sm}U_{rm}\cos\Omega t\cos^2\omega_c t \\ &=\frac{1}{2}U_{sm}U_{rm}\cos\Omega t+\frac{1}{2}U_{sm}U_{rm}\cos\Omega t\cos 2\omega_c t \end{aligned} \tag{6-47}$$

式(6－47)中的第一项就是所需的原调制信号项，而第二项是把调制信号项又搬移到两倍载频附近，属于高频项。经过低通滤波器后，就可将第二项高频项滤除掉，从而解调出原调制信号，即输出电压为

$$u_o(t)=\frac{1}{2}U_{sm}U_{rm}\cos\Omega t \tag{6-48}$$

显然，同步检波是可以实现调幅波解调的。同样也可以对其他调幅波进行解调，读者可以自行分析。

现在来分析参考信号与发送载波信号不同步的情况。假设参考载波信号与发送载波存在频率差 $\Delta\omega_c$ 和相位差 $\Delta\varphi$，即为

$$u_r(t)=U_{rm}\cos[(\omega_c-\Delta\omega_c)t+\Delta\varphi] \tag{6-49}$$

则检波后的输出电压为

$$u_o(t)=\frac{1}{2}U_{sm}U_{rm}\cos\Omega t\cos(\Delta\omega_c t+\Delta\varphi) \tag{6-50}$$

可见，输出电压信号出现失真，即解调输出的低频信号 $\cos\Omega t$ 的幅度按照 $\cos(\Delta\omega_c t+\Delta\varphi)$ 规律发生变化，因此，接收到的声音将是高低起伏的，十分令人讨厌。在进行语音通信时，相位差对人耳不敏感，但频率差却会产生严重声音失真。实验表明，当频率差值为 20 Hz 时，开始感觉声音不自然；当频率差值为 200 Hz 时，语言可懂度就会下降。而在图像通信时，频差和相差都会严重影响图像质量。

综上所述，参考载波与发送载波同步是同步检波器质量好坏的关键，相对包络检波器而言，实现技术较难，接收机的复杂程度与成本均较高。

6.6　振幅调制解调电路设计应用举例

6.6.1　振幅调制电路设计举例

模拟乘法器振幅调制电路如图 6－50 所示。其由 MC1496 乘法器组成的调制器和射极跟随器两部分组成。其中载波信号 $u_c=U_{cm}\cos\omega_c t$ 经高频耦合电容 C_1 从 10 脚输入，调制信号 $u_\Omega=U_{\Omega m}\cos\Omega t$ 经低频耦合电容 C_2 从 1 脚输入，C_4 为高频旁路电容，使 8 脚交流接地。C_3 为低频旁路电容，使 4 脚交流接地。调幅信号 u_0 从 12 脚单端输出。R_{10}、R_{11} 与电位器 R_{P1} 组成平衡调节电路，改变 R_{P1} 可以使乘法器实现 AM 调制或 DSB－SC 调制。三极管 VT_{10}、电阻 R_{21}、R_{22} 构成射极跟随器，主要是提高调幅器带负载的能力。

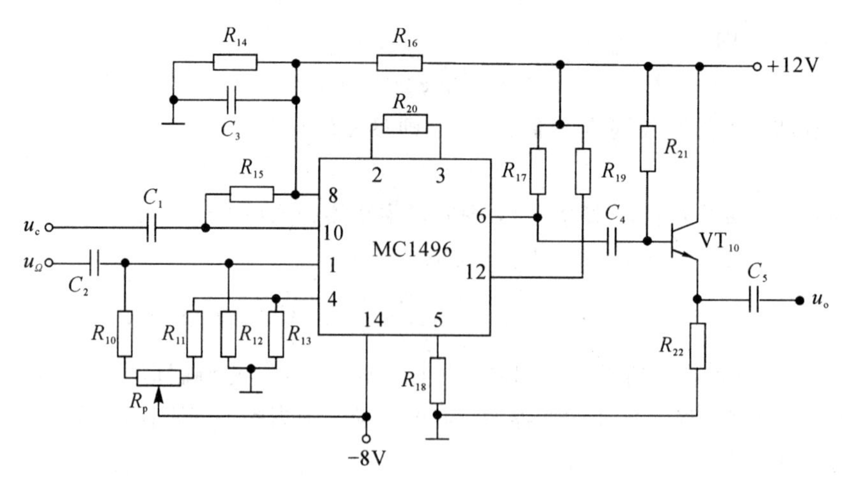

图 6-50　模拟乘法器振幅调制电路

1. MC1496 静态工作点设计

由 MC1496 所构成的电路采用双电源供电。器件的静态工作点由外接元件电阻 R_{14}、R_{15}、R_{16}、R_{17}、R_{18}以及 R_{19}为器件提供静态偏置电压确定。

静态偏置电压的设置应保证 MC1496 内部(其结构如图 6-51 所示)各个晶体管工作在放大状态，即晶体管的集电极与基极间的电压应大于或等于 2 V，小于或等于最大允许工作电压。根据 MC1496 的特性参数，应用时，静态偏置电压(当输入电压为 0 时)应满足下列关系，即

$$U_8=U_{10}\text{，}U_1=U_4\text{，}U_6=U_{12} \tag{6-51}$$

$$\left.\begin{aligned}&15\ \text{V}\geqslant(U_6\text{，}U_{12})-(U_8\text{，}U_{10})\geqslant 2\ \text{V}\\&15\ \text{V}\geqslant(U_8\text{，}U_{10})-(U_1\text{，}U_4)\geqslant 2.7\ \text{V}\\&15\ \text{V}\geqslant(U_1\text{，}U_4)-U_5\geqslant 2.7\ \text{V}\end{aligned}\right\} \tag{6-52}$$

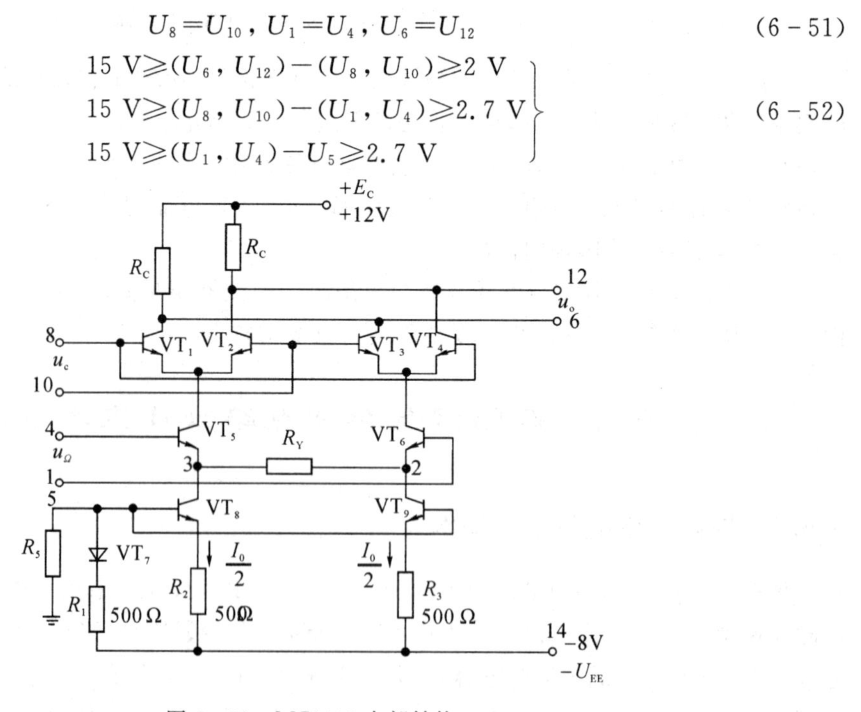

图 6-51　MC1496 内部结构

一般情况下，晶体管的基极电流很小，三对差分放大器的基极电流 I_8、I_{10}、I_1 和 I_4 可以忽略不计，因此器件的静态偏置电流主要由恒流源 I_0 的值确定。由于器件为双电源工

作，引脚 14 接负电源 $-U_{EE}$（一般接 -8 V），5 脚通过电阻 R_{18} 接地，因此，改变 R_{18} 也可以调节 I_0 的大小，即

$$I_0 \approx I_5 = \frac{|-U_{EE}|-0.7}{R_{18}+500} \tag{6-53}$$

根据 MC1496 的性能参数，器件的静态电流小于 4 mA，一般取 $I_0=I_5=1$ mA 左右。器件的总耗散功率可估算为

$$P_D = 2I_5(U_6-U_{14})+I_5(U_5-U_{14}) \tag{6-54}$$

P_D 应小于器件的最大允许耗散功率(33 mW)。

2. MC1496 乘法器负反馈电阻 R_{20} 设计

MC1496 乘法器的 12 脚输出 u_o 与反馈电阻 R_{20} 及输入信号 u_c、u_Ω 的幅值有关。由于 R_{20} 的接入，扩展了 u_Ω 的线性动态范围，所以器件的工作状态主要由 u_c 决定。

(1) 当 u_c 和 u_Ω 皆为小信号(小于 26 mV)时，由于三对差分放大器(VT_1、VT_2，VT_3、VT_4 及 VT_5、VT_6)均工作在线性放大状态，则输出电压 u_o 可近似表示为

$$u_o = \frac{R_{19}}{R_{20}U_T}u_c u_\Omega = \frac{R_{19}}{R_{20}U_T}U_{cm}\cos\omega_c t U_{\Omega m}\cos\Omega t \tag{6-55}$$

式(6-55)表明，接入负反馈电阻 R_{20} 后，当 u_c 为小信号时，MC1496 近似为一理想的乘法器，输出信号 u_o 中只包含两输入信号的和频与差频。

(2) 当 u_c 为大信号(大于 100 mV)时，由于双差分放大器(VT_1、VT_2 和 VT_3、VT_4)处于开关工作状态，其电流波形将是对称的方波，乘法器的输出电压 u_o 可近似表示为

$$u_o \approx \frac{2R_{19}}{R_{20}}u_\Omega \tag{6-56}$$

式(6-56)表明，当 u_c 为大信号时，输出电压 u_o 与输入信号 u_c 无关。R_{20} 增大，线性范围增大，但乘法器的增益随之减少。

3. 射极跟随器设计

射极跟随器具有高输入阻抗、低输出阻抗、放大倍数接近于 1 的特点。在此电路中使用，主要是提高调幅器带负载的能力。三极管 VT_{10} 选用 S9018(常温工作条件下 $\beta \approx 125$)，静态工作点 $I_{CQ}=2.5$ mA，$U_{CE}=4.5$ V，为此可以计算出 R_{21}、R_{22} 阻值。

6.6.2　包络检波器设计举例

设计二极管包络检波器的关键在于，正确选择检波二极管，合理选择检波电阻 R 和检波电容 C 的数值，此时，要求既能满足给定的非线性失真指标，又要能提供尽可能大的检波效率和输入电阻，并给出必要的自动增益控制(AGC)电压。

设计电路以收音机中的典型电路为例，电路如图 6-52 所示。图中，VD 为检波二极管，

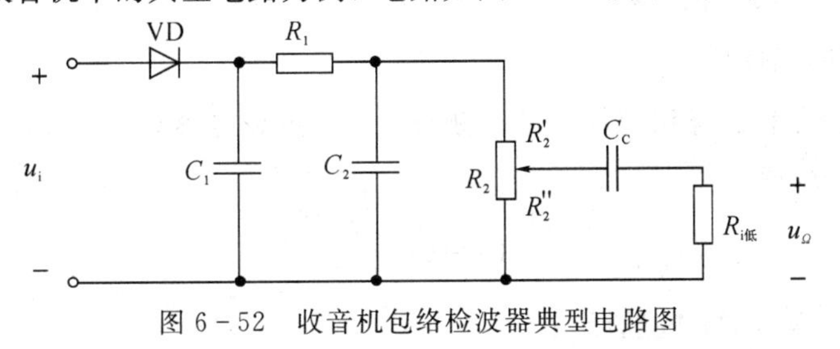

图 6-52　收音机包络检波器典型电路图

电阻 R_1 和电位器 R_2 为检波电阻，调节 R_2 大小可以调节输出低频电压大小，电位器 R_2 就是收音机中的音量电位器，C_1、C_2 为检波电容，C_C 为低频隔直电容，$R_{i低}$ 为下一级低频放大器的输入电阻。

1. 检波二极管的选择

为了提高检波效率，应选择正向电阻小(几百欧姆数量级)、反向电阻大(500 kΩ 以上)、结电容小(或最高工作频率高)的二极管。优先选用点接触型锗二极管，其中如金键(用金镓或金铟合金丝做接触丝)二极管 2AP9、2AP10 的正向电阻很小，而且伏安特性起始段非线性范围很窄，输入高频电压幅度不用很大就能进入大信号检波状态。

2. 检波电阻的选择

从前面的分析中已知，若检波电阻比二极管内阻 R_D 大许多倍，可以使检波效率高，输入电阻大。一般为不产生负峰切割失真，检波电阻应满足式(6-44)。本电路为了使交直流负载相差不大，采用分负载的办法，即将直流负载电阻分成 R_1 和 R_2 两部分(如图 6-52 电路所示)，则直流负载电阻为

$$Z_L(0)=R_1+R_2$$

交流负载电阻为

$$Z_L(\Omega)=R_1+R'_2+\frac{R''_2R_{i低}}{R''_2+R_{i低}}$$

如果将 R_1 取值比 R_2 大些，这样交直流负载电阻比较接近，不易产生负峰切割失真，但是 R_1 也不能太大，否则检波输出的低频电压大都加在 R_1 上，检波效率会下降。综上考虑，根据一般低频放大器输入电阻 $R_{i低}\approx(2\sim5)$ kΩ，取 $R_1+R_2=(5\sim10)$ kΩ，其中，$R_1=(0.1\sim0.2)R_2$。

例如，取 $R_2=5.1$ kΩ，则 $R_1=0.1R_2=510$ Ω。下面验证是否会产生负峰切割失真？取 R_2 的中心触点位置在最上方时进行验证，因为此时是最易产生负峰切割失真的情况，同时取 $R_{i低}=3$ kΩ，则求得直流负载电阻为

$$Z_L(0)=R_1+R_2=5.61\ \text{k}\Omega$$

交流负载电阻为

$$Z_L(\Omega)=R_1+\frac{R_2R_{i低}}{R_2+R_{i低}}=2.4\ \text{k}\Omega$$

所以

$$m_a=\frac{Z_L(\Omega)}{Z_L(0)}=0.43$$

由于通常收音机的平均调幅系数为 0.3，因此不会产生负峰切割失真。

3. 检波电容的选择

为了更好地滤除检波输出电压中的高频分量，将负载电容 C 分成 C_1、C_2，与 R_1 组成 π 型低通滤波器，一般取

$$C_1=C_2\approx\frac{C}{2}$$

从滤除高频尽量干净考虑，应选择

$$RC \gg \frac{1}{\omega_c}$$

但 C 不能太大，否则会产生惰性失真。为防止产生惰性失真，一般要满足

$$RC\Omega_{max} < 1.5$$

一般收音机的最高频率取 $F_{max}=4.5$ kHz，由此得出 $C \leqslant 0.01$ μF，可取 $C_1=C_2\approx$ 5100 pF。

4. 自动增益控制(AGC)电压的获得

产生自动增益控制信号的包络检波器如图 6-53 所示。由于检波器输出电压 $U_{sm}\cos\theta+U_{sm}m_a\cos\theta\cos\Omega t$，因此经过由 R_3C_3 组成的低通滤波器，滤除其中的低频信号，取出其中的直流电压作为控制电压，即 $U_{AGC}=U_0=U_{sm}\cos\theta$，显然 U_{AGC} 电压与检波器输入高频信号的载波振幅 U_{sm} 成正比，即 U_{AGC} 的大小随 U_{sm} 而变化。将 U_{AGC} 加到前级中频放大器的基极上，控制集电极电流，从而调整该级的增益，实现接收机自动增益控制要求。当然，本电路的控制方式是 AGC 其中一种，AGC 控制方式有很多(将在第 9 章进行介绍)。

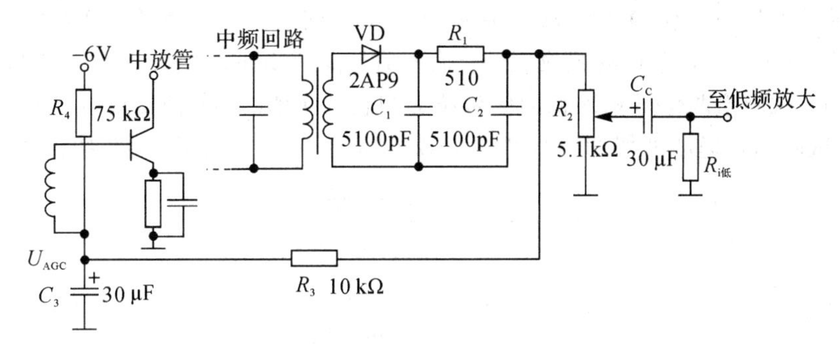

图 6-53　产生自动增益控制信号的包络检波器

习　　题

1. 测得某电台发射已调信号 $u_s(t)=10(1+0.2\cos2531t)\cos37.7\times10^6t$(mV)。试求：(1) 说明已调信号的类型；(2) 此电台的频率等于多少赫兹？(3) 调制信号的频率等于多少赫兹？(4) 信号带宽等于多少赫兹？(5) 画出已调信号的波形与频谱图；(6) 已调信号在单位负载上的平均功率 P_{av}。

2. 一已调信号电压 $u(t)=2\cos100\pi t+0.1\cos90\pi t+0.1\cos110\pi t$(V)。(1) 试指出该已调信号的名称。(2) 试计算该已调信号的调幅系数。(3) 试计算单位电阻上消耗的总边带功率和已调信号的总功率。(4) 试计算已调信号的带宽。(5) 画出该已调信号的频谱图。

3. 已知下列已调信号电压的表达式：

$u_1(t)=5\cos(2\pi\times3\times10^3t)\cos2\pi\times10^6t$(V)

$u_2(t)=5\cos2\pi(10^6+3\times10^3)t$(V)

$u_3(t)=(5+3\cos2\pi\times3\times10^3t)\cos2\pi\times10^6t$(V)

试求：(1) 说明各已调信号的类型；(2) 画出各已调信号波形与频谱图；(3) 计算各已调信号在单位负载上的平均功率 P_{av1}、P_{av2}、P_{av3}。

4. 某已调信号的波形如图 6-54 所示。已知载波频率为调制信号频率的 100 倍。试求：

(1) 写出该已调信号的表达式；(2) 画出频谱图，并确定其带宽；(3) 单位电阻上的载波功率和总边带功率。

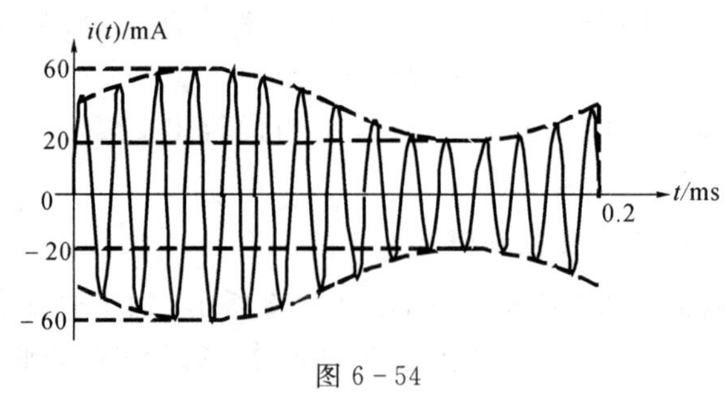

图 6-54

5．某非线性器件伏安特性的表示式为 $i=0.01u^2$(mA)。当 $u=3\cos\omega_c t+1.2\cos\Omega t$(V)，$\omega_c \gg \Omega$ 时。试画出电流 i 的频谱图，并说明利用该器件可以实现什么方式的振幅调制？写出其表示式，画出输出滤波器的幅频特性。

6．设非线性阻抗的伏安特性为 $i=b_1u+b_3u^3$，试问它能否产生调幅作用？为什么？

7．图 6-55(a)为某电路的组成框图。输入信号 $u_1=2\cos 200\pi t$(V)，u_2 波形如图 6-55(b)所示。(1) 试画出两信号相乘积的信号波形和它的频谱。(2) 若要获得载波为 1500 kHz 的调幅波，试画出带通滤波器的幅频特性 $H(\omega)$，并写出输出电压 u_o 的表示式。

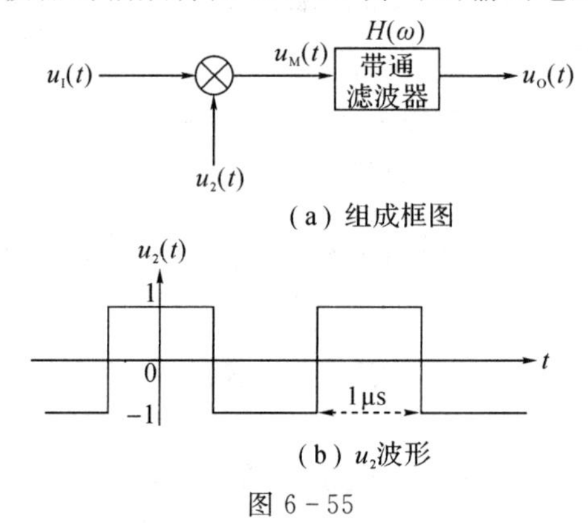

图 6-55

8．图 6-56 为场效应管平方律调制器电路。场效应管转移特性为 $i_D=I_{DSS}\left(1-\dfrac{u_{GS}}{U_P}\right)^2$，

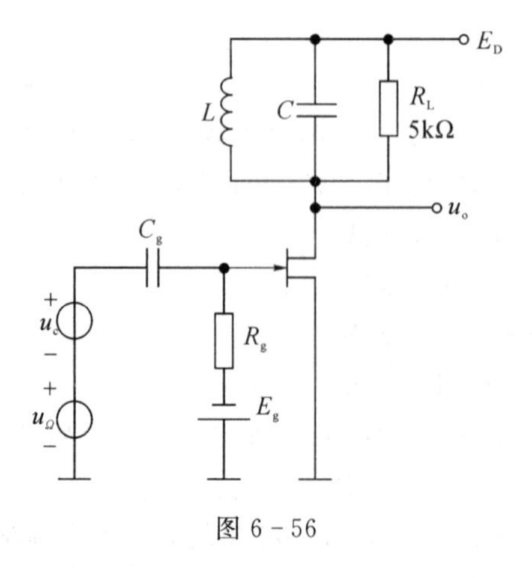

图 6-56

输出回路调谐在载波频率 ω_c 上，其通频带为 2Ω。若已知 $I_{DSS}=10$ mA，$U_P=-4$ V，$u_c=1.5\cos\omega_c t(\text{V})$，$u_\Omega=0.5\cos\Omega t(\text{V})$，$\omega_c\gg\Omega$，$E_g=2$ V。试求输出电压 u_o。

9. 图 6－57 为四个二极管调制器电路，图中，$u_\Omega=U_{\Omega m}\cos\Omega t$，$u_c=U_{cm}\cos\omega_c t$，$\omega_c\gg\Omega$，$U_{cm}\gg U_{\Omega m}$。试写出各电路输出电压 u_o 的表达式，并说明哪个电路可能实现 AM 调制？哪个电路可能实现 DSB－SC 调制？采用何种滤波器并画出其传输特性(表明必要参数)。

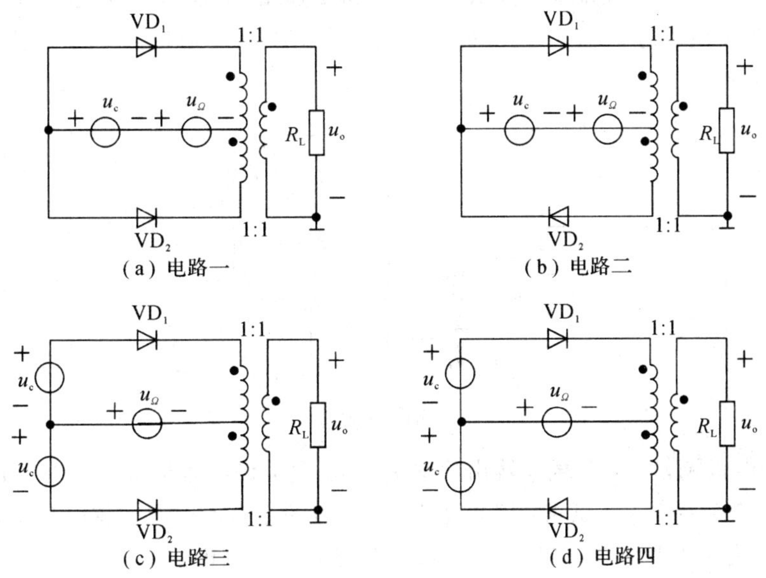

图 6－57

10. 电路如图 6－58 所示，$u_\Omega=U_{\Omega m}\cos\Omega t$，$u_c=U_{cm}\cos\omega_c t$，$\omega_c\gg\Omega$，$U_{cm}\gg U_{\Omega m}$，$VD_1$、$VD_2$ 具有理想特性，按开关方式工作。

(1) 试写出 u_o 的表达式。并说明电路能实现何种振幅调制？

(2) 若 u_c 与 u_Ω 位置互换，再写出 u_o 的表达式。并说明电路能否实现振幅调制。

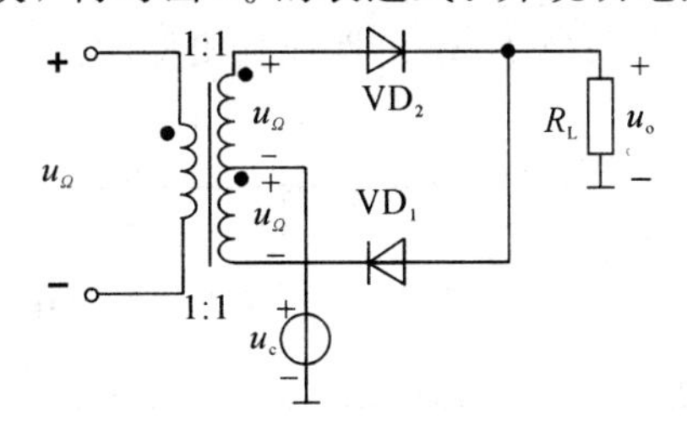

图 6－58

11. 用乘法器、加法器和滤波器组成的调幅电路框图如图 6－59 所示。已知调制信号 $u_\Omega=0.05\cos2\pi\times10^3t(\text{V})$，载波信号 $u_c=\cos2\pi\times10^6t(\text{V})$。图中带通滤波器的中心频率为

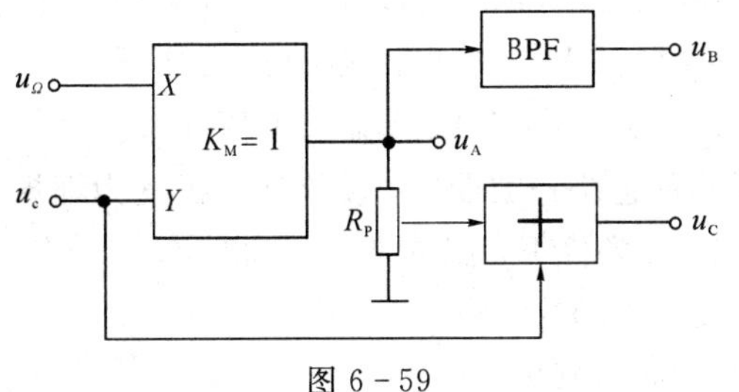

图 6－59

$\omega_c+\Omega$，频带很窄，增益为 1。试写出图中 u_A、u_B、u_C 的电压表达式，并定性画出 u_A、u_B、u_C 的电压波形和频谱。

12. 集电极调幅电路如图 6-60 所示。试求：(1) 为了获得有效调幅，晶体管应工作于什么状态？(2) 图中 C_1、C_2、C_3 分别如何选择？(3) LC 回路的中心频率和频带宽度如何选择？(4) 定性地画出单音频调幅时 $u_c(t)$、$u_\Omega(t)$和 $u_o(t)$的波形；(5) 若输出调幅波的载波功率为 50 W，调幅系数为 0.6，三极管集电极效率为 75%，则边带信号总功率、直流电源提供的功率是多少？

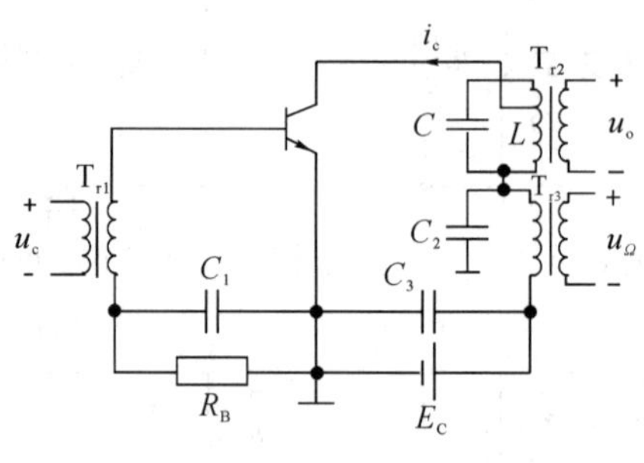

图 6-60

13. 一集电极调幅器，其载波输出功率 $P_c=50$ W，调幅系数 $m_a=0.6$，被调放大器的平均集电极效率 $\eta_c=75\%$，试求：(1) 边带信号的功率、直流电源提供的功率；(2) 集电极平均输入直流功率和平均输出功率；(3) 载波状态时的集电极效率 η_c；(4) 集电极平均耗散功率和集电极最大耗散功率。

14. 画出大信号二极管检波电路。试叙述大信号检波的物理过程，并作图说明。

15. 大信号包络检波电路如图 6-61 所示。输入 $u_i(t)=20(1+0.4\cos\Omega t)\cos\omega_c t$(V)，$R_D=500\ \Omega$，$R=20\ \text{k}\Omega$，$C=0.01\ \mu\text{F}$。(1) 求检波效率。(2) 求输入电阻。(3) 求检波电路输出的低频信号电压幅度 $U_{\Omega m}$和直流电压 U_0。(4) 试画出 RC 两端 u_{o1}和 R_L 两端 u_o 的电压波形。(5) 若 $u_i(t)=8\cos\Omega t\cos\omega_c t$(V)，试定性地画出检波器输出波形。

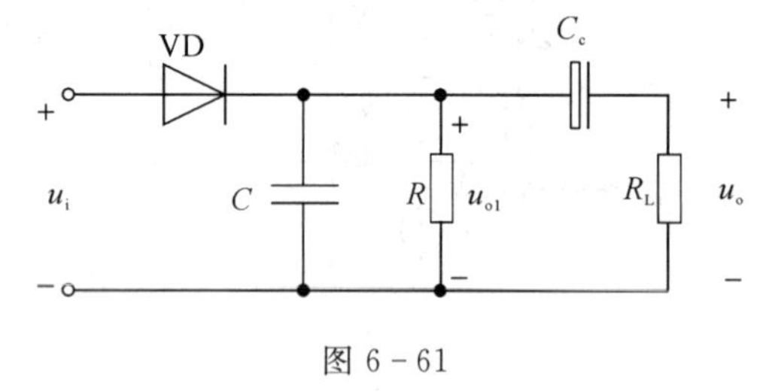

图 6-61

16. 某二极管包络检波电路，检波电阻 $R=10\ \text{k}\Omega$，检波电容 $C=0.01\ \mu\text{F}$，二极管导通电阻 $R_D=100\ \Omega$。(1) 试画出二极管包络检波器。(2) 求检波效率。(3) 求输入电阻。(4) 若检波器输入 $u_i=1.5\cos2\pi\times10^6 t$(V)，求检波器的输出电压 $u_o(t)$。(5) 若输入为 $u_i(t)=1.5(1+0.5\cos2\pi\times10^3 t)\cos2\pi\times10^6 t$(V)，求输出电压 $u_o(t)$。

17. 在如图 6-61 所示的包络检波器中，设检波二极管为理想二极管。若输入电压分别为以下信号时，在满足 $\omega_c\gg\Omega$ 条件下，试分别求 u_{o1}和 u_o。

(1) $u_i=2\sin[\omega_c t+\varphi(\Omega)]$(V)

(2) $u_i=4[1+0.6f(t)]\sin\omega_c t$(V)

(3) $u_i = 3\cos(\omega_c - \Omega)t$(V)

(4) $u_i = 3\cos\omega_c t + 0.5\cos(\omega_c - \Omega)t + 0.5\cos(\omega_c + \Omega)t$(V)

(5) 若电阻 R 取值过大，会出现什么现象？

18. 在如图 6-62 所示的检波电路中，$R_1 = 510\ \Omega$，$R_2 = 4.7\ \text{k}\Omega$，$C_c = 30\ \mu\text{F}$，$R_g = 1\ \text{k}\Omega$。输入信号 $u_s(t) = 0.5(1 + 0.3\cos 2\pi \times 10^3 t)\cos 2\pi \times 10^7 t$(V)。当可变电阻 R_2 的接触点分别在中心位置和最高位置时，试问会不会产生负载切割失真？

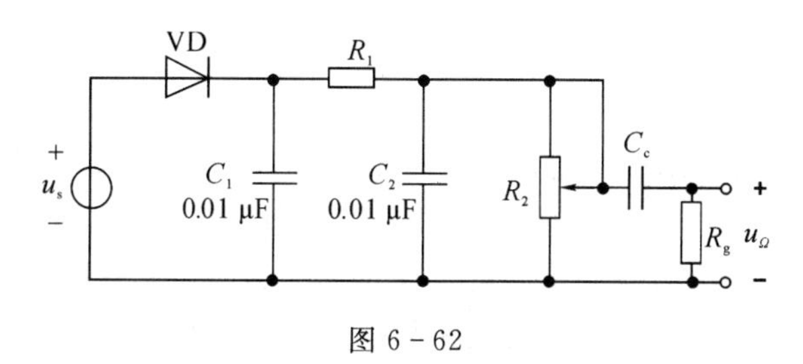

图 6-62

19. 乘积型同步检波电路如图 6-63 所示。已知 $u_i(t) = (1 + 0.3\cos\Omega t)\cos\omega_c t$，$k_1(\omega_c t) = \frac{1}{2} + \frac{2}{\pi}\cos\omega_c t - \frac{2}{3\pi}\cos 3\omega_c t + \cdots$，低通滤波器的截止频率为 Ω，传输系数为 1。

(1) 试画出 $u_i(t)$、$u_{o1}(t)$ 和 $u_o(t)$ 的波形。

(2) 写出的 $u_o(t)$ 的表达式。

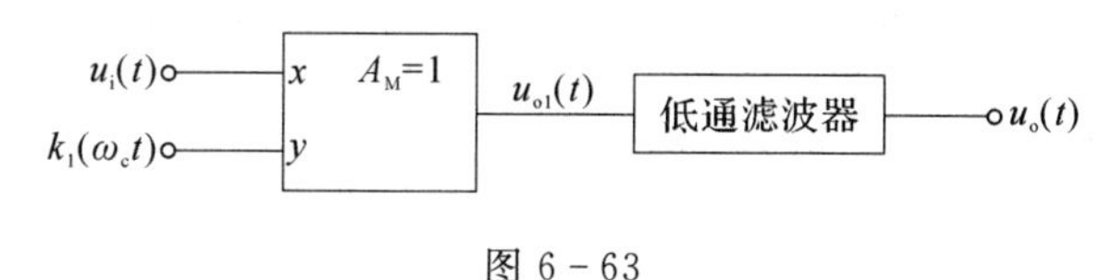

图 6-63

第7章 混 频 器

【应用背景】

在广播、电视及通信技术中，混频是一种被广泛应用的技术。混频器是超外差式接收机的重要组成部分，如图 7-1 所示阴影框图。混频器把经过输入回路选择的、载频为高频的已调信号不失真地变换为载频为中频的已调信号。例如，中波调幅广播收音机把外来调幅信号(频率范围是 535～1605 kHz)变换为频率为 465 kHz 的低中频调幅信号。因为中频频率比较低且固定，中频放大器可以获得较大的电压增益和较好选择性。另外，混频器也是频率合成器等电子设备的重要组成部分，用来实现频率加、减运算功能。

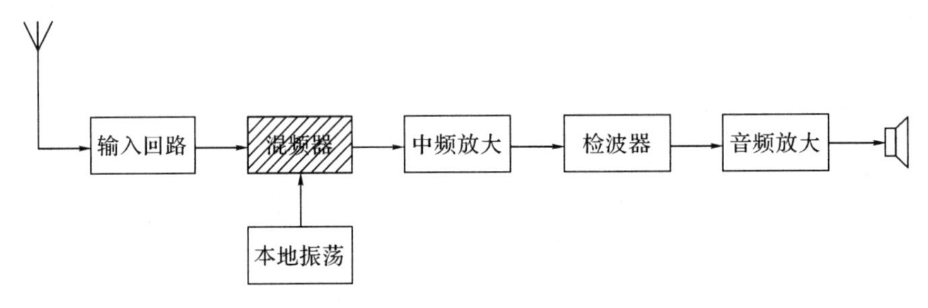

图 7-1 混频器应用示例

本章主要介绍超外差接收机中混频器工作原理、各类混频电路以及混频干扰产生原因及其减小措施。

7.1 概 述

7.1.1 混频器的组成框图及波形、频谱

超外差接收机中的混频器通常由非线性器件、本地振荡器和中频滤波器三部分组成，如图 7-2 所示。输入高频信号 u_S 与本地振荡器(简称本振)的正弦振荡信号 u_L 共同作用在非线性器件输入端，利用其非线性特性实现频率变换，得到输出电压 u_m，u_m 中包含有许多组合频率分量 $f_{p,q}$，其中包含本振频率 f_L 和输入频率 f_S 这两个频率的差值，即中频分量 $f_I=f_L-f_S$，再通过中频滤波器，取出频率为 f_I 的中频电压 u_I，实现混频功能。

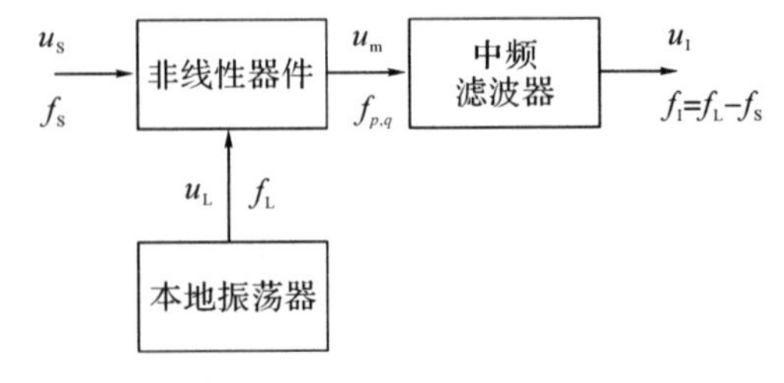

图 7-2 混频器组成框图

图7-3(a)为混频器的输入、输出波形。可见混频前后波形的包络形状没变，只是信号的载频由高频 f_S 变为中频 f_I。图7-3(b)为混频器的输入、输出频谱。可见混频前后频谱结构没有变化，只是中心频率由高频 f_S 变为中频 f_I。所以，混频前后调制规律不变，只是中心频率由高频变为中频。混频器也是一种频谱线性搬移电路。

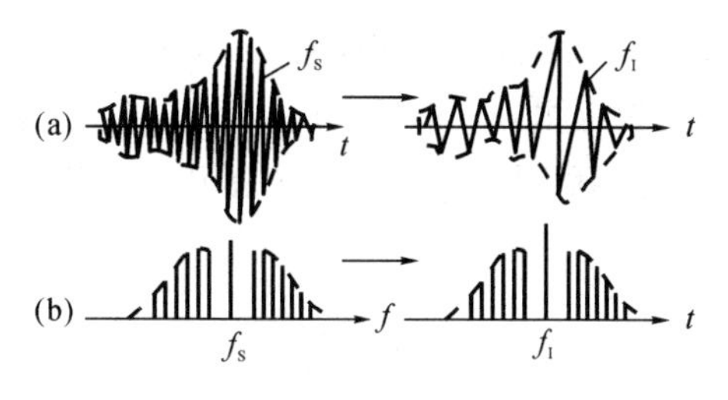

图7-3 混频器的波形和频谱

非线性器件有二极管、三极管、场效应管和乘法器等；中频滤波器可以是 LC 谐振回路，也可以是集中选择的滤波器，如陶瓷滤波器等；本地振荡器可以是单独的振荡器，如果节省一只晶体管，也可用混频管兼作振荡管用(如一般调幅收音机就是这样)，通常把前者称为混频器，而把后者称为变频器。习惯上混频器和变频器这两个名词往往通用，所以在此统称为混频器。

7.1.2 混频器的技术指标

评价混频器性能的主要指标是混频电压增益、噪声系数、混频干扰和选择性等。

(1) 混频电压增益。混频电压增益 $\dot{K}_{uc}$ 是指输出中频电压 $\dot{U}_{Im}$ 与输入电压 $\dot{U}_{Sm}$ 的比值，即

$$\dot{K}_{uc}=\frac{\dot{U}_{Im}}{\dot{U}_{Sm}}$$

混频电压增益越大越好，有利于提高接收机灵敏度。例如，调幅广播收音机的混频电压增益约为20～30 dB，电视接收机的混频电压增益约为6～8 dB；对二极管混频器来说，混频电压增益是负值(又称为混频衰减)，例如，微波通信接收机的混频衰减约为5～7 dB。

(2) 噪声系数。由于通信设备(如接收机)的噪声系数主要取决于前级电路，而混频器处于接收机前端，特别是在没有高频放大的情况下，混频器的噪声系数对整机的噪声系数影响很大，因此在设计混频器时要注意选择合适的电路工作点和噪声系数较小的器件。

(3) 混频干扰。混频器的失真和干扰是一个重要问题，在实际电路中必须考虑如何减少这些干扰和失真。这部分内容将在后面专门加以介绍。

(4) 选择性。混频器的中频输出应该只有所需接收的有用信号变换成的中频(即 $f_I=f_L-f_S$)，而不应该是其他干扰信号。但是在混频器输出中，由于各种原因总会混杂一些与中频频率相近的干扰信号，为了抑制这些干扰就要求中频滤波器具有良好的选择性。

7.2 混 频 电 路

常用的混频器有三极管混频器、二极管混频器、场效应管混频器和集成模拟乘法混频器等。本节通过一些典型电路的分析，介绍混频器的工作原理。

7.2.1 三极管混频器

根据晶体管组态和本振电压注入点的不同，三极管混频器可分为四种基本电路形式，

如图7-4所示。其中，图7-4(a)是共发射极电路，本振电压u_L从基极注入；图7-4(b)是共发射极电路，本振电压从发射极注入；图7-4(c)和图7-4(d)都是共基极电路，本振电压注入则不同，图7-4(c)是从基极注入，图7-4(d)是从发射极注入。

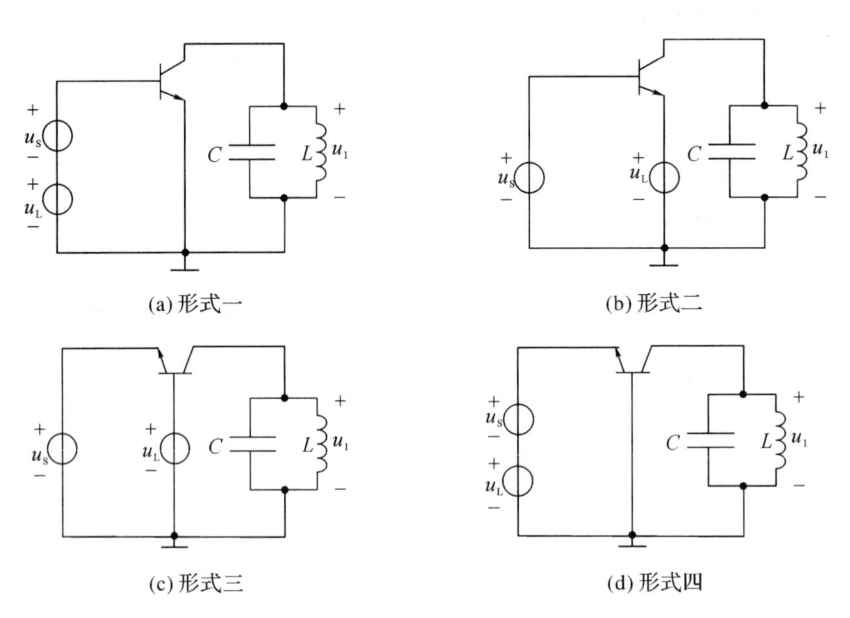

图7-4　三极管混频电路的几种基本形式

上述这些电路的混频原理是相同的，因为都是输入信号u_S和本振信号u_L串接后加在三极管发射结上，利用$i_c \sim u_{be}$特性的非线性关系进行频率变换，再经过中频LC回路输出中频信号u_I。

以上四种混频器各有优缺点。图7-4(a)所示电路的优点是，对本振电压来说是共发射极电路，输入阻抗较高，本振容易起振，需要的本振注入功率也较小。这种电路的缺点是输入信号和本振互相影响较大(直接耦合)，本振频率有时会受到信号频率的牵引，出现本振频率等于信号频率的现象，从而得不到所需的差频。而图7-4(b)所示电路，由于输入信号和本振信号分别从发射极输入和基极注入，因此互相影响小，不会产生频率牵引现象。另外，对本振电压来说，此电路是共基电路，其输入阻抗小，不易过激励，本振信号的波形好且失真小。这种电路的不足是需要较大的本振注入功率(约几十毫瓦)，不过本振电路一般还是可以供得起的，这种电路应用较为广泛。由于图7-4(c)和图7-4(d)所示的两种电路都是共基电路，对频率较低的混频器来说，混频电压增益低，输入阻抗也低，故不被采纳。但对工作频率较高(几十兆赫)的混频器来说，由于$f_\alpha \gg f_\beta$，此时的混频电压增益高，故也采用这种混频电路。

1. 电路分析

三极管混频器如图7-5所示。图中，输入信号$u_S = U_{Sm}\cos\omega_S t$，本振信号$u_L = U_{Lm}\cos\omega_L t$，且满足$U_{Sm} \ll U_{Lm}$，因此三极管是线性时变器件，混频器是线性时变电路。偏压E_B保证晶体管工作在非线性状态，负载LC回路是中频带通滤波器，谐振在中频$f_I = f_L - f_S$上，取出中频信号u_I。

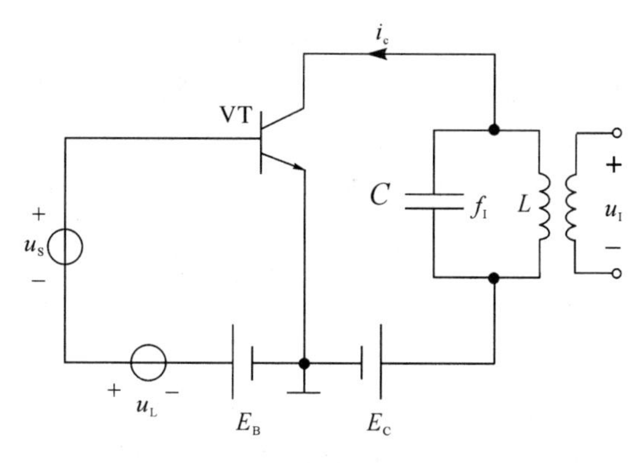

图 7-5　三极管混频器

由 6.3.2 节介绍的线性时变分析方法得到如图 7-5 所示的集电极电流为

$$i_c \approx I_0(t) + g(t)u_S \tag{7-1}$$

式中，$I_0(t)=f(E_B+u_L)$是三极管的时变静态电流；$g(t)=f'(E_B+u_L)$是三极管的时变静态跨导，均受本振信号 $u_L=U_{Lm}\cos\omega_L t$ 控制。$I_0(t)$和 $g(t)$的波形分别如图 7-6 和图 7-7 所示。

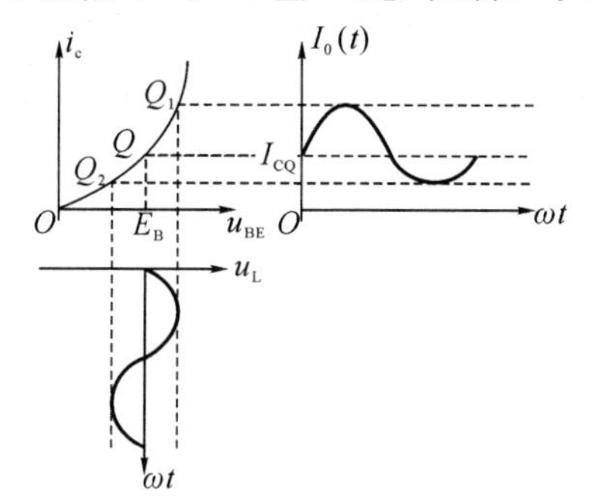

图 7-6　时变静态电流 $I_0(t)$波形

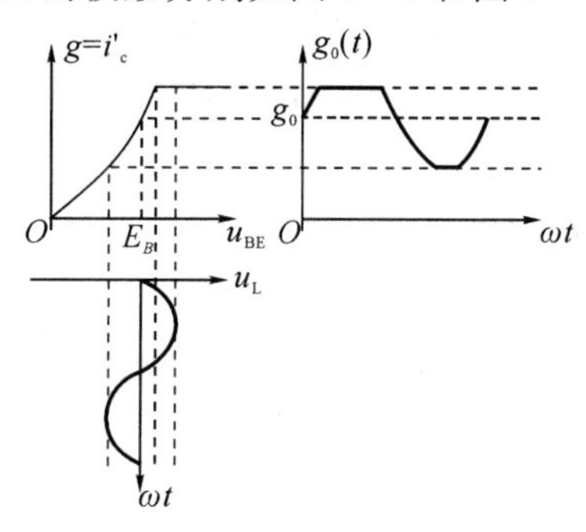

图 7-7　时变静态跨导 $g(t)$波形

$I_0(t)$和 $g(t)$的傅立叶级数展开式为

$$I_0(t)=I_{00}+I_{01}\cos\omega_L t+I_{02}\cos 2\omega_L t+I_{03}\cos 3\omega_L t+\cdots \tag{7-2}$$

$$g(t)=g_0+g_1\cos\omega_L t+g_2\cos 2\omega_L t+g_3\cos 3\omega_L t+\cdots \tag{7-3}$$

将式(7-3)代入式(7-1)，则有

$$\begin{aligned} i_c &\approx I_0(t)+(g_0+g_1\cos\omega_L t+\cdots)U_{Sm}\cos\omega_S t \\ &= I_0(t)+g_0U_{Sm}\cos\omega_S t+g_1U_{Sm}\cos\omega_S t\cos\omega_L t+\cdots \\ &= I_0(t)+g_0U_{Sm}\cos\omega_S t+\frac{1}{2}g_1U_{Sm}\cos(\omega_L-\omega_S)t+\frac{1}{2}g_1U_{Sm}\cos(\omega_L+\omega_S)t+\cdots \end{aligned}$$

可见 i_c 中有众多频率分量。由于负载 LC 谐振回路谐振在中频 $\omega_I=\omega_L-\omega_S$ 上，因此 i_c 中唯有中频分量 $\omega_I=\omega_L-\omega_S$ 才会输出，并在 LC 回路两端产生中频电压。设 LC 回路谐振电阻为 R_P，则输出中频电流和电压分别为

$$i_I(t)=\frac{1}{2}g_1U_{Sm}\cos(\omega_L-\omega_S)t=\frac{1}{2}g_1U_{Sm}\cos\omega_I t \tag{7-4}$$

$$u_I(t)=i_I(t)R_P=\frac{1}{2}g_1R_PU_{Sm}\cos(\omega_L-\omega_S)t=\frac{1}{2}g_1R_PU_{Sm}\cos\omega_I t \tag{7-5}$$

如果设输入信号为高频调幅波信号，即

$$u_S = U_{Sm}(1 + m_a\cos\Omega t)\cos\omega_S t$$

由于调幅波的载频远大于调制信号频率，即 $\omega_S \gg \Omega$，因此在载频几个周期内调幅波的幅度 $U_{Sm}(1+m_a\cos\Omega t)$ 可以认为是常数。设 $U'_{Sm} = U_{Sm}(1+m_a\cos\Omega t)$，则

$$\begin{aligned} i_c &= I_0(t) + (g_0 + g_1\cos\omega_L t + \cdots)U'_{Sm}\cos\omega_S t \\ &= I_0(t) + g_0 U'_{Sm}\cos\omega_S t + g_1 U'_{Sm}\cos\omega_S t\cos\omega_L t + \cdots \\ &= I_0(t) + g_0 U'_{Sm}\cos\omega_S t + \frac{1}{2}g_1 U'_{Sm}\cos(\omega_L - \omega_S)t \\ &\quad + \frac{1}{2}g_1 U'_{Sm}\cos(\omega_L + \omega_S)t + \cdots \end{aligned}$$

经过 LC 谐振回路(谐振频率 $\omega_I = \omega_L - \omega_S$ 且带宽 $B = 2\Omega$)，则

$$i_I(t) = \frac{1}{2}g_1 U'_{Sm}\cos(\omega_L - \omega_S)t = \frac{1}{2}g_1 U_{Sm}(1+m_a\cos\Omega t)\cos\omega_I t \tag{7-6}$$

$$u_I(t) = \frac{1}{2}g_1 R_P U'_{Sm}\cos(\omega_L - \omega_S)t = \frac{1}{2}g_1 R_P U_{Sm}(1+m_a\cos\Omega t)\cos\omega_I t \tag{7-7}$$

由式(7-6)或式(7-7)可见，混频器输入 AM 波的包络函数的变化规律是 $U_{Sm}(1+m_a\cos\Omega t)$，而混频后中频电流或中频电压仍是 AM 波，且其包络函数的变化规律没变，仍正比于 $U_{Sm}(1+m_a\cos\Omega t)$，再次说明混频前后已调信号的调制规律不变，只是载频由高频 f_S 变为中频 f_I 而已。

2. 性能指标分析计算

1) 混频电压增益 K_{uc}

由式(7-5)可知，输出中频电压振幅为

$$U_{Im} = \frac{1}{2}g_1 R_P U_{Sm}$$

根据混频电压增益定义，得到

$$K_{uc} = \frac{U_{Im}}{U_{Sm}} = \frac{1}{2}g_1 R_P$$

2) 混频跨导 g_c

为了衡量混频三极管把输入高频信号电压转换为中频电流的能力，引入混频跨导 g_c 这个参量。g_c 定义为输出的中频电流振幅 I_{Im} 与输入高频信号电压振幅 U_{Sm} 之比，即

$$g_c = \frac{I_{Im}}{U_{Sm}} \tag{7-8}$$

由式(7-4)可知，输出中频电流振幅为

$$I_{Im} = \frac{1}{2}g_1 U_{Sm}$$

则三极管混频电路的混频跨导为

$$g_c = \frac{1}{2}g_1$$

式中，g_1 为三极管混频器时变静态跨导的基波分量。

7.2.2 二极管混频器

二极管混频器与二极管调制器的电路结构相同，所不同的是输入信号和本振信号都是

高频信号，输出是中频信号。二极管混频器电路有结构简单、噪声低、组合频率分量少等优点。如果采用肖特基二极管，其工作频率可高到微波频段。因此，二极管平衡混频器广泛用于高质量的微波波段的通信设备中。

1. 单二极管混频器

图7-8是一个单二极管混频器原理电路。由图可见，二极管混频器的输出中频回路直接与晶体二极管、输入信号回路、本振电压 u_L 串接，因而与晶体三极管混频器不同，它的输出中频电压 u_I 将全部反作用于二极管两端。根据图中标注的电压方向，实际加到二极管两端的电压 $u_D=u_S+u_L-u_I$。

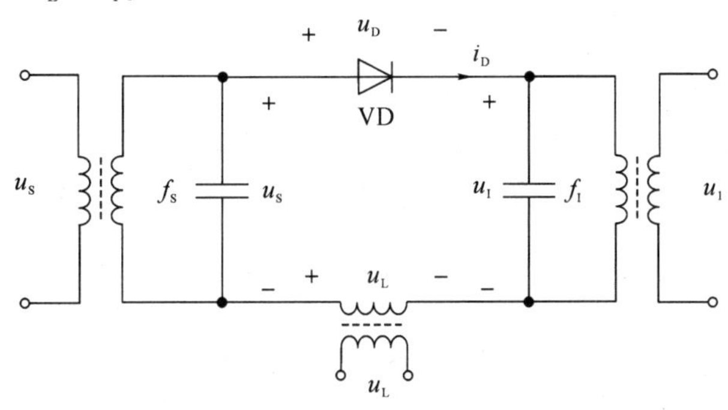

图7-8 单二极管混频器原理电路

设输入电压 $u_S=U_{Sm}\cos\omega_S t$，本振电压 $u_L=U_{Lm}\cos\omega_L t$，并且满足 $U_{Sm}\ll U_{Lm}$，所以二极管混频器是线性时变电路。二极管可近似看成是由大信号 u_L 控制的开关，且当 u_L 正半周时 VD 导通，二极管等效的时变电导 $g(t)=g_D k_1(\omega_L t)$，其中，g_D 是二极管导通电导，$k_1(\omega_L t)$是单向开关函数，则二极管电流为

$$\begin{aligned}i_D&=g_D k_1(\omega_L t)u_D=g_D k_1(\omega_L t)(u_S+u_L-u_I)\\&=g_D\left(\frac{1}{2}+\frac{2}{\pi}\cos\omega_L t-\cdots\right)(U_{Sm}\cos\omega_S t+U_{Lm}\cos\omega_L t-U_{Im}\cos\omega_I t)\end{aligned}$$

若假定 $\omega_I=\omega_L-\omega_S$，则由上式可求得中频电流和有用信号电流分别为

$$i_I(t)=\frac{1}{\pi}g_D U_{Sm}\cos(\omega_L-\omega_S)t-\frac{1}{2}g_D U_{Im}\cos\omega_I t \tag{7-9}$$

$$i_S(t)=\frac{1}{2}g_D U_{Sm}\cos\omega_S t-\frac{1}{\pi}g_D U_{Im}\cos(\omega_L-\omega_I)t \tag{7-10}$$

式(7-9)和式(7-10)组成二极管混频器电流方程式。式(7-9)中，第一项是本振电压与信号电压经二极管混频产生的中频分量电流，这是混频器正常输出，称为正向混频；第二项是输出的中频电压作用于二极管形成的中频电流，与正向混频电流极性相反。式(7-10)中，第一项是信号电压形成的信号电流；第二项是本振电压与输出中频电压经二极管混频产生的信号分量电流，与正向混频相反，称为反向混频。具有双向混频特性是二极管混频所特有的。在三极管混频器中由于输入与输出隔离度很大，因此忽略反向混频作用。

2. 二极管平衡混频器和二极管环形混频器

图7-9是一个二极管平衡混频器原理电路。信号电压 u_S 经高频变压器 Tr_1 加到二极管 VD_1 和 VD_2 上，本振电压 u_L 加在两个变压器 Tr_1 和 Tr_2 的中点，中频信号通过中频变压器 Tr_2 输出。

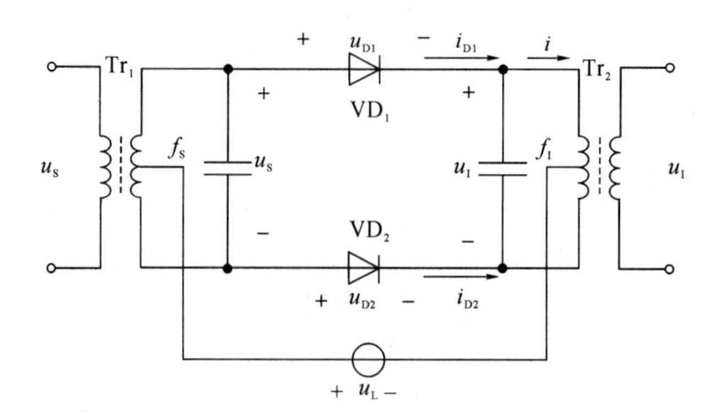

图 7-9　二极管平衡混频器原理电路

假定两个二极管 VD_1 和 VD_2 的特性相同，当 u_L 足够大，二极管工作在受 u_L 控制的开关状态且当 u_L 正半周时，VD_1 和 VD_2 导通，则流过两个二极管的电流分别为

$$i_{D1}=g_Dk_1(\omega_Lt)u_{D1}=g_Dk_1(\omega_Lt)\left(u_L+\frac{u_S}{2}-\frac{u_I}{2}\right) \tag{7-11}$$

$$i_{D2}=g_Dk_1(\omega_Lt)u_{D2}=g_Dk_1(\omega_Lt)\left(u_L-\frac{u_S}{2}+\frac{u_I}{2}\right) \tag{7-12}$$

因而，通过输出中频回路的总电流 i 为

$$\begin{aligned} i&=i_{D1}-i_{D2}=g_Dk_1(\omega_Lt)(u_S-u_I)\\ &=g_D\left(\frac{1}{2}+\frac{2}{\pi}\cos\omega_Lt+\cdots\right)(U_{Sm}\cos\omega_St-U_{Im}\cos\omega_It) \end{aligned} \tag{7-13}$$

式(7-13)中的中频电流分量为

$$i_I=\frac{1}{\pi}g_DU_{Sm}\cos(\omega_L-\omega_S)t-\frac{1}{2}g_DU_{Im}\cos\omega_It \tag{7-14}$$

由式(7-14)可见，与单二极管混频器比较，平衡混频器抵消了 i 中的 ω_L 及其各偶次谐波分量。因此在平衡电路中抑制了许多组合频率分量，大大减小了组合频率干扰。

二极管环形混频器原理电路如图 7-10 所示。

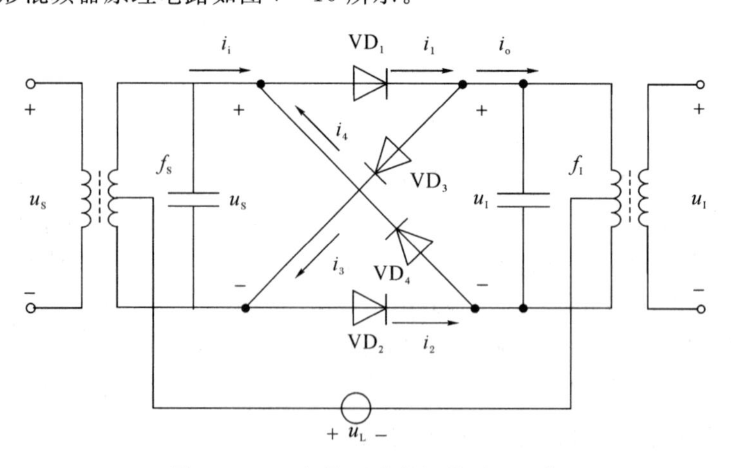

图 7-10　二极管环形混频器原理电路

当 u_L 足够大，二极管工作在受 u_L 控制的开关状态且当 u_L 正半周时，VD_1 和 VD_2 导通，则由 VD_1 和 VD_2 组成的平衡混频器电流为

$$i_{D1,D2}=i_1-i_2=g_D k_1(\omega_L t)(u_S-u_I) \tag{7-15}$$

当 u_L 负半周时，VD_3 和 VD_4 导通，因此由 VD_3、VD_4 组成的平衡混频器电流为

$$i_{D3,D4}=i_3-i_4=g_D k_1(\omega_L t-\pi)(u_S-u_I) \tag{7-16}$$

因此，通过输出中频回路总电流为

$$\begin{aligned} i_o&=i_{D1,D2}-i_{D3,D4}=g_D k_1(\omega_L t)(u_S-u_I)-g_D k_1(\omega_L t-\pi)(u_S-u_I)\\ &=g_D[k_1(\omega_L t)-k_1(\omega_L t-\pi)]u_S-g_D[k_1(\omega_L t)+k_1(\omega_L t-\pi)]u_I\\ &=g_D\left[\frac{4}{\pi}\cos\omega_L t-\cdots\right]u_S-g_D u_I \end{aligned} \tag{7-17}$$

由式(7-17)得到的中频电流分量为

$$i_I=\frac{2}{\pi}g_D U_{Sm}\cos(\omega_L-\omega_S)t-g_D U_{Im}\cos\omega_I t \tag{7-18}$$

由式(7-18)可知，与平衡混频器相比，环形混频器的输出电流中进一步抵消了 ω_S 及 $\omega_L\pm\omega_I$、$3\omega_L\pm\omega_I$ 等分量，并且输出中频电流幅值是平衡混频器的两倍。

7.2.3　调幅、检波和混频电路小结

前面所介绍的调幅、检波和混频均属于频谱线性搬移电路，因此它们的原理和电路有相同和不同的方面。相同的方面是均可以采用二极管、三极管、场效应管、乘法器等非线性器件实现；不同的方面是调幅、检波和混频电路的输入、输出信号不同，采用的滤波器不同。

下面以单音调制 DSB-SC 信号为例，介绍频谱线性搬移电路的原理。其实现调制、解调和混频的原理框图如图 7-11 所示。设调制信号为 u_Ω、调制频率为 F、发送载波频率为 f_c、本振频率为 f_L、中频频率为 f_I。调幅、检波和混频的比较如表 7-1 所示。

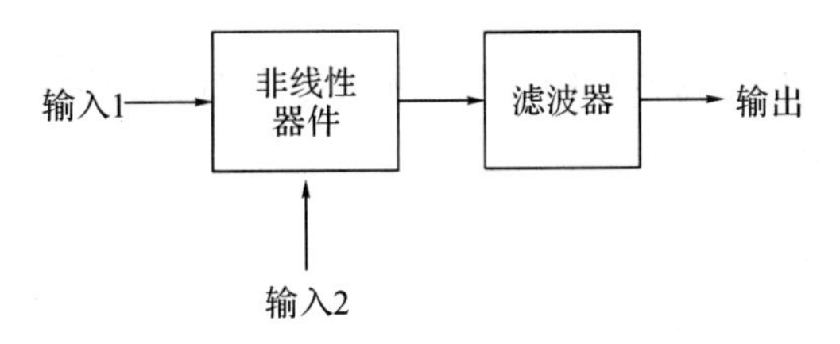

图 7-11　实现调制、解调和混频的原理框图

表 7-1　调幅、检波和混频的比较

功能	输入 1		输入 2		输出		滤波器		
	信号	频率	信号	频率	信号	频率	类型	f_0	B
调制	u_Ω	F	u_c	f_c	u_{DSB}	$f_c\pm F$	带通	f_c	$2F$
解调	u_{DSB}	$f_c\pm F$	u_r	f_c	u_Ω	F	低通		F
混频	u_{DSB}	$f_c\pm F$	u_L	f_L	u_I	$f_I\pm F$	带通	f_I	$2F$

7.3 混频干扰

图 7-12 是超外差接收机的电路框图。从图中可以看出，此电路分为混频器(非线性电路)、中频放大器(线性电路)、检波器(非线性电路)等三部分。正因为具有这样一种特定的结构，超外差接收机会产生某些特有的干扰，称为混频干扰。

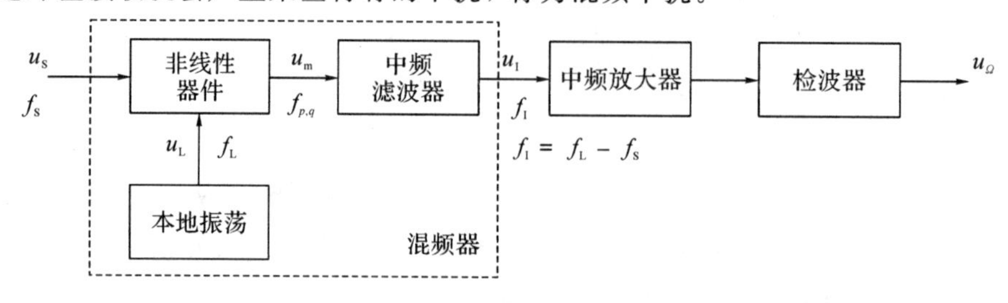

图 7-12　混频器超外差接收机的电路框图

通过前文可知，当混频器两个输入信号频率分别为 f_S 和 f_L 时，由于混频器的非线性，其输出信号中有很多组合频率分量，可以写成通式，即

$$f_{p,q}=|\pm pf_S\pm qf_L| \tag{7-19}$$

式中，p 和 q 为任意正整数或零，分别代表本振频率和信号频率的谐波次数，并且 $f_{p,q}$分量的振幅随着 $p+q$ 的增大而迅速减小。

$f_{p,q}$中除了含有有用组合频率分量 $f_{p,q}=f_L-f_S=f_I$ 之外，还会有一些干扰组合频率分量，如果某些组合频率分量 $f_{p,q}$等于或接近于中频 f_I，则中频滤波器对它们没有抑制能力，然后送入中频放大器进行放大，并进入检波器进行检波，这样在听到有用电台信号时，也可以听到干扰信号。

本节以晶体三极管混频器为例介绍各类混频干扰形成的原因以及解决的措施，讨论结果同样适用于其他混频器。

7.3.1 干扰啸声

1. 形成原因

干扰啸声是指由有用信号和本振信号组合而形成的干扰。例如，当信号频率 $f_S=931$ kHz，中频频率 $f_I=465$ kHz 时，若混频输出存在组合频率分量 $-f_L+2f_S=2\times931-1396=466$ kHz，该组合频率分量与中频只差 1 kHz，则该组合频率分量可以畅通无阻地通过中频滤波器和中频放大器，然后进入检波器，在检波器中与中频 465 kHz 差拍，产生 1 kHz 的低频。这样，收听者在收听有用信号的声音时伴随着听到 1 kHz 的干扰啸声。

下面分析哪些信号频率点容易产生干扰啸声。

2. 产生干扰啸声的频率

显然，式(7-19)只要满足以下关系

$$f_{p,q}=\pm pf_L\pm qf_S\approx f_I \tag{7-20}$$

则组合频率分量 $f_{p,q}$就能进入中频放大器，经差拍检波后，产生干扰啸声。式(7-20)包括四种情况：$pf_L-qf_S\approx f_I$；$pf_L+qf_S\approx f_I$；$-pf_L+qf_S\approx f_I$；$-pf_L-qf_S\approx f_I$。如果假设有

用组合为 $f_I = f_L - f_S$，则其中第二种、第四种情况是不存在的(因为 $pf_L + qf_S$ 恒大于 f_I，$-pf_L - qf_S$是无意义的负频率)，则第一、三种情况合并，得到可能产生干扰哨声的输入有用信号频率为

$$f_S \approx \frac{p \pm 1}{q - p} f_I \tag{7-21}$$

式(7-21)表明，若 p 和 q 取不同正整数，则满足式(7-21)的 f_S 有无穷多个。但是实际上，任何一个接收机的接收频段都是有限的，例如，中波调幅收音机接收频段为 535～1605 kHz。再者，由于混频管集电极电流中的组合频率分量的振幅随着 $p+q$ 的增大而迅速减小，因而当 $p+q$ 较大时，即便理论上形成干扰，但是由于其幅度很小，以致听不到，故构不成有明显影响的干扰，可以忽略不计。

因此能产生明显干扰哨声的输入有用信号频率必须同时满足两点：① 能满足式(7-21)的信号频率且在接收机工作频段之内；② 对应 $p+q$ 值较小的信号频率。

7.3.2　副波道干扰

1. 形成原因

副波道干扰是指由干扰信号和本振信号组合而形成的干扰。正常情况下，有用电台信号与本振信号混频得到中频 $f_I = f_L - f_S$，这种组合通道称为主通道或主波道。如果混频器之前的输入回路选择性不够好，使得干扰信号 f_N 也进入混频器，其与本振频率 f_L 进行组合并等于中频，形成对 f_S 的干扰，这些组合通道不是主波道，而是副波道，又称为寄生波道，因此将这种干扰称为副波道干扰或寄生波道干扰。

2. 产生副波道干扰的频率

若干扰频率 f_N 与本振频率 f_L 满足下列关系，即

$$\begin{cases} pf_L - qf_N = f_I \\ -pf_L + qf_N = f_I \end{cases} \tag{7-22}$$

就会产生副波道干扰。

由式(7-22)可以求出产生副波道干扰的干扰频率为

$$f_N = \frac{1}{q}(pf_L \pm f_I) \tag{7-23}$$

同理，能产生明显副波道干扰的干扰频率必须同时满足两点：① 能满足式(7-23)的干扰频率且在接收机工作频段之内；② 对应 $p+q$ 值较小的干扰频率。

根据式(7-23)可以求出副波道干扰中最强的两个干扰频率，即中频干扰和镜像频率干扰。

1) 中频干扰

在式(7-23)中取 $p=0$，$q=1$ 时，干扰频率 f_N 为

$$f_N = f_I \tag{7-24}$$

此时，由于干扰信号频率等于中频频率 f_I，故称为中频干扰。

当接收机前端电路的选择性不够好，致使中频干扰信号到达混频器的输入端时，由于混频器的输出回路调谐于中频 f_I，因此中频干扰信号就会被混频器和各级中频放大器放大，具有比有用信号更强的传输能力。

2）镜像频率干扰

当 $p=1$，$q=1$ 时，干扰频率 f_N 为

$$f_N=f_L+f_I=f_S+2f_I \tag{7-25}$$

可见，该干扰信号比本振频率 f_L 高一个中频，比信号频率 f_S 高两个中频。也就是说，如果将本振频率 f_L 看成是一面“镜子”，干扰信号 f_N 与有用信号频率 f_S 则成镜像关系，故称 f_N 为镜像频率(简称镜频)干扰，如图 7-13 所示。图中虚线为输入回路的选频特性。

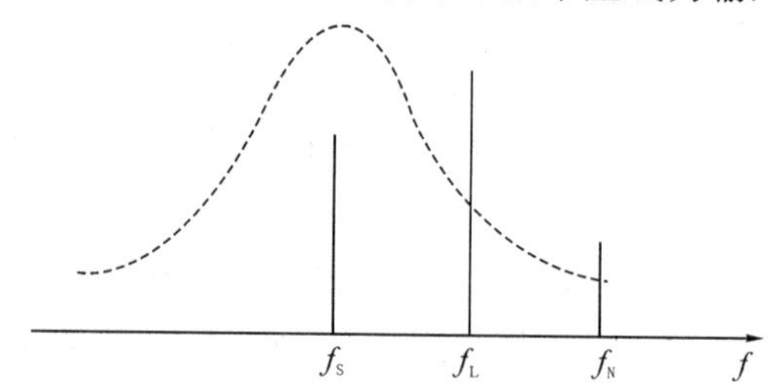

图 7-13　镜像频率干扰

镜像频率干扰通过的副波道组合具有与有用波道组合相同的 p、q 值(即 $p=q=1$)，因此具有与有用信号相同的传输能力。

上面讨论了当 f_S 一定(即接收机调谐一定)时，会产生副波道干扰的输入干扰频率。现在要问，当输入干扰频率 f_N 一定时，有哪些 f_S(即接收机调谐在哪些频率时)使该干扰信号会形成副波道干扰呢？这个问题可以根据式(7-23)以及 $f_L=f_S+f_I$ 得到

$$f_S\approx\frac{q}{p}f_N-\frac{p\pm1}{p}f_I \tag{7-26}$$

例如，在中波段广播收音机中，若混频器输入端作用于载频为 1000 kHz 的干扰信号，则按式(7-26)，可以得到当接收机调谐于 1070 kHz($p=1$，$q=2$)和 767.5 kHz($p=2$，$q=2$)等频率时，该干扰信号就会形成副波道干扰，如果送到接收机输出端，就会影响收听效果。

7.3.3　交叉调制干扰和互相调制干扰

1. 交叉调制干扰(交调干扰)

当混频器输入端同时作用着有用信号 u_S 和干扰信号 u_N 时，混频器除了对某些特定频率的干扰信号形成副波道干扰外，还会对任意频率的干扰信号产生交调干扰。

设晶体三极管的静态转移特性在基极偏置电压 E_B 上展开的泰勒级数为

$$i_c=a_0+a_1u_{be}+a_2u_{be}^2+a_3u_{be}^3+a_4u_{be}^4+\cdots \tag{7-27}$$

若有用信号为普通调幅波 $u_S=U_{Sm0}(1+m_1\cos\Omega_1t)\cos\omega_St=U_{Sm}\cos\omega_St$，干扰信号也为普通调幅波 $u_N=U_{N0}(1+m_2\cos\Omega_2t)\cos\omega_Nt=U_{Nm}\cos\omega_Nt$，则发射结两端电压为

$$u_{be}=U_{Sm}\cos\omega_St+U_{Lm}\cos\omega_Lt+U_{Nm}\cos\omega_Nt$$

将其代入式(7-27)，经整理后可知，u_{be}的二次方项、四次方项及更高的偶次方项均会产生中频分量，其中，$a_4u_{be}^4$ 项产生的乘积项 $12a_4u_Su_N^2u_L$ 中包含有中频电流分量，其幅值为 $3a_4U_{Sm}U_{Nm}^2U_{Lm}$，正比于干扰信号幅度 U_{Nm}的平方，即该中频电流分量振幅中既有 Ω_1 成分，也有 Ω_2 成分。换句话说，这种失真是将干扰信号的包络交叉转移到输出中频信号上去的一种非线性失真，称为交调失真或交调干扰。

当这种交叉调制现象表现为接收机调谐在 ω_S 上时，人们不仅能听到有用信号(Ω_1 成分)，同时也能听到干扰信号(Ω_2 成分)。当接收机对 ω_S 失谐时，Ω_1 成分的声音小了，Ω_2 成分的声音也小了，而当 Ω_1 成分的声音完全消失时，Ω_2 成分的声音也完全消失。

交叉调制的产生，无需有用信号与干扰信号之间发生频率联系。也就是说，不管干扰信号的频率距离有用信号频率多远，只要它的强度足够，并进入接收机的前端电路，就可能产生交叉调制。所以，交调干扰是危害较大的一种电台干扰形式。

2. 互相调制干扰(互调干扰)

若接收机前端电路的选择性不好，致使角频率为 ω_{N1} 和 ω_{N2} 的两个干扰信号同时加到接收机输入端，在混频器非线性作用下，混频器输出端除了有用组合 $\omega_L-\omega_S=\omega_I$ 外，还可能存在

$$\pm m\omega_{N1}\pm n\omega_{N2}\pm\omega_L\approx\omega_I \tag{7-28}$$

式(7-28)是两个干扰信号与本振信号组合产生的中频分量(m、n 分别是干扰频率 ω_{N1} 和 ω_{N2} 的谐波次数)，这会引起混频器输出中频信号失真。通常将这种现象称为互相调制干扰。

产生互调干扰的两个干扰信号频率之间满足一定的关系，所以它不同于交调干扰。一般来说，当 ω_{N1} 和 ω_{N2} 距离 ω_S 较远时，用提高前端电路选择性的办法，能够有效地减少互调干扰的影响。

7.3.4 减小混频干扰的措施

总的来说，可以采取以下措施减小混频干扰：

(1) 减小输入与本振信号幅度，可减小产生干扰哨声组合频率分量幅度。

(2) 提高前端的电路选择性，例如，提高天线回路和高频放大器的滤波性能，并同时压低它们的增益，可以防止副波道干扰、交调干扰和互调干扰。

(3) 合理选择中频。将中频设置在接收频段外，可避免产生最强的中频干扰；采用上混频或二次混频方案，可以使镜像频率远离信号频率。

(4) 减少混频电路的高次项，以减小无用分量个数。例如，合理选择混频管的静态工作点，使其工作在器件的二次方项区域，或者选择具有平方律特性的场效应管，或者采用平衡电路抵消一些无用分量，均可以有效减小各种混频干扰。

7.4 三极管混频器应用举例

晶体三极管混频器的实际电路有两类：本振电压由单独振荡器产生的他激式混频器(又称为变频器)和本振电压由混频管自身产生的自激式混频器。

图7-14是一种他激式共基极混频器电路。其晶体管 VT_1 与外围电路组成混频电路，VT_2 与外围电路组成互感耦合本地振荡电路。输入回路 L_1C_1 谐振在输入信号的载频 f_c 上，取出信号 u_S 并送入混频管基极；本振回路 L_4C_4 谐振在本振信号频率 f_L 上，取出本振电压 u_L，通过耦合电容 C_5 注入混频管发射极；u_S 与 u_L 经过混频管混频，在集电极电流中产生中频电流；中频回路(中周)L_3C_3 谐振在中频电流频率 $f_I=f_L-f_c$ 上，取出中频电压 u_I，从而实现混频作用。

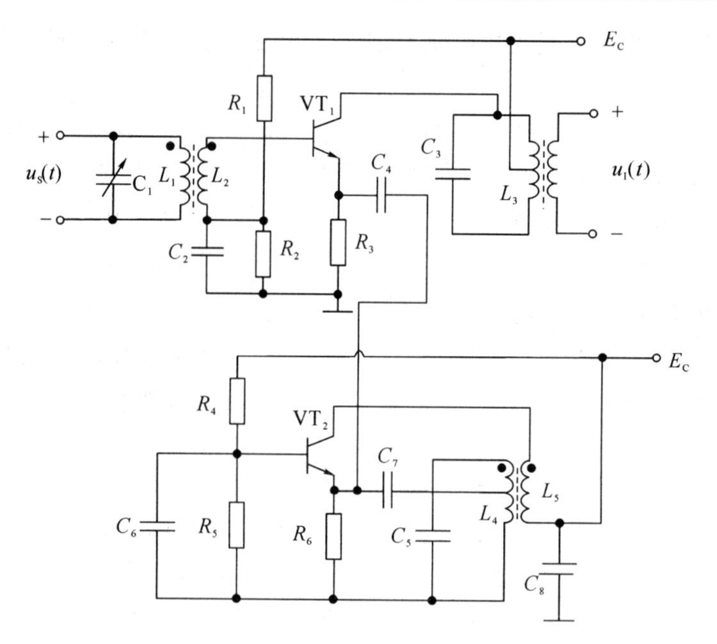

图 7-14　他激式共基极混频器电路

图 7-15 是晶体管收音机的自激式共发射极混频器电路。图中混频和振荡都是由一个晶体管 VT 完成。经过输入回路 L_0、C_{T1}、C_1 选择收听的电台信号，通过变压器 Tr_1 耦合从晶体管基极注入；本地振荡器是由三极管与振荡回路 L_2、C_{T2}、C_2 和反馈线圈 L_3 等构成变压器耦合反馈式振荡电路，本振电压由本振回路线圈 L_2 的抽头取出，通过高频耦合电容 C_E 向发射极注入；基极的输入信号 u_S 与发射极本振信号 u_L 作用于混频管发射结，利用晶体管非线性特性进行混频，输出电流中含有中频分量，由于反馈线圈 L_3 对中频频率呈现很小的感抗，近似短路，因此不会对中频信号进行反馈，中频信号直接经由 C_4L_4 中频回路输出。

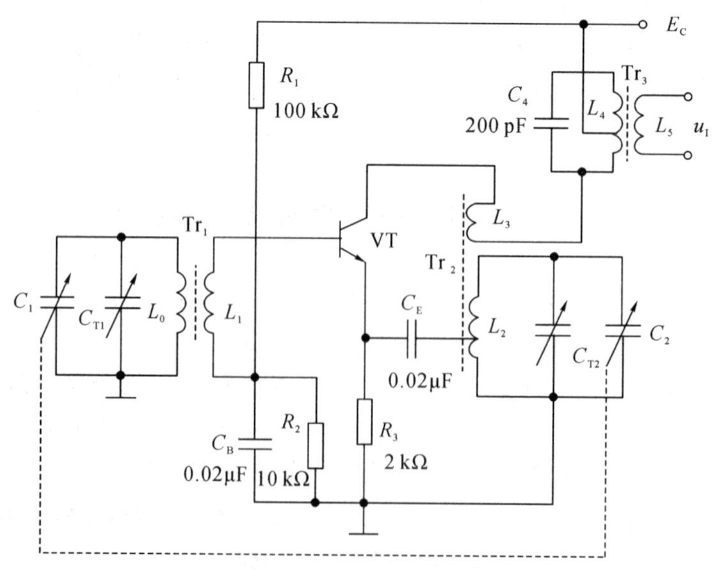

图 7-15　自激式共发射极混频器电路

为了保证混频质量，需要选择合适的晶体管。一般要求晶体管的特征频率为最高工作频率的5～10倍，并且要选择$C_{b'c}$（集电结结电容）小和$r_{bb'}$（基区体电阻）小的高频三极管，同时要求其噪声系数小，一般选混频管的静态工作电流为0.4～0.6 mA为宜。

为了保证本振频率f_L与电台频率f_c之差为465 kHz，图7-15中的本振回路电容C_2必须与收音机输入回路电容C_1同时改变，这就是超外差式收音机使用双联电容的原因。

为了在接收机整个频段内使得本振频率对信号频率有良好的跟踪，一般加入微调电容C_{T2}作为补偿电容。

习 题

1. 混频作用是如何产生的？为什么一定要有非线性元件才能产生混频作用？混频与检波有何相同点与不同点？

2. 在如图7-16所示的晶体三极管混频器原理电路中，本振电压$u_L=U_{Lm}\cos\omega_L t$。晶体三极管的静态转移特性为$i_c=f(u_{BE})=a_0+a_1u_{BE}+a_2u_{BE}^2+a_3u_{BE}^3+a_4u_{BE}^4$。在满足线性时变条件下，试求出混频跨导$g_c$。

3. 一个非线性器件的伏安特性如图7-17所示，并设本振电压振幅为U_{Lm}，静态偏置电压为E_{B0}。试画出下列情况下时变跨导$g(t)$的波形图，并计算相应的混频跨导g_c。

(1) $E_{B0}=0.2$ V，$U_{Lm}=0.6$ V；　(2) $E_{B0}=0.8$ V，$U_{Lm}=0.6$ V；

(3) $E_{B0}=0.5$ V，$U_{Lm}=0.3$ V；　(4) $E_{B0}=-0.4$ V，$U_{Lm}=1.2$ V。

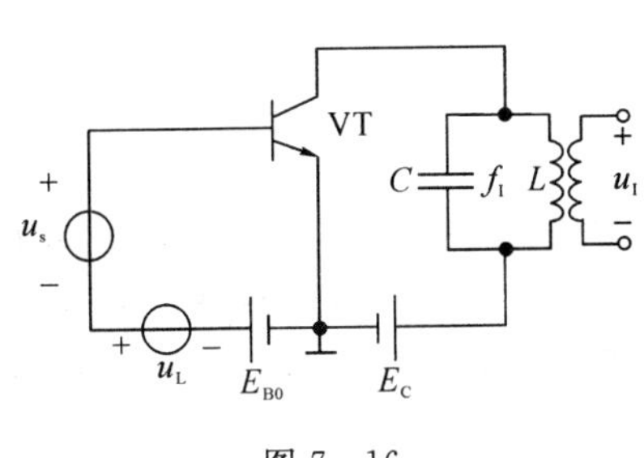

图7-16

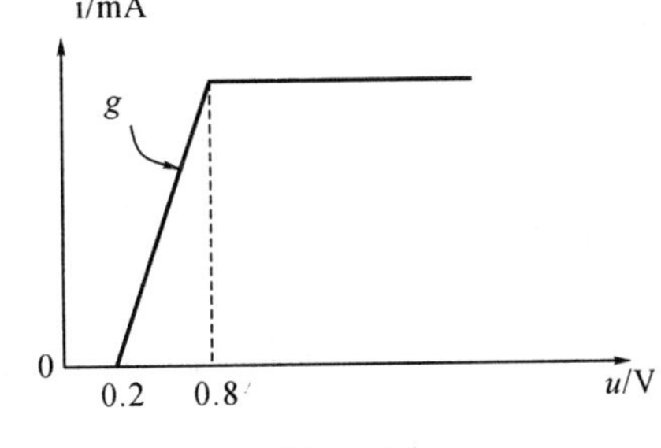

图7-17

4. 在如图7-18所示的场效应管混频电路中，已知场效应管的静态转移特性为$i_D=$

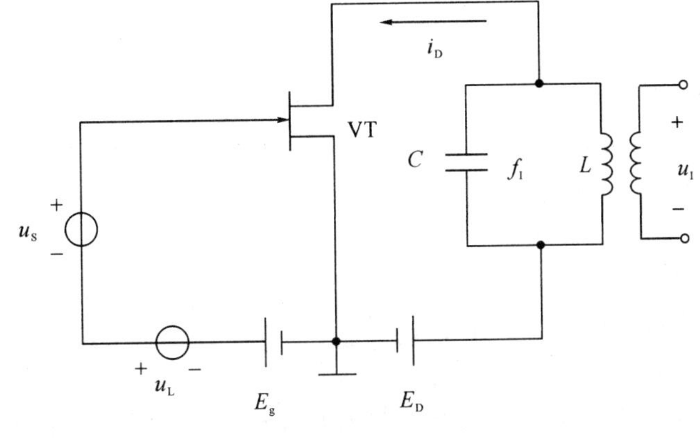

图7-18

$I_{DSS}\left(1-\frac{u_{GS}}{U_P}\right)^2$。在满足线性时变要求条件下，如果静态偏置电压为 E_g，本振电压 $u_L=U_{Lm}\cos\omega_L t$，信号电压 $u_S=U_{Sm}\cos\omega_S t$。试证明：(1) 此混频器能完成混频作用；(2) 当 $U_{Lm}\leqslant|U_p-E_g|$时，混频跨导 $g_c=\frac{I_I}{U_{Sm}}=\frac{I_{DSS}}{U_p^2}U_{Lm}$；(3) 当 $U_{Lm}=|U_p-E_g|$时，$g_c=\frac{1}{2}g_0$ 为静态工作点上的跨导的一半。

5. 在如图 7-19 所示的场效应管混频电路中，已知场效应管的静态转移特性为 $i_D=I_{DSS}\left(1-\frac{u_{GS}}{U_P}\right)^2$，其中，$I_{DSS}=3$ mA，$U_P=-3$ V，输出回路调谐于中频 $f_I=465$ kHz，回路空载品质因数 $Q_0=100$，负载电阻 $R_L=1$ kΩ，回路电容 $C=600$ pF，接入系数 $n=1/7$，电容 C_1、C_2、C_3 均可视为短路。现调整本振电压振幅 U_{Lm} 和自给偏置电阻 R_S，保证场效应管工作在平方律特性区域内。试求：(1) 为获得最大混频跨导所需的 U_{Lm}；(2) 最大混频跨导 g_c 和相应的混频电压增益 $A_{uc}=U_{Im}/U_{Sm}$。

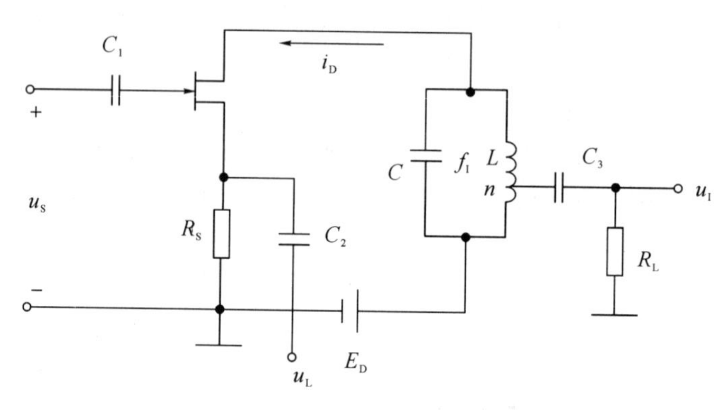

图 7-19

6. 乘法器电路如图 7-20 所示。现有几种可能输入信号：$u_{i1}=U_\Omega\cos\Omega t$；$u_{i2}=U_c\cos\omega_c t$；$u_{i3}=U_m(1+m_1\cos\Omega_1 t)\cos\omega_c t$；$u_{i4}=U_r\cos\omega_r t(\omega_r=\omega_c)$；$u_{i5}=U_L\cos\omega_L t$；$u_{i6}=U\cos\Omega_1 t\cos\omega_c t$；$u_{i7}=U_0$。当要求输出以下各类信号时，乘法器输入端 u_1、u_2 分别接入上述哪个信号？滤波器如何设计？

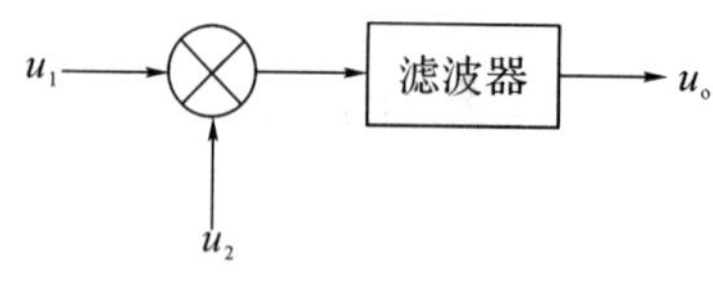

图 7-20

(1) $u_{o1}=U(1+m\cos\Omega t)\cos\omega_c t$；

(2) $u_{o2}=U\cos\Omega t\cdot\cos\omega_c t$；

(3) $u_{o3}=U\cos(\omega_c+\Omega)t$；

(4) $u_{o4}=U\cos\Omega_1 t$；

(5) $u_{o5}=U(1+m_1\cos\Omega_1 t)\cos\omega_I t$；

(6) $u_{o6}=U\cos\Omega_1 t\cdot\cos\omega_I t$。

7. 某单边带发射机(上边带)的组成框图如图 7-21 所示。调制信号为 300～3000 Hz 的音频。试画出各方框输出端的频谱图。

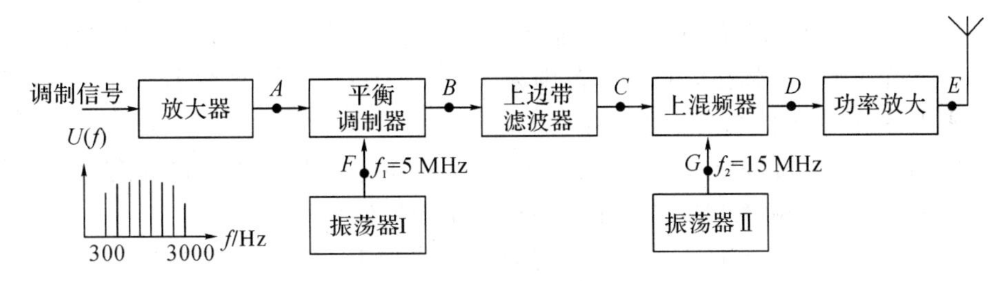

图 7-21

8. 外差式调幅广播接收机的组成框图如图 7-22 所示。采用低中频，中频频率 $f_I=465\ \text{kHz}$。

(1) 请填出方框 1 和 2 的名称，并简述其功能。

(2) 若接收台的频率为 810 kHz，则本振频率 f_L 为多少？

(3) 已知语音信号的带宽为 300～3400 Hz，试分别画出 A、B 和 C 点处的频谱图。

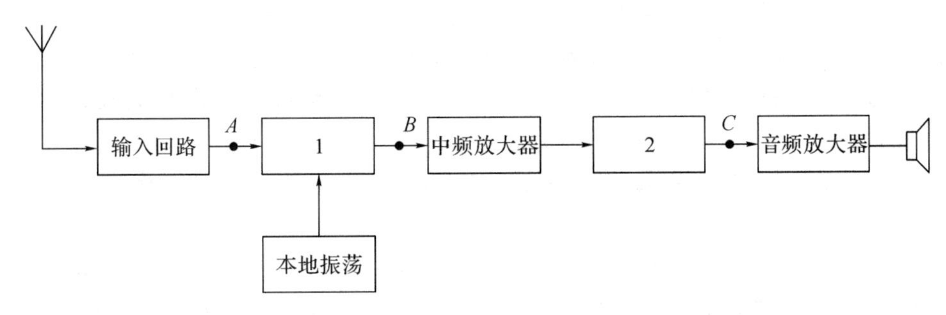

图 7-22

9. 一个晶体三极管混频电路，已知 $f_L=1395\ \text{kHz}$，$f_S=930\ \text{kHz}$，$f_I=465\ \text{kHz}$。若设晶体三极管的静态转移特性为 $i_c=a_0+a_1u_{BE}+a_2u_{BE}^2+a_3u_{BE}^3+a_4u_{BE}^4$。试分析其中有哪些组合频率分量可通过中频回路输出。

10. 一个超外差式广播接收机，其中频频率 $f_I=f_L-f_S=465\ \text{kHz}$。在接听频率为 $f_S=931\ \text{kHz}$ 的电台播音时，发现除了正常信号外，同时还伴有音调约为 1 kHz 的哨声，而且转动接收机的调谐旋钮，则此哨声的音调还会变化。试分析：

(1) 此现象是由哪种干扰引起的？

(2) 在 535～1605 kHz 的波段内，还会在哪些频率刻度上出现这种现象($p+q\leqslant 6$)？

(3) 怎样才能减少这种现象？

11. 一个超外差式广播接收机的工作频段为 535 kHz～7 MHz，中频频率 $f_I=f_L-f_S$。试问：

(1) 当中频频率为 465 kHz 时，谐波次数 $p+q\leqslant 6$ 的组合频率分量造成的干扰哨声会出现在哪些频率上？

(2) 若中频频率为 30 MHz，出现干扰哨声的频率是哪些？

(3) 若中频频率为 60 MHz，出现干扰哨声的频率是哪些？

12. 一个超外差式广播接收机中，中频频率 $f_I=f_L-f_S=465\ \text{kHz}$。试分析下列现象属于何种干扰，又是通过什么组合通道形成的：

(1) 当接听频率 $f_S=550\ \text{kHz}$ 的电台播音时，听到频率为 1480 kHz 的强电台播音；

(2) 当接听频率 $f_S=1480$ kHz 电台播音时，听到频率为 740 kHz 的强电台播音。

13. 一个超外差式广播接收机频率范围为 30～50 MHz，中频频率 $f_I=f_L-f_S$，若组合频率分量只考虑到 $|p+q|\leqslant 3$。试分析：

(1) 当 $f_I=1.5$ MHz 时，若有一频率为 40 MHz 的干扰信号进入接收机的混频器，则在该接收频段内的哪些频率刻度位置上可听到这个干扰信号的声音？

(2) $f_I=f_L-f_S=24$ MHz，试分析在哪些接收频率上会出现干扰哨声。

14. 超外差式广播接收机频率范围为 535～1065 kHz，中频频率为 465 kHz。当收听 $f_S=700$ kHz的电台播音时，除了调谐在 700 kHz 频率刻度上能收听到外，还可能在接收频段内的哪些频率刻度位置上收听到这个电台的声音(写出最强的两个)？说明它们各自是通过什么副波道造成的。

15. 湖北台频率为 $f_1=774$ kHz，武汉台频率为 $f_2=1035$ kHz，它们对其短波($f_S=$ 2～12 MHz)收音机的哪些频率将产生互调干扰？(只考虑 $m+n\leqslant 3$ 的情况。)

16. 如果混频管的转移特性为 $i_c=b_0+b_1u_{be}+b_2u_{be}^2$。它会不会受到中频干扰和镜像干扰？会不会产生干扰电台所引起的交调、互调和阻塞干扰？为什么？

17. 混频器中晶体三极管在静态工作点上展开的转移特性可由幂级数表示为 $i_c=I_0+au_{be}+bu_{be}^2+cu_{be}^3+du_{be}^4$。已知混频器的本振频率 $f_L=23$ MHz，中频频率 $f_I=3$ MHz。若在混频器的输入端同时作用着 $f_{M1}=19.6$ MHz，$f_{M2}=19.2$ MHz 的干扰信号，则在混频器输出端是否会有中频信号输出？它是通过转移特性的几次方项产生的？

18. 混频电路如图 7-23 所示。三极管的转移特性为 $i_c=a+bu_{be}+cu_{be}^2$，LC 中频谐振回路的谐振频率 $f_I=465$ kHz，输入信号 $u_S(t)=U_{Sm}\cos\omega_S t$，本振信号 $u_L(t)=U_{Lm}\cos\omega_L t=\cos(2\pi\times1465\times10^3 t)$(V)，干扰信号为 $u_M(t)$，在 $f_I=f_L-f_S$ 的情况下：

(1) 试求线性时变条件下的混频跨导 g_c；

(2) 若 $u_M(t)=0.1\cos(2\pi\times1930\times10^3 t)$(V)的信号通过混频器，它是哪种干扰？

(3) 若 $u_M(t)=0.2\cos(2\pi\times465\times10^3 t)$(V)的信号通过混频器，它是哪种干扰？

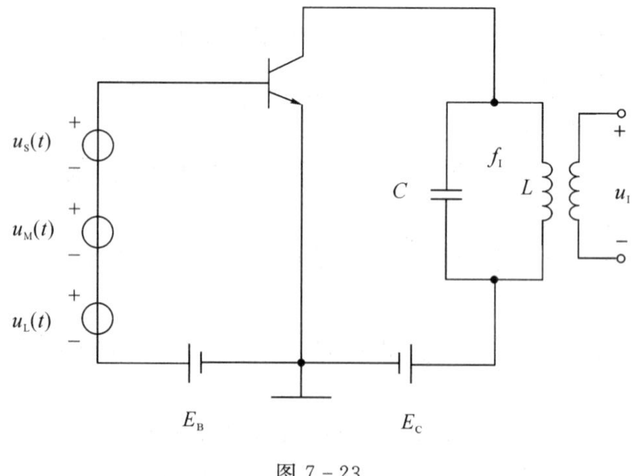

图 7-23

第 8 章　角度调制与解调器

【应用背景】

模拟调制技术除了振幅调制外，还有角度调制技术。角度调制技术包括调频与调相。1925 年，美国电器工程师阿姆斯特朗发明了使载波的瞬时频率随传播信号的变化规律而变化的调制方法，即调频方法。由于调频接收机不怕余波干扰，不串台，与调幅相比，具有极好的接收性能，因此调频常应用于远距离、高质量的通信系统，如微波接力通信、卫星通信及优质调频广播系统等。本章首先讨论角度调制的基本特性，然后分别讨论角度调制电路与解调电路。

8.1　概　　述

模拟调制包括振幅调制和角度调制，而角度调制又分为两种方式：一种是用调制信号控制载波信号的瞬时频率的方式，称为频率调制，简称调频(FM，Frequency Modulation)；另一种是用调制信号控制载波的瞬时相位的方式，称为相位调制，简称调相(PM，Phase Modulation)。无论是频率的变化或相位的变化都可以归结为载波的角度发生变化，因此统称为角度调制。角度调制与解调也是频谱搬移电路，但是属于非线性搬移，实现方法与频谱线性搬移电路不同。

8.2　角度调制信号的特性

8.2.1　时域特性

1. 调频信号

1) 调频信号(亦称为调频波)的一般表达式

根据调频的定义，瞬时角频率 $\omega(t)$ 应随调制信号 $u_\Omega(t)$ 线性变化，即瞬时角频率应为

$$\omega(t)=\omega_c+\Delta\omega(t)=\omega_c+k_f u_\Omega(t) \tag{8-1}$$

式中，k_f 为比例系数，单位是 rad/(s・V)；ω_c 为调频时的载波角频率，即调频波的中心角频率；$\Delta\omega(t)=k_f u_\Omega(t)$ 是瞬时角频率变化量，与调制信号 $u_\Omega(t)$ 成正比。

由瞬时角频率 $\omega(t)$ 可以求出瞬时相位为

$$\varphi(t)=\int\omega(t)\mathrm{d}t=\omega_c t+k_f\int u_\Omega(t)\mathrm{d}t \tag{8-2}$$

式中，$k_f\int u_\Omega(t)\mathrm{d}t=\Delta\varphi(t)$ 是瞬时相位变化量，与调制信号的积分信号成正比。由此可得到

调频波的一般表达式为

$$u_{\mathrm{FM}}=U_{\mathrm{cm}}\cos[\omega_{\mathrm{c}}t+k_{\mathrm{f}}\int u_{\Omega}(t)\mathrm{d}t] \tag{8-3}$$

可见，调频波的振幅恒定，其瞬时角频率变化量 $\Delta\omega(t)$ 反映调制信号变化规律，而瞬时相位变化量 $\Delta\varphi(t)$ 不反映调制信号变化规律。

2）单音调频信号的表达式

若调制信号为单音频信号，即

$$u_{\Omega}(t)=U_{\Omega\mathrm{m}}\cos\Omega t \tag{8-4}$$

代入式(8-1)，得到瞬时角频率为

$$\omega(t)=\omega_{\mathrm{c}}+k_{\mathrm{f}}U_{\Omega\mathrm{m}}\cos\Omega t=\omega_{\mathrm{c}}+\Delta\omega_{\mathrm{m}}\cos\Omega t \tag{8-5}$$

式中

$$\Delta\omega_{\mathrm{m}}=k_{\mathrm{f}}U_{\Omega\mathrm{m}} \tag{8-6}$$

式(8-6)是单音调频时引起的最大角频偏，其值与调制信号幅度 $U_{\Omega\mathrm{m}}$ 成正比，但与调制信号角频率 Ω 无关。

根据式(8-2)可以得到瞬时相位表达式，即

$$\varphi(t)=\omega_{\mathrm{c}}t+\frac{k_{\mathrm{f}}U_{\Omega\mathrm{m}}}{\Omega}\sin\Omega t=\omega_{\mathrm{c}}t+m_{\mathrm{f}}\sin\Omega t \tag{8-7}$$

式中

$$m_{\mathrm{f}}=\frac{k_{\mathrm{f}}U_{\Omega\mathrm{m}}}{\Omega} \tag{8-8}$$

式(8-8)是单音调频时引起的最大相位偏移量，一般称为调频指数，其值与调制信号幅度 $U_{\Omega\mathrm{m}}$ 成正比，与调制信号角频率 Ω 成反比。m_{f} 反映了调制的深浅程度，m_{f} 可以为任意值，这与调幅指数 m_{a} 必须小于等于 1 是不同的。

单音调频波的表达式为

$$u_{\mathrm{FM}}=U_{\mathrm{cm}}\cos[\omega_{\mathrm{c}}t+m_{\mathrm{f}}\sin\Omega t] \tag{8-9}$$

由式(8-9)可以看出，调频信号的基本参量是振幅 U_{cm}、载波角频率 ω_{c}、角频偏 $\Delta\omega_{\mathrm{m}}$ 和调频指数 m_{f}。

3）单音调频信号的波形

单音调频信号的波形如图 8-1 所示。由图可见，瞬时角频率变化 $\Delta\omega(t)$ 的波形变化规律与调制信号 $u_{\Omega}(t)$ 波形变化规律一致。调频波 $u_{\mathrm{FM}}(t)$ 波形振幅保持不变，而波形的疏密程度受调制信号控制：即当调制信号 $u_{\Omega}(t)$ 的瞬时电压值为正的最大值时，瞬时频率变化量 $\Delta\omega(t)$ 最大，等于 $\Delta\omega_{\mathrm{m}}$，调频波形最密集；当调制信号瞬时电压为 0 时，瞬时频率变化量为 0；当调制信号瞬时电压为负的最大值时，瞬时频率变化量最小，等于 $-\Delta\omega_{\mathrm{m}}$，调频波形最稀疏。

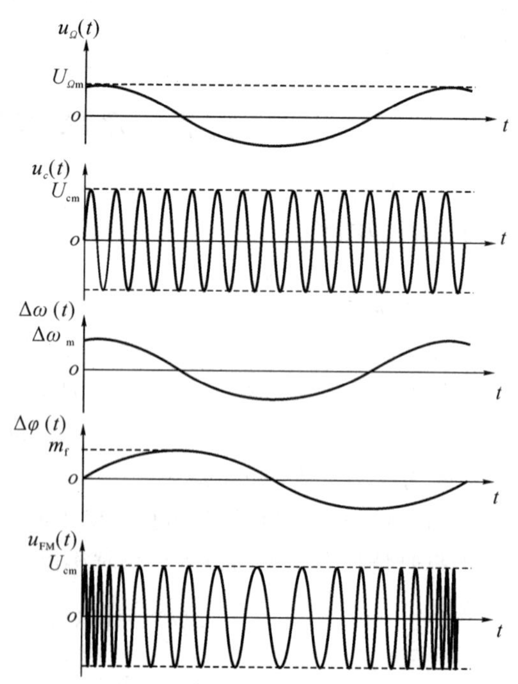

图 8-1 单音调频波的波形

2. 调相信号

调相信号又称为调相波。根据调相的定义，瞬时相位 $\varphi(t)$应随调制信号 $u_{\Omega}(t)$线性变化，即瞬时相位应为

$$\varphi(t)=\omega_c t+\Delta\varphi(t)=\omega_c t+k_p u_{\Omega}(t) \tag{8-10}$$

式中，k_p 为比例系数，单位是 rad/V；$\Delta\varphi(t)=k_p u_{\Omega}(t)$是瞬时相位变化量，与调制信号$u_{\Omega}(t)$成正比。由瞬时相位 $\varphi(t)$可以求出瞬时角频率为

$$\omega(t)=\frac{\mathrm{d}\varphi(t)}{\mathrm{d}t}=\omega_c+k_p\frac{\mathrm{d}u_{\Omega}(t)}{\mathrm{d}t} \tag{8-11}$$

调相波的一般表达式为

$$u_{PM}=U_{cm}\cos[\omega_c t+k_p u_{\Omega}(t)] \tag{8-12}$$

可见，调相波的振幅也是恒定的，其瞬时相位变化量($\Delta\varphi(t)=k_P u_{\Omega}(t)$)反映调制信号 $u_{\Omega}(t)$的变化规律，而瞬时角频率变化量$\left(\Delta\omega(t)=k_P\dfrac{\mathrm{d}u_{\Omega}(t)}{\mathrm{d}t}\right)$却不反映调制信号的变化规律。

若调制信号为单音频信号，即

$$u_{\Omega}(t)=U_{\Omega m}\cos\Omega t \tag{8-13}$$

将此式代入式(8-10)得到瞬时相位为

$$\varphi(t)=\omega_c t+k_p U_{\Omega m}\cos\Omega t=\omega_c t+m_p\cos\Omega t \tag{8-14}$$

式中

$$m_p=k_p U_{\Omega m} \tag{8-15}$$

式(8-15)是调相的最大相位偏移，称为调相指数，其值与调制信号幅度 $U_{\Omega m}$成正比，但与调制信号角频率 Ω 无关。

根据式(8-11)可以得到瞬时角频率表达式，即

$$\begin{aligned}\omega(t)&=\omega_c-k_p U_{\Omega m}\Omega\sin\Omega t\\&=\omega_c-\Delta\omega_m\sin\Omega t\end{aligned} \tag{8-16}$$

式中

$$\Delta\omega_m=k_p U_{\Omega m}\Omega \tag{8-17}$$

式(8-17)是单音信号调相时的最大角频偏，其值与调制信号幅度 $U_{\Omega m}$、Ω 均成正比。

由(8-14)得到，单音调相波表达式为

$$u_{PM}=U_{cm}\cos[\omega_c t+m_p\cos\Omega t] \tag{8-18}$$

单音调相波的波形如图 8-2 所示。与图 8-1 所示的调频波的波形相比，调相波也是幅度不变，频率发生变化，但是频率变化 $\Delta\omega(t)$规律与调制信号 u_{Ω} 不一致，只有相位变化$\Delta\varphi(t)$与调制信号 u_{Ω} 规律一致。

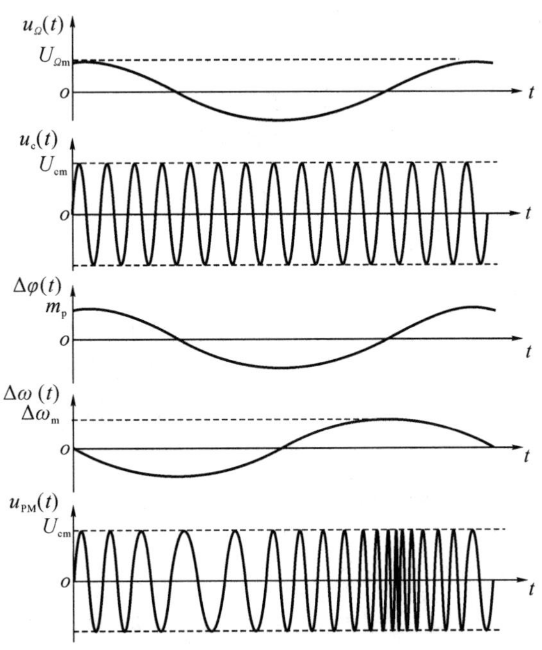

图 8-2 单音调相波的波形

3. 调频与调相信号的比较

为了便于比较，设单音信号 $u_\Omega(t)=U_{\Omega m}\cos\Omega t$，将此时的单音调频和调相的主要特性列于表 8-1 中。

表 8-1　调频与调相信号的比较

	调频信号	调相信号
瞬时角频率	$\omega(t)=\omega_c+k_f U_{\Omega m}\cos\Omega t$	$\omega(t)=\omega_c-k_p U_{\Omega m}\Omega\sin\Omega t$
瞬时相位	$\varphi(t)=\omega_c t+\frac{k_f U_{\Omega m}}{\Omega}\sin\Omega t$	$\varphi(t)=\omega_c t+k_p U_{\Omega m}\cos\Omega t$
调制指数(相偏)	$m_f=\frac{k_f U_{\Omega m}}{\Omega}$	$m_p=k_p U_{\Omega m}$
角频偏	$\Delta\omega_m=k_f U_{\Omega m}=m_f\Omega$	$\Delta\omega_m=k_p U_{\Omega m}\Omega=m_p\Omega$
表达式	$u_{FM}=U_{cm}\cos[\omega_c t+m_f\sin\Omega t]$	$u_{PM}=U_{cm}\cos[\omega_c t+m_p\cos\Omega t]$

由表 8-1 可见，无论是调频还是调相，它们的瞬时相位和瞬时频率都同时受到调变，不同的是调频波中是瞬时频率变化量携带调制信息，调相波中瞬时相位变化量携带调制信息。两者的基本参数 $\Delta\omega_m$、m_f(或 m_p)与 $U_{\Omega m}$、Ω 的关系如图 8-3 所示。

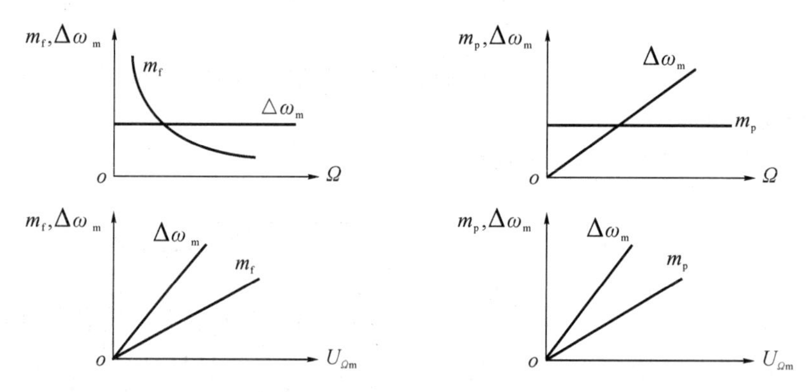

图 8-3　最大角频偏、调制指数与 $U_{\Omega m}$、Ω 的关系

例 8-1　若有一调制频率 F 为 1 kHz、调制指数 $m_f=m_p=10$ 单音调角波。

(1) 试求两种调角波的最大频偏 Δf_m；

(2) 若调制信号幅度不变，而调制频率增大到 2 kHz 时，试求两种调角波的最大频偏 Δf_m；

(3) 若调制频率不变，仍为 1 kHz，而调制信号幅度增大一倍，试求两种调角波的最大频偏 Δf_m。

解　(1) FM：

$$\Delta f_m=m_f F=10\times1000=10\ \text{kHz}$$

PM：

$$\Delta f_m=m_p F=10\times1000=10\ \text{kHz}$$

(2) 由于调制信号幅度不变，而调制频率 F 增大到 2 kHz 时，即增大一倍。又由于 FM

波的调频指数与 F 成反比，则 m_f 减小一半，即 $m_f=5$；而 PM 的调相指数与 F 无关，依然是 $m_p=10$。则

FM：$\Delta f_m=m_fF=5\times2000=10$ kHz，Δf_m 依然不变，与 F 无关。

PM：$\Delta f_m=m_pF=10\times2000=20$ kHz，Δf_m 也增大一倍，与 F 成正比。

（3）由于调制频率不变，仍为 1 kHz，而调制信号幅度增大一倍。又由于调频波与调相波的调制指数均与调制信号幅度成正比，所以 m_f、m_p 均增大一倍，即

FM：$\Delta f_m=m_fF=20\times1000=20$ kHz

PM：$\Delta f_m=m_pF=20\times1000=20$ kHz

虽然 FM 与 PM 有不同之处，但是两者都是角度调制，所以两者之间存在内在联系，可以相互转换。利用调相器可以产生调频波如图 8-4(a)所示，其将调制信号积分后得到 $k_1\int u_\Omega(t)\mathrm{d}t$，再对载波进行调相，就产生对调制信号 $u_\Omega(t)$的调频波。同理，利用调频器产生调相波如图 8-4(b)所示，其将调制信号微分后得到 $k_2\dfrac{\mathrm{d}u_\Omega(t)}{\mathrm{d}t}$，再进行调频，就产生对调制信号 $u_\Omega(t)$的调相波。

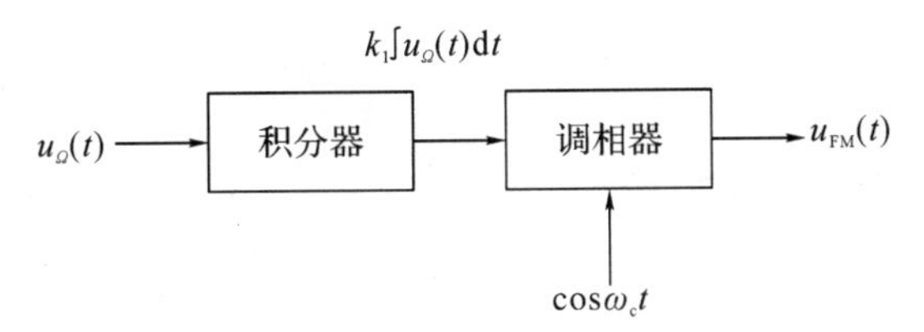

(a) 利用调相器产生调频波

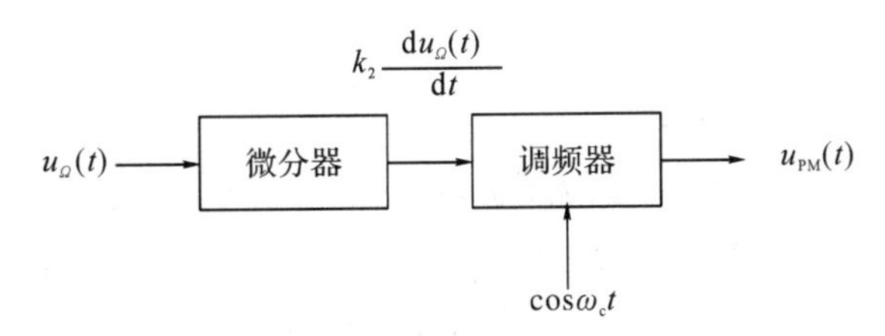

(b) 利用调相器产生调相波

图 8-4　调频与调相的相互转换

必须指出的是，单音调制时，调频波和调相波均包括含义截然不同的三个频率参数：一是载波角频率 ω_c，它是调角波的中心频率，表示瞬时角频率变化的平均值；二是调制角频率 Ω，它表示瞬时角频率变化的快慢程度；三是角频偏 $\Delta\omega_m$，它表示瞬时角频率偏离 ω_c 的最大值。必须将它们严格区分，切记混淆。

8.2.2　频谱特性

根据调制指数(即最大相偏)m 的大小不同，可将角调制分为窄带角调制和宽带角调制。将 $m(m_f$ 或 $m_p)\leqslant\dfrac{\pi}{6}$称为窄带角调制，包括窄带调频和窄带调相；将 $m(m_f$ 或 $m_p)\gg\dfrac{\pi}{6}$ 称为宽带角调制，包括宽带调频和宽带调相。

由于单音调制时，调频波与调相波具有相似的表达式，因此，也就具有相似的频域特

性。下面仅讨论调频波的频域特性，所得到的结果也同样适合调相波的频谱特性。

1．窄带调频的频域特性

将式(8－9)展开，即

$$\begin{aligned}u_{FM}&=U_{cm}\cos[\omega_c t+m_f\sin\Omega t]\\&=U_{cm}\cos(m_f\sin\Omega t)\cos\omega_c t-U_{cm}\sin(m_f\sin\Omega t)\sin\omega_c t\end{aligned}$$

当$m_f\leqslant\frac{\pi}{6}$(或30°)时，由于$\sin(m_f\sin\Omega t)\approx m_f\sin\Omega t$，$\cos(m_f\sin\Omega t)\approx1$，因此上式可简化为

$$u_{NBFM}=U_{cm}\cos\omega_c t+\frac{1}{2}U_{cm}m_f\cos(\omega_c+\Omega)t-\frac{1}{2}U_{cm}m_f\cos(\omega_c-\Omega)t$$

可见，窄带调频的频谱含有载频、上边频和下边频，与AM波频谱很相似，区别在于下边频与上边频不同相，相位差为180°。图8－5所示的矢量图说明了两者的区别。图8－5(a)说明了用载波矢量$\dot{U}_{cm}$与边带矢量$\dot{U}_{+\Omega}$和$\dot{U}_{-\Omega}$合成得到$\dot{U}_{AM}$，可见$\dot{U}_{AM}$的幅度发生变化，而相位不变。图8－5(b)说明了用载波矢量$\dot{U}_{cm}$与边带矢量$\dot{U}_{+\Omega}$和$-\dot{U}_{-\Omega}$合成得到$\dot{U}_{FM}$，若m_f很小，则$\dot{U}_{FM}$只有相位变化，而幅度变化很小，近似等于$\dot{U}_{cm}$。

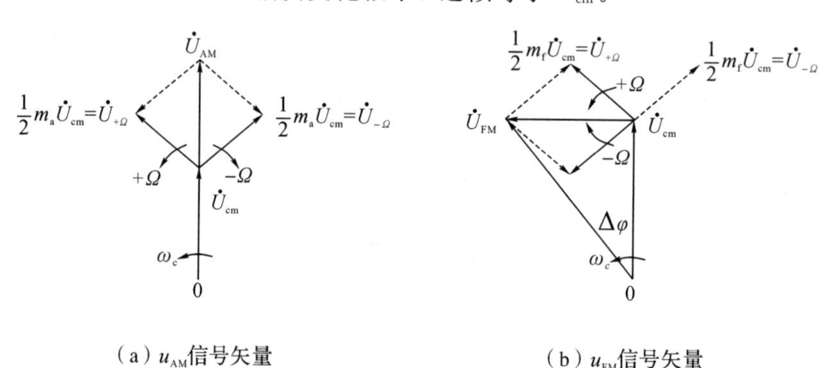

(a) u_{AM}信号矢量　　(b) u_{FM}信号矢量

图8－5　AM波和NBFM波的矢量合成

由于窄带调频的频偏小、抗干扰能力差，一般只作为短距离通信和宽带调频产生电路的前置级。而模拟通信系统中大多采用的调频是宽带调频，如调频广播、电视伴音传输、卫星通信等。

2．宽带调频的频域特性

1）频谱特性

依然将式(8－9)展开，即

$$\begin{aligned}u_{FM}&=U_{cm}\cos[\omega_c t+m_f\sin\Omega t]\\&=U_{cm}\cos(m_f\sin\Omega t)\cos\omega_c t-U_{cm}\sin(m_f\sin\Omega t)\sin\omega_c t\end{aligned}\qquad(8-19)$$

由于$m_f\gg\frac{\pi}{6}$，因此不能采用三角函数的近似关系，这里采用第一类贝塞尔函数进行分析。

利用贝塞尔函数可将$\cos(m_f\sin\Omega t)$和$\sin(m_f\sin\Omega t)$两项展成级数，分别为

$$\cos(m_f\sin\Omega t)=J_0(m_f)+2\sum_{n=\text{偶数}}^{\infty}J_n(m_f)\cos n\Omega t\qquad(8-20)$$

$$\sin(m_f\sin\Omega t)=2\sum_{n=\text{奇数}}^{\infty}J_n(m_f)\sin n\Omega t\qquad(8-21)$$

式中，$J_n(m_f)$是 n 阶第一类贝塞尔函数，m_f 是宗数。贝塞尔函数具有以下性质，即

$$\text{当 } n \text{ 为偶数时，} J_n(m_f)=J_{-n}(m_f)$$

$$\text{当 } n \text{ 为奇数时，} J_n(m_f)=-J_{-n}(m_f)$$

贝塞尔函数的数值可以从图 8－6 所示的曲线中或贝塞尔函数表(见附录三)中查出。由图 8－6可见，各阶贝塞尔函数曲线都有许多过零点，即对应某些特定 m_f 值时，相应阶数的贝塞尔函数的数值为零，例如，当 $m_f\approx2.40$，5.52，8.65，……时，$J_0(m_f)=0$。

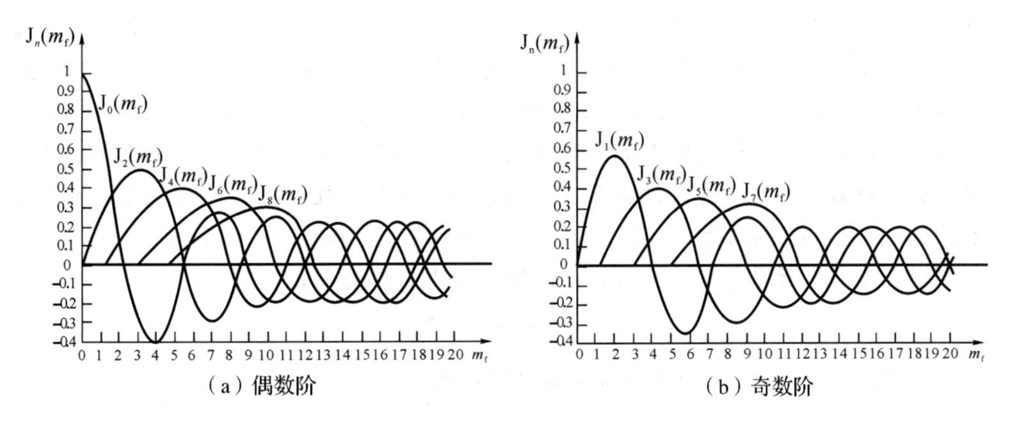

图 8－6　贝塞尔函数曲线

将式(8－20)和式(8－21)代入式(8－19)，并整理可得

$$\begin{aligned} u_{\mathrm{WBFM}}(t) = & U_{\mathrm{cm}} J_0(m_f)\cos\omega_c t \\ & + U_{\mathrm{cm}} J_1(m_f)[\cos(\omega_c+\Omega)t - \cos(\omega_c-\Omega)t] \\ & + U_{\mathrm{cm}} J_2(m_f)[\cos(\omega_c+2\Omega)t + \cos(\omega_c-2\Omega)t] \\ & + \cdots \\ = & U_{\mathrm{cm}} \sum_{n=-\infty}^{+\infty} J_n(m_f)\cos(\omega_c+n\Omega)t \end{aligned} \tag{8-22}$$

由式(8－22)列举了 $m_f=(1,\ 2.41,\ 5)$的宽带调频信号频谱图(取绝对值)，如图 8－7 所示。

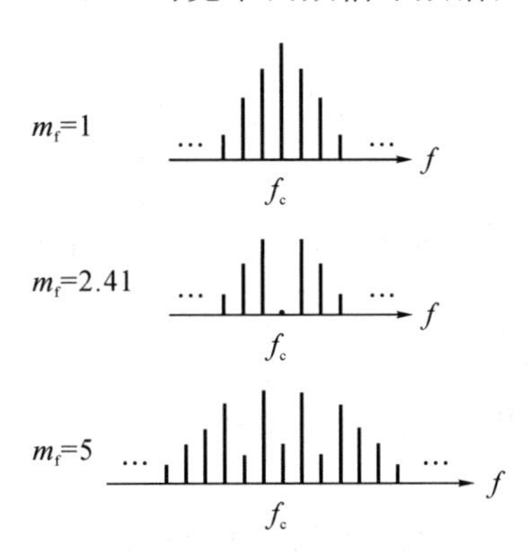

图 8－7　不同 m_f 值的调频波频谱

由图 8－7 可见，当 m_f 不同时，每个频率分量的幅度大小不一样，甚至某些分量有可能等于零。例如，在图 8－7 中，当 $m_f\approx2.41$ 时，载频分量为零；随着调频指数 m_f 越大，具有较大幅度的边频数越多。总之，当 m_f 不同时，频谱结构不同。需要说明的是，当 n 为奇数时，上下两个边频分量极性应该相反，图 8－7 所示的频谱是取了绝对值的幅度谱。

由式(8-22)和图8-7可见，当单音调频时，宽带调频波的频谱特点可概括为：频谱由载频分量和无穷对边频分量组成；每两个分量之间的频率间隔均为调制信号频率Ω；频谱结构和各分量的幅度由对应阶数的贝塞尔函数值$J_n(m_f)$决定。另外，由于频谱含有无穷多边频分量，所以调频过程是一种将调制信号进行复杂非线性变化的过程，属于频谱的非线性搬移。

2) 卡森(Carson)带宽

理论上讲，宽带调频的频谱带宽是无限宽的，但实际中不可能传输一个带宽无限宽的信号。一般是进行一定工程近似，传输其主要能量集中段的信号谱，即计算其有效带宽。

观察图8-7可知，当n增大时，边频分量的能量随之减小，小到一定程度时，在工程上可以忽略不计，也就是说只要考虑能量较大的频谱分量所占据的带宽。那么如何近似计算宽带调频的有效带宽呢？通常采用卡森近似条件，即对于其振幅小于未调制载波振幅的10%的边频分量均可忽略不计。实际上当$n>m_f+1$时，$J_n(m_f)\leqslant 0.1$，那么$n>m_f+1$的边频分量可以忽略，将所保留下来的分量占有的频谱带宽称为卡森带宽，其计算公式为

$$B_{FM}\approx 2(m_f+1)F \tag{8-23}$$

将$m_f=\dfrac{\Delta f_m}{F}$代入式(8-23)，则卡森带宽也可以写成

$$B_{FM}\approx 2(\Delta f_m+F) \tag{8-24}$$

式中，F为调制信号频率；Δf_m为频谱。

同理，调相信号的卡森带宽计算公式为

$$B_{PM}\approx 2(m_p+1)F=2(\Delta f_m+F) \tag{8-25}$$

例8-2 在调频广播系统中，按国家标准取$F_{max}=15$ kHz、$\Delta f_m=75$ kHz，求调频指数m_f和调频波带宽B_{FM}。

解 由于

$$m_f=\frac{\Delta f_m}{F}$$

所以

$$m_f=\frac{\Delta f_m}{F}=\frac{75\ \text{kHz}}{15\ \text{kHz}}=5$$

因为$m_f>1$，故属于宽带调频。

再根据$B_{FM}\approx 2(\Delta f_m+F)$，得到$B_{FM}\approx 2(75+15)=180$ kHz。实际的调频广播带宽取200 kHz。

3) 调频与调相的频域特性比较

下面在频域中对调频与调相进行进一步比较。由式(8-24)和式(8-25)可知，当m_f(或m_p)$\gg 1$时，有

$$B_{FM}\approx 2\Delta f_m=k_f U_{\Omega m}$$
$$B_{PM}\approx 2\Delta f_m=k_f U_{\Omega m}F$$

显然，宽带调频波的带宽仅近似与调制信号振幅$U_{\Omega m}$成正比，与调制信号频率F无关。故调频又称为恒定带宽调制。宽带调相的带宽与$U_{\Omega m}$和F均成正比，即F越高，频带宽度越宽。因此，为了给高频率的信息(如音响中的最高音)保留传输空间，若采用调相制，就要留有很大的信道带宽，然而绝大部分时间却不一定用得上，造成极大的浪费，就像在高速公

路上，把一个个车道设置得很宽，实际开行的车的车身却很窄。因此，调相制的频带利用率低，其应用不如调频制广泛。

8.2.3　功率特性

根据帕塞瓦尔(Parseval)定理可知，单音调制调频波的平均功率等于各频谱分量平均功率之和。因此，由式(8-22)可得到在负载 R_L 上调频波的平均功率 P_{av} 为

$$P_{av} = \frac{U_{cm}^2}{2R_L}\sum_{n=-\infty}^{\infty} J_n^2(m_f)$$

根据第一类贝塞尔函数性质，有

$$\sum_{n=-\infty}^{\infty} J_n^2(m_f) = 1$$

则

$$P_{av} = \frac{U_{cm}^2}{2R_L} \tag{8-26}$$

由式(8-26)可见，调频波平均功率为未调制时的载波功率，与调频指数 m_f 无关。当 m_f 改变时，调频波的载波功率与边带功率只是重新分配而已，载波功率与边带功率总和不变。而调幅波却不同，其平均功率与调幅系数 m_a 有关，并随着 m_a 增大而增大。

8.3　调频信号的产生方法

如前所述，在模拟通信系统和各种测量设备中，调频比调相具有更广泛的应用。因此，本节主要介绍调频信号的产生方法及其技术指标。

8.3.1　调频方法

由于调频是频谱的非线性搬移过程，因此其产生的电路模型就不能用乘法器加线性滤波器来实现，而必须根据调频信号固有的特点，找到其实现的方法。

1. 直接调频法

由于调频波的最基本的特点就是其瞬时频率按照调制规律变化，因此一种最直接的方法就是用调制信号去线性地控制载波振荡器的瞬时振荡频率，使其不失真地反映调制信号规律，这种方法称为直接调频法。这种调频方法就是把一个可变电抗元件接入振荡器的选

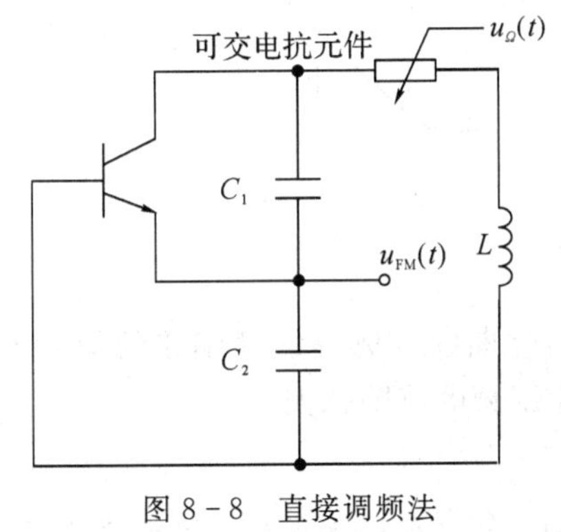

图 8-8　直接调频法

频网络中，例如，图 8-8 中电容三点式振荡器的选频网络由 C_1、C_2、L 和可变电抗元件组成，它们决定了振荡器的振荡频率的大小，当调制信号 $u_\Omega(t)$控制可变电抗元件的电容(或电感)值时，则选频网络的总电容(或总电感)发生变化，从而振荡频率随$u_\Omega(t)$发生变化，如果电路设计得当，振荡器的瞬时频率不失真地反映调制信号的变化规律，振荡器的输出端就能得到调频信号。

可变电抗元件种类很多，其中应用最为广泛的是变容二极管。它具有工作频率高、固有损耗小和使用方便等优点。但是在一些场合，由于要求不同，还可以采用其他可变电抗元件，例如，在最简单的便携式调频发射机中，广泛采用驻极体话筒和电容式话筒作为可变电容元件，这种器件可以直接将声波的强弱变化转换为电容量的变化。在扫频仪中，可变电抗的方法是在磁芯上绕一个附加线圈，当线圈中的电流改变时，它所产生的磁场随之改变，引起磁芯的导磁率改变，因而使主线圈的电感量改变。本节重点介绍变容二极管直接调频电路。

由于直接调频电路的载波振荡和调频由同一级电路完成，因此这种电路的优点是频偏大，属于宽带调频，但缺点是载波频率稳定度低。

2. 间接调频法

根据调频与调相存在的内部联系，将调制信号通过积分器，然后再进行调相，从而产生调频信号，如 8.2 节中的图 8-4(a)的组成框图，这就是间接调频法。由于间接调频电路的载波振荡与调相是分两级电路完成的，而一般载波振荡器采用晶体振荡器，因此间接调频电路的优点是载波频率稳定度高，其缺点是频偏小，属于窄带调频。

8.3.2 调频电路的性能指标

衡量调频电路性能的指标包括调频特性的线性度、最大线性频偏、调频灵敏度、载波频率稳定度、寄生调幅度等。

1. 调频特性的线性度

调频特性是指输出调频波的瞬时频偏(或瞬时频率)与输入调制信号电压之间的关系。图 8-9 所示是瞬时频偏 Δf 与输入调制信号电压 u_Ω 的关系曲线。调频特性是一种电压—频率转换特性，又称为压控特性。调频特性(即压控特性)的线性度越好，调频的非线性失真越小。

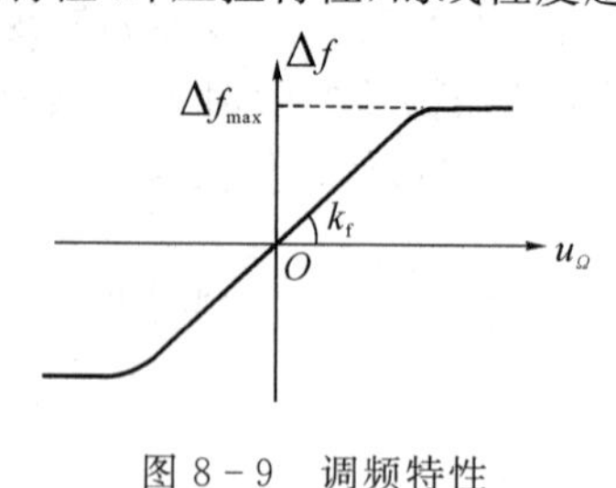

图 8-9　调频特性

2. 最大线性频偏

最大线性频偏是指调频特性曲线上频率线性偏移的最大值，如图 8-9 所示的 Δf_{max}。最大线性频偏越大，实现线性调频的范围越大。

3. 调频灵敏度

调频灵敏度是指单位调制电压产生的频偏值，可定义为调频特性曲线在 $u_\Omega=0$ 处的斜

率，用 k_f 表示，即

$$k_f = \frac{\partial \Delta f(t)}{\partial u_\Omega(t)}\bigg|_{u_\Omega=0} \tag{8-27}$$

式(8－27)的单位为 Hz/V。k_f 越大越好，表示在相同的调制电压下调频电路产生的频偏越大，调频能力越强。

4. 载波频率稳定度

因为载波频率是调频信号的中心频率，调频波频率的变化是围绕载频变化的，如果载频不稳就会带来失真，还会使调频信号的频带展宽，造成对邻近频道的干扰。因此，希望调频电路的载频稳定度越高越好。

5. 寄生调幅度

寄生调幅尽量要小，调频信号振幅要恒定。否则要影响到接收质量，使接收机输出信噪比下降。

8.4　变容二极管调频电路

变容二极管调频电路是使用较广泛的一种调频电路，包括变容管直接调频和变容管间接调频电路。无论是哪种电路，其中重要的器件是变容二极管。下面简要介绍变容二极管的特性及其调频的基本原理。

8.4.1　变容二极管

1. 变容二极管的特性

变容二极管是利用半导体 PN 结的结电容随其两端反向电压变化的特性而制成的一种特殊半导体二极管。它是一种电压控制可变电抗元件。变容管的电路符号如图 8－10(a)所示。其结电容 C_j 与管子两端反向电压 u_D 关系曲线如图 8－10(b)所示。其表达式为

$$C_j = \frac{C_{j0}}{\left(1+\frac{u_D}{U_B}\right)^\gamma} \tag{8-28}$$

式中，C_{j0} 是 $u_D=0$ 时的结电容，称为零偏结电容；U_B 是 PN 结势垒电位差，一般取 0.7 V；γ 是变容指数，表示电容随其两端电压变化的快慢。γ 值随半导体掺杂波度和 PN 结的结构不同而异，例如，扩散型的 $\gamma=1/3$，其称为缓变结变容管；合金型的 $\gamma=1/2$，其称为突变结变容管；$\gamma=1\sim5$ 之间的称为超突变结变容管。具有不同 γ 值的变容管，用途也不同。

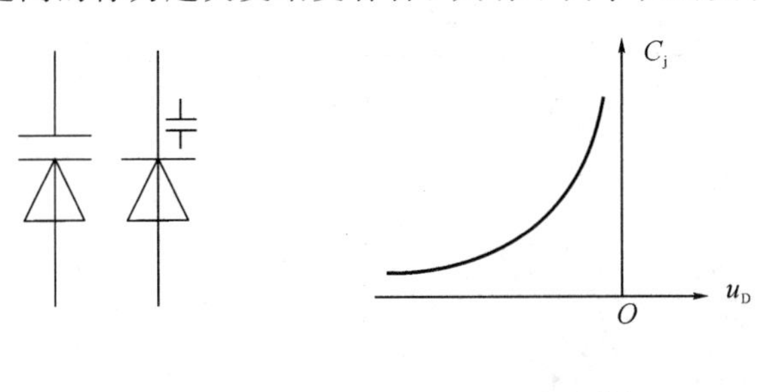

(a) 电路符号　　(b) 变容特性

图 8－10　变容二极管电路符号与变容特性

2. 变容二极管调频的基本原理

当变容管两端电压接入调制信号 $u_\Omega(t)=U_{\Omega m}\cos\Omega t$ 且保证变容管反偏的直流偏压为 U_Q 时，则变容管两端总电压 u_D 为

$$u_D=U_Q+u_\Omega=U_Q+U_{\Omega m}\cos\Omega t \tag{8-29}$$

那么在调制信号 $u_\Omega(t)$ 控制下，随 $u_\Omega(t)$ 变化的变容管结电容 $C_j(t)$ 波形如图 8-11 所示。由于变容特性曲线是非线性的，则 $C_j(t)$ 为非正弦信号。

如果将该变容管作为振荡器回路电容，那么当 $C_j(t)$ 最大时，振荡器频率最小，振荡波形最稀疏；当 $C_j(t)$ 最小时，振荡器频率最大，振荡波形最密集，从而得到调频波 u_{FM}，如图 8-11 所示。只要变容二极管的特性和电路参数设计适当，就可以做到振荡频率的变化近似地与调制信号成线性关系，从而实现线性调频。

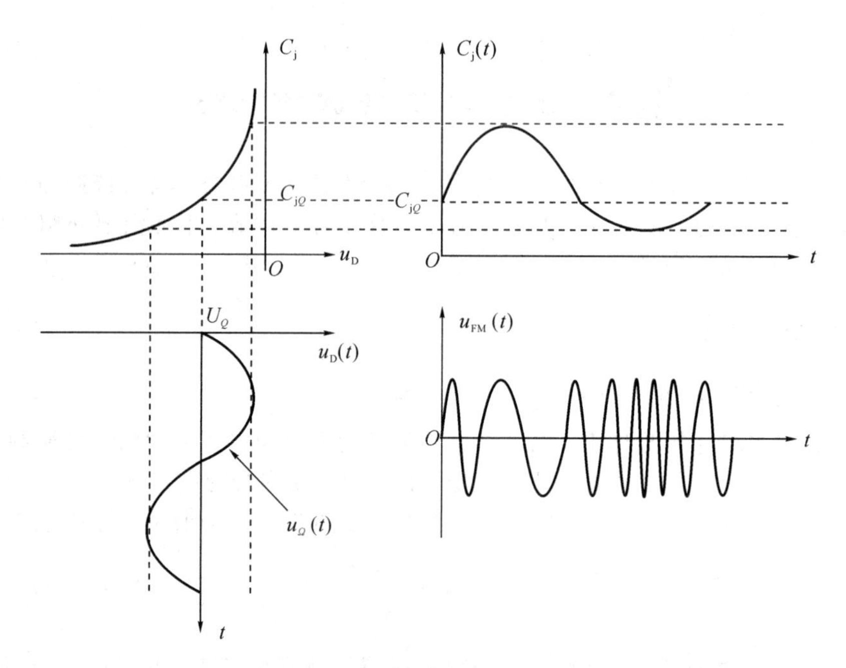

图 8-11 变容管调频的基本原理图

下面推导在单音调制信号控制下 $C_j(t)$ 的表达式。将式(8-29)代入式(8-28)并整理得到

$$C_j(t)=\frac{C_{j0}}{\left(1+\dfrac{U_Q+u_\Omega(t)}{U_B}\right)^\gamma}=\frac{C_{jQ}}{\left(1+\dfrac{U_{\Omega m}\cos\Omega t}{U_B+U_Q}\right)^\gamma}=\frac{C_{jQ}}{(1+m\cos\Omega t)^\gamma} \tag{8-30}$$

式中

$$C_{jQ}=\frac{C_{j0}}{\left(1+\dfrac{U_Q}{U_B}\right)^\gamma} \tag{8-31}$$

$$m=\frac{U_{\Omega m}}{U_B+U_Q} \tag{8-32}$$

将式(8-31)对照式(8-28)可见，C_{jQ} 是当 $u_D=U_Q$ 时的结电容，称为静态结电容，图 8-11

为 U_Q 与 C_{jQ}的对应关系。m 称为变容管的电容调制度，与 $U_{\Omega m}$成正比，它反映结电容受调制电压调变的程度。

8.4.2　变容二极管直接调频电路

前面已经提到变容二极管直接调频电路的优点是电路比较简单，能够获得较大的线性频偏，几乎不需要调制功率。

1. 调频电路的组成及工作原理

变容二极管直接调频电路包括载波振荡器、变容管馈电电路；而变容管馈电电路又包括直流偏置电路和调制信号馈电电路。载波振荡器是用来产生高频载波振荡信号的；变容管直流偏置电路是为变容管提供合适的反向偏置电压 U_Q，保证变容管在 $u_\Omega(t)$变化范围内能线性调频，同时还应使振荡器未加调制电压时的振荡频率为指标要求的载波频率；变容管调制信号馈电电路是保证调制信号能顺利加到变容管两端，去控制变容管的结电容，以实现调频的功能。

为了分析方便，突出主要问题，在如图 8－12 所示的电路中省去了振荡管部分，保留了振荡器的选频网络和变容管馈电电路。图中，L_1 是高频扼流圈，C_3、C_4、C_5 是高频旁路电容，它们的作用都是把振荡回路的高频信号和变容管的馈电电路隔离开来，防止它们之间相互影响；C_6 是低频耦合电容，R_3 为直流馈电提供通路。

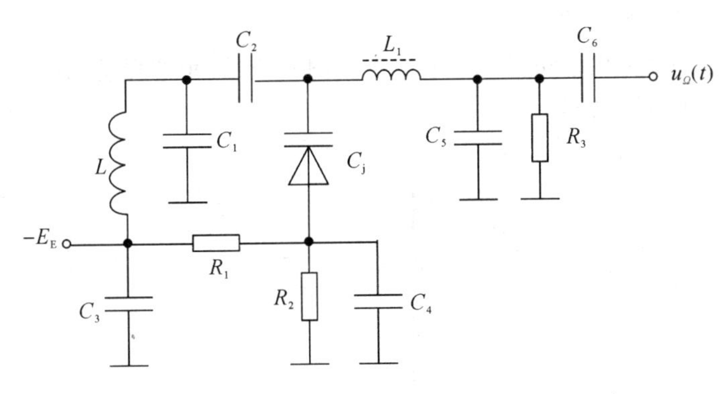

图 8－12　变容二极管接入振荡回路的原理电路

为了理解变容管直接调频电路调频原理，首先分析电路的变容管直流偏置电路、调制信号交流等效电路和高频等效电路。变容管直流偏置电路如图 8－13(a)所示。$-E_E$ 通过 R_1 和 R_2 分压得到负电压 U_Q 加到变容管正极，变容管负极通过 R_3 接地，保证变容管反偏。变容管偏置电压为

$$U_Q=\frac{R_2}{R_1+R_2}(-E_E)$$

调制信号交流等效电路是 u_Ω 通过 C_6 耦合、经扼流圈 L_1(对低频短路)加到变容管的负极，变容管正极经 R_1 和 R_2 并联电路交流接地，如图 8－13(b)所示。高频等效电路中回路电感 L 经过 C_3 高频短路接地，变容管 C_j 经过 C_4 高频短路接地，L_1 高频扼流圈将回路电容 C_2 与低频的连接断开，得到高频交流等效电路如图 8－13(c)所示。

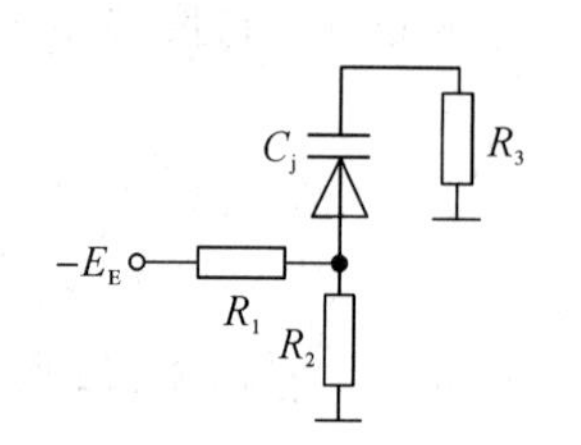

(a) 变容管直流偏置电路

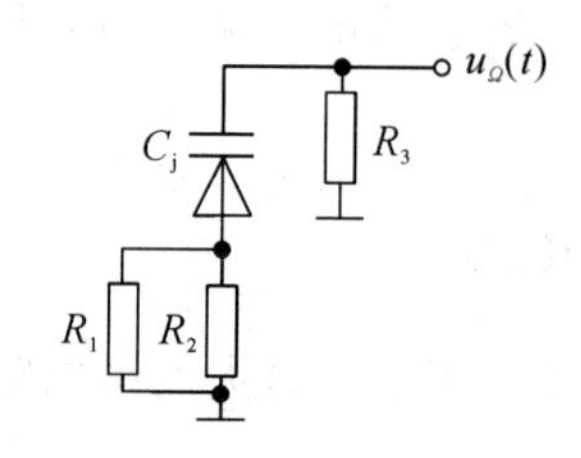

(b) 调制信号交流等效电路

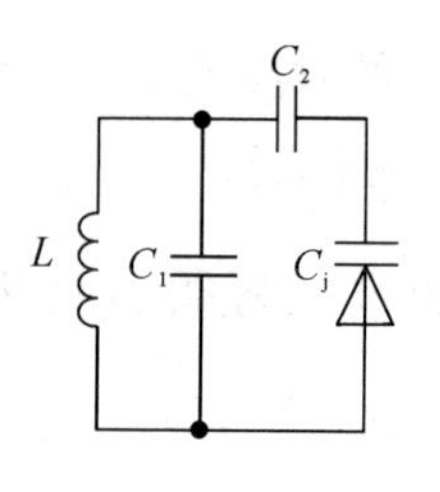

(c) 高频交流等效电路

图 8-13 等效电路

调频原理：首先，$-E_E$ 通过 R_1 和 R_2 分压得到负电压 U_Q，保证变容管工作在反偏状态(如图 8-13(a)所示)；然后，u_Ω 加到了变容管两端，使得 C_j 随着 u_Ω 变化而变化(如图 8-13(b)所示)；最后，由于 C_j 是振荡回路总电容 C_Σ 一部分，而振荡回路频率为 $\omega=\dfrac{1}{\sqrt{LC_\Sigma}}$(如图 8-13(c)所示)，当 C_j 随着 u_Ω 变化时，C_Σ 也随着 u_Ω 变化，从而 ω 也随着 u_Ω 变化。当电路参数设计得当时，就可以实现线性调频。

2. 变容管全部接入式直接调频

下面分析变容管直接调频电路振荡回路瞬时频率 $\omega(t)$ 与调制信号 $u_\Omega(t)$ 之间的定量关系，然后利用其定量关系得到实现线性调频的条件。

首先分析最简单的一种情况：变容管作为振荡回路的总电容。将这种调频电路称为变容管全部接入式直接调频电路。

变容管作为振荡回路的总电容时，即考虑如图8-14所示的振荡回路。可见振荡回路除变容管外，没有其他外接电容。

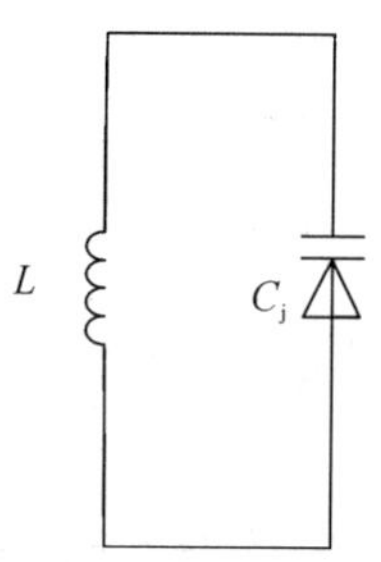

图 8-14 变容管全部接入式振荡回路

1) 瞬时角频率表达式

设振荡频率近似等于振荡回路的谐振频率，可以求出如图 8-14 所示的瞬时振荡角频率为

$$\omega(t)=\frac{1}{\sqrt{LC_j(t)}}$$

将式(8-30)代入上式，得到

$$\omega(t)=\frac{1}{\sqrt{L\dfrac{C_{jQ}}{(1+m\cos\Omega t)^\gamma}}}=\frac{1}{\sqrt{LC_{jQ}}}\frac{1}{\sqrt{\dfrac{1}{(1+m\cos\Omega t)^\gamma}}}$$

$$=\omega_c(1+m\cos\Omega t)^{\frac{\gamma}{2}}$$

即

$$\omega(t)=\omega_c(1+m\cos\Omega t)^{\frac{\gamma}{2}} \tag{8-33}$$

将式(8-33)称为调频特性方程，其中，$\omega_c=\dfrac{1}{\sqrt{LC_{jQ}}}$为载波角频率。这是因为当 $C_j=C_{jQ}$时，就是在 $u_\Omega=0$，$u_D=U_Q$ 时，此时载波振荡器未被调制，只产生载波振荡信号，因此 C_{jQ}与 L 决定了载波频率的大小，即调频电路的中心角频率。下面分两种情况进行讨论：

① 当 $\gamma=2$ 时，调频特性方程为

$$\omega(t)=\omega_c(1+m\cos\Omega t)=\omega_c+m\omega_c\cos\Omega t \tag{8-34}$$

可见，当 $\gamma=2$ 时，$\omega(t)$能随调制信号余弦规律线性变化，因此调频特性方程是线性方程，表明能实现不失真的线性调频。调频波的最大角频偏 $\Delta\omega_m=m\omega_c$。

② 当 $\gamma\neq2$ 时，调频特性方程可以展开为

$$\omega(t)=\omega_c\left[1+\frac{1}{8}\gamma\left(\frac{\gamma}{2}-1\right)m^2+\frac{\gamma}{2}m\cos\Omega t+\frac{1}{8}\gamma\left(\frac{\gamma}{2}-1\right)m^2\cos2\Omega t+\cdots\right]$$

由上式可以看到调频特性方程为非线性方程，它不仅存在载波角频率 ω_c 项和调制信号 Ω 项，还存在偏离载频项 $\Delta\omega_c$、调制信号二次谐波 2Ω 项以及更高次项。其中，偏离载频项 $\Delta\omega_c$ 为

$$\Delta\omega_c=\frac{1}{8}\gamma\left(\frac{\gamma}{2}-1\right)m^2\omega_c \tag{8-35}$$

二次谐波失真项的最大角频偏为

$$\Delta\omega_{2m}=\frac{1}{8}\gamma\left(\frac{\gamma}{2}-1\right)m^2\omega_c \tag{8-36}$$

显然，存在 $\Delta\omega_c$、$\Delta\omega_{2m}$以及更高次项将引起调频的非线性失真。通过观察发现，这些失真项均与 m^2 成正比，如果 m 取值较小(即调制信号幅度较小)时，m^2 将很小，$\Delta\omega_c$、$\Delta\omega_{2m}$以及更高次项就很小，可以忽略不计，这样 $\omega(t)$就能近似随调制信号规律线性变化，实现线性调频。

可见，当 m 较小(即调制信号幅度较小)时，线性调频特性方程近似为

$$\omega(t)\approx\omega_c+\frac{\gamma}{2}m\omega_c\cos\Omega t \tag{8-37}$$

由此得到线性频偏为

$$\Delta\omega_m=\frac{\gamma}{2}m\omega_c \tag{8-38}$$

显然，m 较小，即调制信号幅度较小，非线性失真减小，但是 $\Delta\omega_m$ 也要减小。因此，减小非线性失真与增大频偏是一对矛盾，实际应用中要折中考虑。

2) 调频灵敏度

由式(8-37)和式(8-32)可以得到瞬时频率变化式为

$$\Delta f(t)=\frac{\gamma}{2}mf_c\cos\Omega t=\frac{\gamma}{2}\cdot\frac{f_c}{U_B+U_Q}\cdot u_\Omega(t)$$

根据调频灵敏度定义式(8-27)，得到

$$k_f=\frac{\gamma}{2}\frac{f_c}{U_B+U_Q} \tag{8-39}$$

由式(8-39)可见，当 γ 和 U_Q 一定时，k_f 随着 f_c 成正比地增大。因此，在变容管直接调频电路中，往往可以通过提高载波频率的方法来增大频偏值。

例 8-3　图 8-15 是某 140 MHz 变容管全部接入式直接调频电路。图 8-15(a)为实际

电路，图中，L_2 是高频扼流圈，C_3 是低频耦合电容，C_1、C_2、C_4、C_6～C_{12}是高频旁路或耦合电容。(1) 试画出变容管直流馈电等效电路、调制信号等效电路和高频等效电路；(2) 若已知变容管的 $\gamma=2$，$U_B=0.7$ V，$U_Q=6.3$ V 时 $C_{jQ}=10$ pF，调制电压为 $u_\Omega=10\cos 2\pi\times 10^4 t$(mV)。试求电感 L_1 值和调频波的频偏。

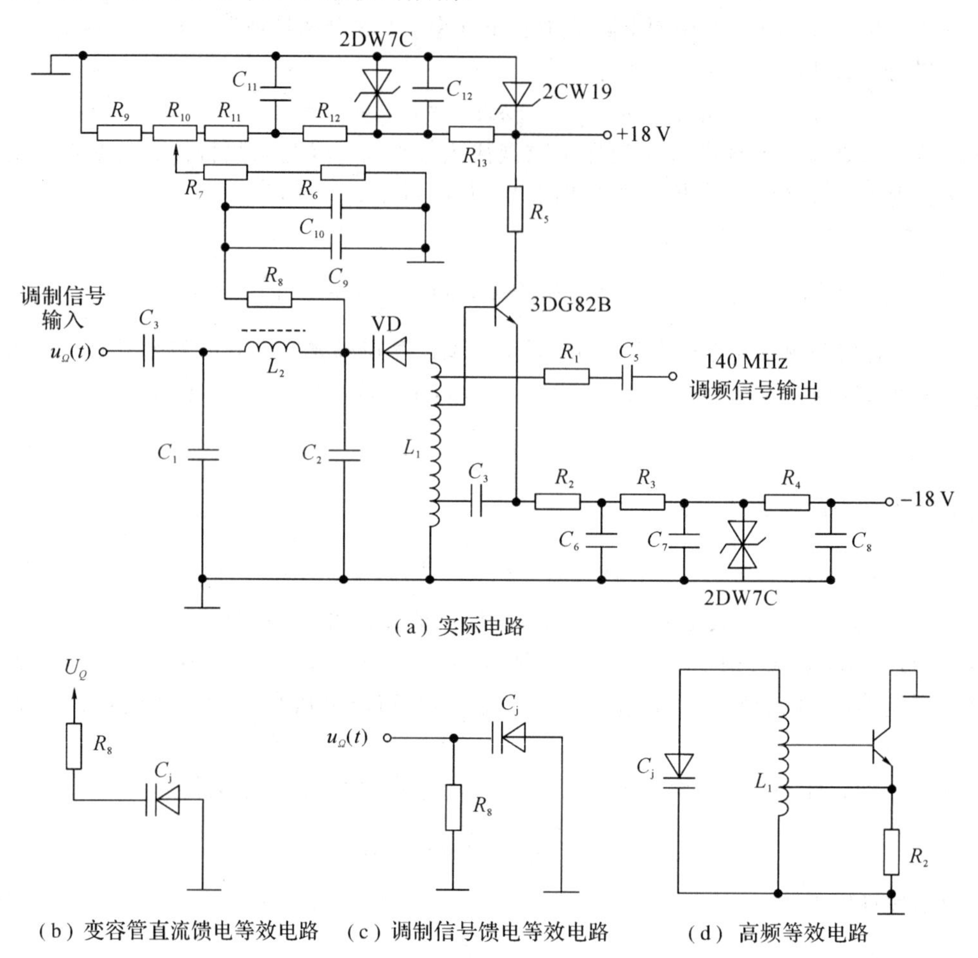

图 8－15　140 MHz 的变容管全部接入式直接调频电路

解　(1) 变容管直流馈电等效电路如图 8－15(b)所示，从＋18 V 电源中取出一部分电压 U_Q 通过电阻 R_8 接到变容管负极上，再通过 L_1 短路接地，保证变容管反向工作。调制信号馈电等效电路如图 8－15(c)所示，u_Ω 经过 C_3 耦合、L_2 短路加到变容管上。高频等效电路如图 8－15(d)所示，L_1 与变容管组成振荡回路，并与振荡管组成电感三点式振荡器。

(2) 因为调频波中心频率为 $f_c=\dfrac{1}{2\pi\sqrt{L_1 C_{jQ}}}$，则电感 L_1 为

$$L_1=\frac{1}{4\pi^2 f_c^2 C_{jQ}}=\frac{1}{4\times 3.14^2\times 140^2\times 10^{12}\times 10\times 10^{-12}}=0.12\ \mu\text{H}$$

调频波的频偏为 $\Delta f_m=\dfrac{\gamma}{2}mf_c=\dfrac{\gamma}{2}\dfrac{U_\Omega}{U_B+U_Q}f_c=\dfrac{0.01}{0.7+6.3}\times 140\times 10^6=200\ \text{kHz}$

变容二极管全部接入式直接调频存在的问题是载波频率稳定度较差。这是由于当温度

变化或 U_Q 不稳定将引起 C_{jQ}变化，而变容管是全部接入振荡回路，因此载波频率就会有较大变化，往往不能满足对载波频率稳定度的要求。因此，全部接入式直接调频质量不高，失真较大，一般应用于质量不高的场合。

为了提高载波频率稳定度，一般采用变容二极管部分接入式直接调频。

3. 变容管部分接入式直接调频

变容管部分接入振荡回路，如图 8－16 所示。图中变容管与 C_2 串联，再与 C_1 并联，因此回路的总电容 C_Σ 为

$$C_\Sigma(t)=C_1+\frac{C_2C_j(t)}{C_2+C_j(t)}$$

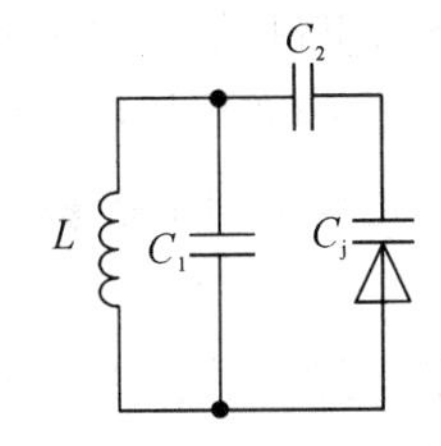

图 8－16　变容管部分接入振荡回路

将式(8－30)代入上式，并整理得到

$$C_\Sigma(t)=C_1+\frac{C_2C_{jQ}}{C_2\ (1+m\cos\Omega t)^\gamma+C_{jQ}}$$

则由图 8－16 所示的选频网络决定的振荡角频率的瞬时值为

$$\omega(t)=\frac{1}{\sqrt{LC_\Sigma(t)}}$$

当 $m<1$ 并引用 $x<1$ 时，$(1+x)^n\approx1+nx$，$\frac{1}{1+x}\approx1-x$，$\omega(t)$可以简化为

$$\omega(t)\approx\frac{1}{\sqrt{L\left(C_1+\frac{C_2C_{jQ}}{C_2+C_{jQ}}\right)}}\frac{1}{\sqrt{1-\frac{1}{P}\gamma m\cos\Omega t}}$$

当$\frac{1}{P}\gamma m<1$ 时，并引用 $x<1$ 时，$\sqrt{1+x}\approx1+\frac{1}{2}x$，上式进一步简化得到

$$\omega(t)\approx\omega_c\left[1+\frac{1}{2P}\gamma m\cos\Omega t\right] \tag{8-40}$$

式中

$$\omega_c=\frac{1}{\sqrt{L\left(C_1+\frac{C_2C_{jQ}}{C_2+C_{jQ}}\right)}}$$

由式(8－40)可见，在 $m<1$ 时，调频特性方程 $\omega(t)$近似为线性方程，能够实现线性调频。载波角频率 ω_c 由回路电感 L、回路电容 C_1、C_2 和静态结电容 C_{jQ}决定。

由式(8－40)得到线性角频偏 $\Delta\omega_m$ 等于

$$\Delta\omega_m=\frac{\gamma}{2P}m\omega_c \tag{8-41}$$

式中

$$P=(1+P_1)(1+P_2+P_1P_2) \tag{8-42}$$

$$P_1=\frac{C_{jQ}}{C_2},\ P_2=\frac{C_1}{C_{jQ}} \tag{8-43}$$

一般 $P>1$。当 $C_1=0$，$C_2=\infty$时，$P=1$，这就是全部接入式的情况。

由式(8－27)、式(8－32)和式(8－40)得到调频灵敏度为

$$k_f=\frac{\gamma}{2P}\frac{f_c}{U_B+U_Q} \tag{8-44}$$

将上述结果与变容管全部接入式比较可见，变容管部分接入式的频偏、调频灵敏度都减小到 $1/P$ 倍。但好处是，调频非线性失真和载波频率不稳定度也减小到 $1/P$ 倍。

最后简单讨论 C_1、C_2 大小对调频特性的影响。如果将 C_Σ 看成是等效变容管，那么 C_Σ 随调制电压 u_Ω 的变化规律不仅取决于 C_j 随 u_Ω 的变化规律，而且还与 C_1、C_2 大小有关。显然，C_Σ 随调制电压 u_Ω 的变化率小于 C_j 随 u_Ω 的变化率，即等效变容指数小于变容管的变容指数 γ。

就 C_2 而言，由于其与 C_j 串联，C_2 越大，C_j 的作用就越大，C_Σ 随调制电压 u_Ω 的变化率就越大，即等效变容指数就越大，如图 8-17 所示。就 C_1 而言，由于其与 C_j 并联，C_1 越小，C_j 的作用就越大，C_Σ 随调制电压 u_Ω 的变化率就越大，即等效变容指数也就越大，如图 8-18 所示。

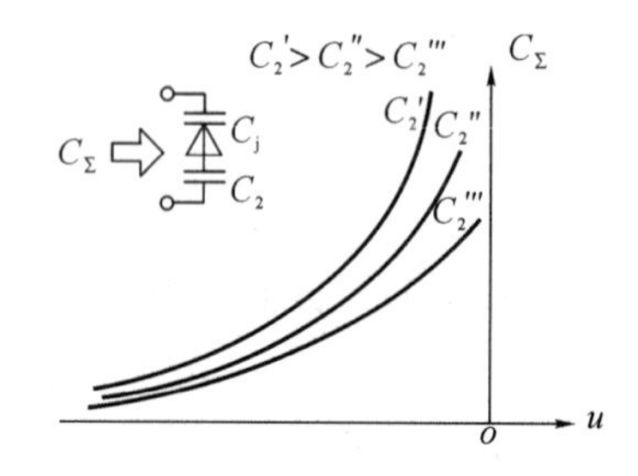

图 8-17　C_2 对等效变容指数的影响

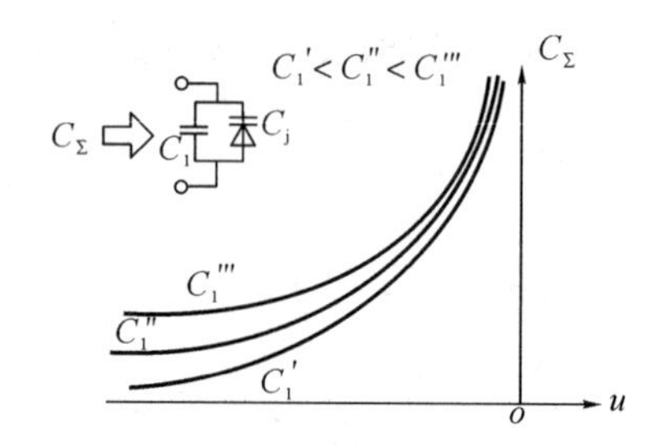

图 8-18　C_1 对等效变容指数的影响

综上所述，调节 C_2 可有效地控制 C_j 大的区域内 C_Σ 随调制电压 u_Ω 的变化率，调节 C_1 可有效地控制 C_j 小的区域内 C_Σ 随调制电压 u_Ω 的变化率。为了线性调频，必须选用 $\gamma>2$ 的变容管，然后合理调节 C_1、C_2 大小，使变容管的等效 γ 接近于 2。此时，适当加大调制电压(即 m 值)是不会引起明显的非线性失真的，因此，尽管变容管是部分接入，调频电路依然能够提供比较大的线性频偏。在实际调频电路中，C_2 取值较大，约为几十至几百皮法，而 C_1 取值较小，约为几个至几十皮法。

例 8-4　图 8-19(a)是某变容管部分接入式直接调频电路。图中，L_1 和 L_3 是高频扼流圈，C_3、C_4、C_5、C_6、C_7 是高频旁路或耦合电容，C_8 是低频耦合电容。(1)试画出变容管直流馈电等效电路、调制信号等效等效电路和高频等效电路；(2)写出调频波中心频率的表达式。

解　(1) 变容管直流偏置电路如图 8-19(b)所示。其 $-E_E$ 通过 R_1 和 R_2 分压得到负电压 U_Q 接到变容管的正极，负极通过 R_6 接地，以保证变容管反偏。调制信号等效电路如图 8-19(c)所示。其 u_Ω 通过 C_6 耦合、经 R_6 短路加到变容管上，以改变变容管结电容的大小。高频等效电路如图 8-19(d)所示，其 L_2 与 C_1、C_2、变容管 C_j 组成振荡回路，并与振荡管组成电容三点式振荡器，由于其中的 C_j 受 u_Ω 调制，当参数设计得当时，振荡器的振荡频率受 u_Ω 线性调制，从而实现线性调频。

(2) 设 C_1 串 C_2 串 C_{jQ} 的总电容为 C_Σ，则调频波中心频率(即载频) 为

$$f_c=\frac{1}{2\pi\sqrt{L_2C_\Sigma}}$$

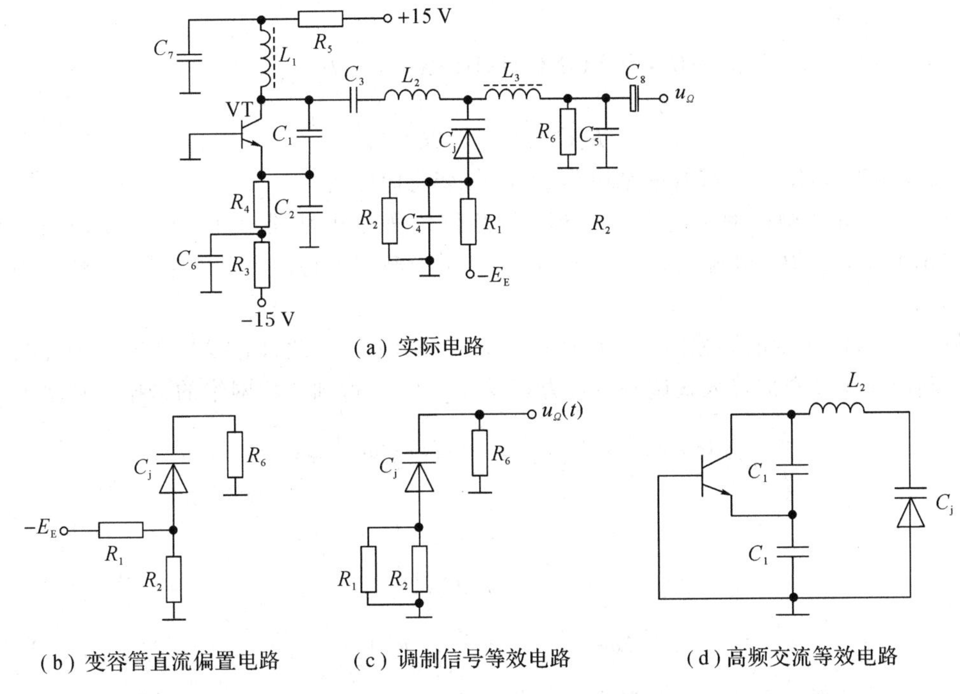

(a) 实际电路

(b) 变容管直流偏置电路　(c) 调制信号等效电路　(d) 高频交流等效电路

图 8-19　变容管部分接入式直接调频电路

以上介绍的是各类变容管直接调频电路的工作原理，这类调频电路产生线性频偏较大，但是由于其组成特点决定了其载波频率稳定度不高。为了满足载波频率稳定度的指标，有时候采用间接调频的方式，但由于其频偏小，可以采用扩展线性频偏方法，以满足频偏要求。下面介绍变容二极管间接调频电路的调频原理，然后再介绍扩展线性频偏的方法。

8.4.3　变容二极管间接调频电路

1. 变容二极管间接调频电路

1) 电路组成

变容二极管间接调频电路如图 8-20 所示。它由积分器与调相器组成。积分器由 R_1、C_1 和运算放大器 A 组成；R_5、L 和 VD 组成的谐振回路，作为调相网络。C_2 为低频耦合电容，C_3 为高频耦合电容，C_4 为高频旁路电容；R_2、R_4 起隔离作用，调节 R_5 可改变谐振回路的品质因数 Q_L；8 V 直流电压通过 R_3 为变容管 VD 提供反向工作的偏置电压。

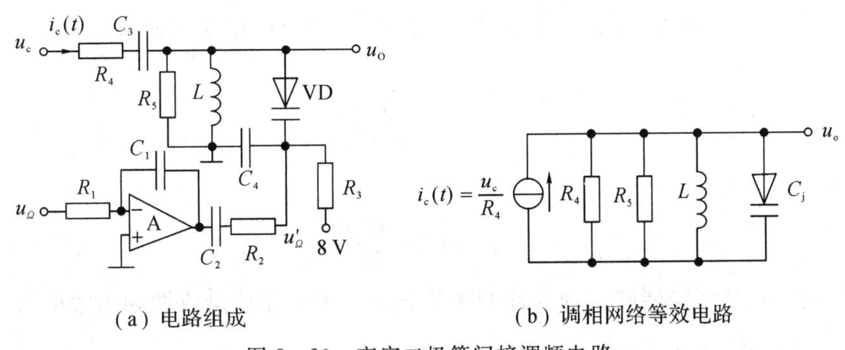

(a) 电路组成　(b) 调相网络等效电路

图 8-20　变容二极管间接调频电路

2）工作原理

设调制信号 $u_\Omega = U_{\Omega m}\cos\Omega t$，则积分器的输出电压 u'_Ω 为

$$u'_\Omega = \frac{1}{R_1 C_1}\int u_\Omega \mathrm{d}t = \frac{U_{\Omega m}}{R_1 C_1 \Omega}\sin\Omega t \tag{8-45}$$

u'_Ω 接入变容管 VD，使变容管的结电容随着 u'_Ω 变化而变化。

下面主要介绍调相网络的调相原理：调相网络等效电路是一个 LC 并联回路，如图 8-20(b)所示，图中，电流源 $i_c(t)\approx u_c/R_4$，是用诺顿定理将输入载波电压 u_c 转换为电流源的数值。

图 8-20(b)所示的调相网络回路的电容只有变容管，因此可看成是变容管全部接入式电路。利用变容管全部接入式调频特性方程式(8-37)，得到调相网络的谐振角频率为

$$\omega(t) = \omega_0 + \frac{\gamma}{2}\frac{\omega_0}{U_B + U_Q}u'_\Omega(t) = \omega_0 + \Delta\omega_0(t)$$

其中

$$\omega_0 = \frac{1}{\sqrt{LC_{jQ}}}$$

$$\Delta\omega_0(t) = \frac{\gamma}{2}\frac{\omega_c}{U_B + U_Q}u'_\Omega(t) \tag{8-46}$$

式中，ω_0 为中心角频率；$\Delta\omega_0(t)$ 为角频率变化量。

由图 8-20(b)可得到调相网络的阻抗为

$$Z(\omega) = |Z(\omega)|\mathrm{e}^{\mathrm{j}\varphi(\omega)}$$

其中，相位 $\varphi(\omega)$ 为

$$\varphi(\omega) = \arctan Q_L\frac{2\Delta\omega_0}{\omega_0}$$

当 $\varphi(\omega)\leqslant\frac{\pi}{6}$，且 $\omega_0=\omega_c$ 时，相位 $\varphi(\omega)$ 近似为

$$\varphi(\omega)\approx Q_L\frac{2\Delta\omega_0}{\omega_c} \tag{8-47}$$

将式(8-46)代入式(8-47)，可得

$$\varphi(\omega)\approx\frac{Q_L\gamma}{U_B + U_Q}u'_\Omega(t) = \frac{Q_L\gamma m}{R_1 C_1 \Omega}\sin\Omega t \tag{8-48}$$

由此可见，当 $\varphi(\omega)\leqslant\frac{\pi}{6}$时，调相网路相位 $\varphi(\omega)$与变容管控制电压 u'_Ω 近似成正比，能够对 u'_Ω 实现线性调相，也就对 u_Ω 实现线性调频。由式(8-48)可得到调相指数 m_p，也就是调频指数 m_f 为

$$m_p = m_f = \frac{Q_L\gamma m}{R_1 C_1 \Omega} \tag{8-49}$$

则角频偏为

$$\Delta\omega_m = m_f\Omega\approx\frac{Q_L\gamma m}{R_1 C_1}$$

综上所述，间接调频能够实现线性调频的条件是最大相移量或调频指数应限制在 $m_f\leqslant\frac{\pi}{6}$，否则调相器会产生非线性失真，因此间接调频属于窄带调频。

若设 $i_c(t)=I_{cm}\cos\omega_c t$，则间接调频电路的输出电压 u_o 为

$$u_o=I_{cm}\cos\omega_c t\cdot Z(\omega)=I_{cm}|Z(\omega)|\cos[\omega_c t+\varphi(\omega)]$$

将式(8-48)代入上式，可得

$$u_o=I_{cm}|Z(\omega)|\cos\left[\omega_c t+\frac{Q_L\gamma m}{R_1C_1\Omega}\sin\Omega t\right] \tag{8-50}$$

可见，间接调频输出电压的瞬时频率受 u_Ω 线性调制，能实现调频。

但由于变容管结电容随 u_Ω 变化，那么由变容管和电感组成的并联电路的阻抗 $|Z|$ 也将随 u_Ω 变化，因此调频波的幅度 $U_{om}=I_{cm}|Z(\omega)|$ 也会随着调制信号变化而变化，产生寄生调幅。

另外，需要说明的是，如果调制信号的频率占有一定带宽，即 $\Omega_{min}\sim\Omega_{max}$，由式(8-49)可知，当 $U_{\Omega m}$不变，也即 m 不变时，Ω 越小，m_f 越大。在 $\Omega=\Omega_{min}$时，m_f 最大，只要这个最大值不超过调相器提供的最大线性相移，那么，其调制频率上的 m_f 也就不会超过这个最大线性相移。例如，调频发射机的调制信号频率为 100～15 000 Hz，由于图 8-20 所示的间接调频电路调频指数(最大线性相移)限定为 $m_f\leqslant\frac{\pi}{6}$ ，因此其最大线性频偏应限定在 $\Delta f_m\leqslant m_f F_{min}=52$ Hz。

2. 扩展线性频偏的方法

最大线性频偏是调频电路的主要质量指标之一。在实际调频设备中，需要的最大线性频偏往往不是简单调频电路能够达到的。因此，如何扩展线性频偏是设计调频设备是一个关键问题。

一般采用倍频和混频相结合的方法扩展线性频偏，以达到性能要求。倍频和混频的变换原理框图如图 8-21 所示，它包括间接调频器、n 次倍频器和混频器。

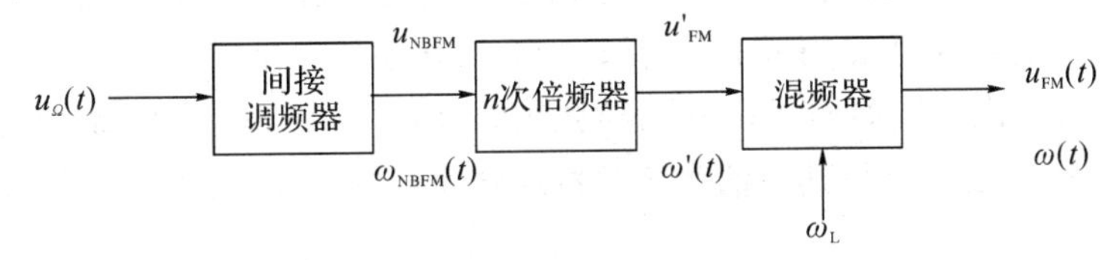

图 8-21　倍频和混频的变换原理框图

设间接调频器的输出信号的瞬时角频率为

$$\omega_{NBFM}(t)=\omega_c+\Delta\omega_m\cos\Omega t$$

则经过 n 次倍频器后输出调频信号的瞬时角频率为

$$\omega'(t)=n\omega_{NBFM}(t)=n\omega_c+n\Delta\omega_m\cos\Omega t$$

设混频器采用下混频，则混频输出调频信号的瞬时角频率为

$$\omega(t)=\omega_L-\omega'(t)=(\omega_L-n\omega_c)-n\Delta\omega_m\cos\Omega t$$

可见，倍频器可以不失真地将调频波的绝对角频偏 $\Delta\omega_m$ 扩大 n 倍，从而实现了频偏的线性扩展。但是同时，载频也被扩大了 n 倍，即相对角频偏 $\Delta\omega_m/\omega_c$ 不变。因此只采用倍频方法就有可能在满足了频偏的要求同时，载频却有可能过高而不满足实际要求。解决的方法是采用混频器，因为混频器具有频率加减的功能，可见，混频后绝对角频偏不变，而相对角频偏改变了。

如果假设图 8-21 中间接调频器的输出电压为

$$u_{NBFM}(t)=U_{c1m}\cos(\omega_c t+m_{f1}\sin\Omega t)$$

则可以得到图 8-21 中各点电压表达式，分别为

$$u'_{FM}(t)=U_{c2m}\cos(n\omega_c t+nm_{f1}\sin\Omega t)$$

$$u_{FM}(t)=U_{cm}\cos[(\omega_L-n\omega_c)t-nm_{f1}\sin\Omega t]$$

综上所述，为了扩展线性频偏，一般可以采用两种方法：第一种是在很高的载波频率上用直接调频法产生宽带调频信号，之后用混频的方法将中心频率降到所要求的数值；第二种是在较低的载波频率下，用间接调频法得到窄带调频信号，然后用倍频、混频方法将频偏和载波频率变换到要求的数值。

某调频发射机要求输出载频为 100 kHz、频偏为 75 kHz 的调频信号，其组成框图如图 8-22 所示。晶振、积分器与调相器构成间接调频器，产生载频为 100 kHz、频偏为 24.415 Hz的窄带调频信号；通过 192 次倍频器，频偏扩展为 4.687 68 kHz，载频频率扩展为 19.2 MHz；再经过混频器，与频率为 25.45 MHz 的本振信号频率相减，得到载频为 6.25 MHz、而频偏依然为 4.687 68 kHz 的调频信号；最后通过 16 次倍频，得到符合指标要求的载频为 100 kHz、频偏为 75 kHz 的宽带调频信号。

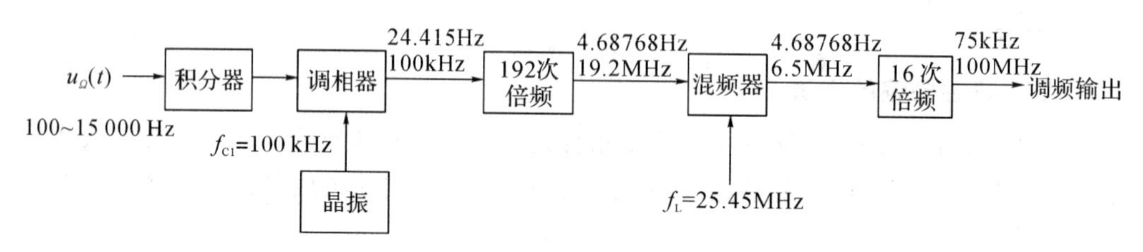

图 8-22 某调频发射机的组成框图

必须指出的是，图 8-22 中的高次倍频器的倍频次数太高，其无法用一个倍频器实现，一般都是由若干个低次倍频器构成的。例如，192 次倍频可以是 4×4×4×3=192，由三级 4 次倍频器和一级 3 次倍频器构成；16 次倍频可以是 4×4=16，由两级 4 次倍频器构成。当然这些高次倍频器也可以是其他低次倍频器组合而成的。

8.5 调频信号的解调器

角度调制信号的解调包括调频信号解调和调相信号解调。调频信号解调称为频率检波，简称鉴频；调相信号解调称为相位检波，简称鉴相。它们都是把已调信号中反映调制信号变化的频率变化量或相位变化量取出来的过程，但是采用的方法不尽相同。本节重点介绍调频信号的鉴频。

鉴频器的工作波形如图 8-23 所示。其输入 $u_s(t)$为调频波，输出 $u_o(t)$为低频调制信

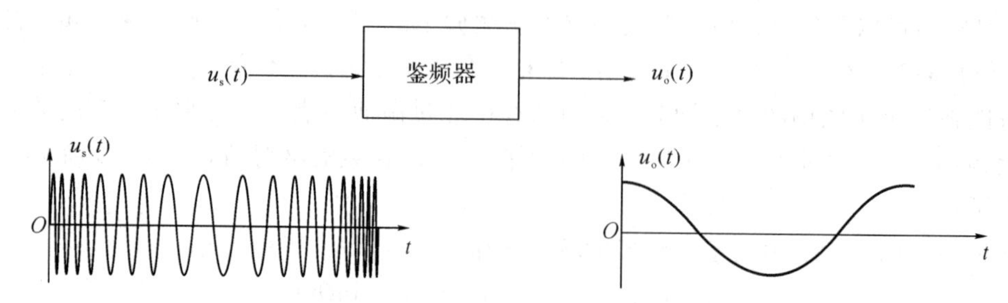

图 8-23 鉴频器的工作波形

号。由于输入调频信号的瞬时频率变化与调制信号变化规律一致，只要取出瞬时频率的变化规律，就可以完成调频波的解调。因此，鉴频就是把调频信号的瞬时频率变化规律解调出来的过程。

那么如何实现上述解调过程？下面介绍几种鉴频方法。

8.5.1　鉴频方法

鉴频的方法很多，一般包括波形变换法、脉冲计数法和锁相环法等。其中，波形变换法原理是本节学习的重点。

1. 波形变换法

首先思考能否直接用包络检波器解调吗？答案是否定的。那么，试想如果设法把调频信号的瞬时频率变化规律不失真地“转嫁”到调频波幅度上去，把调频波变成调幅波，再采用包络检波器取出幅度变化规律，就能取出调制信号，完成鉴频功能了，这就是波形变化法。

波形变换法就是通过线性网络将输入调频波 u_{FM} 进行特定的波形变换，将等幅的调频波变成幅度与频率变化成正比的调频调幅波 $u_{FM\text{-}AM}$，再进行包络检波，以恢复出调制信号。其原理框图如图 8-24(a)所示。波形变换的线性网络有很多类型，例如，设波形变换网络如图 8-24(b)中的 $H(\omega)$ 特性，由于在输入调频波频率变化 $\Delta\omega(t)$ 变化范围内幅频特性 $H(\omega)\sim\omega$ 是线性的，则变换网络输出电压幅度的变化规律与 $\Delta\omega(t)$ 一致，则得到输出调频调幅波 $u_{FM\text{-}AM}$，如图8-24(b)所示。

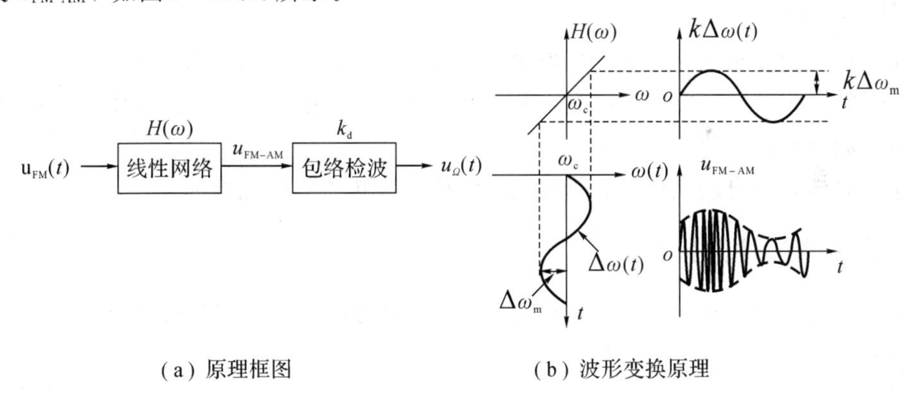

(a) 原理框图　　(b) 波形变换原理

图 8-24　波形变换法鉴频器

2. 脉冲计数式鉴频

实现脉冲计数式鉴频的原理框图如图 8-25 所示。由于调频波的过零点规律反映了其瞬时频率变化规律，也反映了波形的疏密程度规律：即频率越高，波形越密，过零点个数越多；频率越低，波形越疏，过零点个数越少。脉冲计数式鉴频原理就是利用脉冲个数对应调频波的过零点的个数，然后计算出脉冲个数即可实现鉴频。图 8-24 中虚线方框为非线性变换网络，由限幅器、微分电路、脉冲形成电路组成。输入调频波 u_{FM} 首先通过限幅器变换为调频方波 u_1，而后通过微分电路变成微分脉冲 u_2，并用其中的正微分脉冲触发脉冲形成电路，产生窄脉冲序列 u_3，在以上变换过程中，调频波过零点的规律始终没有被改变。最后通过低通滤波器取出 u_3 的平均分量(即过零点的规律)，从而解调出调制信号电压 u_o。

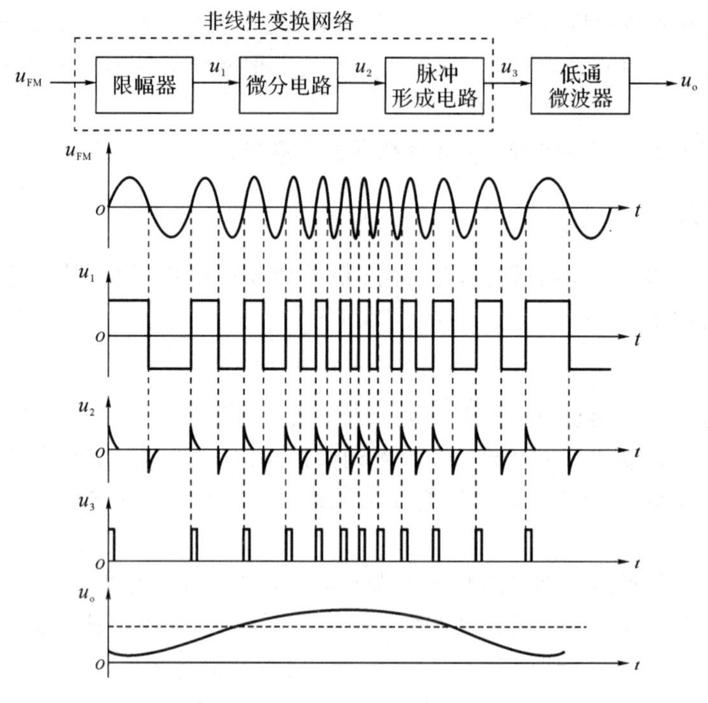

图 8-25　脉冲计数式鉴频的原理框图

脉冲计数式鉴频具有线性鉴频范围大、便于集成化等优点，但缺点是工作频率不能过高。

3. 锁相环鉴频

当调频信号幅度很弱时，也就是当输入信噪比较小时，波形变换法鉴频器将不能正常工作，一般把这种现象称为门限效应。而锁相环鉴频门限相对较低，能适合小信号的鉴频，其具体的鉴频原理将在第 9 章介绍。

在学习具体鉴频电路之前，下面首先介绍衡量鉴频器的性能指标。

8.5.2　鉴频器的性能指标

衡量鉴频器性能的指标包括：鉴频特性、鉴频灵敏度(又称为鉴频跨导)、鉴频宽度等。

1. 鉴频特性

鉴频特性是指输出电压 u_o 与输入调频信号瞬时频率 f 之间的关系。它是一个 $f-u$ 变换器。在线性解调的情况下，鉴频特性应为一条直线，而实际的鉴频特性曲线如图 8-26 所示，俗称“S”曲线。因此它只能在有限范围内实现线性鉴频。

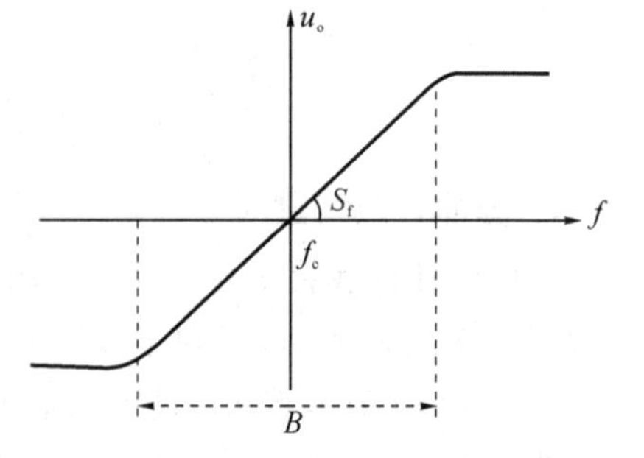

图 8-26　实际的鉴频特性曲线

2. 鉴频灵敏度

将鉴频特性曲线在中心频率处的斜率称为鉴频灵敏度，用来评价鉴频器的鉴频能力，其定义为

$$S_f = \left.\frac{du_o}{df}\right|_{f=f_c} \tag{8-51}$$

式(8－51)的单位为 V/Hz。显然，鉴频灵敏度越大，鉴频能力越强。

3. 鉴频宽度

鉴频宽度是指鉴频特性曲线线性鉴频的最大范围。为了能线性鉴频，要求鉴频宽度 $B \geqslant 2\Delta f_m$，其中，Δf_m 为输入调频波的频偏。

下面学习各种鉴频器，本节主要学习采用波形变换法的鉴频器。根据波形变换电路不同，鉴频器分为斜率鉴频器、相位鉴频器和比例鉴频器。

8.5.3　斜率鉴频器

斜率鉴频器又称为振幅鉴频器或失谐回路鉴频器。它是利用谐振回路的幅频特性将等幅的调频波变换成幅度与频率变化成正比的调频调幅波，再进行包络检波取出原调制信号。斜率鉴频器分为单失谐回路斜率鉴频器和双失谐回路斜率鉴频器。

1. 单失谐回路斜率鉴频器

单失谐回路斜率鉴频器是最简单的一种斜率鉴频器，其原理电路如图 8－27 所示。图中，LC 回路为波形变换电路，VD、R_L、C_L 组成包络检波器。其中，LC 回路对输入调频波 $u_1(t)$失谐，即谐振频率不等于输入调频波的载频，也即 $f_0 \neq f_c$。

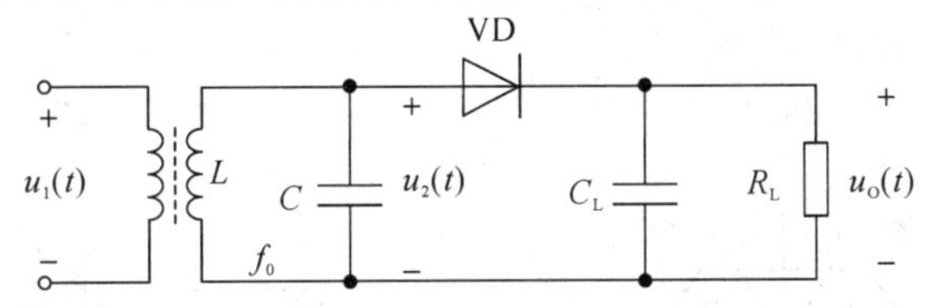

图 8－27　单失谐回路斜率鉴频器的原理电路

单失谐回路斜率鉴频器的工作原理示意图如图 8－28 所示。图中，$H(f)$为 LC 回路幅频特性曲线，谐振频率为 f_0。为了获得线性的鉴频特性，总是使输入调频波的载频 f_c 处在幅频特性曲线倾斜部分中接近直线段的中点，如图 8－28 中的 Q(或 Q')点。这样，在输入调频波信号频率改变时，LC 回路两端输出电压 $u_2(t)$的幅度也随之线性改变，如图 8－28 中$U_{2m}(t)$波形所示。因此 $u_2(t)$是包络为 $U_{2m}(t)$的调频-调幅波，如图 8－27 中 $u_2(t)$波形所示。最后，$u_2(t)$经包络检波后获得原调制信号，完成鉴频功能。$H(f)$中曲线 AB 段即为本电路的鉴频特性。

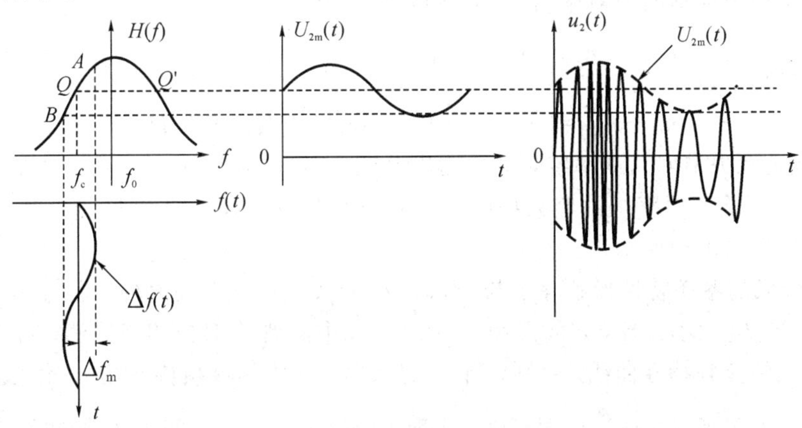

图 8－28　单失谐回路斜率鉴频器的工作原理示意图

上述鉴频是假设 AB 段线性度很好的条件下进行分析的，而实际上，一个单谐振回路的幅频特性曲线倾斜部分的线性度很差(或者说线性范围很窄)。当频偏 Δf_m 较大时，非线性失真就很严重，因此只能用于窄带调频波的鉴频。为了能对宽带调频进行鉴频，扩展鉴频的线性范围，对单失谐回路斜率鉴频器进行改进，这就提出双失谐回路斜率鉴频器。

2. 双失谐回路斜率鉴频器

双失谐回路斜率鉴频器的工作原理示意图如图 8-29(a)所示。由图可见，它是由两个参数相等的单失谐回路斜率鉴频器并接起来的。设输入调频波 $u_s(t)$的中心频率为 f_c，两个谐振回路的谐振频率分别为 f_{01} 和 f_{02}，且均对 f_c 失谐，大小与 f_c 对称分布，即 $f_{01}=f_c\pm\delta f$，$f_{02}=f_c\mp\delta f$。

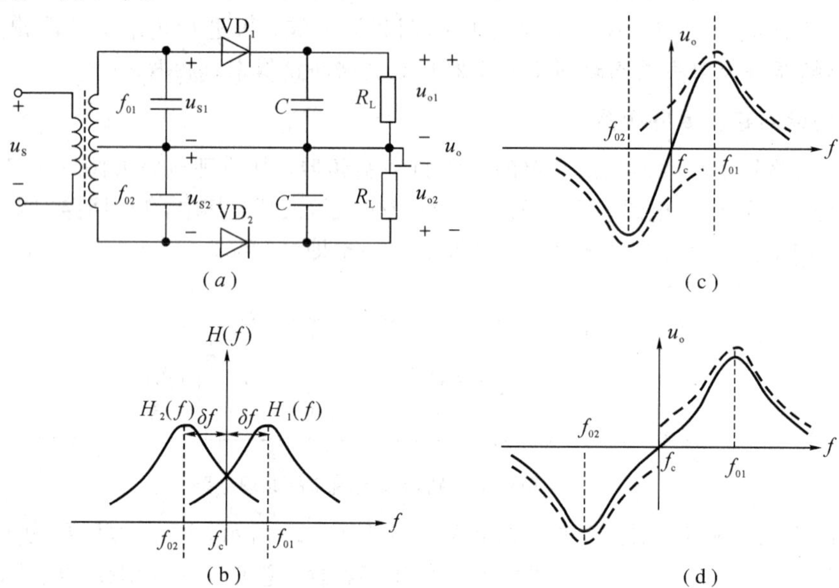

图 8-29 双失谐回路斜率鉴频器的工作原理示意图

设 $f_{01}=f_c+\delta f$，$f_{02}=f_c-\delta f$，且两个谐振回路的幅频特性分别为 $H_1(f)$和 $H_2(f)$，如图 8-29(b)所示。则两个谐振回路输出电压 u_{s1}、u_{s2}的幅度分别为

$$U_{s1m}=H_1(f)U_{sm},\ U_{s2m}=H_2(f)U_{sm}$$

若设两个包络检波器的检波效率均为 k_d，则它们输出电压分别为

$$u_{o1}=k_dU_{s1m},\ u_{o2}=k_dU_{s2m}$$

则鉴频器的输出电压 u_o 为

$$u_o=u_{o1}-u_{o2}=k_dU_{s1m}-k_dU_{s2m}=k_dU_{sm}[H_1(f)-H_2(f)] \tag{8-52}$$

式(8-52)就是双失谐回路斜率鉴频器的输出电压 u_o 与输入频率 f 关系。它表明，当 U_{sm}、k_d 一定时，u_o 与输入频率 f 的鉴频特性就是两个谐振回路幅频特性 $H_1(f)$和 $H_2(f)$的合成特性，如图 8-29(c)所示。

可见，合成的鉴频特性形状除了与 $H_1(f)$和 $H_2(f)$形状有关之外，还与 f_{01}与 f_{02}大小有关。若 f_{01}与 f_{02}大小合理，$H_1(f)$和 $H_2(f)$曲线中的弯曲部分相互补偿，可以合成一条线性范围较大的鉴频特性曲线。否则，当 δf 过大时，合成的鉴频特性在 f_c 附近就会出现弯曲，如图 8-29(d)所示。通过证明可知，当取 $\delta f\approx0.6\Delta f_{0.7}$时，即在 f_c 两侧的$\frac{1}{4}\Delta f_{0.7}$的频率范围内，鉴频特性是线性的。

双失谐回路斜率鉴频器的优点是鉴频特性的线性度好；线性范围宽；调节 S 曲线的形状很方便。因此，这种鉴频器在微波接收机中得到广泛的应用。

8.5.4　相位鉴频器

相位鉴频器是指利用谐振回路的相频率特性将等幅的调频波变换成幅度随频率变化的调频调幅波，再进行包络检波，以恢复调制信号。

相位鉴频器包括电感耦合相位鉴频器和电容耦合相位鉴频器。下面以电感耦合相位鉴频器为例，介绍鉴频原理。

1. 电感耦合相位鉴频器电路组成

图 8-30 给出了电感耦合相位鉴频器原理电路。电路的波形变换部分是一个互感耦合双调谐电路，其中，初级回路 L_1C_1 和次级回路 L_2C_2 均调谐在调频波的中心频率 f_c 上；VD_1、C、R_L 与 VD_2、C、R_L 组成平衡包络检波器；C_3 为高频耦合电容，对输入信号频率呈短路；L_3 为高频扼流圈，对输入信号频率呈断路，同时为检波直流分量提供通路。

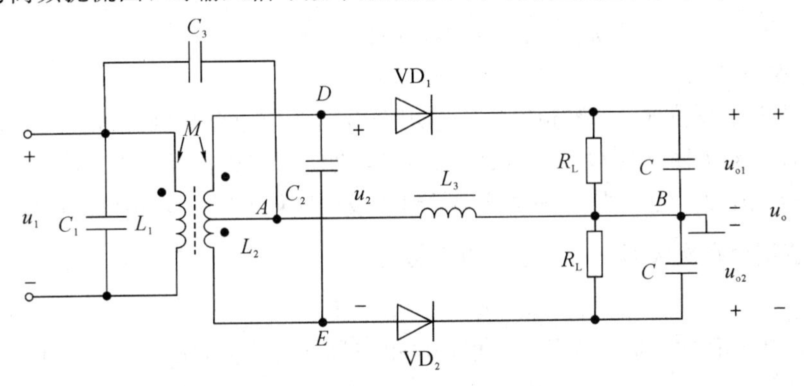

图 8-30　电感耦合相位鉴频器原理电路

当输入调频波 u_1 的频率发生变化时，次级回路电压 u_2 与 u_1 的相位随之发生变化，相位鉴频器正是利用这种相位变化，将输入调频波的频率变化转换成输出幅度的变化。下面详细分析其鉴频原理。

2. 鉴频原理

1）平衡包络检波器等效电路及其各点电压关系

平衡包络检波器的等效电路如图 8-31 所示。其输入电压来自两条路径：一条是输入调频波 $\dot{U}_1$ 通过互感耦合在次级回路 D、E 两端产生的次级电压 $\dot{U}_2$，根据同名端的绕向，$\dot{U}_2$ 的电压方向如图 8-30 所示；由于 A 点是中心抽头，因此，上下半个次级线圈分别得到半个次级电压$\frac{\dot{U}_2}{2}$，它们的方向与 $\dot{U}_2$ 的方向一致，如图 8-31 所示。另一条是输入调频波 $\dot{U}_1$ 通过电容 C_3 的高频耦合和 L_3 的高频扼流，等效降压在 L_3 两端，即 A、B 两点的电压为 $\dot{U}_1$。为此，根据图 8-31 中各电压方向可知，平衡包络检波器的等效输入电压 $\dot{U}_{D1}$、$\dot{U}_{D2}$ 分别为

$$\begin{cases} \dot{U}_{D1}=\dot{U}_1+\dfrac{1}{2}\dot{U}_2 \\ \dot{U}_{D2}=\dot{U}_1-\dfrac{1}{2}\dot{U}_2 \end{cases} \tag{8-53}$$

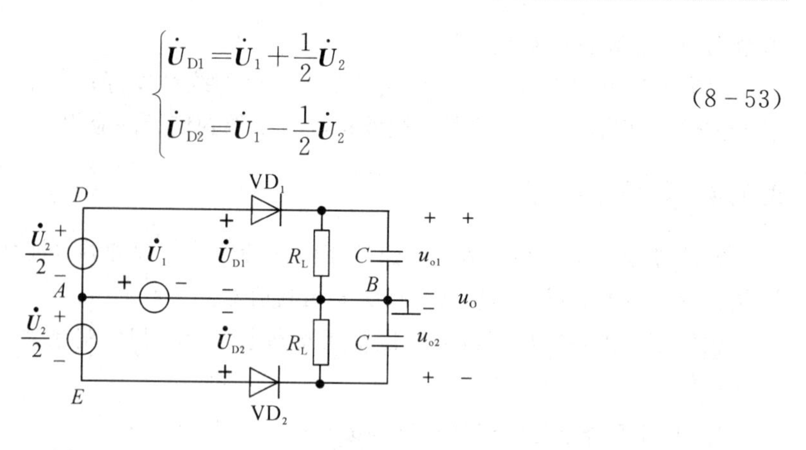

图 8-31　平衡包络检波器的等效电路

若设两个检波器检波效率均为 k_d，则它们的输出电压 u_{o1}、u_{o2} 分别为

$$u_{o1}=k_d|\dot{U}_{D1}|，u_{o2}=k_d|\dot{U}_{D2}|$$

根据检波二极管导通为参考方向，则 u_{o1}、u_{o2} 电压是大小相同、方向相反。则输出电压 u_o 为

$$u_o=u_{o1}-u_{o2}=k_d(|\dot{U}_{D1}|-|\dot{U}_{D2}|) \tag{8-54}$$

2）波形变换原理

为讨论波形变换原理，将鉴频器的互感耦合电路等效电路单独画在图 8-32 上。假定(合乎实际情况)初级回路的 Q_L 值比次级回路高，初级回路的损耗电阻忽略。另外，初级和次级之间耦合比较弱，也不需考虑次级反射到初级的损耗电阻。设初级电感 L_1 中的电流为 $\dot{I}_1$，通过互感耦合在次级回路产生感应电动势为

$$\dot{E}=\pm j\omega M\cdot\dot{I}_1$$

式中，“±”取决于初次级同名端绕向。根据本电路同名端绕向，在图 8-32 中，感应电动势 $\dot{E}$ 的方向式中取“+”号，即

$$\dot{E}=j\omega M\cdot\dot{I}_1=\frac{M}{L_1}\dot{U}_1 \tag{8-55}$$

由式(8-55)可知 $\dot{E}$ 与 $\dot{U}_1$ 同相。然后感应电动势 $\dot{E}$ 产生次级感应电流 $\dot{I}_2$，$\dot{I}_2$ 流过电容 C_2 产生电压 $\dot{U}_2$，所以 $\dot{I}_2$ 超前 $\dot{U}_2$ 相位 90°。次级回路各电压、电流方向如图 8-32 所示。

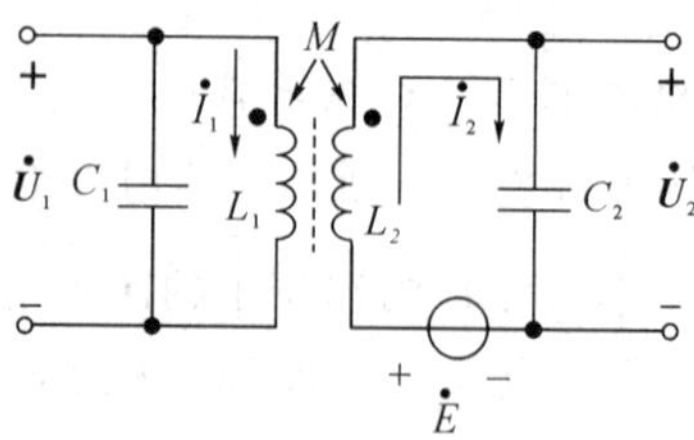

图 8-32　互感耦合回路的等效电路

进一步假设在图 8-32 所示的等效电路中 $L_1=L_2$，$C_1=C_2$，并且输入调频波为

$$u_1(t)=U_{1m}\cos[\omega_c t+k_f\int u_\Omega(t)dt]$$

可以求出次级回路两端电压 $u_2(t)$ 为

$$u_2(t)=U_{1m}Q_Lk\sin\left[\omega_c t+k_f\int u_\Omega \mathrm{d}t-\frac{2Q_Lk_f}{\omega_c}u_\Omega(t)\right] \quad (8-56)$$

式中，$k=\dfrac{M}{L}$为耦合系数。由式(8－56)可知，$u_2(t)$仍是调频波，并且 $u_2(t)$相对于 $u_1(t)$的附加相位$\dfrac{2Q_Lk_f}{\omega_c}u_\Omega(t)$与调制信号 $u_\Omega(t)$呈正比关系，因此 $u_2(t)$为调频调相波。如果取出附加相位就可以取出 $u_\Omega(t)$，即可实现鉴频，因此称之为相位鉴频器。

那么，如何用平衡包络检波器进行解调呢？可以概括为：首先是利用互感耦合回路的相频特性使 u_2 的相位随着输入调频波 u_1 的频率变化而变化，如式(8－56)；然后由式(8－53)将 u_1 与 u_2 叠加得到两个检波器的输入电压 u_{D1}、u_{D2}，如果 u_{D1}、u_{D2}的幅度能随着输入调频波 u_1 的瞬时频率变化而变化，则通过包络检波器就能实现解调目的，取出调制信号。

下面采用矢量图分析法来分析 u_{D1}、u_{D2}的幅度是否随着输入调频波 u_1 的瞬时频率变化而变化？

3）矢量图分析法

矢量图分析的思路是：当 $\dot{U}_1$ 的频率变化时，根据图 8－31、图 8－32 以及 $\dot{U}_1$、$\dot{E}$、$\dot{I}_2$、$\dot{U}_2$ 之间的相位关系，定性画出它们的矢量图；再根据式(8－53)定性地画出 $\dot{U}_{D1}$、$\dot{U}_{D2}$的矢量图；最后再由式(8－54)定性得出鉴频输出电压 u_o 的变化情况。

下面根据输入调频波 $\dot{U}_1$ 的频率变化，分三种情况作矢量图：

① 当输入调频波的瞬时频率等于载频，即 $f=f_c$ 时，由于图 8－32 中次级回路谐振频率为 f_c，因此次级回路串联谐振，感应电动势 $\dot{E}$ 与感应电流 $\dot{I}_2$ 同相，而 $\dot{I}_2$ 超前 $\dot{U}_2$ 相位 90°。假设以输入信号 $\dot{U}_1$ 为基准参考方向，由式(8－55)可作出 $\dot{E}$ 的矢量图，再依次作出 $\dot{I}_2$、$\dfrac{1}{2}\dot{U}_2$、$-\dfrac{1}{2}\dot{U}_2$ 以及 $\dot{U}_{D1}$、$\dot{U}_{D2}$的矢量图，如图 8－33(a)所示，显然$|\dot{U}_{D1}|=|\dot{U}_{D2}|$。由式(8－54)可知，此时 $u_o=0$。

② 当输入调频波的瞬时频率大于载频，即 $f>f_c$ 时，次级串联回路不谐振，呈感性，则 $\dot{E}$ 超前 $\dot{I}_2$ 一个相位角 $\Delta\varphi$，而 $\dot{I}_2$ 超前 $\dot{U}_2$ 相位 90°，作出矢量图，如图 8－33(b)所示。显然$|\dot{U}_{D1}|<|\dot{U}_{D2}|$，则 $u_o<0$。

随着 f 继续增大，$\dot{E}$ 超前 $\dot{I}_2$ 的相位角 $\Delta\varphi$ 继续增大，图 8－33(b)中，$\dot{U}_2$ 矢量按顺时针方向转动，结果使$|\dot{U}_{D1}|$减小，$|\dot{U}_{D2}|$继续增大，u_o 继续减小，最后 $\Delta\varphi$ 趋于 90°，则$|\dot{U}_{D1}|$趋于 $U_{1m}-\dfrac{1}{2}U_{2m}$，$|\dot{U}_{D2}|$趋于 $U_{1m}+\dfrac{1}{2}U_{2m}$，$u_o$ 趋于

$$u_o=k_d\left[\left(U_{1m}-\frac{1}{2}U_{2m}\right)-\left(U_{1m}+\frac{1}{2}U_{2m}\right)\right]=-k_dU_{2m}$$

③ 同理，当输入调频波的瞬时频率小于载频，即 $f<f_c$ 时，作出矢量图，如图 8－33(c)所示。可见$|\dot{U}_{D1}|>|\dot{U}_{D2}|$，则 $u_o>0$。随着 f 继续减小，u_o 最后趋于

$$u_o=k_d\left[\left(U_{1m}+\frac{1}{2}U_{2m}\right)-\left(U_{1m}-\frac{1}{2}U_{2m}\right)\right]=k_dU_{2m}$$

综上所述，当输入调频波的瞬时频率 f 发生变化时，$\dot{U}_2$ 与 $\dot{U}_1$ 的相位角随 f 发生变化，从而使得它们叠加后的 $\dot{U}_{D1}$、$\dot{U}_{D2}$ 矢量长度也随 f 发生变化，输出电压 u_o 也随 f 发生变化。如果电路参数选择得当，则 u_o 与 f 成线性关系，就能实现鉴频。

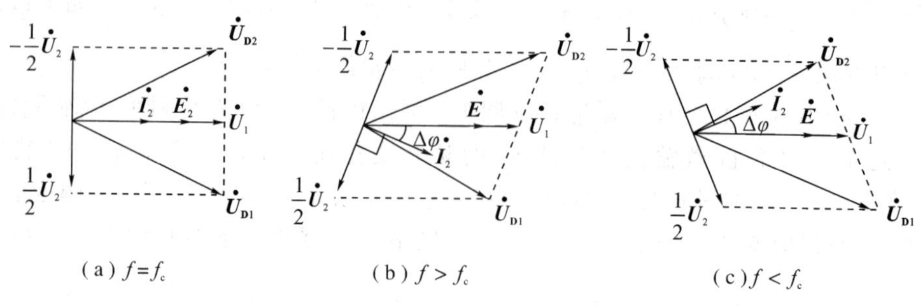

图 8-33　相位鉴频器的矢量图

4）鉴频特性曲线

根据图 8-33 所示的相位鉴频器矢量图可知：当 $f=f_c$ 时，$u_o=0$；当 $f>f_c$ 时，$u_o<0$，且趋于 $-k_dU_{2m}$；当 $f<f_c$ 时，$u_o>0$，且趋于 k_dU_{2m}。由此可定性地作出输出电压 u_o 随 f 变化的特性曲线，如图 8-34 所示。

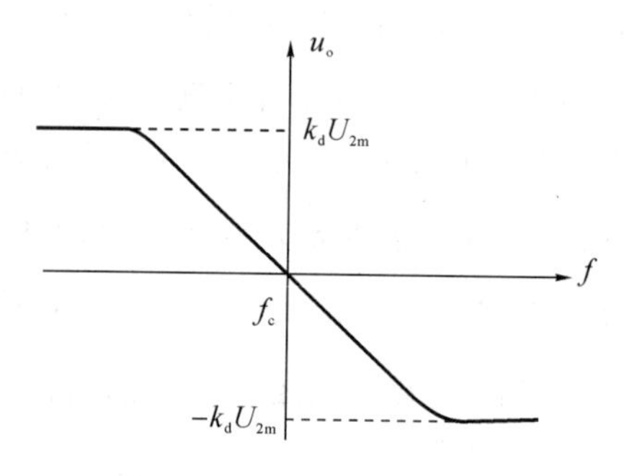

图 8-34　鉴频特性曲线

相位鉴频器的优点是线性较好，灵敏度较高，电路也较简单，因此，应用较广泛。但这种电路工作频带较窄，不适用于宽带鉴频器。

另外，在调频接收机中，当等幅调频信号通过鉴频器前各级电路时，均会因为电路的频率特性不均匀而使其振幅发生变化。如果存在外界干扰、设备内部噪声，就会加剧这种振幅的变化。通常将这种振幅变化称为调频波的寄生调幅。那么当采用斜率鉴频或相位鉴频解调时，寄生调幅也会被解调出来，影响输出解调电压，使得解调产生失真。因此，一般在鉴频器之前常常插入限幅器，用来消除寄生调幅。同时，为了使限幅器能有效地限幅，一般要求限幅器输入电压大于一定的数值(通常在 0.5～1.5 V 左右数量级)，这就需要在限幅器前加多级放大器，由此将导致接收机变得复杂，成本提高。为了节省成本，在有些调频接收机和电视机的伴音解调部分，广泛应用一种兼有限幅作用的鉴频器，这就是比例鉴频器。

8.5.5　比例鉴频器

比例鉴频器的原理电路如图 8-35 所示。它与电感耦合相位鉴频器的共同点是波形变换电路相同；不同点有三点：一是两个二极管串联连接；二是在平衡包络检波器 AB 两端并接了一个大电容 C_6；三是鉴频输出的取自端不同，是取自 CD 两端。

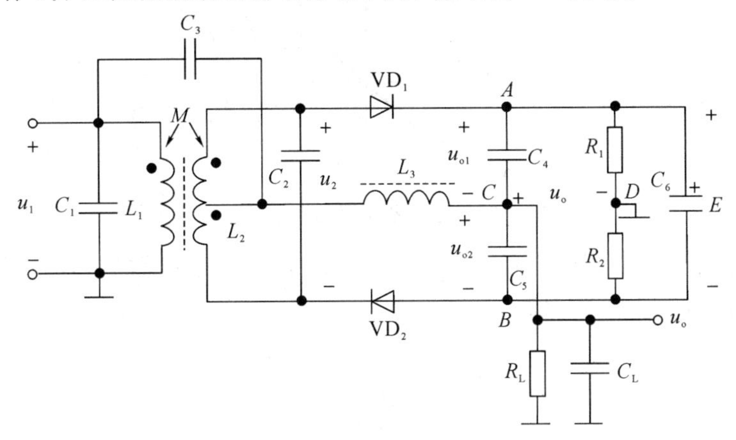

图 8 - 35　比例鉴频器的原理电路

由于上述的区别，就形成了比例鉴频器与相位鉴频器不同的工作特点：

(1) 平衡包络检波器输出 AB 两端电压保持 E 不变。由于两个二极管是串接的，它们的检波电流方向相同，两个检波器输出电压方向极性相同，则 AB 两端的电压不再是 u_{o1} 与 u_{o2} 之差，而变成 u_{o1} 与 u_{o2} 之和。那么当输入调频信号频率变化时，根据前面鉴频原理可知 u_{o1} 与 u_{o2} 变化方向是一个增大、另一个减小，由于它们的增大量与减小量近似相等，所以 u_{o1} 与 u_{o2} 之和为恒定值，不能有效反映输入调频信号瞬时频率变化规律。因此，比例鉴频器的输出电压不能取自 AB 两端。同时由于在 AB 两端并接了一个大电容 C_6，容量约为 10 μF，其与(R_1+R_2)组成时间常数很大(0.1～0.2 s 左右)的惰性电路，AB 两端的电压 E 基本保持不变。如果输入调频波中存在着寄生调幅，两个包络检波器的输出电压 u_{o1} 和 u_{o2} 就会反映这种寄生调幅的变化，但是，如果寄生调幅的变化比较快(如寄生调幅变化的频率在 15 Hz 以上)，则利用惰性作用，C_6 两端电压就不会跟上它的变化，而依旧保持为原来的 E。

(2) 比例鉴频器解调输出电压仅是相位鉴频器的一半。由于比例鉴频器的输出电压取自两个检波电容中点 C 与两个检波电阻的中点 D 之间，则输出端 C、D 两点之间的电压为

$$u_o=-u_{o1}+\frac{1}{2}E$$

或者

$$u_o=u_{o2}-\frac{1}{2}E$$

以上两式相加，得到 u_o 为

$$u_o=\frac{1}{2}(u_{o2}-u_{o1}) \tag{8-57}$$

可见，比例鉴频器输出电压 u_o 仍与两个检波器输出电压 u_{o1} 和 u_{o2} 之差成比例。与式(8 - 54)相比，数值减少了一半，并且极性相反，因此比例鉴频器的 S 曲线翻转 180°，如图 8 - 36 所示。

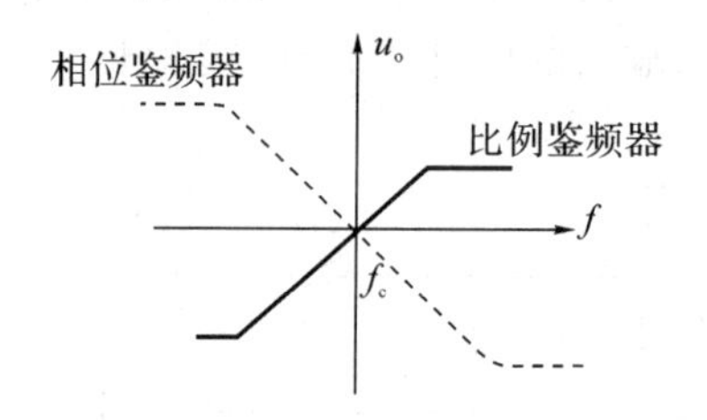

图 8-36　比例鉴频器的鉴频特性曲线

(3) 比例鉴频器具有限幅作用。为了进一步说明比例鉴频器的限幅作用，鉴频器输出电压还可以写成另一种形式，即

$$u_o=\frac{E}{2}\frac{1-\dfrac{u_{o1}}{u_{o2}}}{1+\dfrac{u_{o1}}{u_{o2}}} \tag{8-58}$$

由式(8-58)可以看出，由于 E 保持恒定不变，所以输出电压 u_o 主要取决于 u_{o1} 与 u_{o2} 的比值，故而得名比例鉴频器。

利用式(8-58)可以进一步解释比例鉴频器的鉴频和限幅作用。当调频波的瞬时频率改变时，u_{o1} 与 u_{o2} 的变化方向相反，一个增大、另一个减小，则 u_{o1}/u_{o2} 的比值也随频率的变化而变化，所以输出的电压 u_o 也随频率变化，这就是鉴频作用。

当输入调频波的振幅增加或减小，即存在寄生调幅时，u_{o1} 与 u_{o2} 的大小是同时增加或减小，则 u_{o1}/u_{o2} 比值近似不变。这就是说，u_{o1}/u_{o2} 的比值与调频波的振幅变化无关，这就如同在鉴频器前加了限幅器的作用一样。可见，比例鉴频器本身具有抑制寄生调幅的作用，即具有一定的限幅作用。

例 8-5　互感耦合相位鉴频器电路及其鉴频特性曲线如图 8-37 所示。(1) 试定性地画出当 $f>f_c$ 时的矢量图；(2) 若鉴频灵敏度 $S_f=10\ \text{mV/kHz}$，输入调频波 $u_1=1.5\cos(2\pi\times10^7t+15\sin4\pi\times10^3t)$(V)，求输出电压 $u_o(t)$；(3) 若调制电压幅度 $U_{\Omega m}$ 增大一倍，画出 $u_o(t)$ 的波形。

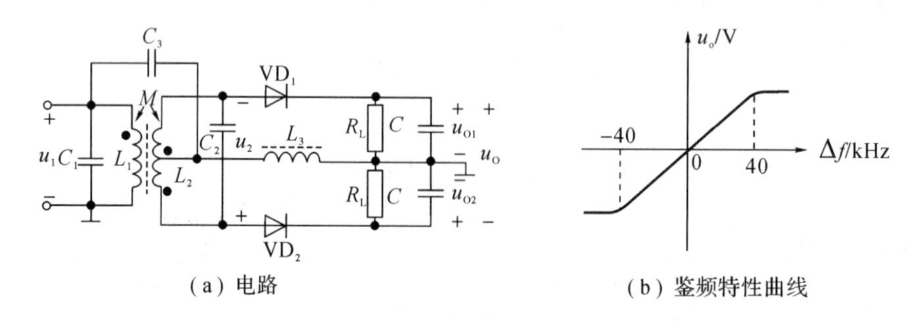

图 8-37　例 8-5 图

解　首先画出互感耦合波形变换等效电路(如图 8-38 所示)和平衡包络检波器的等效电路(如图 8-39 所示)，再标出各电流、电压的方向并写出各电压关系式。

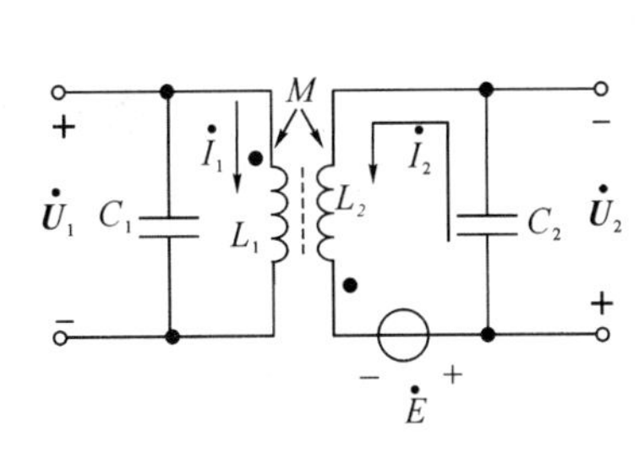

图 8-38　互感耦合波形变换等效电路

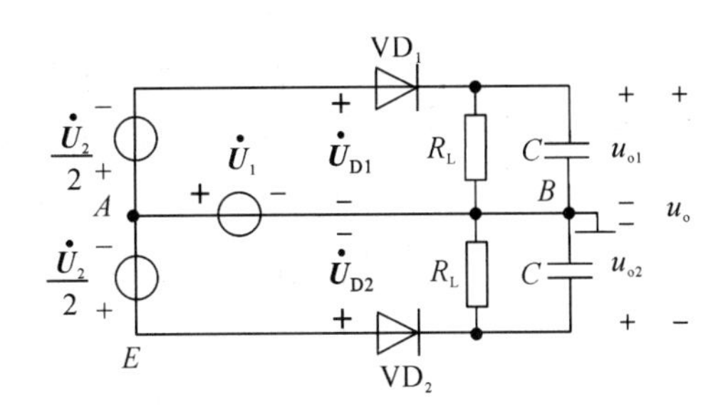

图 8-39　平衡包络检波器的等效电路

由互感耦合同名端可以得到感应电动势 $\dot{E}$ 实际方向如图 8-38 所示，$\dot{E}$ 与 $\dot{U}_1$ 同相，则由 $\dot{E}$ 产生的次级电流和次级电压方向也如图 8-38 所示。由图 8-39 可以得到各电压的关系式，即

$$\begin{cases}\dot{U}_{D1}=\dot{U}_1-\dfrac{1}{2}\dot{U}_2\\ \dot{U}_{D2}=\dot{U}_1+\dfrac{1}{2}\dot{U}_2\end{cases},\ u_o=u_{o1}-u_{o2}=k_d(|\dot{U}_{D1}|-|\dot{U}_{D2}|)$$

(1) 当 $f>f_c$ 时，次级串联回路呈感性，则 $\dot{E}$ 超前 $\dot{I}_2$ 一个相位角 $\Delta\varphi$，而 $\dot{I}_2$ 超前 $\dot{U}_2$ 相位 90°，作出矢量图，如图 8-40 所示。显然 $|\dot{U}_{D1}|>|\dot{U}_{D2}|$，则 $u_o>0$。

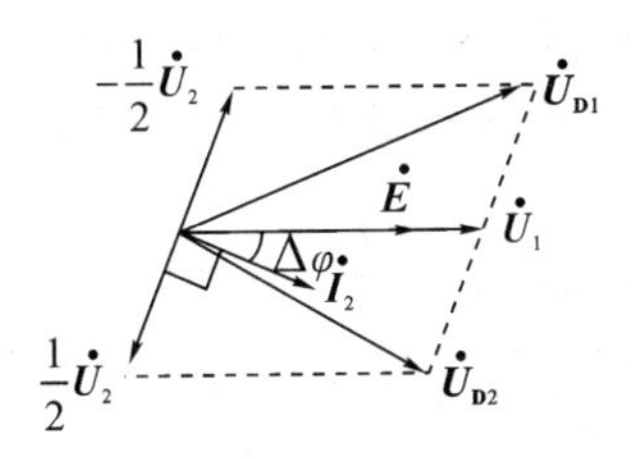

图 8-40　矢量图

(2) 若要正常鉴频，要求鉴频特性曲线的线性鉴频宽度与输入调频波的频偏之间满足 $B\geqslant 2\Delta f_m$ 关系。由于输入调频电压 $u_1=1.5\cos(2\pi\times10^7t+15\sin4\pi\times10^3t)$(V)，则其频偏为

$$\Delta f_m=m_fF=30(\text{kHz})$$

又由图 8-37(b)的鉴频特性曲线可知其鉴频宽度为

$$B=80\ \text{kHz}\geqslant 2\Delta f_m$$

可见，能实现线性鉴频，则存在

$$u_o(t)=S_f\Delta f(t)$$

由于输入调频电压的相位变化量 $\Delta\varphi(t)=15\sin4\pi\times10^3t$，因此频率变化量为

$$\Delta f(t)=\frac{1}{2\pi}\frac{\text{d}}{\text{d}t}\Delta\varphi(t)=30\cos4\pi\times10^3t(\text{kHz})$$

则输出电压为

$$u_o(t)=S_f\Delta f(t)=0.3\cos4\pi\times10^3t(\text{V})$$

(3) 若调制电压幅度 $U_{\Omega m}$ 增大一倍，则调频波 u_1 的频偏增大一倍，即 $\Delta f_m=60$ kHz，

所以

$$B=80\ \text{kHz}<2\Delta f_m$$

可见，不能实现线性鉴频，输出电压 $u_o(t)$将出现失真，则 $u_o(t)\neq S_f\Delta f(t)$。输出波形如图8-41所示。

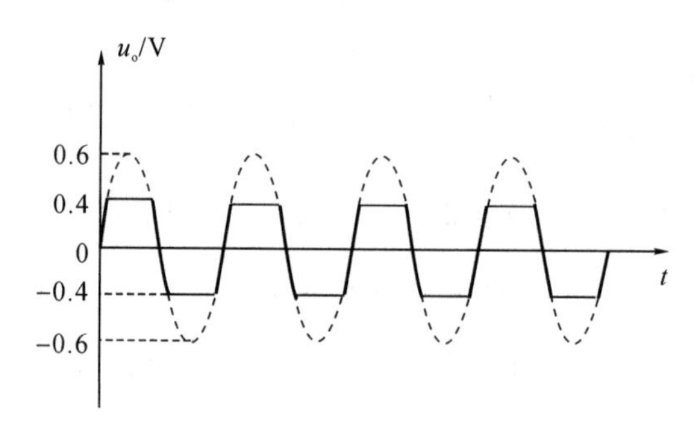

图 8-41 输出波形

8.6 限 幅 器

8.6.1 限幅器的作用和限幅特性

调频接收机中限幅器的作用是在不改变调频信号频率变化规律的条件下，去掉调频信号的寄生调幅，使鉴频器的输出信噪比得到提高，如图 8-42 所示。

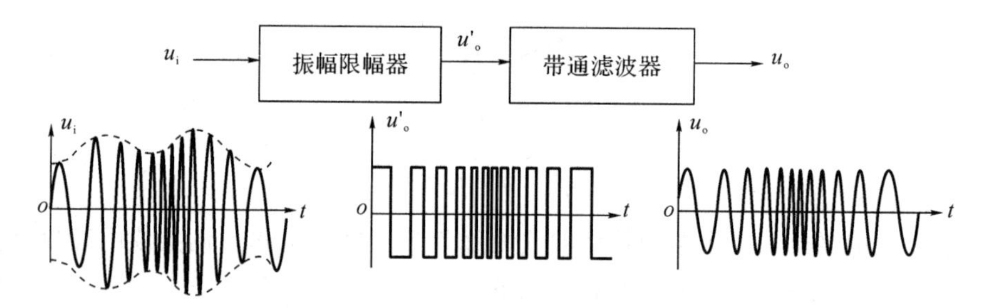

图 8-42 限幅器的作用

在图 8-42 中，u_i 为存在寄生调幅的调频波，经过振幅限幅器后，u_i 的寄生调幅被去掉，变成调频方波 u'_o，经过带通滤波器取出调频方波信号中基波分量，输出振幅恒定的调频正弦波 u_o。可见，在整个变换过程中，波形的频率变化规律保持不变。需要注意的是，带通滤波器的带宽应足够宽，以免调频信号因滤波器传输特性不均匀而产生新的寄生调幅。

振幅限幅器通常由非线性器件组成，其限幅性能由限幅特性来表示。限幅特性是指限幅器输出信号振幅与输入信号振幅之间的关系曲线。理想和实际的限幅特性如图 8-43 所示。由实际的限幅特性可见，当输入信号电压小于门限 U_{th}时，输出电压与输入电压基本成正比关系，不产生限幅作用；只有当输入信号电压幅度超过门限 U_{th}时，不管输入信号电压如何变化，输出电压幅度基本不变，进入限幅状态。一个良好的限幅器要求限幅门限电压要尽量低，而且在限幅区具有平坦的限幅特性，输出残余调幅尽量小。

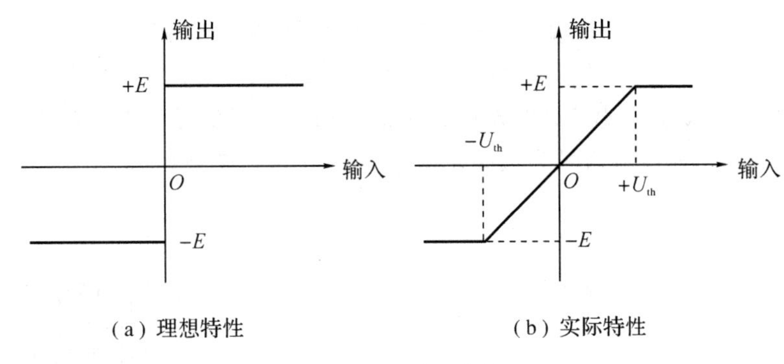

图 8-43　限幅特性

8.6.2　限幅器电路

限幅器电路的类型很多，这里简单介绍两种限幅器。

1. 二极管限幅器

在调频接收机中广泛采用的并联双向二极管限幅器的原理电路，如图 8-44 所示。双二极管的限幅是一种硬限幅，其限幅特性与输入、输出波形如图 8-45 所示。限幅门限分别是$+E_1$和$-E_2$，输出波形为上、下顶部被削平的方波。如果再采用带通滤波器，取出方波中的基波分量，就能恢复出正弦波。

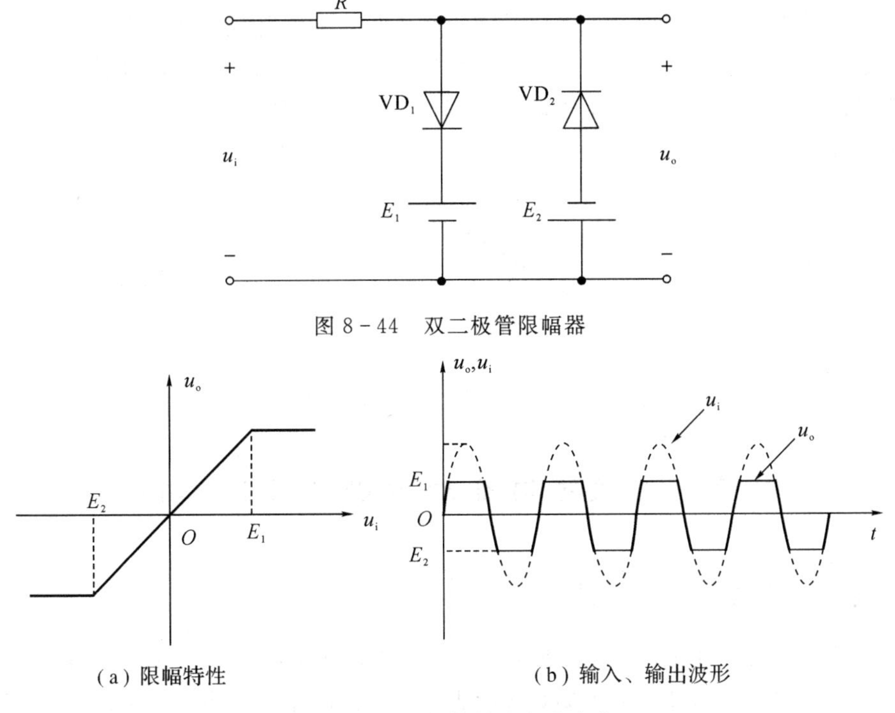

图 8-44　双二极管限幅器

图 8-45　限幅特性及电压波形

2. 差分电路限幅器

差分电路限幅器是一种软限幅，其典型电路如图 8-46(a)所示。若已知差模特性 $i_{c2} \sim u_i$(如图 8-46(b)所示)，当输入信号 u_i 较小时，差分电路工作在线性放大状态，晶体管

VT_2 的集电极电流 i_{c2} 幅度随着输入电压变化；当输入的寄生调幅的幅度大于门限 U_{th} 时，晶体管 VT_2 的集电极电流 i_{c2} 幅度不再变化，变成调频方波，去掉寄生调幅(如图 8-46(b)所示的 i_{C2} 的波形)。如果负载 LC 谐振回路调谐在输入调频信号的中心频率上，取出调频方波中的基波分量，则输出信号为去掉寄生调幅的调频正弦波(如图 8-46(b)所示的 u_o 的波形)。

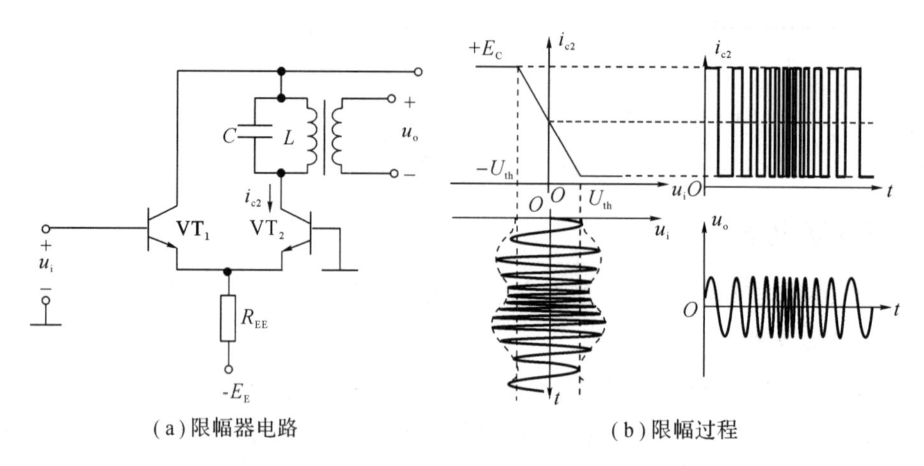

(a)限幅器电路　　(b)限幅过程

图 8-46　差分电路限幅器

另外，前面在介绍谐振功率放大器的放大特性时曾经指出，若输入高频信号 U_{bm} 足够大且放大器工作在过压状态时，则输出基波电压 U_{cm} 几乎不随输入的增加而增加，具有限幅特性，如图 8-47 所示，这也是一种软限幅器。作为限幅器，为了保证其较好的限幅质量，就要降低限幅门限 U_{th}，因此，当谐振功率器作为限幅器时，其集电极电源电压要较低，谐振回路的谐振阻抗要较大。

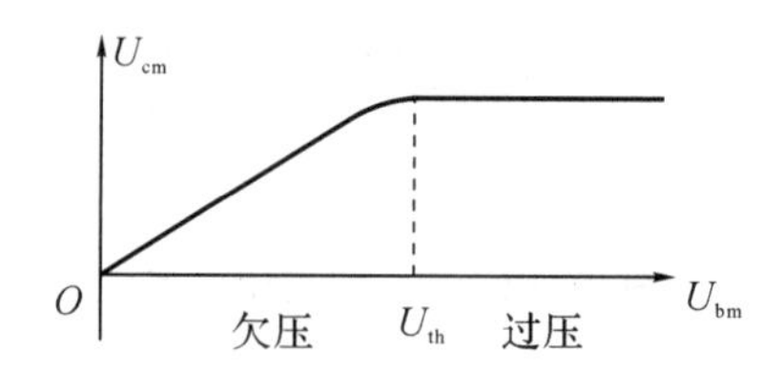

图 8-47　谐振功率放大器的限幅特性

8.7　调频器与鉴频器设计应用举例

8.7.1　变容管直接调频器设计

变容管直接调频电路如图 8-48 所示，其设计指标要求载频 18.5 MHz，输入音频信号为 100 mV 时频偏为 50 kHz，输出调频幅度大于 300 mV(空载)。图中，VT_1 是音频放大电路，VT_2 是变容管直接调频电路，其中振荡器为西勒电路，VT_3 是射极输出器；L_1 高频扼流圈和 C_4 高频旁路电容的作用是将低频和高频隔开，阻止后级高频信号对低频电路影响；R_5 起隔离作用，R_{p_1}、R_6、R_7 组成变容管直流偏置电路，为变容管提供合适的直流电压；C_1、C_2、C_{11}、C_{12} 为耦合电容，C_3、C_8 为旁路电容，R_{16}、R_{17}、R_{18} 与 C_{13}～C_{20} 组成电源滤波和退耦电路。

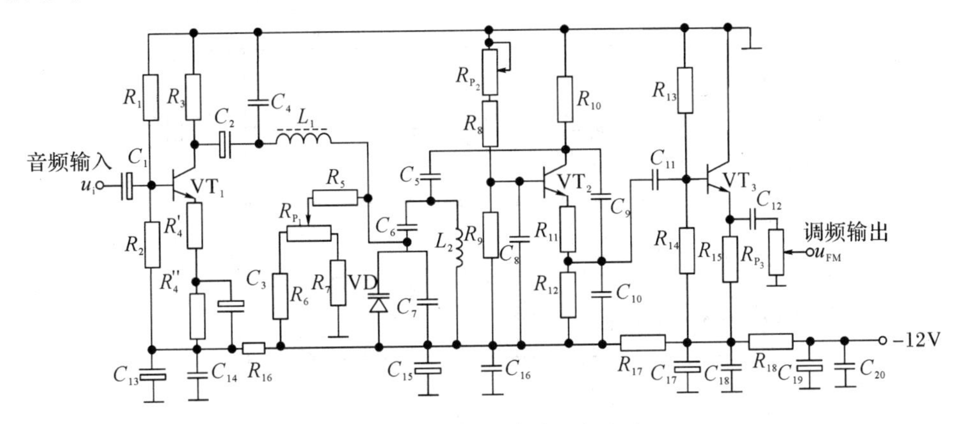

图 8-48　变容管直接调频电路

输入音频信号经过音频放大器 VT_1 放大，通过高频扼流圈 L_1 短路，加到变容管 VD 上，改变变容管结电容大小，从而改变振荡器总电容大小，进而使振荡器的振荡频率按照音频信号的变化规律而变化。音频放大器的放大量要视调频器的频偏、调制灵敏度而定。调频振荡级的关键问题是产生一个频率为 18.5 MHz 的振荡信号，振荡幅度和频率不稳定度应满足技术指标要求。射极输出器的作用是将振荡级与输出隔离开来，避免输出对振荡级的影响，有利于提高频率稳定度。

1. 各级电路偏置电路设计

图 8-48 中音频放大器、调频振荡电路以及射极输出器的偏置电路均为分压式偏置电路，偏置电阻参数设计可参考相关书籍中分压式偏置共射极放大器设计方法。

2. 调频振荡电路的回路电容与偏置电路设计

设计方法参考 5.6 节的设计。电路中变容管选择为 2CC1D，手册中建议其直流电压 $U_Q=-4$ V，静态结电容 $C_{jQ}=40$ pF。为了提高调频灵敏度，电路应满足 $C_6 \gg C_{jQ}$ 且 $C_7 \ll C_{jQ}$。

变容管直流电压是直流电源 -12 V 通过 R_{P_1}、R_6、R_7 可调节的直流分压器加到变容二极管 VD 上，使变容管两端电压等于 -4 V。当调整 R_{P_1} 时，应使变容管两端电压能在 2～10 V 范围内变化，根据该要求可以计算出 R_6、R_7 大小。

8.7.2　斜率鉴频器设计

斜率鉴频电路如图 8-49 所示。其是图 8-48 所示的调频电路的解调电路。电路中有两个单失谐回路斜率鉴频器构成双回路斜率鉴频器，包括 VT_1、VT_2 组成都的平衡小信号调谐放大器和平衡包络检波器。其中，小信号调谐放大器对输入调频信号失谐，实现波形变换作用，即负载谐振回路 L_1、C_5、C_7 和 L_2、C_6、C_8 的谐振频率分别为 f_{01} 和 f_{02}，与输入调频载频关系为 $f_{01}>f_c>f_{02}$，则 VT_1 集电极输出为调频-调幅波形，即输入调频信号频率高时输出电压幅度大，输入调频信号频率低时输出电压幅度小；VT_2 的集电极也输出为调频-调幅波形，即输入频率高时输出幅度小，输入频率低时输出幅度大。

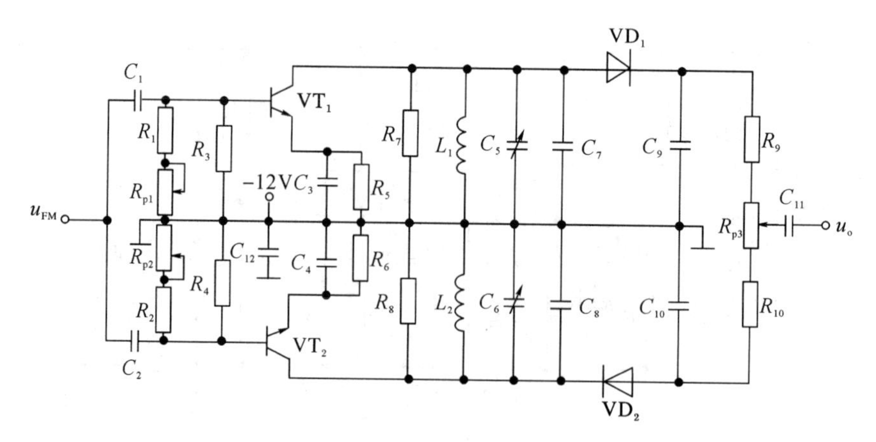

图 8-49　斜率鉴频电路

图 8-48 中，R_9 与 R_{10} 之间串接一个电位器 R_{P3}，从中间抽头取出鉴频电压 u_o，调节抽头位置可以微调 u_o 电压的对称性。u_o 由两个二极管包络检波器电流 i_{L1} 和 i_{L2} 之差决定，为了得到电流之差，图 8-49 中将二极管 VD_2 反接，这也为空载时构成了检波直流通路。在图 8-50 中画出了电容 C_9 和 C_{10} 的放电电流流过负载 R_L 的情况，i_{L1} 和 i_{L2} 以相反的方向流过 R_L，则输出电压为 $u_o=(i_{L1}-i_{L2})R_L$。

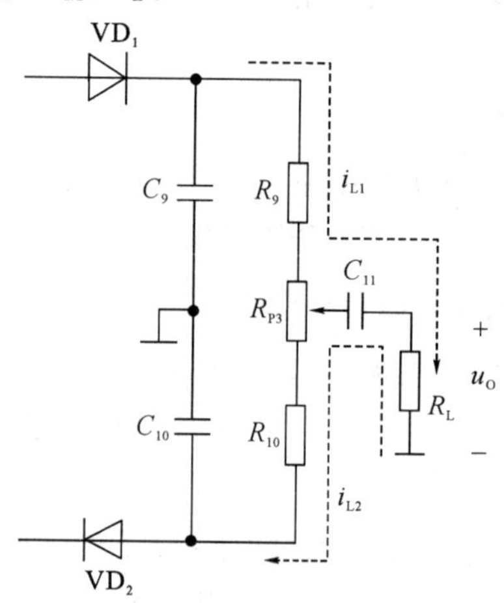

图 8-50　电路输出电压合成图解

1. 小信号单调谐放大器设计

采用共射晶体管单调谐回路谐振放大器，晶体管 VT_1、VT_2 选用 3DG6（常温条件下 $\beta\approx80$）。当输入调频波中心频率为 18.5 MHz、频偏为 50 kHz 时，设计 VT_1 级放大器的谐振频率为 $f_{01}=19$ MHz，VT_2 级放大器的谐振频率为 $f_{02}=18$ MHz。电源供电为 12 V，负载电阻 R_7 及 R_8 均为 100 kΩ。下面以 VT_1 级设计为例：

(1) 偏置电阻设计。电路静态工作点 Q 主要由 R_{P1} 和 R_1、R_3、R_5、R_7 确定。设计电路中取 $I_{CQ}=1$ mA，考虑调整静态电流 I_{CQ} 的方便，R_{P1} 用 68 kΩ 电位器与 R_1 电阻串联。具体计算参考分压式偏置电路设计方法。

(2) 负载回路参数设计。取回路电感 $L_1=1\ \mu$H，根据谐振频率 $f_{01}=19$ MHz，计算出

谐振回路总电容 C，$C=C_5+C_7$。为了便于调谐，C_5 采用 0～30 pF 微调电容，从而 C_7 也可以计算出来。

(3) 其他参数设计。高频耦合电容 C_1、C_2 的值在 1000 pF～0.1 μF 之间选择，高频旁路滤波电容 C_3、C_4、C_{12} 的取值一般为 0.01～1 μF。一般选用高频瓷片电容。

2. 包络检波器设计

包络检波器设计参考 6.6.2 节设计。

最后用频率特性测试仪测试的本鉴频电路鉴频特性曲线的照片如图 8-51 所示。由图可见该 S 曲线比较对称，线性度较好，两个谐振峰点的频标分别大概是 18 MHz、19 MHz，线性宽度约为1 MHz，远远大于输入调频波的频偏 50 kHz 的两倍，可以实现线性鉴频。

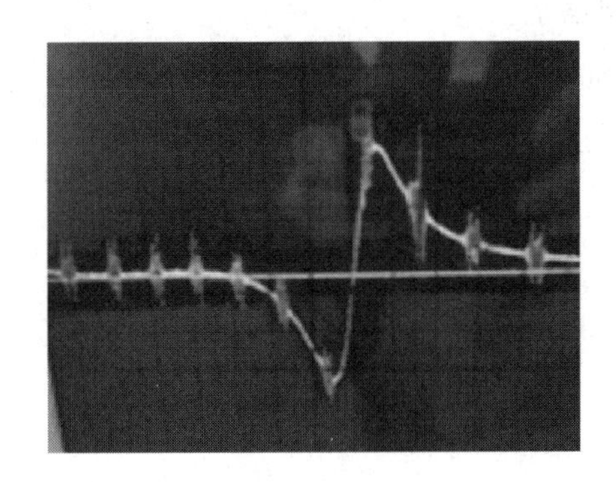

图 8-51　鉴频特性曲线的照片

习　　题

1. 已知 $u(t)=500\cos(2\pi\times10^8+20\sin2\pi\times10^3t)$(mV)。(1) 若为调频波，试求载波频率 f_c、调制频率 F、调频指数 m_f、最大频偏 Δf_m、有效频谱带宽 B_{FM}和调频波功率 P_{av}。(2) 若为调相波，试求调相指数 m_p、调制信号 $u_\Omega(t)$(设比例系数 $k_p=5$ rad/V)和最大频偏 Δf_m。

2. 已知双音频调制信号 $u_\Omega(t)=\cos2\pi\times10^3t+2\cos2\pi\times500t$，载频 $f_c=100$ MHz，载波幅度 $U_{cm}=5$ V，最大频偏 Δf_m 为 20 kHz。试写出调频波的数学表达式。

3. 调频波的中心频率 $f_c=10$ MHz，最大频偏 $\Delta f_m=50$ MHz，调制信号为正弦波。试求调频波在三种情况下的卡森带宽：(1)$F=500$ kHz；(2) $F=5$ kHz；(3) $F=10$ kHz。

4. 若调制信号频率为 400 Hz，振幅为 2.4 V，调频指数为 60，求频偏。当调制信号频率减小为 250 Hz，同时振幅上升为 3.2 V 时，调频指数将变为多少？

5. 若有一调制频率 $F=1$ kHz、调制指数 $m=12$ 的单音调角波。(1) 试求两种调角波的最大频偏 Δf_m 和有效频谱宽度 B。(2) 若调制信号幅度不变，而调制频率增大到 2 kHz 时，试求两种调角波的最大频偏 Δf_m 和有效频谱宽度 B。(3) 若调制频率不变，仍为 1 kHz，而调制信号幅度降低到原值的一半，试求两种调角波的最大频偏 Δf_m 和有效频谱宽度 B。

6. 有一个调幅波和一个调频波，载频均为 1 MHz，调制信号均为 $u_\Omega=0.1\cos(2\pi\times$

10^3t)(V)。已知调频时，单位调制电压产生的频偏为 1 kHz/V。(1) 试求调幅波频谱宽度 B_{AM} 和调频波有效频谱宽度 B_{FM}。(2) 若调制信号改为 $u_\Omega=20\cos(2\pi\times10^3t)$(V)，试求 B_{AM} 和 B_{FM}。

7. 变容二极管直接调频电路如图 8-52 所示。图中，L_1 为高频扼流圈，C_1 和 C_4 为隔直流耦合电容，C_2 和 C_3 为高频旁路电容。已知变容管的 $\gamma=2$，$U_B=1$ V，$C_{jQ}=100$ pF，$L_2=100$ μH，调制电压为 $u_\Omega=0.1\cos2\pi\times10^4t$(V)。

(1) 试画出高频交流等效电路，并指出振荡电路类型。

(2) 试画出变容管直流通路。

(3) 试画出变容管调制信号通路。

(4) 试求调频波中心频率 f_c。

(5) 求调频灵敏度 k_f 和最大频偏 Δf_m。

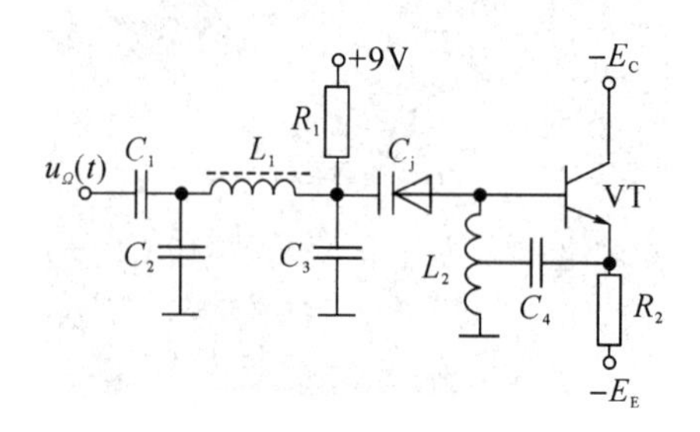

图 8-52

8. 已知变容二极管调频电路如图 8-53 所示。图中 L_1 为高频扼流圈，C_1～C_6 为高频耦合或旁路电容。变容二极管的结电容为

$$C_j=\frac{100}{(1+u_D)^2}(\text{pF})$$

图中，电感 $L=25$ mH，输入调制电压为 $u_\Omega=0.01\cos2\pi\times10^4t$(V)。(1) 试画出电路的高频通路、变容管的直流偏置电路和调制信号通路；(2) 推导出调频特性方程 $\omega(t)$；(3) 求最大频偏 Δf_m。

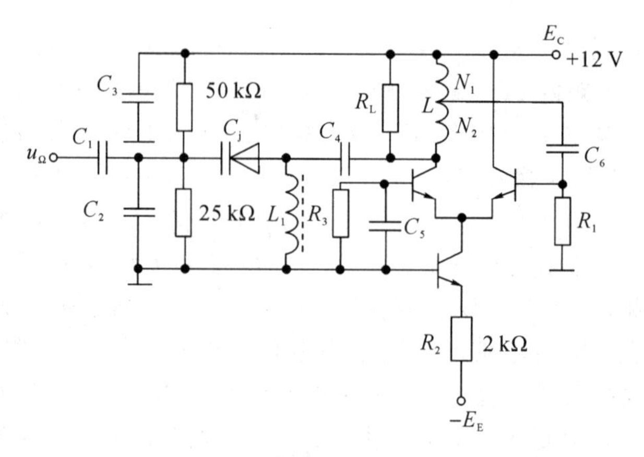

图 8-53

9. 中心频率为 140 MHz 的变容管直接调频电路如图 8-54 所示。已知变容管的直流

反偏，$U_Q=6$ V，$C_{jQ}=1$ pF，$U_B=0.6$ V，$\gamma=2$，$U_{\Omega m}=0.1$ V。图中，C_1 和 C_2 对高频呈短路，对调制频率呈开路，L_2 是高频扼流圈。(1) 试画出电路的高频通路，并指出该电路属何种振荡器类型。(2) 试画出变容管的直流通路和调制信号通路。(3) 试计算电感 L_1 和频偏 Δf_m。

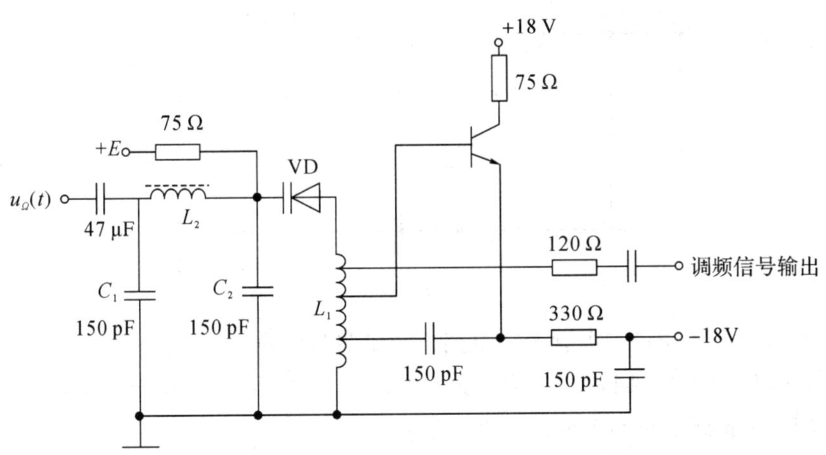

图 8－54

10. 图 8－55 是变容管直接调频电路。其中心频率为 360 MHz，变容管的 $\gamma=3$，$U_B=0.6$ V，$u_\Omega=\cos\Omega t$(V)，图中，L_1 和 L_3 为高频扼流圈，C_3 为隔直流电容，$C_4\sim C_7$ 为高频旁路电容。(1) 画出高频等效电路、变容管偏压直流通路，并指出振荡器类型。(2) 说明调频工作原理。(3) 调整 R_2，使加到变容管上的反向偏置电压为 6 V 时，变容管静态结电容 $C_{jQ}=20$ PF，试求振荡回路的电感量 L_2。(4) 求调频灵敏度 k_f 和最大频偏 Δf_m。(5) 求调频波的卡森带宽 B。

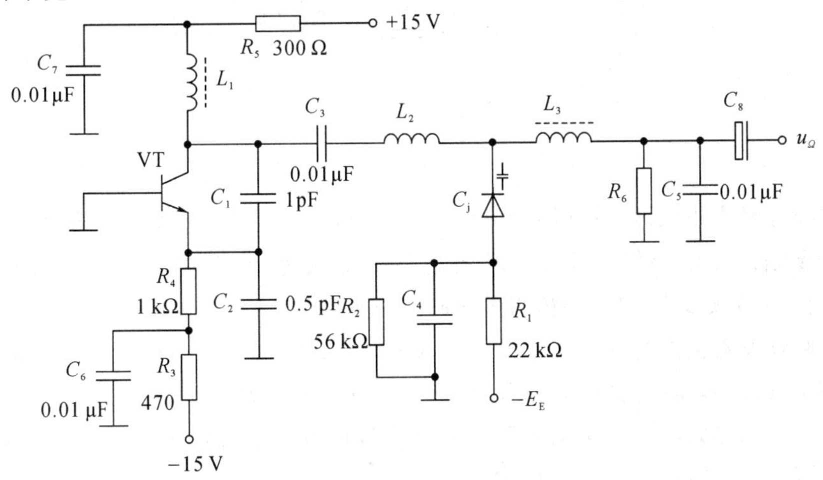

图 8－55

11. 变容二极管调频电路如图 8－56 所示。C_3，C_4，C_5 对 ω_c 短路，对 Ω 开路，其中，$u_\Omega(t)=U_{\Omega m}\cos\Omega t$，$L=50$ μH，$C_1=15$ pF，$C_2=30$ pF，$U_Q=4$ V，$C_{jQ}=40$ pF，$\gamma=2$，$U_B=0.6$ V。(1) 画出高频交流等效电路。(2) 求调频电路的中心频率 f_c。(3) 若调制信号振幅 $U_{\Omega m}=0.3$ V，求调频灵敏度 k_f 和频偏 Δf_m。

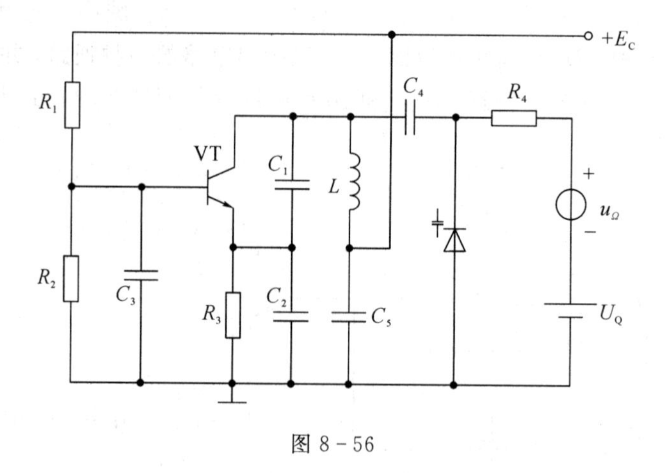

图 8-56

12. 图 8-57 为某变容二极管调相电路。已知调制信号 $u_\Omega=0.1\cos2\pi\times10^3t(\mathrm{V})$。变容二极管的 $\gamma=2$，$U_B=1\ \mathrm{V}$，回路的品质因数 $Q_0=20$。试求：(1) 调相器可能输出的最大的不失真相移；(2) 在此调制频率下的最大频偏 Δf_m。

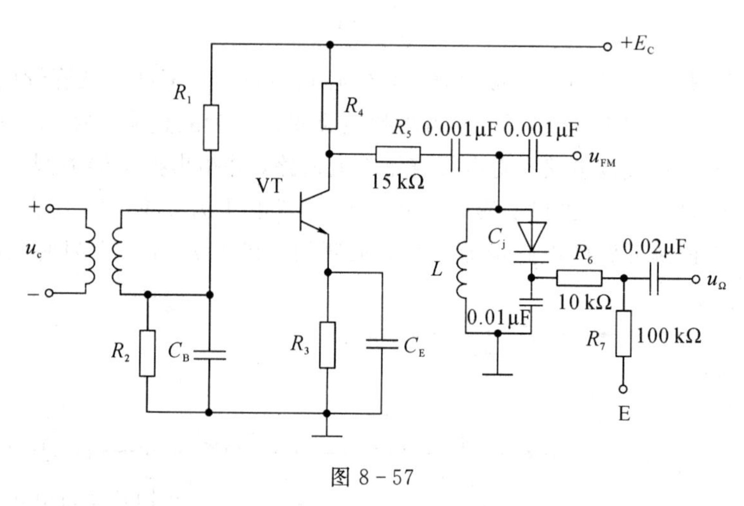

图 8-57

13. 调制信号为正弦波，其频率为 500 Hz、振幅为 1 V 时，调角波的最大频移 $\Delta f_{m1}=200\ \mathrm{Hz}$。若调制信号振幅仍为 1 V，但调制频率增大为 1 kHz 时，频偏增加为 $\Delta f_{m2}=20\ \mathrm{kHz}$。试问应倍频多少次？(计算调频和调相两种情况)。

14. 某调频发射机的组成框图如图 8-58 所示。设 $u_\Omega=U_{\Omega m}\cos\Omega t$，已知调相器输出的调频波频偏为 20 Hz，混频器输出 $f_3(t)=f_L-f_2(t)$。要求输出调频波的载频为 100 MHz，最大频偏 $\Delta f_m=75\ \mathrm{kHz}$。(1) 求倍频器Ⅰ和倍频器Ⅱ的倍频比 n_1 和 n_2。(2) 写出各点瞬时频率表达式 $f_1(t)$、$f_2(t)$、$f_3(t)$、$f_o(t)$。

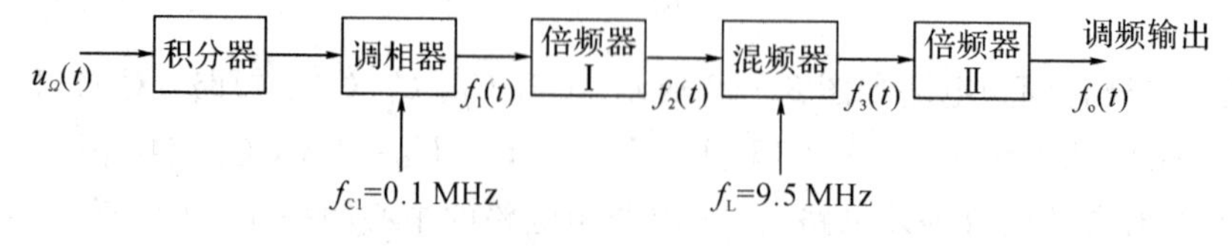

图 8-58

15. 某调频设备的组成框图如图 8-59 所示。直接调频器调频波的中心频率 $f_c=10$ MHz，调制频率 $F=1$ kHz，最大频偏 $\Delta f_m=15$ kHz，混频器输出取差频。试问：(1) 放大器Ⅰ和Ⅱ的中心频率与频带宽度各为多少？(2) 输出调频波的中心频率 f_c 和最大频偏 Δf_m 各为多少？

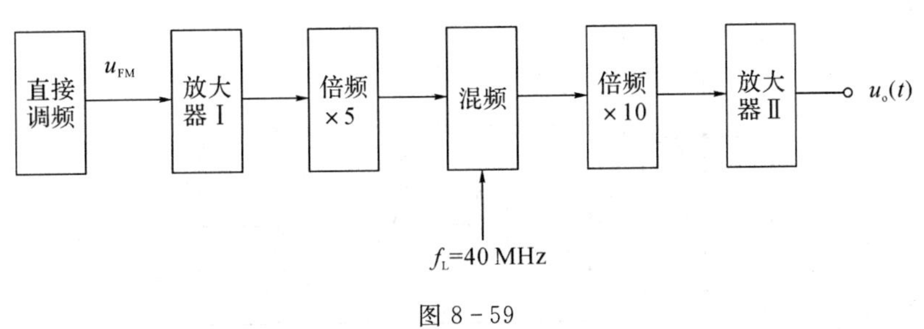

图 8-59

16. 在如图 8-60 所示的两个电路中，哪一个电路可实现包络检波？哪一个电路可实现鉴频？为什么？f_{01} 和 f_{02} 应如何处置？

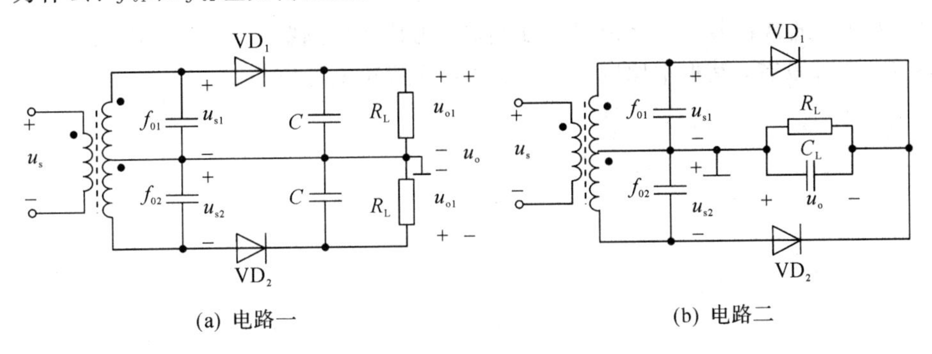

(a) 电路一　　(b) 电路二

图 8-60

17. 已知鉴频器的输入电压 $u(t)=3\cos(2\pi\times10^6+10\sin2\pi\times10^3t)$(V)，鉴频灵敏度 $S_f=5$ mV/kHz，线性鉴频宽度大于 $2\Delta f_m$。试求鉴频器输出电压 $u_o(t)$表达式。

18. 在如图 8-61 所示的相位鉴频器中，若输入信号 $u_s=U_{sm}\cos(\omega_c t+m_f\sin\Omega t)$，试描绘出加在两个包络检波器输入端的高频电压和以及输出平均电压 u_{o1}、u_{o2} 和 u_o 的波形。

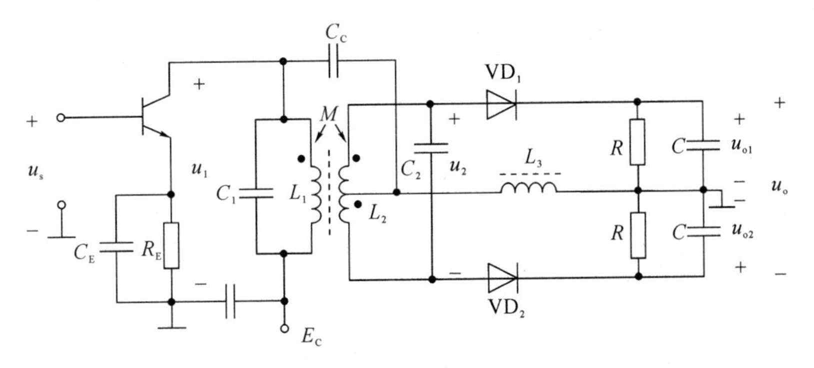

图 8-61

19. 在耦合回路相位鉴频电路中，如果发生下列情况时，鉴频特性曲线将如何变化？

(1) 次级回路未调谐在中心频率 f_c 上(高于或低于 f_c)。

(2) 初级回路未调谐在中心频率 f_c 上(高于或低于 f_c)。

(3) 初、次回路均已调谐在中心频率 f_c 上，而 k 由小变大。

(4) 初级、次级回路均已调谐在中心频率 f_c 上，而 Q_L 由小变大。

20. 相位鉴频器如图 8－62 所示。试定性地画出当 $f>f_c$ 时的矢量图以及鉴频特性曲线。

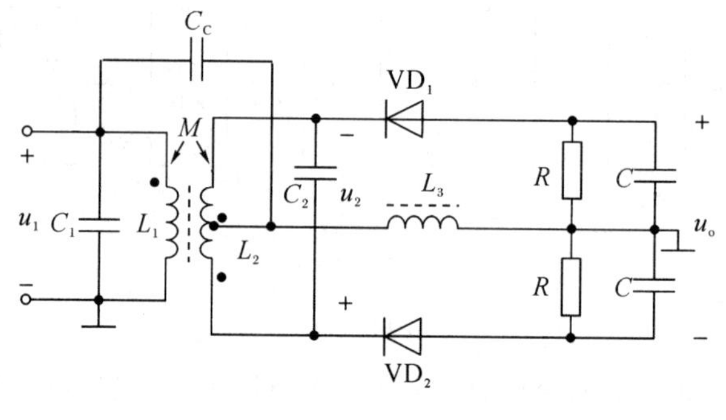

图 8－62

21. 为什么通常在鉴频器之前采用限幅器？为什么比例鉴频器有抑制寄生调幅的作用，而相位鉴频器却没有，其根本原因何在？试从物理概论上加以说明。

第 9 章　反馈控制电路

【应用背景】

前面介绍了各种通信电子线路单元电路，而在实际工作中，往往是将这些单元电路组成各种通信系统，但是由于存在各种不利因素的影响，使得各种通信系统性能难于完善。例如，接收天线上收到的信号强弱不同时，会使输出信号幅度有较大起伏变化；载波或本振频率的漂移，会造成中频频率偏离规定值；同步检波时，也会因本地载波相位与发射载波相位发生相对变化而无法实现正常检波，等等，所有这些都会大大降低通信的质量，甚至造成无法正常工作。因此，为了保证系统的正常工作，还必须引入各种负反馈控制电路，通过负反馈的调节作用，来抵消或削弱各种不利因素的影响，从而使参数间的关系恢复到或接近预定值。本章将简单介绍各种反馈控制电路工作原理及其应用。

9.1　概　述

在各种通信系统中，为了实现某些特定的要求或者改善某些性能指标，往往采用各种类型的控制电路。这些控制电路都是运用负反馈原理，因而统称为反馈控制电路。反馈控制电路的组成框图如图 9－1 所示。其包括比较器和控制对象两部分。根据使用要求，预先规定输出信号 X_o 与输入信号 X_i 之间满足一定关系，即 $X_o=g(X_i)$。如果该预定关系被破坏，比较器将输入信号 X_i 与输出信号 X_o 进行比较，将产生误差信号 X_e 加到对象上，对象根据误差信号 X_e 对输出信号 X_o 进行调节，使得 X_o 与 X_i 的误差 X_e 进一步减小，再去调节 X_o，……这样不断循环往复，最终 X_o 与 X_i 接近预定关系甚至恢复预定关系。

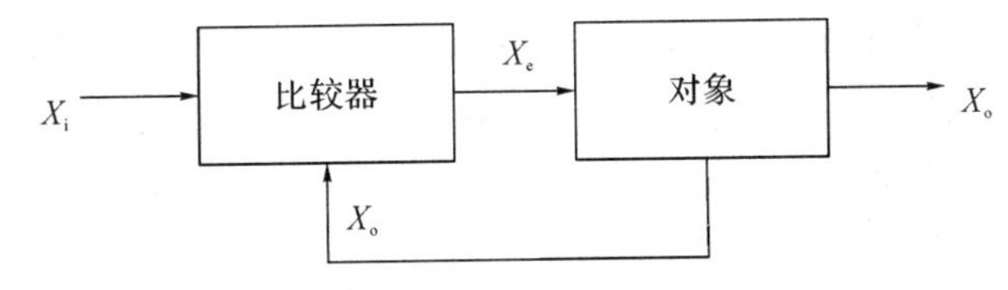

图 9－1　反馈控制电路的组成框图

根据被控制和调节的物理量不同，反馈控制电路分为自动增益控制电路、自动频率控制电路和自动相位控制电路。自动增益控制电路被控制和调节的物理量是电压(或电流)，它主要用于接收机中，以维持接收机输出电平基本恒定，使之不随输入信号强弱变化。自动频率控制电路被控制和调节的物理量是频率，它用于稳定电子设备的工作频率。自动相位控制电路被控制和调节的物理量是相位，自动相位控制电路又称为锁相环路，应用最为广泛，目前已制成多种类型的通用集成组件，使用起来极为方便。

9.2 自动增益控制电路

自动增益控制(AGC，Automatic Gain Control)电路(简称 AGC 电路)是接收机中普遍采用的一种反馈控制电路。如果接收机工作时，收到的信号强度有很大差异，在这种情况下，若接收机采用恒定增益放大，那么输入信号强时，后级放大器将过载；反之，为保证信号强时不过载，则希望增益小，这时接收灵敏度必然降低。解决上述矛盾的办法是在接收机中加入 AGC 电路。AGC 的作用是当输入信号变化范围很大时，自动保持接收机输出电压基本恒定或在一个允许的小范围内变化，即输入信号强时，增益减小；输入信号弱时，增益增大。

1. AGC 电路及其工作原理

在前面第 6 章的 6.6.2 节中，图 6-53 就是一种具有 AGC 的包络检波器。这种 AGC 电路，优点是电路简单，但缺点是一有输入信号，AGC 立刻其作用，那么当输入信号较小时，放大器的增益受控制而有所减小，使接收机灵敏度降低。

AGC 电路的振幅特性如图 9-2 所示。曲线①为无 AGC 电路，即放大器输出随着输入增大线性增大；曲线②为简单 AGC 电路，当输入信号较小时，AGC 就起作用，输出信号减小。

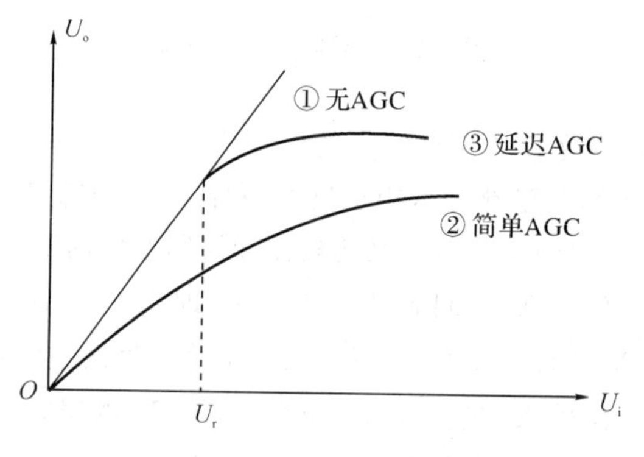

图 9-2 AGC 电路的振幅特性

为了克服简单 AGC 电路的缺点，可以采用延迟式 AGC 电路，如图 9-2 中曲线③所示，只有当输入信号足够大，即大于 U_r 时，AGC 才起作用，放大器输出电压才减小。延迟式 AGC 电路的组成框图如图 9-3 所示。图中高放、中放组成可控增益放大器，即是被控制对象；AGC 检波器为比较器。假设接收天线接收的调幅信号$(U_{cm}+k_a u_\Omega)\cos\omega_c t$ 经过高放、混频、中放后，除了一路送至解调器解调得到低频信号之外，另一路送至 AGC 检波器，与设定的参考电压 U_r 进行比较。当来自天线的信号较强，调幅波幅度$(U_{cm}+k_a u_\Omega)$大于 U_r 时，AGC 检波器将输出一反映信号强弱变化的微小 AGC 电路电压 $k_d(U_{cm}+k_a u_\Omega)$，经 LPF 和直流放大后得到 $k_m k_d U_{cm}$，去控制中放和高放的增益，使其增益减小。当接收信号很弱，幅度$(U_{cm}+k_a u_\Omega)$小于 U_r 时，AGC 检波器不工作，这时 AGC 电路不起作用，放大器便以较大增益对弱信号进行放大。由于这种电路延迟至输入信号大于 U_r 时，AGC 电路才开始工作，故而称为延迟 AGC。

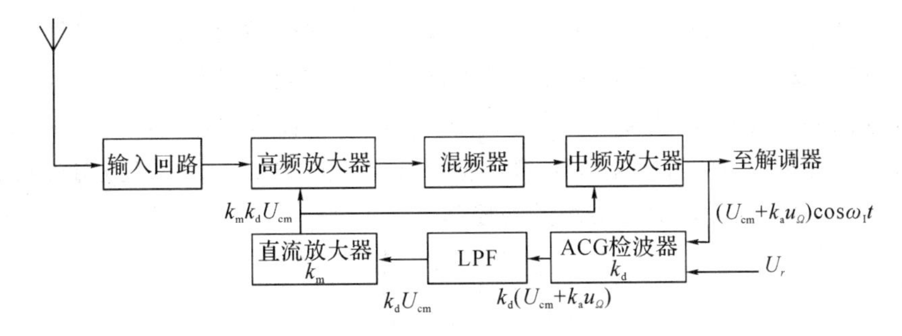

图 9-3　延迟式 AGC 电路的组成框图

需要指出的是，AGC 检波器与普通的包络检波器不同，其后接的低通滤波器不仅要滤除中频分量，还要滤除反映包络变化的调制信号分量，只取出反映载波幅度大小的直流分量。否则，AGC 控制电压中若有调制信号时，通过 AGC 环路的反馈作用会把调幅波中的包络变化抑制掉，造成调制信息丢失。

2. 实现增益控制的方法

控制放大器增益的方法很多。例如，通过改变受控放大器的某些参数，如静态工作电流、负反馈深度等，使其增益随 AGC 控制电压的大小而变化；通过改变信号通道中衰减网络的衰减量，使增益随 AGC 控制电压而变化。下面简要介绍几种基本的增益控制电路。

图 9-4 是通过改变放大器静态工作电流实现增益控制的电路。图 9-4(a)所示电路中 AGC 控制电压加在放大器的发射极，当 U_{AGC}增大时，晶体管的发射结电压减小，发射极电流减小，晶体管放大倍数减小，放大器增益减小；反之，当 U_{AGC}减小时，晶体管的发射结电压增大，发射极电流增大，晶体管放大倍数增大，放大器增益增大。图 9-4(b)所示电路中 AGC 控制电压加在放大器的基极，但 U_{AGC}为负极性(如果晶体管为 PNP 管，U_{AGC}极性如何？)，工作原理与图 9-4(a)类似，这种电路实质是控制基极电流。因此所需要的控制电流较小，对 AGC 检波器要求较低，广播收音机的 AGC 电路大多数采用这种电路。

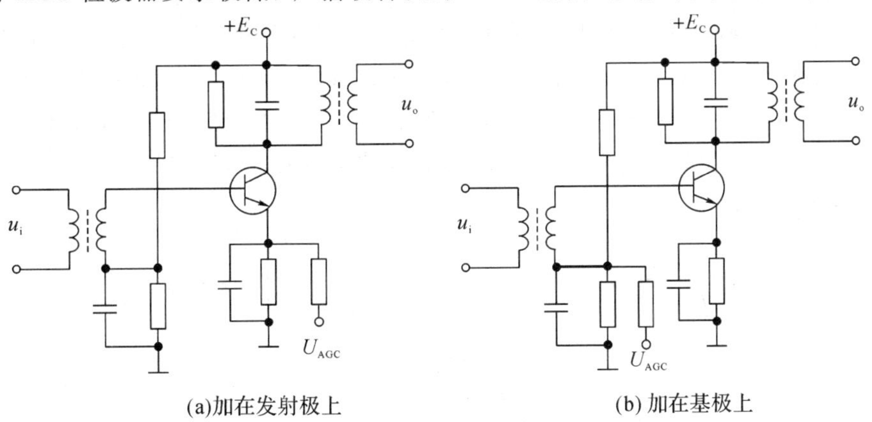

(a)加在发射极上　　(b) 加在基极上

图 9-4　改变放大器静态工作电流实现增益控制的电路

图 9-5 给出了一种通过改变射极负反馈深度实现增益控制的电路。在图中，两个参数相同的二极管 VD_1、VD_2 分别和电阻 R 构成差动放大电路的射极负反馈网络，AGC 控制电压 U_{AGC}经 R_A 加于两个二极管正极端的 A 点。对于差模信号而言，A 点电位为零，相当于接地端，因此差分管的射极等效负反馈电阻 $R_E=R/\!/r_d$，其中，r_d 为二极管的动态电阻。

当U_{AGC}较大，使得两个二极管导通时，$r_d \approx 0$，$R_E \approx 0$，差分管的射极负反馈消失，使差动放大器的增益达到最大值。随着U_{AGC}减小，VD_1、VD_2的导通程度减弱，r_d增大，则负反馈增强，差动放大器的增益随之而减小。当U_{AGC}小到使两个二极管截止时，$r_d \approx \infty$，$R_E \approx R$，此时负反馈最强，差动放大器的增益值达最小值。由此可见，电压U_{AGC}通过对二极管动态电阻r_d的控制，实现了对差动放大器增益的控制。

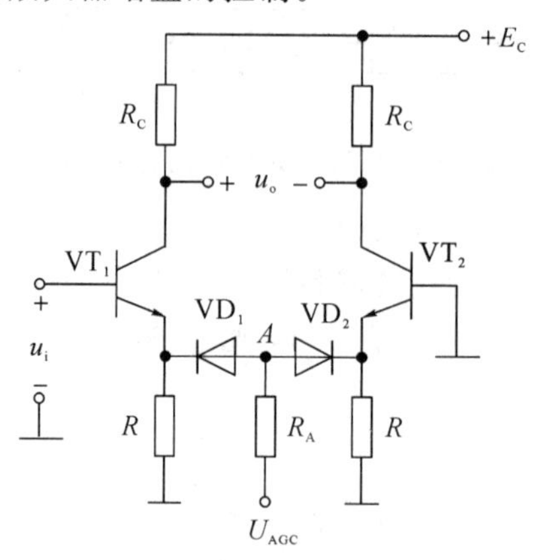

图 9-5　改变射极负反馈深度实现增益控制的电路

9.3　自动频率控制电路

自动频率控制(AFC，Automatic Frequency Control)电路(简称 AFC 电路)，是一种使振荡器的频率自动调整到满足一定预定关系的负反馈控制电路。

1. 组成框图及各部分作用

自动频率控制电路的组成框图如图 9-6 所示。它由鉴频器、低通滤波器(LPF)和压控振荡器(VCO，Voltage-Controlled Oscillator)组成，输入信号频率为f_i、输出信号频率为f_o，设它们的预定关系为$f_o = f_i$。鉴频器的作用是比较f_o与f_i大小，鉴频器的S曲线如图 9-7 所示。利用S曲线的频率—电压转换特性将f_o与f_i的差值转换为误差电压u_e。LPF 的作用是将误差电压变为直流电压U_c。VCO 是被控制对象，其作用是在直流电压U_c控制下调整其振荡频率f_o。

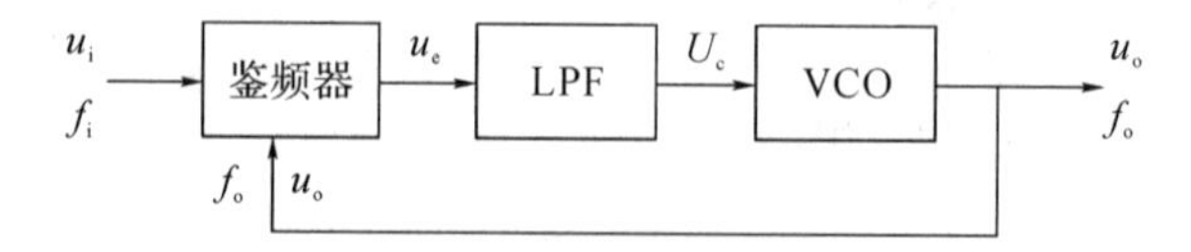

图 9-6　自动频率控制电路的组成框图

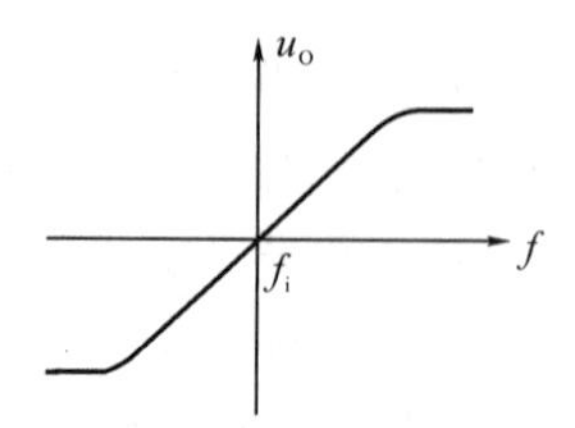

图 9-7　鉴频器的S曲线

2. 工作原理

如果预定关系 $f_o=f_i$ 成立，则鉴频器没有误差电压输出，VCO也就没有控制电压。假设某种不稳定的因素使得VCO的振荡频率 f_o 大于输入信号频率 f_i，则鉴频器输出误差电压 u_e 增大，则 U_c 增大，去控制VCO振荡频率 f_o，使其减小，这样循环往复，使得 f_o 不断接近 f_i，两者的误差不断减小。这种调节作用最终使预定关系在很小的误差下得以维持，此时环路进入稳定状态，又称为锁定状态。环路锁定后的误差称为剩余频率误差 Δf_{min}，也即环路锁定后鉴频器产生的误差电压恰好是VCO在这个控制电压作用下频率误差维持为 Δf_{min}。

3. 应用举例

1）具有AFC的调幅接收机

图9-8是具有AFC的调幅接收机的组成框图。其比普通的超外差式接收机多了一个由鉴频器、低通滤波器、VCO组成的反馈环路，同时将本地振荡器改为VCO。由图9-8可见，设输入调幅波的载频为 f_c，VCO输出的振荡频率为本振频率 f_L，混频器输出的额定中频为 $f_I=f_L-f_c$。

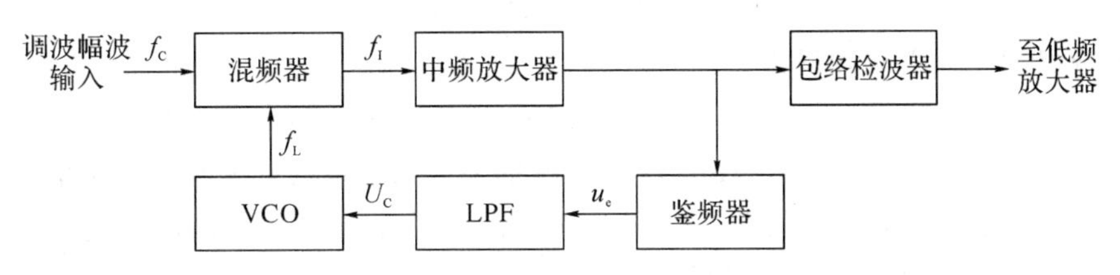

图9-8　具有AFC的调幅接收机的组成框图

如果上述预定关系满足，则鉴频器输出电压为零，LPF输出也为零，VCO不被控制。但是如果因某种原因使得VCO的本振频率发生变化，则混频器输出中频偏离额定中频频率，经过中放送到鉴频器，鉴频器将偏离于额定中频的频率误差变换为误差电压 u_e，经过LPF取出直流电压 U_c，去控制VCO的振荡频率 f_L，使其与输入载频 f_c 的差值更加接近额定中频 f_I。

2）具有AFC的调频发射机

图9-9是具有AFC的调频发射机组成框图。图中，环路的输入量是晶体振荡器的振荡频率 f_s（稳定度很高），输出量是调频波的中心频率 f_c（频率稳定度较低），混频器输出的额定中频为 $f_I=f_c-f_s$。由于 f_s 的稳定度很高，因此混频器输出端产生的频率误差 Δf_I 主要是由 f_c 不稳定引起的，这样，通过AFC电路的自动调节作用就能减小频率误差值，使 f_c 趋于稳定。

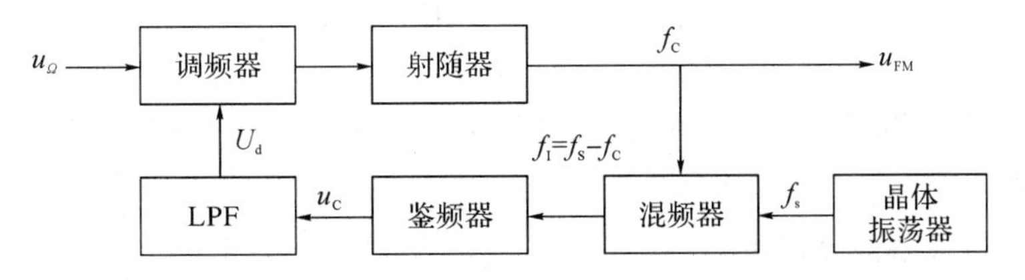

图9-9　具有AFC的调频发射机组成框图

例如，由于某种因素使得 f_c 发生变化，即产生频差 Δf_c（较大），同时设晶振频差为

Δf_s(较小)，则混频器输出中频出现误差 $\Delta f_I=\Delta f_s-\Delta f_c$，由于鉴频器S曲线中心频率为 $f_I=f_c-f_s$，因此鉴频器输出误差电压，经LPF得到直流电压 U_d，去控制调频器的中心频率 f_c，使其变化量 Δf_c 减小，最终环路锁定后，$\Delta f_I\approx 0$，$\Delta f_c\approx\Delta f_s$，$f_c$ 的稳定度接近晶振 f_s 的稳定度，使得 f_c 的稳定度也很高。这种具有AFC的调频发射器的载频稳定度比一般调频器的载频要稳定得多，其稳定度是由高稳定度的晶体振荡器予以保证的。

必须注意的是，图9-8中的LPF的带宽要足够窄，能够滤除鉴频器输出电压中调制频率分量，使加到调频器上的控制电压仅是反映调频载波频率漂移的缓变电压。

3）调频负反馈解调电路

采用AFC电路的调频负反馈解调电路的组成框图如图9-10所示。与普通调频接收机的鉴频电路相比较，其区别在于它把输出的解调电压又进行反馈，作为本机振荡器的VCO控制电压，使其振荡器频率按调制信号规律变化。这时对混频器而言，相当于加了两个载波频率不同而调制信号相同的调频波。若设输入调频波的瞬时频率为

$$f_s(t)=f_c+\Delta f_{mc}\cos\Omega t \tag{9-1}$$

在环路锁定时，VCO产生的调频振荡器的瞬时频率为

$$f_o(t)=f_L+\Delta f_{mL}\cos\Omega t \tag{9-2}$$

则混频器输出的中频瞬时频率为

$$f_I(t)=f_o(t)-f_s(t)=(f_L-f_c)+(\Delta f_{mL}-\Delta f_{mc})\cos\Omega t=f_I+\Delta f_{mI}\cos\Omega t \tag{9-3}$$

式(9-3)中，$f_I=f_L-f_c$，$\Delta f_{mI}=\Delta f_{mL}-\Delta f_{mc}$ 分别为中频信号的载频和最大频偏。可见，中频信号仍为不失真的调频波，只是其最大频偏由 Δf_{mc} 减小到 Δf_{mI}，因而通过中频放大器、鉴频器后就可以解调出不失真的调制电压。

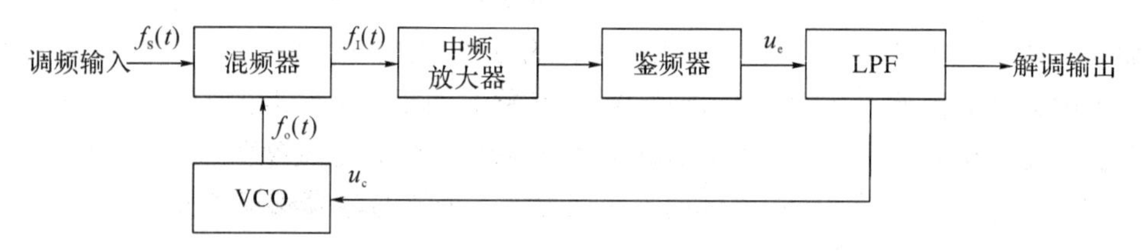

图9-10　调频负反馈解调电路的组成框图

调频负反馈解调电路的突出优点就是解调门限值低，这是由于负反馈使中频信号的最大频偏减小，相当于压缩了信号的有效带宽，因此可以用通频带较窄的中频放大器进行放大，这样送至鉴频器输入端的噪声功率将随之减小，使得信噪比提高，有利于小信号正常工作。因此，调频负反馈解调电路可以提高解调信号的质量。

9.4　锁　相　环

锁相环(PLL，Phase Locked Loop)电路，与AFC电路一样，也是一种实现频率跟踪的自动控制电路。

1. 组成框图及各部分作用

PLL电路一般的组成框图如图9-11所示。它由鉴相器(PD)、环路滤波器(LF)和压控振荡器(VCO)组成。输入电压 u_i 的初相位是 φ_i、角频率是 ω_i，输出电压 u_o 的初相位是 φ_o、

角频率是 ω_o，设预定关系为 $\omega_o=\omega_i$。鉴相器比较输出信号相位 φ_o 和输入信号相位 φ_i，利用鉴相特性的相位—电压转换特性将相位 φ_o 与 φ_i 差值转换为电压误差 u_e；LF 的作用是将误差电压变为直流电压 U_c；VCO 是被控制对象，其作用是在直流电压控制下调整其振荡信号角频率 ω_o，从而调整相位 φ_o。

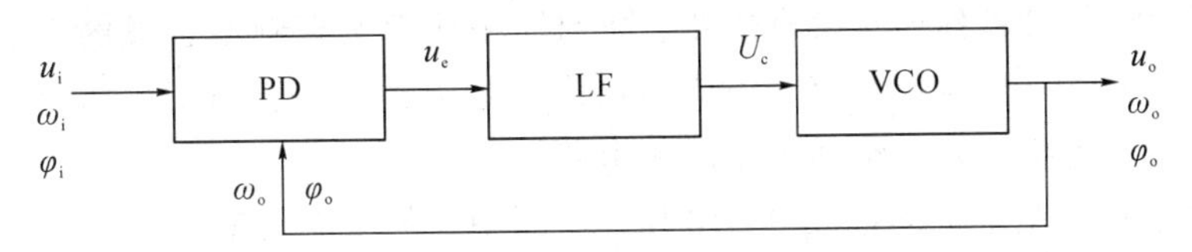

图 9－11　PLL 电路一般的组成框图

2. 工作原理

虽然 PLL 与 AFC 电路一样，也是频率自动跟踪电路，但是两者工作原理不同。在 PLL 中，为满足输出与输入频率预定关系 $\omega_o=\omega_i$ 的要求，不是直接利用输出与输入信号之间的频率误差，而是利用它们之间的相位误差来实现的。

在图 9－11 中，若因某种不稳定的因素使得 VCO 输出的振荡角频率 ω_o 大于输入信号角频率 ω_i，则输出电压 u_o 超前 u_i，相位 φ_o 越来越大，鉴相器由此产生误差电压 u_e，经过 LF 取出直流电压 U_c，U_c 控制 VCO 的振荡角频率 ω_o，使其减小，从而抑制 u_o 的超前，则 φ_o 减小。这样循环往复，使得 φ_o 不断接近 φ_i，两者的误差不断减小，最终环路锁定。环路锁定后，电路维持一个恒定的很小的剩余相位误差 $\Delta\varphi_{min}$，使得输出与输入信号的频率准确相等。

为了形象说明上述原理，将输入电压与输出电压用两个旋转矢量表示，如图 9－12 所示。由图 9－12(a)可见，当 $\omega_o>\omega_i$ 时，输出电压 u_o 不断超前输入电压 u_i，输出电压相位 φ_o 大于输入电压相位 φ_i，环路进入失锁调整状态；由图 9－12(b)可见，只有当 $\omega_o=\omega_i$ 时，输出电压相位 φ_o 与输入电压相位 φ_i 之间保持恒定的相位差 $\Delta\varphi_{min}$，环路进入锁定(同步)状态。因此锁相环路是一个无频率误差的频率跟踪电路。

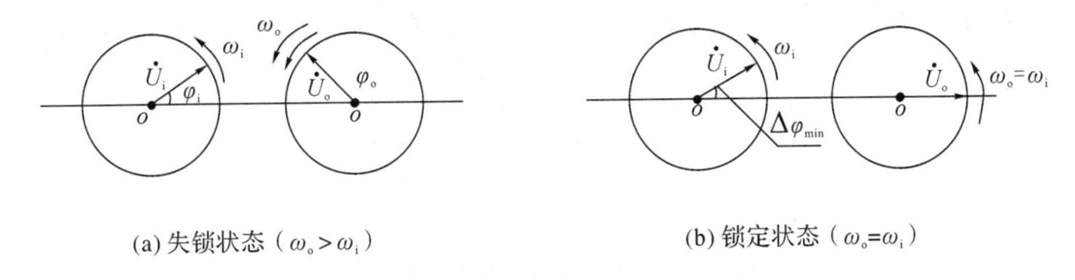

图 9－12　用矢量图说明 PLL 同步原理

3. 应用举例

锁相环性能优越，具有一系列独特的优点。它具有良好的跟踪特性，在锁定状态下，锁相环输出信号的频率准确地等于输入信号的频率，所以利用锁相环能够实现无误差的频率跟踪。具有良好的窄带滤波特性(例如，数百兆赫的中心频率上，带宽可以做到几赫兹)，而且可以通过改变环路增益和环路滤波器参数来调整带宽大小，因此利用锁相环可以把淹没在噪声中的微弱信号提取出来，可以把它用于弱信号检测。利用它的调频跟踪和载波跟踪特性，可以把它用于调制、解调、锁相、接收、载波恢复、位同步提取等。随着数字技术、微电子技术的发展，集成数字锁相环被广泛应用于各种数字系统。当今锁相环已被广泛地应用于通信、雷达导航、自动控制、弱信号检测、仪器仪表等各个方面，充分显示了它的地位。由于篇幅限制，在此仅举两个应用例子。

1）锁相频率合成

频率合成是由标准频率源经过频率的加减乘除运算得到一系列频率信号的理论与技术。实现频率合成的设备称为频率合成器。利用锁相技术实现频率合成的方法称为间接频率合成法。这种方法是目前频率合成中应用最广泛地方法之一。用于频率合成中的锁相环有锁相倍频电路、锁相分频电路和锁相混频电路。

锁相倍频电路的基本框图如图 9－13 所示。图中，在锁定状态下，输入信号频率 f_i 与分频器输出信号频率 f_o/N 相等，则环路输出信号频率为 $f_o=Nf_i$，环路实现了 N 次倍频作用。

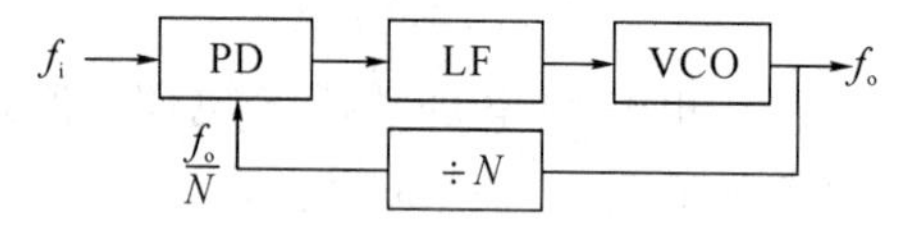

图 9－13　锁相倍频电路的基本框图

锁相分频电路的基本框图如图 9－14 所示。图中，在锁定状态下，输入信号频率 f_i 等于倍频器输出信号频率 Nf_o，所以输出信号的频率为 $f_o=f_i/N$，环路实现了 N 次分频作用。

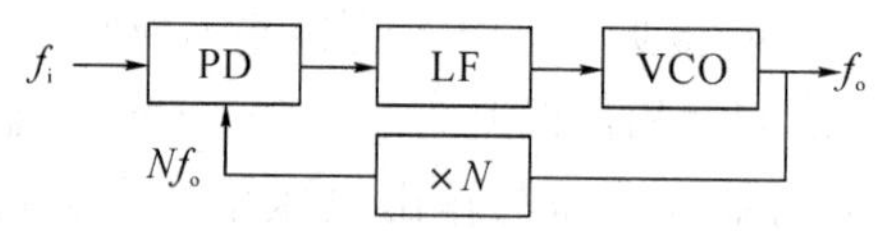

图 9－14　锁相分频电路的基本框图

锁相混频电路的基本框图如图 9－15 所示。输出信号频率 f_o 与本振频率 f_L 在混频器中进行加减运算，得到中频信号频率 $f_L \pm f_o$。在锁定情况下，输入信号频率 f_i 与混频器输出中频信号频率 $f_L \pm f_o$ 相等，则输出信号频率为 $f_o=f_L \pm f_i$，环路实现了混频作用。至于输出频率 f_o 是取 $f_o=f_L+f_i$，还是取 $f_o=f_L-f_i$，要看 f_o 高于 f_i 还是低于 f_i 而定。

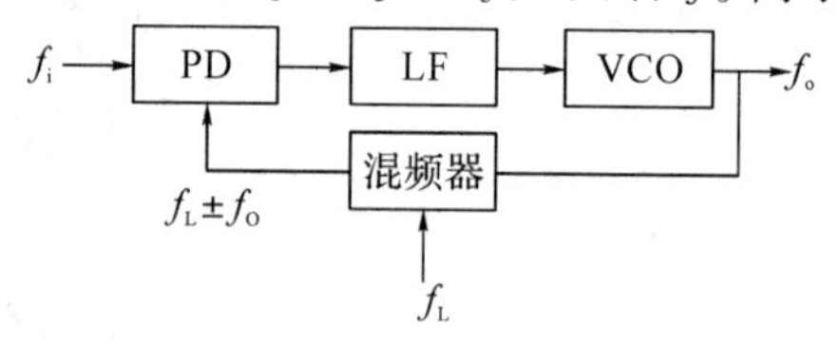

图 9－15　锁相混频电路的基本框图

2）调频波锁相解调电路

调频波的锁相解调电路与调频负反馈解调电路一样，都具有比普通鉴频器解调门限低的突出优点，适合远距离通信中的小信号解调。调频波锁相解调电路的组成框图如图 9－16 所示。

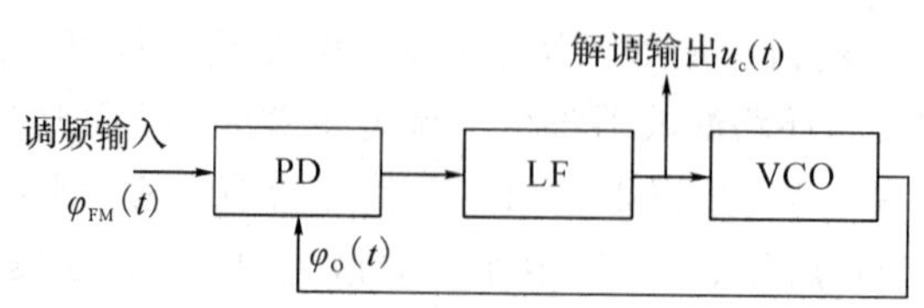

图 9－16　调频波锁相解调电路的组成框图

当输入为调频波时，若将环路滤波器的通频带设计得足够宽，能使 PD(鉴相器)输出电压顺利通过，则 VCO(压控振荡器)就能跟踪输入调频波信号中反映调制规律变化的瞬时频率，即 VCO 的输出信号是一个具有相同调制规律的调频波，显然这时 VCO 输入端的控制电压 $u_c(t)$就是所需的调频波解调电压。设输入调频波瞬时相位为

$$\varphi_{FM}(t) = \omega_c t + k_f \int u_\Omega(t) dt \tag{9-4}$$

式中，ω_c 为载波角频率；k_f 为调频灵敏度；$u_\Omega(t)$为调制信号。则 VCO 输出信号瞬时相位为

$$\varphi_o(t) = \omega_c t + k_{VCO} \int u_c(t) dt \tag{9-5}$$

当环路锁定时，则有

$$\varphi_o(t) \approx \varphi_{FM}(t) \tag{9-6}$$

即

$$u_c(t) \approx \frac{k_f}{k_{VCO}} u_\Omega(t) \tag{9-7}$$

显然，环路滤波器输出电压 $u_c(t)$即为调制信号电压 $u_\Omega(t)$，从而实现了不失真解调。

3）振幅调制信号的同步解调

若采用同步检波器解调 DSB－SC 和 SSB－SC 信号时，则必须从输入已调信号中提取出同频同相的载波信号，作为同步检波器的同步载波。振幅调制信号的同步解调框图如图 9－17 所示。其中，乘法器与低通滤波器组成同步检波器，锁相环与 $\pi/2$ 相移器组成载波提取电路。由于 VCO 输出的等幅振荡信号与输入已调信号的载波分量之间有 $\pi/2$ 固定相移，因此，必须经 $\pi/2$ 相移器得到同频同相的载波信号。将提取的同步载波信号与输入调幅信号共同加到乘法器上，再经低通滤波器，得到解调输出。

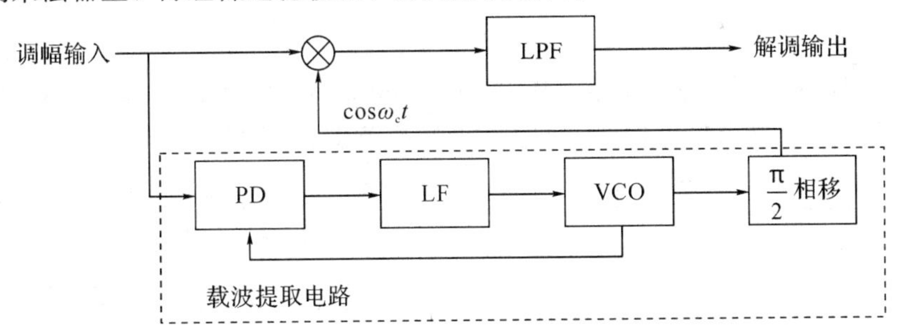

图 9－17　振幅调制信号的同步解调框图

习　　题

1. 在如图 9－18 所示的锁相环路的组成框图中：(1) 写出 A、B、C 的名称；(2) 简要说明 A、B、C 在环路中的作用。

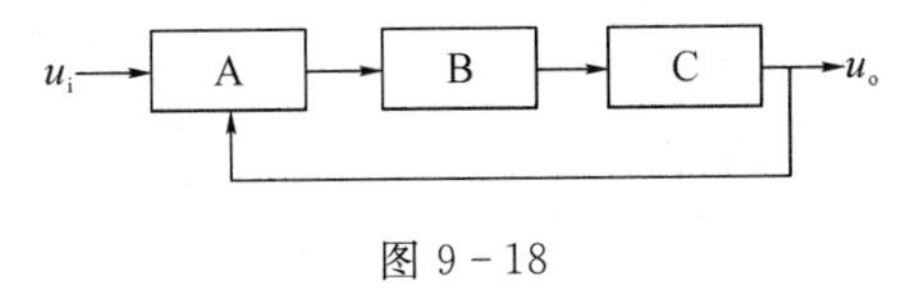

图 9－18

2. 在如图 9-19 所示的锁相环路中，晶体振荡器的振荡频率为 100 kHz，固定分频器的分频比为 10，可变分频器的分频比 m=760～960。试求压控振荡器输出频率的范围及相邻两频率的间隔。

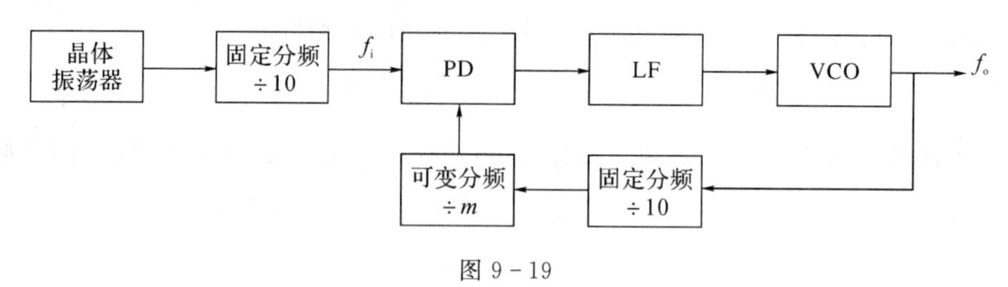

图 9-19

3. 在如图 9-20 所示的频率合成器的组成框图中，f_i 为高稳定晶体振荡器产生的标准频率，f_i=2 MHz，固定分频比 N_1=200 和 N_2=20，可变分频比 N_3=200～300，通过改变分频比就可改变输出频率 f_o，并且 f_o 的稳定度与 f_i 相同。设混频器取下混频，试求输出频率范围和相邻频率间隔。

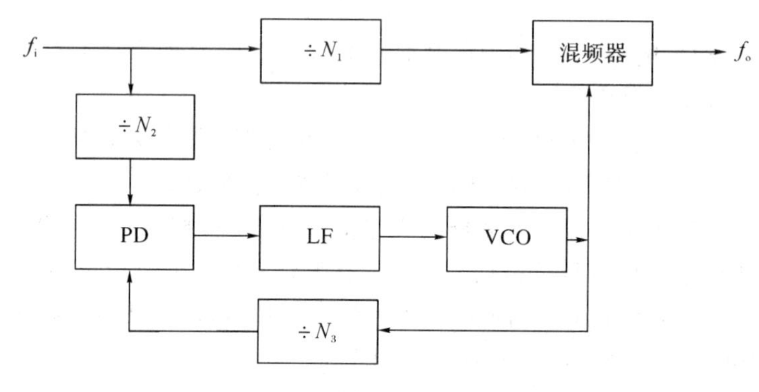

图 9-20

4. 图 9-21 为三环频率合成器。其中，f_i=100 kHz，N_A=300～399，N_B=351～396。设混频器取下混频，试求输出频率的表达式及频率范围、频率间隔。

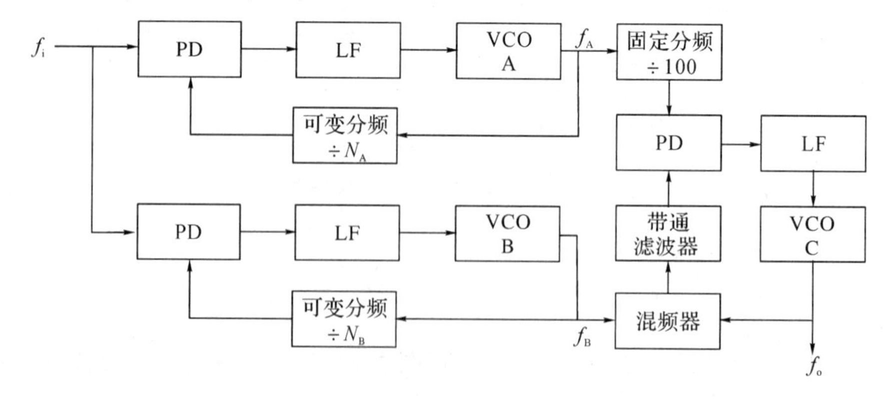

图 9-21

附录一 频段划分表

1. 电磁波频段划分表

频段名称	频率范围	波长范围	波群名称
LF 低频	f<300 kHz	λ>1 km	长波
MF 中频	300～1500 kHz	1 km～200 m	中波
IF 中高频	1.5～6 MHz	200～50 m	短波Ⅰ
HF 高频	6～30 MHz	50～10 m	短波Ⅱ
VHF 甚高频	30～300 MHz	10～1 m	米波
UHF 特高频	300～3000 MHz	1m～10 cm	分米波
SHF 超高频	3～30 GHz	10～1 cm	厘米波
EHF 极高频	30～300 GHz	1 cm～1 mm	毫米波
FIF 远端红外	0.3～3 THz	1～0.1 mm	亚毫米波
IRR 红外线	3～400 THz	0.1 mm～0.76 μm	
VL 可见光	400～800 THz	0.76～0.38 μm	
UVR 紫外光	800 THz～60 kTHz	0.38 μm～5 nm	
XR 伦琴射线	60～75 000 kTHz	5 nm～40 x	
GASERγ 射线	75 MTHz～3 GTHz	40 x～1 x	
1 kHz=10^3 Hz 1 MHz=10^6 Hz 1 GHz=10^9 Hz 1 THz=10^{12} Hz	1 kTHz=10^{15} Hz 1 MTHz=10^{18} Hz 1 GTHz=10^{21} Hz	1 μm=10^{-6} m 微米 1 nm=10^{-9} m 微米 1 Å=10^{-10} m 埃 1 x=10^{-13} m 喜	

2. 声波频率划分表

名 称	频 率 范 围
声波(音频)	20 Hz～20 kHz
语音	200 Hz～5 kHz
低音频	300～500 Hz
重低音	40～80 Hz
超低音	20～40 Hz
次声波	f<20 Hz
超声波	f>20 kHz 在空气中超声波频率高达10^7 Hz 在固体和液体中超声波频率高达10^{10} Hz

注:超重低音是重低音和超低音的统称，频率通常低于 100 Hz 以下。

3. 微波波段划分表

波段名称	频率范围/GHz	波长范围	
UHF 波段	0.3～1.12	1 m～26.79 cm	分米波波段
L 波段	1.12～1.7	26.79～17.65 cm	
LS 波段	1.7～2.6	17.65～11.54 cm	
S 波段	2.6～3.95	11.54～7.59 cm	10 厘米波段
C 波段	3.95～5.85	7.59～5.13 cm	5 厘米波段
XC 波段	5.85～8.2	5.13～3.66 cm	
X 波段	8.2～12.4	3.66～2.42 cm	3 厘米波段
Ku 波段	12.4～18	2.42～1.67 cm	2 厘米波段
K 波段	18～26.5	1.67～1.13 cm	

波段名称	频率范围/GHz	波长范围	
Ka 波段	26.5～40.0	1.13～0.75 cm	8 毫米波段
Q 波段	33.0～50.0	9.09～6.0 mm	
U 波段	40.0～60.0	7.5～5.0 mm	
M 波段	50.0～75.0	6.0～4.0 mm	
E 波段	60.0～90.0	5.0～3.33 mm	
F 波段	90.0～140.0	3.33～2.14 mm	
G 波段	140.0～220.0	2.14～1.36 mm	
R 波段	220.0～325.0	1.36～0.92 mm	

4. 微波波段划分表

系统名称	工作频段	
调幅语音广播	中波：535 kHz～1.6 MHz，频道间隔：10 kHz，音频频响范围：40 Hz～4.5 kHz；短波Ⅰ：1.6～6 MHz；短波Ⅱ：6～23 MHz	
调频语音广播	甚高频(VHF)：88～108 MHz，频道间隔：200 kHz，音频频响范围：20 Hz～15 kHz	
电视广播	甚高频(VHF)：47～230 MHz(12 个频道)，特高频(UHF)：470～960 MHz(56 个频道)。频道间隔：8 MHz，视频带宽：6 MHz，伴音频频响范围：20 Hz～15 kHz	
移动通信	150 MHz 频段；450 MHz 频段；900 MHz 频段 频段间隔：25 kHz 2G、3G、4G 频段	
卫星通信	4/6 GHz 频段	上行线为：5.925～6.425 GHz 下行线为：3.7～4.2 GHz 带宽可达：500 MHz
	7/8 GHz 频段	上行线为：7.9～8.4 GHz 下行线为：7.25～7.75 GHz
	11/14 GHz 频段	上行线为：14～14.5 GHz 或 10.95～11.3 GHz 下行线为：11.7～12.2 GHz 或 11.45～11.7 GHz
	20/30 GHz 频段	上行线为：27.5～31 GHz 下行线为：17.7～21.2 GHz 带宽可达：3.5 GHz
光通信	10^5～10^7 GHz 波长为 3～0.3 μm(红外、可见光、紫外) 我国光纤通信使用 λ 约为 1 μm，带宽可达 10 GHz·km	

附录二　余弦脉冲分解系数表

θ(°)	$\cos\theta$	α_0	α_1	α_2	γ	θ(°)	$\cos\theta$	α_0	α_1	α_2	γ
0	1.000	0.000	0.000	0.000	2.00	29	0.875	0.107	0.209	0.193	1.94
1	1.000	0.004	0.007	0.007	2.00	30	0.866	0.111	0.215	0.198	1.94
2	0.999	0.007	0.015	0.015	2.00	31	0.857	0.115	0.222	0.203	1.93
3	0.999	0.011	0.022	0.022	2.00	32	0.848	0.118	0.229	0.208	1.93
4	0.998	0.014	0.030	0.030	2.00	33	0.839	0.122	0.235	0.213	1.93
5	0.996	0.018	0.037	0.037	2.00	34	0.829	0.125	0.241	0.217	1.93
6	0.994	0.022	0.044	0.044	2.00	35	0.819	0.129	0.248	0.221	1.92
7	0.993	0.025	0.052	0.052	2.00	36	0.809	0.133	0.255	0.226	1.92
8	0.990	0.029	0.059	0.059	2.00	37	0.799	0.136	0.261	0.230	1.92
9	0.988	0.032	0.066	0.066	2.00	38	0.788	0.140	0.268	0.234	1.91
10	0.985	0.036	0.073	0.073	2.00	39	0.777	0.143	0.274	0.237	1.91
11	0.982	0.040	0.080	0.080	2.00	40	0.766	0.147	0.280	0.241	1.90
12	0.978	0.044	0.088	0.087	2.00	41	0.755	0.151	0.286	0.244	1.90
13	0.974	0.047	0.095	0.094	2.00	42	0.743	0.154	0.292	0.248	1.90
14	0.970	0.051	0.102	0.101	2.00	43	0.731	0.158	0.298	0.251	1.89
15	0.966	0.055	0.110	0.108	2.00	44	0.719	0.162	0.304	0.253	1.89
16	0.961	0.059	0.117	0.115	1.98	45	0.707	0.165	0.311	0.256	1.88
17	0.956	0.063	0.124	0.121	1.98	46	0.695	0.169	0.316	0.259	1.87
18	0.951	0.066	0.131	0.128	1.98	47	0.682	0.172	0.322	0.261	1.87
19	0.945	0.070	0.138	0.134	1.97	48	0.669	0.176	0.327	0.263	1.86
20	0.940	0.074	0.146	0.141	1.97	49	0.656	0.179	0.333	0.265	1.85
21	0.934	0.078	0.153	0.147	1.97	50	0.643	0.183	0.339	0.267	1.85
22	0.927	0.082	0.160	0.153	1.97	51	0.629	0.187	0.344	0.269	1.84
23	0.920	0.085	0.167	0.159	1.97	52	0.616	0.190	0.350	0.270	1.84
24	0.914	0.089	0.174	0.165	1.96	53	0.602	0.194	0.355	0.271	1.83
25	0.906	0.093	0.181	0.171	1.95	54	0.588	0.197	0.360	0.272	1.82
26	0.899	0.097	0.188	0.177	1.95	55	0.574	0.201	0.366	0.273	1.82
27	0.891	0.100	0.195	0.182	1.95	56	0.559	0.204	0.371	0.274	1.81
28	0.883	0.104	0.202	0.188	1.94	57	0.545	0.208	0.376	0.275	1.81

续表 1

θ(°)	cosθ	α_0	α_1	α_2	γ	θ(°)	cosθ	α_0	α_1	α_2	γ
58	0.530	0.211	0.381	0.275	1.80	89	0.017	0.315	0.498	0.216	1.58
59	0.515	0.215	0.386	0.275	1.80	90	0.000	0.319	0.500	0.212	1.57
60	0.500	0.218	0.391	0.276	1.80	91	−0.017	0.322	0.502	0.208	1.56
61	0.485	0.222	0.396	0.276	1.78	92	−0.035	0.325	0.504	0.205	1.55
62	0.469	0.225	0.400	0.275	1.78	93	−0.052	0.328	0.506	0.201	1.54
63	0.454	0.229	0.405	0.275	1.77	94	−0.070	0.331	0.508	0.197	1.53
64	0.438	0.232	0.410	0.274	1.77	95	−0.087	0.334	0.510	0.193	1.53
65	0.423	0.236	0.414	0.274	1.76	96	−0.105	0.337	0.512	0.189	1.52
66	0.407	0.239	0.419	0.273	1.75	97	−0.122	0.340	0.514	0.185	1.51
67	0.391	0.243	0.423	0.272	1.74	98	−0.139	0.343	0.516	0.181	1.50
68	0.375	0.246	0.427	0.270	1.74	99	−0.156	0.347	0.518	0.177	1.49
69	0.358	0.249	0.432	0.269	1.74	100	−0.174	0.350	0.520	0.172	1.49
70	0.342	0.253	0.436	0.267	1.73	101	−0.191	0.353	0.521	0.168	1.48
71	0.326	0.256	0.440	0.266	1.72	102	−0.208	0.355	0.522	0.164	1.47
72	0.309	0.259	0.444	0.264	1.71	103	−0.225	0.358	0.524	0.160	1.46
73	0.292	0.263	0.448	0.262	1.70	104	−0.242	0.361	0.525	0.156	1.45
74	0.276	0.266	0.452	0.260	1.70	105	−0.259	0.364	0.526	0.152	1.45
75	0.259	0.269	0.455	0.258	1.69	106	−0.276	0.366	0.527	0.147	1.44
76	0.242	0.273	0.459	0.256	1.68	107	−0.292	0.369	0.528	0.143	1.43
77	0.225	0.276	0.463	0.253	1.68	108	−0.309	0.373	0.529	0.139	1.42
78	0.208	0.279	0.466	0.251	1.67	109	−0.326	0.376	0.530	0.135	1.41
79	0.191	0.283	0.469	0.248	1.66	110	−0.342	0.379	0.531	0.131	1.40
80	0.174	0.286	0.472	0.245	1.65	111	−0.358	0.382	0.532	0.127	1.39
81	0.156	0.289	0.475	0.242	1.64	112	−0.375	0.384	0.532	0.123	1.38
82	0.139	0.293	0.478	0.239	1.63	113	−0.391	0.387	0.533	0.119	1.38
83	0.122	0.296	0.481	0.236	1.62	114	−0.407	0.390	0.534	0.115	1.37
84	0.105	0.299	0.484	0.233	1.61	115	−0.423	0.392	0.534	0.111	1.36
85	0.087	0.302	0.487	0.230	1.61	116	−0.438	0.395	0.535	0.107	1.35
86	0.070	0.305	0.490	0.226	1.61	117	−0.454	0.398	0.535	0.103	1.34
87	0.052	0.308	0.493	0.223	1.60	118	−0.469	0.401	0.535	0.099	1.33
88	0.035	0.312	0.496	0.219	1.59	119	−0.485	0.404	0.536	0.096	1.33

续表 2

$\theta(°)$	$\cos\theta$	α_0	α_1	α_2	γ	$\theta(°)$	$\cos\theta$	α_0	α_1	α_2	γ
120	−0.500	0.406	0.536	0.092	1.32	151	−0.875	0.474	0.519	0.013	1.09
121	−0.515	0.408	0.536	0.088	1.31	152	−0.883	0.475	0.517	0.012	1.09
122	−0.530	0.411	0.536	0.084	1.30	153	−0.891	0.477	0.517	0.010	1.08
123	−0.545	0.413	0.536	0.081	1.30	154	−0.899	0.479	0.516	0.009	1.08
124	−0.559	0.416	0.536	0.078	1.29	155	−0.906	0.480	0.515	0.008	1.07
125	−0.574	0.419	0.536	0.074	1.28	156	−0.914	0.481	0.514	0.007	1.07
126	−0.588	0.422	0.536	0.071	1.27	157	−0.920	0.483	0.513	0.007	1.07
127	−0.602	0.424	0.535	0.068	1.26	158	−0.927	0.485	0.512	0.006	1.06
128	−0.616	0.426	0.535	0.064	1.25	159	−0.934	0.486	0.511	0.005	1.05
129	−0.629	0.428	0.535	0.061	1.25	160	−0.940	0.487	0.510	0.004	1.05
130	−0.643	0.431	0.534	0.058	1.24	161	−0.945	0.488	0.509	0.004	1.04
131	−0.656	0.433	0.534	0.055	1.23	162	−0.951	0.489	0.509	0.003	1.04
132	−0.669	0.436	0.533	0.052	1.22	163	−0.956	0.490	0.508	0.003	1.04
133	−0.682	0.438	0.533	0.049	1.22	164	−0.961	0.491	0.507	0.002	1.03
134	−0.695	0.440	0.532	0.047	1.21	165	−0.966	0.492	0.506	0.002	1.03
135	−0.707	0.443	0.532	0.044	1.20	166	−0.970	0.493	0.506	0.002	1.03
136	−0.719	0.445	0.531	0.041	1.19	167	−0.974	0.494	0.505	0.001	1.03
137	−0.731	0.447	0.530	0.039	1.19	168	−0.978	0.495	0.504	0.001	1.02
138	−0.743	0.449	0.530	0.037	1.18	169	−0.982	0.496	0.503	0.001	1.01
139	−0.755	0.451	0.529	0.034	1.17	170	−0.985	0.496	0.502	0.001	1.01
140	−0.766	0.453	0.528	0.032	1.17	171	−0.988	0.497	0.502	0.000	1.01
141	−0.777	0.455	0.527	0.030	1.16	172	−0.990	0.498	0.501	0.000	1.01
142	−0.788	0.457	0.527	0.028	1.15	173	−0.993	0.498	0.501	0.000	1.01
143	−0.799	0.459	0.526	0.026	1.15	174	−0.994	0.499	0.501	0.000	1.00
144	−0.809	0.461	0.526	0.024	1.14	175	−0.996	0.499	0.500	0.000	1.00
145	−0.819	0.463	0.525	0.022	1.13	176	−0.998	0.499	0.500	0.000	1.00
146	−0.829	0.465	0.524	0.020	1.13	177	−0.999	0.500	0.500	0.000	1.00
147	−0.839	0.467	0.523	0.019	1.12	178	−0.999	0.500	0.500	0.000	1.00
148	−0.848	0.468	0.522	0.017	1.12	179	−1.000	0.500	0.500	0.000	1.00
149	−0.857	0.470	0.521	0.015	1.11	180	−1.000	0.500	0.500	0.000	1.00
150	−0.866	0.472	0.520	0.014	1.10						

附录三　第一类贝塞尔函数

1. 第一类贝塞尔函数恒等式

$$\mathrm{J}_n = \sum_{m=0}^{\infty} \frac{(-1)^m \left(\frac{x}{2}\right)^{2m+n}}{m(m+n)!}$$

$$\mathrm{J}_n(-x) = (-1)^n \mathrm{J}_n(x)$$

$$\mathrm{J}_{-n}(x) = (-1)^n \mathrm{J}_n(x)$$

$$\mathrm{e}^{\mathrm{j}x\sin\theta} = \sum_{n=-\infty}^{\infty} \mathrm{J}_n(x)\mathrm{e}^{\mathrm{j}n\theta}$$

$$\mathrm{e}^{\mathrm{j}\omega t+\mathrm{j}x\sin\theta} = \sum_{n=-\infty}^{\infty} \mathrm{J}_n(x)\mathrm{e}^{\mathrm{j}(\omega t+n\theta)}$$

$$\cos(\omega t + x\sin\theta) = \sum_{n=-\infty}^{\infty} \mathrm{J}_n(x)\cos(\omega t + \pi\theta)$$

$$\sin(\omega t + x\sin\theta) = \sum_{n=-\infty}^{\infty} \mathrm{J}_n \sin(\omega t + \pi\theta)$$

$$\cos(x\sin\theta) = \mathrm{J}_0(x) + 2\sum_{n=1}^{\infty} \mathrm{J}_{2n}(x)\cos 2n\theta$$

$$\sin(x\sin\theta) = 2\sum_{n=0}^{\infty} \mathrm{J}_{2n+1}(x)\sin(2n+1)\theta$$

$$\cos(x\cos\theta) = \mathrm{J}_0 + 2\sum_{n=1}^{\infty} (-1)^n \mathrm{J}_{2n}\cos 2n\theta$$

$$\sin(x\cos\theta) = 2\sum_{n=1}^{\infty} (-1)\mathrm{J}_{2n+1}(x)\cos(2n+1)\theta$$

当 x 很大时，第一类贝塞尔函数可以用下式近似计算，即

$$\mathrm{J}_n \approx \left(\frac{2}{n\pi}\right)^{1/2} \left\{ \left[1 - \frac{(4n^2-1)(4n^2-3^2)}{2!\ (8x)^2} + \cdots\right] \cos\left[x - \frac{(2n+1)\pi}{4}\right] - \frac{4n^2-1}{8x}\left[1 - \frac{(4n^2-3^2)(4n^2-5^2)}{3!\ (8x)^2} + \cdots\right] \sin\left[x - \frac{(2n-1)\pi}{4}\right] \right\}$$

2. 第一类贝塞尔函数表

β_{FM}	J_0	J_1	J_2	J_3	J_4	J_5	J_6	J_7	J_8	J_9	J_{10}
0.0	1.00										
0.2	0.990	0.100	0.005								
0.4	0.960	0.196	0.020	0.001							
0.6	0.912	0.287	0.044	0.004							

续表 1

β_{FM}	J_0	J_1	J_2	J_3	J_4	J_5	J_6	J_7	J_8	J_9	J_{10}
0.8	0.846	0.369	0.076	0.010	0.001						
1.0	0.765	0.440	0.115	0.020	0.002						
1.2	0.671	0.498	0.159	0.033	0.005	0.001					
1.4	0.567	0.542	0.207	0.050	0.009	0.001					
1.6	0.455	0.570	0.257	0.073	0.015	0.002					
1.8	0.340	0.582	0.306	0.099	0.023	0.004	0.001				
2.0	0.224	0.577	0.353	0.129	0.034	0.007	0.001				
2.2	0.110	0.556	0.395	0.162	0.048	0.011	0.002				
2.4	0.003	0.520	0.431	0.198	0.064	0.016	0.003	0.001			
2.6	−0.097	0.471	0.459	0.235	0.084	0.023	0.005	0.001			
2.8	−0.185	0.410	0.478	0.273	0.107	0.032	0.008	0.002			
3.0	−0.260	0.339	0.486	0.309	0.132	0.043	0.011	0.003			
3.2	−0.320	0.261	0.484	0.343	0.160	0.056	0.016	0.004	0.001		
3.4	−0.364	0.179	0.470	0.373	0.189	0.072	0.022	0.006	0.001		
3.6	−0.392	0.095	0.445	0.399	0.220	0.090	0.029	0.008	0.002		
3.8	−0.403	0.013	0.409	0.418	0.251	0.110	0.038	0.011	0.003	0.001	
4.0	−0.397	−0.066	0.364	0.430	0.281	0.132	0.049	0.015	0.004	0.001	
4.2	−0.377	−0.139	0.311	0.434	0.310	0.156	0.062	0.020	0.006	0.001	
4.4	−0.342	−0.203	0.250	0.430	0.336	0.182	0.076	0.026	0.008	0.002	
4.6	−0.296	−0.257	0.185	0.417	0.359	0.208	0.093	0.034	0.011	0.003	0.001
4.8	−0.240	−0.298	0.116	0.395	0.378	0.235	0.111	0.043	0.014	0.004	0.001
5.0	−0.178	−0.328	0.047	0.365	0.391	0.261	0.131	0.053	0.018	0.006	0.001
5.2	−0.110	−0.343	−0.022	0.327	0.398	0.287	0.153	0.065	0.024	0.007	0.002
5.4	−0.041	−0.345	−0.087	0.281	0.399	0.310	0.175	0.079	0.030	0.010	0.003
5.6	0.027	−0.334	−0.146	0.230	0.393	0.331	0.199	0.094	0.038	0.013	0.004
5.8	0.092	−0.311	−0.199	0.174	0.379	0.349	0.222	0.111	0.046	0.017	0.005
6.0	0.151	−0.277	−0.243	0.115	0.358	0.362	0.246	0.130	0.057	0.021	0.007
6.2	0.202	−0.233	−0.277	0.054	0.329	0.371	0.269	0.149	0.068	0.027	0.009

续表 2

β_{FM}	J_0	J_1	J_2	J_3	J_4	J_5	J_6	J_7	J_8	J_9	J_{10}
6.4	0.243	−0.182	−0.300	−0.006	0.295	0.374	0.290	0.170	0.081	0.033	0.012
6.6	0.274	−0.125	−0.312	−0.064	0.254	0.372	0.309	0.191	0.095	0.040	0.015
6.8	0.293	−0.065	−0.312	−0.118	0.208	0.363	0.326	0.212	0.111	0.049	0.019
7.0	0.300	−0.005	−0.301	−0.168	0.158	0.348	0.339	0.234	0.128	0.059	0.024
7.2	0.295	0.054	−0.280	−0.210	0.105	0.327	0.349	0.254	0.146	0.070	0.029
7.4	0.279	0.110	−0.249	−0.244	0.051	0.299	0.353	0.274	0.165	0.082	0.035
7.6	0.252	0.159	−0.210	−0.270	−0.003	0.266	0.354	0.292	0.184	0.096	0.043
7.8	0.215	0.201	−0.164	−0.285	−0.056	0.228	0.348	0.308	0.204	0.111	0.051
8.0	0.172	0.235	−0.113	−0.291	−0.105	0.186	0.338	0.321	0.223	0.126	0.061
8.2	0.122	0.258	−0.059	−0.287	−0.151	0.140	0.321	0.330	0.243	0.143	0.071
8.4	0.069	0.271	−0.005	−0.273	−0.190	0.092	0.300	0.336	0.261	0.160	0.083
8.6	0.015	0.273	0.049	−0.250	−0.223	0.042	0.273	0.338	0.278	0.178	0.096
8.8	−0.039	0.264	0.099	−0.219	−0.249	−0.007	0.241	0.335	0.292	0.197	0.110
9.0	−0.090	0.245	0.145	−0.181	−0.265	−0.055	0.204	0.327	0.305	0.215	0.125
9.2	−0.137	0.217	0.184	−0.137	−0.274	−0.101	0.164	0.315	0.315	0.233	0.140
9.4	−0.177	0.182	0.215	−0.090	−0.273	−0.142	0.122	0.297	0.321	0.250	0.157
9.6	−0.209	0.140	0.238	−0.040	−0.263	−0.179	0.077	0.275	0.324	0.265	0.173
9.8	−0.232	0.093	0.251	0.010	−0.245	−0.210	0.031	0.248	0.323	0.280	0.190
10.0	−0.246	0.043	0.255	0.058	−0.220	−0.234	−0.014	0.217	0.318	0.292	0.207

附录四　宽带传输线变压器的基础知识

调谐功率放大器处于丙类工作，晶体管集电极电流是余弦脉冲。为了从 i_c 中选取出一个谐波分量输出，而滤除其他的谐波分量，集电极回路的负载采用 LC 并联谐振回路做窄带滤波器。这种功率放大器的相对带宽$B_{0.7}/f_0$只有百分之几甚至千分之几，因此称其为窄带功率放大器。目前广泛采用另一种高频宽带功率放大。这种放大器在 A 类工作，保证信号无失真的放大，而输出用宽带滤波器，使功率放大器在一个很宽的频段范围内工作。相对带宽通常在十分之几。宽带高频放大器采用的宽带滤波器不具有选频和抑制谐波的作用，只要求在很宽的频率范围内有一个平稳均匀的传输特性。目前广泛采用的高频宽带滤波器是传输线变压器。

1. 宽带传输线变压器基本原理

一般铁芯变压器由于漏感和寄生分布电容的影响，使得工作频率难于提高，而低频特性由于随着频率的降低，必须不断地增大初级励磁电感的电感量，势必带来体积、重量增加；同时随励磁电感的增加，分布电容和漏感相应增加，高频特性难遇提高。所以一般的变压器难于宽带工作，最高工作频率只能达到十几兆赫量级。

宽带传输线变压器用两根等长的导线并绕在高频高 μ 环形磁芯上构成(如图 4A-1(a)所示)。信号源u_S由线端①、③输入，R_S为信号源的内阻，线端②、④外接负载电阻R_L。传输线变压器有两种工作方式。一种是传输线工作方式，如图 4A-1(b)所示；另一种是变压器工作方式，如图 4A-1(c)所示。下面分别介绍两种工作方式的基本原理。

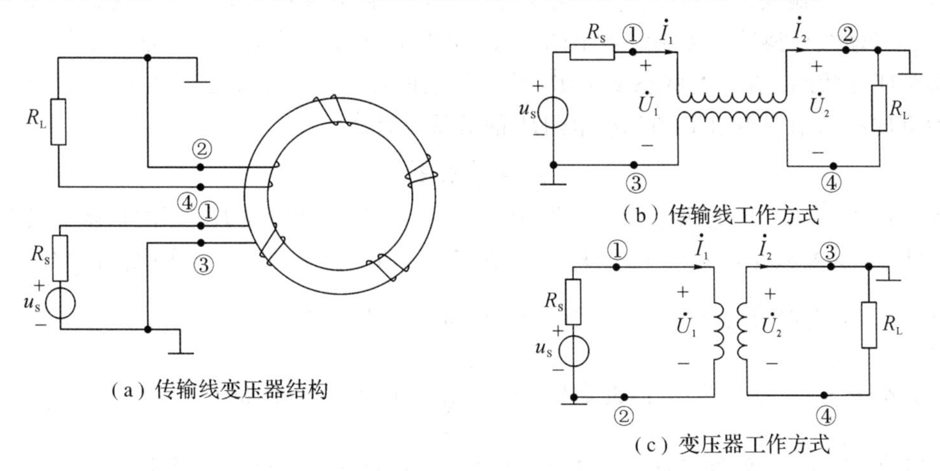

图 4A-1　传输线变压器

1) 传输线工作方式

两根导线并绕在环状磁芯上，每根导线可看成由长度为 Δl 的线段级联构成。每个线段的电感量为 ΔL，一根导线的电感量可近似认为是一段段电感 ΔL 均匀地级联而成的。两根并绕的导线之间存在着分布电容，相应长度为 Δl 的线段间的分布电容为 ΔC。所以传输线变压器可等效看成是分布电感 ΔL 和分布电容 ΔC 组成的耦合链。当忽略导线的电阻损耗时，传输线变压器就可用如图 4A－2 所示的集中参数电路等效。当①、③两端间加入信号源电压u_S时，信号源将向电容 ΔC 充电，电容 ΔC 储入电能；与此同时，电容 ΔC 又会通过电感 ΔL 放电，把电能转换成磁能；电感的磁能又会向下一级电容充电，下一级电容又会通过下一级电感放电……依次不断地把信号传送到传输线②、④终端。若②、④两端间外接负载电阻R_L，信号能量就会源源不断地通过传输线送到终端，被外负载R_L吸收。当忽略传输线的电阻损耗和两根导线间的介质损耗时，负载得到的能量就等于信源供给的能量。这种利用分布参数将信源能量传送给负载的工作方式称为传输线工作方式。

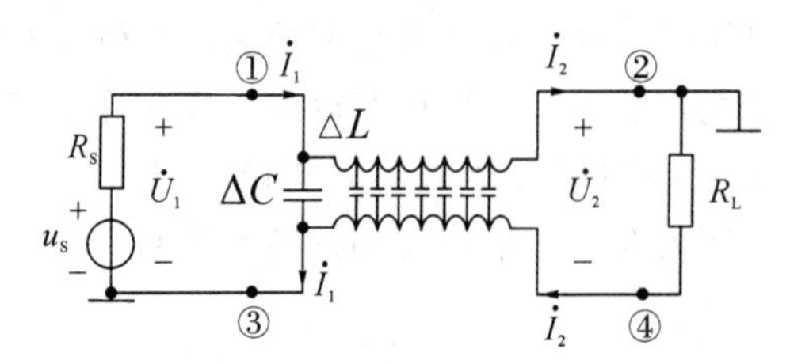

图 4A－2　传输线工作方式的等效电路

传输线的基本参量之一是特性阻抗Z_C，即

$$Z_C=\sqrt{\frac{r+j\omega L}{G+j\omega C}}=\frac{\text{传输线上某一点的电压值}}{\text{传输线上同一点的电流值}}$$

式中，r 为单位线长的损耗电阻；G 为单位线长间的漏电导；L 为单位线长的分布电感；C 为单位线长两线间的分布电容。

当 $r\ll\omega L$，$G\ll\omega C$，即高频段工作时，可把传输线等效成无损耗的理想传输线，相应的特性阻抗$Z_C=\sqrt{L/C}$。传输线工作方式应当满足最佳功率传输条件，即信源内阻R_S应等于负载电阻R_L经传输线变换后在传输线输入端等效的电阻，或者说最佳功率传输条件是信源内阻R_S经传输线变换后在传输线输出端等效的电阻应等于负载电阻R_L。这种最佳功率传输状态称为匹配状态。在匹配状态下工作，线上传输的是行波。要满足匹配状态工作，传输线的特性阻抗Z_C与信源内阻R_S和负载电阻R_L的关系应满足

$$Z_C=\sqrt{R_S R_L}$$

图 4A－2 所示的传输线①、③两端间的电压$U_{13}=U_1$，电流为I_1。匹配状态下线上传输的是行波，即传输线上各点的电压、电流幅值相等。所以传输线②、④两端间的电压$U_{24}=U_2=U_{13}=U_1$，终端的电流$I_2=I_1$。②、④两端间的等效阻抗$Z_{24}=\dfrac{U_2}{I_2}=R_L$，①、③两端间的等效阻抗$Z_{13}=\dfrac{U_1}{I_1}=\dfrac{U_2}{I_2}=R_L$。因此，$I_1=\dfrac{U_S}{R_S+R_L}$，负载$R_L$得到的功率$P_0=\dfrac{1}{2}\left(\dfrac{U_S}{R_S+R_L}\right)^2 R_L$。取极值$\dfrac{\mathrm{d}\,P_0}{\mathrm{d}\,R_L}=0$，可得最佳功率传输条件$R_S=R_L$。相应传输线的特性阻抗$Z_C=R_L=R_S$。因为$Z_C:R_L:R_S=1:1:1$，所以这种传输线工作方式称为 1：1 传输线变压器。此外还有 $n:1$或 $1:n$ 的传输线变压器工作方式。

在匹配状态下，传输线上各点电压、电流的幅值相等，但是由于电磁波在线上传输需要时间，因而传输线终端电压$\dot{U}_2$总是滞后输入电压$\dot{U}_1$，它们之间的关系为

$$\dot{U}_2=\dot{U}_1\mathrm{e}^{-j\alpha l}$$

式中，l 为传输线长度；$\alpha=\frac{2\pi}{\lambda}$，称为相移常数；$\alpha l=\frac{l}{\lambda}2\pi$，称为传输线等效的相移。在匹配状态下，$U_2=U_1$。但$\dot{U}_2$的相位比$\dot{U}_1$的相位滞后 αl。滞后的相角大小正比于线长，反比于波长。同样长度的线长，对不同工作波长 λ 等效的滞后相移也不同。

在不匹配情况下，传输线上传输的是驻波。从输入端输入的电磁波传输到达终端后，能量不能全部被负载吸收，一部分会被反射回来；反射波传输到始端，由于不匹配又会有部分反射；如此反复，线上同时存在入射波和反射波，线上各点电压和电流应该是入射波电压、电流和反射波电压、电流的叠加。这样线上各点电压、电流幅值不再相等；在一些点上形成电压最大(电流最小)点，称为电压峰点；在一些点上形成电压最小(电流最大)点，称为电压谷点。当传输线终端开路时，终端为电压峰点即电流谷点。当传输线终端短路时，终端为电压谷点即电流峰点。两种情况称为全反射情况。

需要注意到，之所以称为传输线工作方式，是因为能量是靠电磁波在线上传输实现的。当忽略线上的电阻损耗时，线上的压降为零，即$U_{12}=U_{34}=0$；两条线上的电流大小相等，方向相反；所以在磁芯中没有磁通，两条线间不存在磁通的交变耦合(即没有变压器方式)。也就是说，没有励磁损耗存在。

2) 变压器工作方式

在图 4A-1(c)中，变压器的工作方式与普通变压器工作方式相同。①、②为变压器初级，③、④为变压器次级。输入电压U_1加在初级$U_{12}=U_1$，次级感应电流$U_{24}=U_2$。变压器初级线圈的励磁电感L_1为①、②两端连接的一根传输线的自感。L_1中的电流I_1在磁芯中激起磁通，从而在次级线圈中激起感应电压U_2，形成次级电流I_2。变压器工作方式由于有励磁消耗，初、次级电流(即两根线上电流)大小并不相等。变压器工作方式是利用传输线的集总参数形成的电路进行能量传输的一种工作方式。要求初级必须有足够大的励磁电感L_1。在低频端，传输线分布参数不起作用，传输线变压器将以变压器方式工作。随工作频率的降低，初级励磁电感的阻抗减小，励磁损耗增大，输出功率随之下降。要提高低频性能，必须要增大励磁电感的电感量，传输线的长度要增加。而线长的增加不利于传输线变压器工作频率的提高。

传输线工作方式是利用传输线的分布参数工作的方式，是电磁能量交替变换的传输方式。这种传输方式适用于高频段工作。随工作频率的提高，传输线的损耗电阻 R 和介质损耗电导 G 增加，以至于达到不可忽略的程度。这样，传输线的特性阻抗Z_C不再是纯阻抗，而是与频率有关的复阻抗。在这种情况下，难以做到最佳匹配，能量传输也就难以达到最佳状态，传输线上也就难以建立起行波。从输入端送入的能量一部分被负载吸收，另一部分被反射，负载上得到的能量随频率的提高而下降。这种传输能量的下降称为传输线的损耗。频率越高，匹配状态越严重，插入损耗越大，负载上得到的能量越小。从而限制了传输线高频特性的改善。要提高传输线的高频特性，必须设法减小传输线的分布参量；线长要短，线径要大，介质损耗要小，铁芯高频特性要好。而这些因素又不利于传输线变压器低频特性的改善。

2. 传输线变压器的应用

传输线变压器应用的方面很多，其中应用最多的是把传输线变压器用做阻抗变压器、功率分配器、功率合成器。下面简要介绍在这些方面的应用。

1）阻抗变换

图 4A－3(a)是把传输线变压器接成 1∶4 阻抗变换器的电路图。传输线变压器①、④两端相接，信源接于①、③两端之间，负载电阻R_L接于②、③两端之间。传输线输入端①、③之间电压为$\dot{U}_1$，①端传输线上的电流为$\dot{I}_1$，经无耗传输线传输至②、④两端间电压$\dot{U}_2=\dot{U}_1 e^{-j\alpha l}$，当$\alpha l<0.6$弧度(即近似认为$l\ll\lambda_{min}$)，$\dot{U}_2\approx\dot{U}_1$，$\dot{I}_2\approx\dot{U}_1$。信源输入电流$\dot{I}_i=\dot{I}_1+\dot{I}_2=2\dot{I}_1$，①、③两端间的等效阻抗$Z_{13}=\dfrac{U_1}{2\dot{I}_1}$。负载端②到地电压，即②、③两端间电压$\dot{U}_{23}=\dot{U}_2+\dot{U}_1=2\dot{U}_2$，则②、③两端间的等效阻抗$Z_{23}=\dfrac{\dot{U}_{23}}{I_1}=\dfrac{2\dot{U}_1}{\dot{I}_2}$。在匹配条件下，$R_3=Z_{13}=\dfrac{U_1}{2I_1}=\dfrac{R_L}{4}$。相应传输线的特性阻抗$Z_C=\sqrt{R_L R_S}=\dfrac{R_L}{2}=\dfrac{\dot{U}_1}{I_1}=\dfrac{\dot{U}_2}{\dot{I}_2}$。由此可见，满足最佳匹配传输条件时$R_S=\dfrac{R_L}{4}$，即信源内阻$R_S$与负载电阻$R_L$的阻值比为 1∶4，从而现实阻抗变换作用。

依照同样方法，可以分析如图 4A－3(c)所示的 4∶1 阻抗变换器的工作原理。在匹配工作时，$R_S=4R_L$，$Z_C=2R_L$。

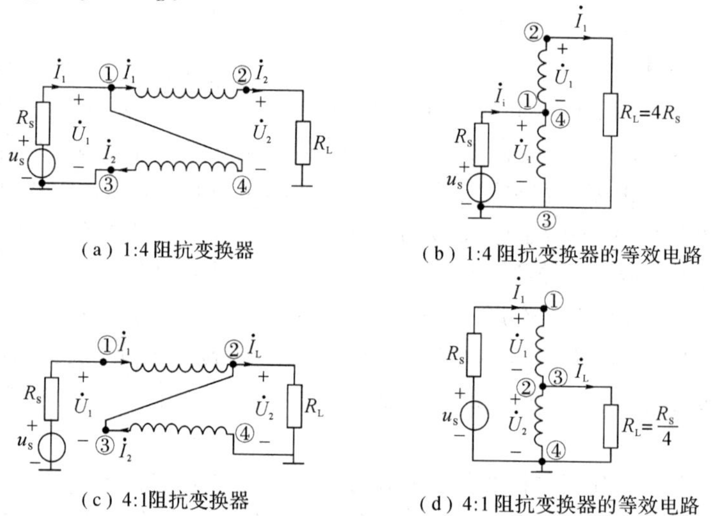

(a) 1:4 阻抗变换器

(b) 1:4 阻抗变换器的等效电路

(c) 4:1阻抗变换器

(d) 4:1 阻抗变换器的等效电路

图 4A－3　传输线变压器接成阻抗变换器

利用传输线变压器实现 9∶1 和 1∶9 阻抗变换器，如图 4A－4 所示。其原理读者可自行分析，在此不再赘述。

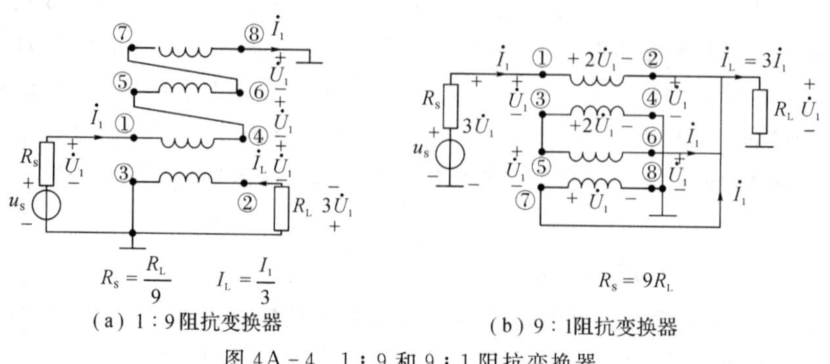

$R_s=\dfrac{R_L}{9}$　$I_L=\dfrac{I_1}{3}$

(a) 1∶9阻抗变换器

$R_s=9R_L$

(b) 9∶1阻抗变换器

图 4A－4　1∶9 和 9∶1 阻抗变换器

2）功率合成与功率分配

功率合成是两个同频同相的信源通过传输线变压器，将其两个信源的功率在一个公共负载上实现相加输出。功率分配是一个信源的功率通过传输线变压器实现均等地分配到两个不同的负载上输出。功率合成往往用在发射机中，将多个小功率晶体管放大器的输出经过功率合成器实现几百瓦以至上千瓦的高频功率输出。功率合成器不同于两管推挽式或两管并联式工作方式。推挽式、并联式工作时一旦一支管子坏了，另一支管子将无法正常工作，两支管子是相互依存的，不能独立的。而功率合成器每个放大器输出功率为 P，N 个放大器经功率合成器总的输出功率 $P_0=NP$。功率合成器中每个放大器是独立的，其中任何一个放大器损坏只会使总功率下降，但不影响其他放大器的工作。功率分配器往往用于接收机，将接收到的信号功率经功率分配器均匀分配到多个负载上去。例如，二分配器每个负载上得到的功率为总功率的 1/2。四分配器每个负载上得到的功率为总功率的 1/4。当其中一个负载开路或短路时并不影响其他负载上得到的功率大小。图 4A－5 给出了功率二分配器电路。

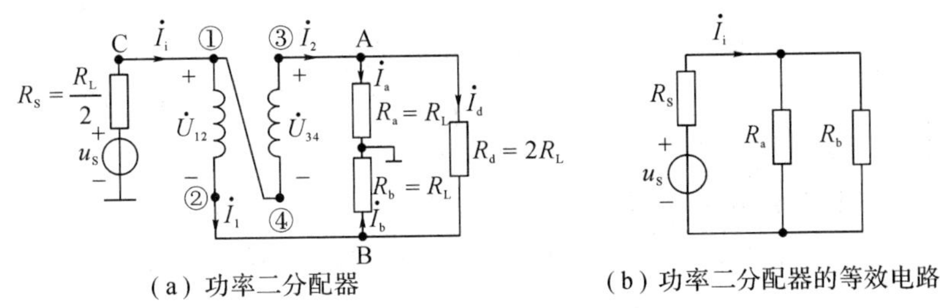

（a）功率二分配器　　（b）功率二分配器的等效电路

图 4A－5　功率二分配器电路

R_a和R_b分别为接在 A 端和 B 端的两个负载电阻。通常功率分配器中要求$R_a=R_b=R_L$。接在 AB 两端间的电阻R_d称为平衡电阻。假设线圈上的压降$U_{12}=U_{34}=U$，传输线上电流$I_1=I_2=I$。则根据电路可列出

$$U_{34}+U_{12}=2U=I_aR_a-I_bR_b=I_dR_d$$

$$I_a=I_2-I_d=I-I_d$$

$$I_b=I_1+I_d=I+I_d$$

上述方程联解得出

$$I_d(R_d+2R_L)=0$$

此方程成立的条件是$I_d=0$。因此线上的压降$U_{12}=U_{34}=0$，则$I_a=I_b=I$。所以此电路正常工作时，R_d上的电流I_d为零，R_d不消耗功率传输线上压降为零，则 A、B、C 三点可等效为一点。该二分配器电路可画成如图 4A－5(b)所示的等效电路。R_a和R_b等效并联在一起作为信源的负载。信源输出功率最大的条件是信源内阻$R_s=R_a /\!/ R_b=\frac{R_L}{2}$。信源给出的最大功率为

$$P_0=\left(\frac{U_s}{R_s+\frac{R_aR_b}{R_a+R_b}}\right)^2\cdot\frac{R_aR_b}{R_a+R_b}=\frac{U_s^2}{2R_L}$$

每个负载电阻上得到的功率

$$P_a=P_b=P_L=\frac{U_s^2}{4R_L}=\frac{P_0}{2}$$

从而实现每个负载得到一半功率的分配。其又称为 3 分贝功率分配器。

当$R_a \neq R_b$时，显然$I_a \neq I_b$，$I_d \neq 0$，线圈上的压降$U_{12}=U_{34}=U\neq 0$，传输线变压器有变压器工作方式。若$R_a=\infty$，相应在图 4A－5 中 A 点到地开路，$I_a=0$。在这种情况下，平衡电阻R_d接于③、②两端之间，经变压器工作方式阻抗变换，折合到①、②两端的电阻$R_{12}=\frac{R_d}{4}$。相应信号源提供的输入电流为

$$I_i=\frac{U_s}{R_s+R_{12}+R_b}=\frac{U_s}{R_s+R_{12}+R_b}$$

负载电阻R_b得到的功率为

$$P_L=I_i^2 R_b=\left(\frac{U_s}{R_s+\frac{R_d}{4}+R_b}\right)^2 R_b$$

已知$R_b=R_L$，$R_s=\frac{R_L}{2}$。若取$R_d=2R_L$。则负载得到的功率为

$$P_L=\frac{U_s^2}{4R_L}$$

这与$R_a=R_b$情况下得到的功率一样。

若$R_a=0$时，相应在图 4A－5 中 A 点接地。则R_d与R_b并联接在③、②两端。同样，阻抗变换至①、③两端间的电阻$R_{13}=\frac{1}{4}R_d /\!/ R_b$，则信号源给出的输入电流为

$$I_i=\frac{U_s}{R_s+R_{13}}=\frac{U_s}{R_s+\frac{1}{4}R_d /\!/ R_b}$$

当$R_b=R_L$，$R_s=\frac{R_L}{2}$，$R_d=2R_L$时，有

$$I_i=\frac{3U_s}{2R_L}$$

在①、③两端间建立的电压$U_{13}=I_i\times\frac{1}{4}R_a /\!/ R_b=\frac{U_s}{4}$，该电压折合至②端到地的电压$U_2=U_B=2U_B=\frac{U_s}{2}$，则负载电阻$R_b$中流过的负载电流$I_b=I_L=\frac{U_s}{2R_L}$。负载电阻$R_b$所获取的功率$P_L=\left(\frac{U_s}{2R_L}\right)^2\cdot R_L=\frac{U_s^2}{4R_L}$，仍然保持不变。

由此可见，功率二分配器中任一个负载电阻变化都不会影响到另一个负载得到的功率大小。即两个负载支路是相互隔离的，其原因就是由于平衡电阻R_d的接入起到了调节作用。$R_a \neq R_b$时，支路电流I_d不再是零，传输线变压器出现变压器工作方式，通过I_d调整使正常支路电流保持不变，从而使该支路的输出功率不变。

二功率合成器电路如图 4A－6 所示。图中，两个信源同频、同相、内阻相等，即$\dot{U}_{s1}=\dot{U}_{s2}=\dot{U}_s$，$R_{s1}=R_{s2}=R_s$。$R_d$为平衡电阻。正常工作要求$R_L=\frac{R_s}{2}$，$R_d=2R_s$。在此条件下，负

载电阻 R_L 上得到的功率是两个信源提供的功率和，负载电阻 R_L 上得到的功率 $P_L=2\left(\frac{U_S^2}{2R_S}\right)=\frac{U_S^2}{2R_S}$。当一路信源损坏时，由于两个支路相互隔离，另一路信源的工作状态不变，输出功率不变。负载上得到的功率减小。当 $U_{S1}=0$ 时，负载上得到的功率下降为 $P_L=\frac{U_S^2}{8R_S}$。

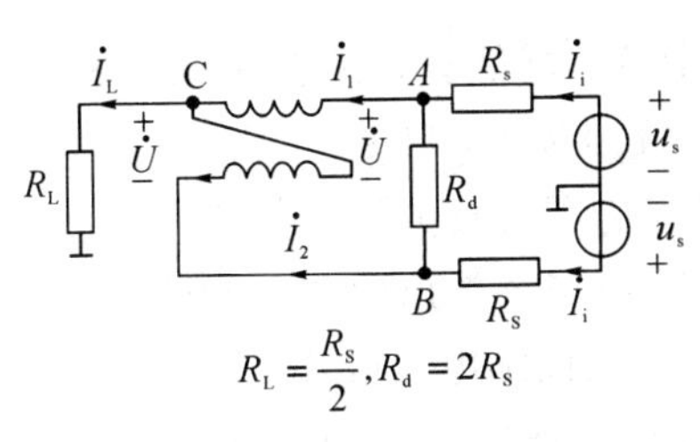

(a) 二功率合成器

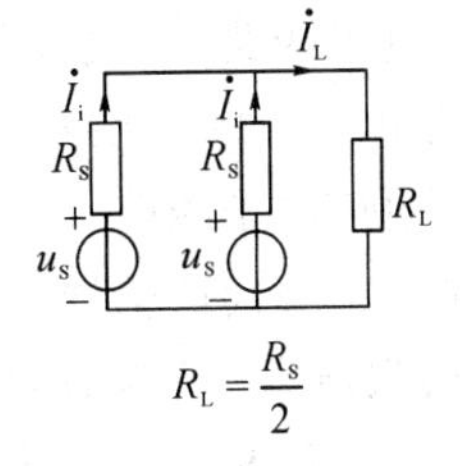

(b) 二功率合成器等效电路

图 4A-6　二功率合成器电路

参 考 文 献

[1] 谢佳奎，等. 电子线路:非线性部分. 北京：高等教育出版社. 2003.

[2] 张肃文. 高频电子线路. 北京：高等教育出版社，2006.

[3] 高如云，等. 通信电子线路. 西安：西安电子科技大学出版社，2008.

[4] 曹克刚，钱亚生. 现代通信原理. 北京：清华大学出版社，2000.

[5] 清华大学通信教研室. 高频线路. 北京：人民邮电出版社，1979.

[6] 沈大林，等. 收音机和盒式收录机原理与维修技术. 北京：新时代出版社，1987.

[7] 宋文涛，王汝君，等. 模拟电子线路习题精解. 北京：科学出版社，2003 年.

[8] 李振玉，姚光圻. 高效率放大及功率合成技术. 北京：中国铁道出版社，1985.

[9] 吴伯修，沈连丰. 调频技术理论及新进展. 北京：人民邮电出版社，1988.

[10] 屠世谷. 稳频与测频技术. 北京：科学出版社，1986.

[11] 万心平，张厥盛，郑继禹. 锁相技术. 西安：西安电子科技大学出版社，2006.

[12] 杰克·史密斯(美). 现代通讯电路. 叶德福，等，译. 西安：西安电子科技大学出版社，2006.

[13] K K Clarke，D T Hess. Communication Circuits Analysis and Design. Addison-Wesley Pub. Co，1971.